装备试验鉴定系列丛书

装备性能试验

武小悦　主编

国防工业出版社
·北京·

内 容 简 介

本书是"装备试验鉴定系列丛书"之一，系统全面地阐述了装备性能试验的理论和方法。主要内容包括装备性能试验的概念、地位作用、特点与要求、组织管理、总体筹划、专用性能试验、通用性能试验、试验方式方法、试验设计与评估、试验组织实施、试验条件建设、发展历程和发展趋势等。

本书主要适用于从事装备研制、试验和鉴定相关工作的技术人员与管理人员，也可作为院校相关专业的教学参考和培训用书。

图书在版编目(CIP)数据

装备性能试验/武小悦主编. —北京：国防工业出版社，2022.11
（装备试验鉴定系列丛书）
ISBN 978-7-118-12554-2

Ⅰ.①装… Ⅱ.①武… Ⅲ.①武器装备—性能试验 Ⅳ.①E145-33

中国版本图书馆 CIP 数据核字(2022)第 210477 号

※

国防工业出版社出版发行
（北京市海淀区紫竹院南路23号　邮政编码100048）
三河市腾飞印务有限公司印刷
新华书店经售

开本 710×1000　1/16　印张 25　字数 460 千字
2022年11月第1版第1次印刷　印数 1—4000 册　定价 150.00 元

（本书如有印装错误，我社负责调换）

国防书店：(010)88540777　　书店传真：(010)88540776
发行业务：(010)88540717　　发行传真：(010)88540762

"装备试验鉴定系列丛书"编审委员会

名誉主任　许学强
主　　任　饶文敏
副 主 任　宋立权　杨　林　黄达青　陈金宝
委　　员　陈郁虹　王小平　葛晓飞　张　煦
　　　　　杨赤军　王　宏　齐振恒　李宪光
　　　　　江小平　于　光　黄常青　李　旻
　　　　　杨玉辉　胡宜槐

《装备性能试验》编写组

主　　编　武小悦
副 主 编　金　光　李　革
编写人员　（按姓氏笔画排序）

王　凯	王　峰	王广伟	王小娟
卢芳云	白光晗	刘映国	刘冠军
刘继斌	刘培国	杜　度	李　革
杨继坤	吴正容	邹振高	宋振国
张　舵	张成胜	张宏江	武小悦
罗　旭	金　光	郑　超	单志伟
赵玉新	郝光宇	郝桂友	侯金宝
贺荣国	钱凤臣	郭振伟	陶俊勇
黄辰林	程小非	程景平	潘泽鑫

前　言

　　装备性能试验是为检验装备是否达到装备研制立项和装备研制总要求明确的战术技术指标、验证装备边界性能等,在规定的环境和条件下开展的试验活动。通过装备性能试验,可以摸清装备性能底数,检验装备边界性能,发现装备问题缺陷,降低装备技术风险,改进提升装备性能,确保装备实战适用性和有效性。

　　本书紧密围绕装备试验鉴定面临的新形势和新要求,立足装备性能试验工作实际,广泛汲取国内外相关研究成果和实践经验,探索装备性能试验的特点规律,力求较为系统全面地阐述装备性能试验的理论和方法。

　　全书共分为9章。第一章介绍装备性能试验的相关概念、地位作用、特点与要求。第二章介绍装备性能试验管理,包括组织体制、计划与策略、总体筹划、状态鉴定、法规标准、质量管理和风险管理。第三章介绍装备性能试验的内容,包括若干典型装备的专用性能试验、通用质量特性试验、电磁兼容性试验、人机工效试验、运输性试验、网络安全试验、互操作性试验、软件测评等,并介绍复杂环境适应性试验和边界性能试验。第四章介绍装备性能试验的方式方法,包括内场试验、外场试验、内外场联合试验、跨试验场联合试验等试验方式,以及实物试验、仿真试验、实物与仿真相结合试验等试验方法。第五章介绍装备性能试验设计,包括试验设计的总体流程、试验项目设计及试验样本设计。第六章介绍装备性能试验组织实施,包括组织实施程序、试验准备、试验实施、试验总结和试验数据处理方法。第七章介绍装备性能试验评估,包括试验评估的流程、统计评估方法和综合评估方法。第八章介绍装备性能试验条件建设,包括装备性能试验的条件体系、靶标、环境构设、毁伤评估和试验数据工程。第九章介绍装备性能试验的发展,包括发展动因、发展历程和发展趋势。

　　本书第一、二、六、九章由武小悦编写,第三、五、七章及第八章第五节由金光、武小悦共同编写,第四章和第八章由李革编写。贺荣国、郝光宇、钱凤臣、王广伟、杨继坤、杜度、潘泽鑫、郝桂友、邹振高、郭振伟参与第三章第一节部分内容的编写,陶俊勇、罗旭、白光晗、刘冠军、单志伟参与第三章第二节部分内容的编写,刘培国、刘继斌、郑超、黄辰林参与第三章第三节部分内容的编写,王峰、王小娟参与第三章第四节的编写,张成胜参与第四章第三节和第八章第一节部分内容的编写,卢芳云、张舵参与第四章第三节部分内容和第八章第四节的编写,程景平、侯金宝、王广伟参与第六章部分内容的编写,赵玉新参与第九章第一节部分内容的编写,吴正容参与第九章第三节部分内容的编写,宋振国、王凯、张宏江、刘映国、程小非参与本书总体架构和内容的设计,全书由武小悦、金光、李革统稿,武小悦负责总体架构设计和定稿。

  本书是在中央军委装备发展部有关部门的总体指导下编写完成的。"装备试验鉴定系列丛书"编审委员会办公室对本书编写工作进行了精心的组织协调。中国航天科技集团等相关单位组织相关专家对书稿提出了修改意见。王正青、易兵、梅文华、张为华等专家悉心审阅了全书。余高达、王正明、牛新光、金振中、李晓斌、董学军、卢亚辉、汪静、雷友锋、董志兴、谭怀英、潘若恩、毛永军、尹栋、刘静宜、南福春、张凤林、黄宏斌、易泰河、马跃飞等专家提供了修改建议。参加相关教育培训的干部和学员也对本书修改提出了意见和建议。国防科技大学等单位为编写工作提供了大力支持。本书在编写过程中参考了大量的国内外文献资料和研究成果,其中有些由于各种原因未能在书中列出,在此向有关作者表示诚挚的感谢。

  本书主要适用于从事装备研制、试验和鉴定相关工作的技术人员与管理人员,也可作为院校相关学科专业的教学参考和培训用书。

  本书编写工作历时5年多,其间进行了多轮修改迭代。装备性能试验理论和方法涉及学科多,且仍处在不断创新发展之中。本书仅反映了编写组目前对装备性能试验理论和方法的认识。由于编者水平所限,书稿难免有疏漏或不妥之处,敬请广大同行和读者批评指正。

本书编写组
2022年7月

目 录

第一章 概述 ... 1
第一节 装备性能与装备性能试验的概念 ... 1
一、装备性能的概念及类型 ... 1
二、装备性能试验的概念及类型 ... 7
三、装备性能试验过程模型 ... 9
第二节 装备全寿命周期中的性能试验 ... 11
一、装备系统工程过程模型 ... 11
二、装备全寿命周期的试验鉴定工作 ... 12
三、装备性能试验与其他试验的关系 ... 13
四、装备性能试验的地位作用 ... 16
第三节 装备性能试验的特点与要求 ... 19
一、装备性能试验的特点 ... 19
二、装备性能试验的要求 ... 22
参考文献 ... 32

第二章 装备性能试验管理 ... 35
第一节 装备性能试验的组织体制 ... 35
一、相关部门和单位 ... 35
二、性能试验的管理机制 ... 41
第二节 装备性能试验计划与策略 ... 42
一、装备的分级管理 ... 42
二、装备性能试验计划及其分类 ... 43
三、装备的试验鉴定模式 ... 44
四、装备的性能试验策略 ... 49
第三节 装备性能试验的总体筹划 ... 49
一、装备性能试验筹划的要求 ... 50

二、装备性能试验筹划的流程 …………………………………… 51
　　三、装备性能试验总体计划的编写要求 ………………………… 57
 第四节　装备的状态鉴定 …………………………………………… 59
　　一、状态鉴定的目的与要求 ……………………………………… 60
　　二、状态鉴定的程序 ……………………………………………… 60
　　三、状态鉴定的文件管理 ………………………………………… 61
 第五节　装备性能试验的法规标准 ………………………………… 62
　　一、装备性能试验的相关法规和规章 …………………………… 62
　　二、装备性能试验的相关标准 …………………………………… 63
 第六节　装备性能试验的质量管理 ………………………………… 65
　　一、性能试验质量管理的原则 …………………………………… 66
　　二、性能试验的质量管理体系 …………………………………… 70
　　三、性能试验的质量改进 ………………………………………… 74
 第七节　装备性能试验的风险管理 ………………………………… 75
　　一、风险类型及风险管理过程 …………………………………… 75
　　二、性能试验风险的识别 ………………………………………… 78
　　三、风险分析评估与应对 ………………………………………… 83
 参考文献 ……………………………………………………………… 88

第三章　装备性能试验的内容 ………………………………………… 90
 第一节　若干典型装备的专用性能试验 …………………………… 90
　　一、轻武器 ………………………………………………………… 90
　　二、装甲装备 ……………………………………………………… 91
　　三、舰艇装备 ……………………………………………………… 93
　　四、军用飞机 ……………………………………………………… 94
　　五、导弹装备 ……………………………………………………… 96
　　六、火炮装备 ……………………………………………………… 97
　　七、信息系统装备 ………………………………………………… 98
　　八、预警探测装备 ………………………………………………… 99
　　九、电子对抗装备 ………………………………………………… 100
　　十、军用卫星 ……………………………………………………… 101
　　十一、弹药 ………………………………………………………… 102

目 录

　　十二、航空发动机 ·· 102

　　十三、处突维稳装备 ·· 103

第二节　通用质量特性试验 ·· 104

　　一、可靠性试验 ·· 104

　　二、维修性试验 ·· 109

　　三、保障性试验 ·· 112

　　四、测试性试验 ·· 114

　　五、安全性试验 ·· 117

　　六、环境适应性试验 ·· 118

第三节　其他通用性能试验 ·· 122

　　一、电磁兼容性试验 ·· 122

　　二、人机工效试验 ·· 124

　　三、运输性试验 ·· 128

　　四、网络安全试验 ·· 129

　　五、互操作性试验 ·· 132

第四节　软件鉴定测评 ·· 135

　　一、软件测试级别 ·· 136

　　二、主要测试类型 ·· 137

　　三、软件鉴定测评过程 ·· 141

第五节　复杂环境适应性与边界性能试验 ································ 143

　　一、复杂环境 ·· 143

　　二、复杂电磁环境适应性试验 ······································ 145

　　三、边界性能试验 ·· 146

参考文献 ··· 147

第四章　装备性能试验方式与方法 ······································ 152

第一节　装备性能试验的方式 ·· 152

　　一、内场试验 ·· 153

　　二、外场试验 ·· 154

　　三、内外场联合试验 ·· 155

　　四、跨试验场联合试验 ·· 156

第二节　实物试验 ·· 157

一、实物试验类型 ··· 158
　　二、装备组件和部件级性能试验 ··· 158
　　三、装备分系统级性能试验 ·· 159
　　四、装备级性能试验 ·· 159
　　五、装备系统级性能试验 ·· 160
　　六、装备体系级性能试验 ·· 160
　第三节　仿真试验 ·· 161
　　一、仿真试验的作用及适用情形 ··· 161
　　二、数学仿真 ··· 164
　　三、半实物仿真 ··· 172
　　四、物理仿真 ··· 174
　　五、仿真可信性分析 ··· 175
　第四节　实物与仿真相结合试验方法 ··· 177
　　一、实物与仿真相结合试验方法的类型 ····································· 177
　　二、联合试验体系结构 ·· 178
　　三、联合试验示例 ·· 179
　参考文献 ·· 181

第五章　装备性能试验设计 ·· 182
　第一节　性能试验设计的依据与要求 ··· 182
　　一、性能试验设计的依据 ··· 182
　　二、性能试验设计的要求 ··· 183
　　三、性能鉴定试验大纲的内容 ·· 184
　第二节　性能试验设计的总体流程 ·· 186
　　一、试验任务分析 ·· 186
　　二、试验指标及考核方式确定 ·· 187
　　三、试验项目的提出与统筹 ··· 189
　第三节　试验样本设计 ··· 191
　　一、试验变量与水平 ··· 192
　　二、试验设计方法的确定 ··· 194
　　三、试验设计需要考虑的其他因素 ·· 195
　　四、试验样本量 ··· 196

五、拟制装备性能试验大纲 ·································· 197

第四节　因子试验设计方法 ·································· 197
　　一、因子试验设计的相关概念 ···························· 198
　　二、因子试验设计的基本原则 ···························· 199
　　三、因子试验设计的方法 ································ 200
　　四、计算机仿真试验设计 ································ 205
　　五、因子试验设计方法的选择 ···························· 206

第五节　统计验证试验设计方法 ······························ 207
　　一、统计假设检验设计 ·································· 207
　　二、序贯试验设计 ······································ 213
　　三、小子样试验设计 ···································· 216

参考文献 ·· 223

第六章　装备性能试验组织实施 ······························ 225

第一节　装备性能试验组织实施程序 ·························· 225
　　一、性能试验任务的实施条件 ···························· 225
　　二、性能试验的组织实施流程 ···························· 227

第二节　装备性能试验准备 ·································· 230
　　一、建立性能试验组织机构 ······························ 231
　　二、编制性能试验实施计划 ······························ 239
　　三、落实性能试验保障方案 ······························ 253
　　四、现场试验条件准备 ·································· 260

第三节　装备性能试验实施 ·································· 262
　　一、装备进场后准备 ···································· 262
　　二、现场实施试验任务 ·································· 264
　　三、试验实施质量控制 ·································· 267
　　四、试验实施风险管理 ·································· 271
　　五、异常处置与变更管理 ································ 272
　　六、试验问题反馈与处理 ································ 275

第四节　装备性能试验总结 ·································· 277
　　一、事后数据处理 ······································ 278
　　二、试验结果分析评定 ·································· 278

三、试验质量评审 ································· 279
　　四、试验报告编制 ································· 279
　　五、试验资料归档 ································· 281
　第五节　性能试验的数据处理方法 ······················· 281
　　一、性能试验数据处理的类型 ························· 282
　　二、测量误差的分类 ································ 283
　　三、性能试验数据处理的流程 ························· 284
　参考文献 ·· 288

第七章　装备性能试验评估 ································· 291
　第一节　装备性能试验评估的要求与流程 ··················· 291
　　一、装备性能试验评估的要求 ························· 291
　　二、装备性能试验评估的流程 ························· 291
　　三、装备性能评估方法的类型 ························· 293
　第二节　装备性能的统计评估 ···························· 295
　　一、性能指标的统计估计 ····························· 296
　　二、变量关系分析 ·································· 298
　　三、贝叶斯小子样评估方法 ··························· 300
　第三节　装备性能的综合评估 ···························· 303
　　一、专家评估法 ···································· 303
　　二、裕量和不确定度量化方法 ························· 304
　　三、多指标综合评估方法 ····························· 304
　参考文献 ·· 307

第八章　装备性能试验条件建设 ····························· 308
　第一节　装备性能试验的条件体系 ························ 308
　　一、装备性能试验条件体系的构成 ····················· 308
　　二、试验场与试验设施 ······························ 311
　　三、试验设备 ······································ 316
　　四、性能试验业务协同平台系统 ······················· 327
　　五、条件体系建设的要求 ····························· 333
　第二节　靶标 ·· 336
　　一、靶标的分类 ···································· 337

二、目标与靶标的模拟 ················ 339
第三节　环境构设 ······················ 341
　　一、自然环境模拟与构建 ·············· 341
　　二、电磁环境模拟与构建 ·············· 344
第四节　毁伤评估 ······················ 346
　　一、毁伤评估的类型 ·················· 347
　　二、毁伤效应数据获取的方法 ·········· 347
第五节　性能试验数据工程 ·············· 349
　　一、性能试验数据与试验数据工程 ······ 349
　　二、性能试验数据管理系统 ············ 352
参考文献 ······························ 355

第九章　装备性能试验的发展 ············ 357
第一节　装备性能试验的发展动因 ········ 357
　　一、装备发展对装备性能试验的影响 ···· 357
　　二、战争形态对装备性能试验的影响 ···· 360
　　三、科学技术发展对装备性能试验的影响 ···· 360
第二节　装备性能试验的发展历程 ········ 361
　　一、冷兵器时代的性能试验 ············ 361
　　二、火器与枪炮兵器时代的性能试验 ···· 362
　　三、机械化与热核兵器时代的性能试验 ···· 363
　　四、信息化装备时代的性能试验 ········ 365
第三节　装备性能试验的发展趋势 ········ 367
　　一、性能试验将更加着重聚焦实战 ······ 367
　　二、新型装备和装备体系的性能试验 ···· 370
　　三、性能试验技术的发展 ·············· 375
参考文献 ······························ 382

第一章 概 述

装备性能是装备固有的特性和能力,是装备满足作战使用要求的基础。装备性能试验是在规定的环境和条件下,检验装备是否达到装备研制立项和装备研制总要求明确的战术技术指标,验证装备边界性能,其结论是装备状态鉴定和列装定型的重要依据。通过装备性能试验摸清装备的性能底数,可以为装备研制、作战使用和保障提供信息依据。

开展装备性能试验工作,应运用系统工程的思想,分析装备性能试验的特点,正确认识装备性能试验的地位与作用,遵循性能试验活动的客观规律和要求,摸清装备在复杂环境和极限边界条件下的性能底数。

本章主要介绍了装备性能以及装备性能试验的相关概念和类型,论述了装备全寿命周期中的装备性能试验以及装备性能试验的地位作用,分析了装备性能试验的特点,提出了装备性能试验工作的要求。

第一节 装备性能与装备性能试验的概念

完整准确地理解装备性能的概念是做好装备性能试验的前提。从不同的角度,可以将装备性能及装备性能试验分为不同的类型。从系统工程的观点看,装备性能试验活动是由装备性能试验涉及的相关要素共同构成的装备性能试验系统完成的。

一、装备性能的概念及类型

(一)装备性能

装备性能是指保证有效完成使命任务的装备固有特性,包含代表装备自身特征的特性和装备通用质量特性。装备性能的概念可以从两个方面理解。首先,装备的性能是装备设计与制造所赋予装备的固有特性。例如,火炮的口径、重量等。当装备研制完成后,其"性能"就基本确定了。其次,装备的性能是装备实现其预期功能时表现出的固有特性,是装备功能要求的量化表现。

美国国防采办大学 2015 年出版的《国防采办术语》中定义装备的性能为"装备有效高效地完成预期使命的作战和保障特性"。此外,在 2012 年美国国防采办大学出版的《试验鉴定管理指南(第六版)》中,将装备的关键性能参数(KPP)、关键系统属性(KSA)以及关键技术参数(CTP)等列为装备试验鉴定的内容。

装备的作战效能是指由具有代表性的人员在预期的作战环境(如:自然环境、电磁环境、威胁与对抗环境)中使用装备,考虑部队编成、条令、战术、易损性、生存力和威胁等因素,完成作战任务的总体能力。装备的作战适用性是考虑了可靠性、保障性、维修性、测试性、安全性、环境适应性、兼容性、运输性、人机工效、网络安全、互操作性、综合保障、文件及训练要求等因素,在实际使用环境条件下,装备满足部队训练和作战使用要求的程度。

装备的性能与装备的作战效能、作战适用性密切相关。装备的作战效能、作战适用性体现了装备完成作战任务时人员、装备、环境三者综合作用的结果。装备的性能是作战效能和作战适用性的基础,是装备质量的体现。只有装备的性能达到一定的水平时,才能由作战人员使用装备完成预期的作战任务,从而实现装备的效能,并使其具有良好的作战适用性。

通常在装备研制总要求中提出的装备战术技术性能属于装备的关键性能参数,反映了装备为实现其预期的作战效能和作战适用性而必须具有的性能。例如,导弹的战斗部威力、最大射程、命中精度、最大飞行速度、飞行高度等就属于导弹的关键性能。

(二)技术性能和战术性能

根据装备的性能是否需要在装备实现其预期的战术功能时进行度量,可将装备的性能分为技术性能和战术性能两类。

技术性能是指表征装备物理、结构、技术特征或技术要求等方面的固有特性。例如,装甲车辆的战斗全重,导弹的制导方式,雷达的技术体制等。

战术性能是指表征装备实现其预期战术功能实现程度的固有特性。例如,反坦克弹的最大有效射程,导弹的单发杀伤概率,火炮的立靶密集度,装甲车辆的越野平均速度等。

(三)专用性能与通用性能

根据装备性能是否为某类装备所特有,可以将装备性能分为专用性能和通用性能两大类(图 1-1)。

第一章 概 述

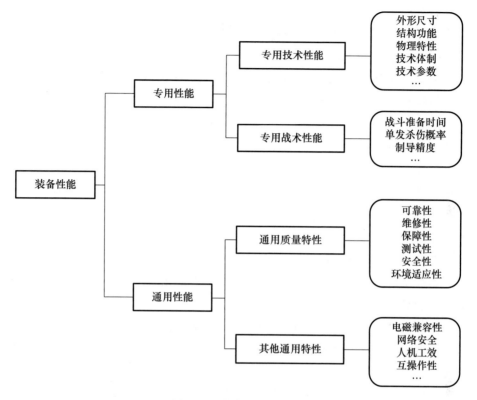

图1-1 装备性能的类型

1. 专用性能

装备的专用性能是指反映其技术特征和功能特点的性能。专用性能可分为专用技术性能和专用战术性能两类。

(1)专用技术性能。

装备的专用技术性能主要是指某类装备特有的技术性能。通常,装备的专用技术性能包括:装备的外形尺寸、结构组成与功能、物理特性、技术体制、技术参数等。装备的专用技术性能反映了装备的技术特征。以单脉冲雷达为例,其技术性能包括工作波长、重复频率、脉冲宽度、脉冲功率、天线波束形状、天线的扫描方式和扫描速度、接收机灵敏度等。通常,装备的技术性能可以在实验室进行测试与分析,也可结合外场试验进行,一般不需要进行复杂的试验设计,其试验规模不大,实施难度也相对较小。

装备技术体制是指实现装备功能的主要技术标准规范和协议的总和。技术体制反映了装备研制采取的技术途径,与其相对应的技术标准是技术体制的具体表现形式。例如,关于通信系统的网络体系结构、传输标准、信号编码、接口协议等规定,就构成了通信系统的技术体制。

(2)专用战术性能。

装备的专用战术性能主要是指某类装备所特有的战术性能,决定了装备遂行作战任务的能力,是影响装备是否"能用"的主要因素。例如,弹道导弹的战斗部威力、最大飞行速度、命中精度、最大射程和最小射程等都属于其专用战术性能。

2. 通用性能

装备的通用性能是指影响使用装备完成其预期功能时满意程度的性能,是大多数装备通常都要求具备的性能。例如,装备的可靠性、安全性、人机工效等。

装备的通用性能主要是指装备在作战适用性方面所表现出的性能。装备的通用性能是决定装备是否"好用""耐用"和"实用"的主要因素。在实际中,最常用的通用性能是"可靠性、维修性、保障性、测试性、安全性、环境适应性",亦称为"六性"或"通用质量特性"。例如,装备的平均故障间隔时间和平均修复时间就是装备的作战适用性指标,是设计制造时赋予装备的固有特性。电磁兼容性、人机工效、运输性、生存性等也是很多装备都需要考核的通用性能。

随着装备信息化、网络化以及装备体系的发展,很多装备都具有与其他装备互联的功能,因此网络安全、互操作性逐渐成为信息化装备的通用性能及装备性能试验考核的重点内容。

(四)性能指标的要求

1. 战术技术性能指标

装备的战术技术性能(或关键性能)是装备研制、生产和试验鉴定活动的基本依据。对装备的战术技术性能提出的要求通常称为装备的战术技术要求(或战术技术性能指标,简称战技性能指标)。

2. 使用参数

装备性能的使用参数是反映装备在实际使用和保障条件下的性能指标,其要求的值称为使用性能指标。使用性能指标受装备的设计、制造、部署、环境、使用和维修保养等因素的综合影响。例如,装备的使用可用性参数通常用使用可用度表示,反映了装备的能工作时间与不能工作时间之比,综合考虑了装备可靠性、维修、备件供应及行政延误时间等影响,反映了装备的真实可用状态。

装备的使用性能指标值可分为门限值(阈值)和目标值。

门限值是指最低可接受的性能指标值,是为满足作战要求而必须达到的最低水平。例如:空舰导弹防区外发射要求(要求射程不小于某一给定值)、反坦克导弹威力要求(要求击穿某一厚度的钢板)。如果装备的性能低于门限值,装备的作战效能将无法得到保证,该装备也就基本失去了其立项研制的实际意义。

目标值是指期望装备性能达到的指标值。装备性能达到目标值意味着其性能较其达到门限值时有明显的提升。目标值的确定需要综合考虑多方面的因素,包括:装备作战使用要求、国际同类装备能达到的性能指标、工业技术水平、装备性能达到该值的费效比等。当短期内难以达到期望的目标值水平时,可以考虑分阶段给出目标值。

3. 合同参数

由于存在研制单位不能控制的某些因素,因此通常不能直接在研制合同或研制任务中用装备的使用性能参数对研制方提出性能指标要求。装备性能的合同参数是指装备在研制合同或研制任务书中规定的性能指标,其要求的值称为合同性能指标。通常,军方应将装备的使用参数转化为装备的合同参数用于对装备研制提出装备研制性能要求。例如,装备的固有可用度仅与装备的工作时间和修复性维修时间有关,通常用装备的平均故障间隔时间和平均修复时间计算。因此,固有可用度是一种装备的固有特性,易于测量和评估,可作为一种合同参数。

合同参数主要受规定的性能试验条件影响,便于通过试验来验证其是否达到了要求的水平。

合同性能指标可分为最低可接受值和规定值,分别对应于装备使用参数规定的门限值与目标值。最低可接受值是装备研制任务书或合同中规定必须达到的最低要求的指标值,是装备通过性能试验考核的主要依据。规定值是装备研制期望要求达到的性能指标值,是装备研制方进行装备设计和研制的主要依据。

4. 标称性能

在装备的研制总要求中所规定的性能值通常是装备在给定的典型运用条件(或称为"标称条件")下的性能值。这种在标称条件下装备预期应表现出的性能称为"标称性能"。标称性能指标要求主要用于约束装备的研制,为装备设计提供输入依据。

作为一种对装备的研制约束或要求,由于难以穷举所有可能的作战条件和使用方式,为了明确和简化研制需求表述,减少设计复杂度,在研制总要求中通常只能规定在有限的标称条件下的标称性能值。

在装备研制阶段,研制单位通过对装备设计方案、工艺方案改进和优化,使装备在"标称条件下"达到"标称性能"。因此,对于装备运用而言,在标称条件下使用装备,将可有效地实现装备的标称性能。

5. 性能边界

装备在特定使用条件下,规定的某一战术技术指标参数的极限点(值)组成的集合称为性能边界。

性能边界可以给出在某一使用条件下装备某一性能指标表现出的取值范围。因此,性能边界亦称为性能包线。例如,飞机的速度高度飞行包线就是一种性能边界,可以反映飞机在某一飞行高度上的最小平飞速度与最大平飞速度。

在装备设计时,性能边界通常是根据装备承受各种负荷应力的能力、技术特性和功能设计等多种因素综合确定的。例如,飞机的最大平飞速度不仅受到发动机性能局限,而且也会受到飞机材料强度、稳定性等的限制。飞机的最小平飞速度受到飞机升力设计的限制。红外型空空导弹的飞行速度过大,可能会产生气动热,影响导引头的正常工作。

装备的性能边界可以分为以下几种类型:

(1)装备的使用性能边界(或称为标称性能边界)。当装备在使用性能边界内使用时,装备可以正常工作,发挥其预期的功能。

(2)装备的极限性能边界。当装备的使用状态超过使用性能边界后,考虑到设计裕量因素,在其极限性能边界内,装备可能能够正常工作,但其性能会不稳定,难以保证装备使用的安全和可靠性。

(3)装备的破坏性能边界。当装备的使用状态超过极限性能边界范围后,将会导致装备技术状态发生不可逆的劣化。例如,飞机飞行速度过大将会使机体及结构受到损伤。如果装备的使用状态超过破坏性能边界,装备将可能丧失其基本功能而无法使用。如果飞机到达一定速度,将可能会使飞机在空中解体。

通常,装备在设计时依据的标称条件难以全面反映装备的性能边界。尽管装备在设计时也可能对边界进行了评估,但是只有通过充分的性能试验,才可能了解装备实际的性能边界。

性能边界上的点称为装备的边界性能。通常,边界性能表现为装备在单个或多个条件下的性能最大或最小值。例如,导弹的最大射程、飞机的最小平飞速度等。

二、装备性能试验的概念及类型

(一)装备性能试验

试验是一种经过设计的过程或活动,用于获取关于某种事物有价值的信息。装备试验是指为满足装备科研、生产和使用需求,按照规定的程序和条件,对装备进行验证、检验和考核的活动。鉴定是指依据给定的准则,通过对相关信息的分析和判断,给出关于某种事物的结论,以帮助做出决策的过程。鉴定所用的信息来源可以有多种,例如:设计审查、试验、装备作战使用、专家判断、数学模型计算等。其中,试验是鉴定的主要信息来源。

装备试验鉴定是一种对装备进行试验并据此进行鉴定的过程。具体地说,装备试验鉴定是指以需求为依据,通过规范化的试验,对装备战术技术性能、作战效能、作战适用性和体系贡献率进行全面考核并作出独立评价的活动。装备试验鉴定工作的基本任务是通过掌握装备性能效能、发现装备问题缺陷、严把装备鉴定定型关口,确保装备实用好用耐用。装备试验鉴定需要在事先精心制定计划,并为装备研制、列装定型、采购管理、作战使用和保障等及时提供相关信息。

装备性能试验是在规定的环境和条件下,为检验装备是否达到装备立项和研制总要求明确的战术技术指标,验证装备边界性能而开展的试验活动。

装备性能试验是一种严格规范的工程技术过程,主要关注的是装备在技术和工程方面的特性,主要用于获取关于装备性能达到程度和极限水平的实际信息,考核装备的战技指标达标度、性能边界和技术成熟度;进行设计验证和改进缺陷;评定装备是否具备开展外场作战试验的条件;评定装备是否达到列装使用要求等。装备性能试验的结论是装备状态鉴定和列装定型的重要依据。

装备性能试验通常是由具有专业水平的试验人员在规定的条件下进行,需要专门的测量仪器和设备支持,其试验条件应是受控和可识别的,以便于查找故障原因和分析存在的设计缺陷。

(二)装备性能试验的分类

按试验目的的不同,装备性能试验可分为装备性能验证试验、装备性能鉴定试验(图1-2)。

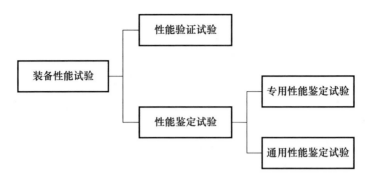

图1-2 装备性能试验的分类

1. 性能验证试验

装备性能验证试验属于科研过程试验,主要对装备的功能性能指标进行验证,可用于掌握和评价装备的研制情况,验证装备研制采用的关键技术、设计、工艺、材料、元器件方案的可行性,帮助改进工程设计;验证技术成熟度和技术规范符合度。根据研制需要,可针对部件、单机或系统组织进行性能验证试验。装备性能验证试验通常由装备研制单位组织实施。

性能验证试验通常在工程研制阶段开展,试验对象主要包括原理样机、模型样机、初样机和正(试)样机等。性能验证试验可在研制单位的实验室和试验场进行,也可利用军方试验场实施。

在装备的研制单位进行的性能验证试验主要是为了验证装备是否满足技术规格。性能验证试验通常包括实验室试验、仿真试验、部件与分系统试验、条件要求不高的系统试验以及简易的外场试验。例如:空空导弹研制单位在导弹研制过程中进行的风洞试验、静力强度试验、模态试验、发射分离仿真试验等;装甲装备研制单位利用其本单位所属的试验设施进行的初样车摸底试验、出厂鉴定试验。

2. 性能鉴定试验

装备性能鉴定试验属于鉴定考核试验,是按照规定的条件和标准,考核装备性能的达标程度,确定装备技术状态,为状态鉴定和列装定型提供依据。性能鉴定试验由有关装备部门组织试验单位实施。

装备性能鉴定试验是一种在装备工程研制阶段对装备进行的十分严格、全面系统的试验考核。

装备性能鉴定试验按内容可分为两大类:专用性能鉴定试验和通用性能鉴定试验。装备的专用性能鉴定试验主要是指为了验证和评估装备的专用性能而开展的性能试验。装备的通用性能鉴定试验主要是指为验证和评估装备的通用性能而开展的性能试验。

装备性能鉴定试验按试验对象所处的层次可分为：分系统（如飞机发动机、导弹的战斗部）、单装（如空空导弹、发射车、装甲突击车）、系统（如弹道导弹武器系统、巡航导弹武器系统、防空导弹武器系统）、体系（如防空反导体系）的性能试验等。

开展装备性能鉴定试验前应当完成性能鉴定试验大纲的编制。试验大纲规定了试验项目内容、方法程序、环境构设、试验组织和评价准则等要求。性能鉴定试验大纲通常可分为功能性能试验大纲、通用质量特性试验大纲和软件测评大纲等。

装备性能鉴定试验大纲由装备试验单位根据装备研制立项批复、研制总要求和试验总案拟制，报有关装备部门审批和备案。

3. 两类性能试验的区别

综上所述，性能验证试验与性能鉴定试验主要有以下不同之处：

（1）试验性质和目的不同。性能验证试验属于科研过程试验，主要是对装备功能性能指标的符合程度进行摸底验证、验证装备技术方案。性能鉴定试验属于鉴定考核试验，主要是按照规定条件和标准考核装备性能的达标程度，确定装备技术状态，为状态鉴定和列装定型提供决策依据。

（2）试验实施主体不同。性能验证试验主要是由装备研制单位实施，性能鉴定试验是由装备部门组织装备试验单位实施。

（3）试验时机和前提条件不同。性能验证试验可根据需要在装备研制过程中组织实施，性能鉴定试验通常应在性能验证试验完成后才能开展，并且需要装备研制单位提出申请，经装备部门组织审查和批准后方可进行。

三、装备性能试验过程模型

装备性能试验过程模型（图1-3）描述了装备性能试验系统的构成要素、活动，包括涉及的试验资源。

装备性能试验涉及的资源主要有参试人员（包括试验设计与分析人员、试验指挥人员、试验操作与测试测量人员、试验保障人员等）、试验对象（如反舰导弹）、陪试对象（例如，直升机空地导弹进行他机照射发射试验时所需的照射直升机）、目标与靶标（用于模拟被试装备的作战对象，如模拟敌方来袭导弹）、试验平台（用于搭载试验装备的载体，如用于海军战术导弹试验的试验舰、用于发动机试验的试验飞机,用于空空导弹振动试验的振动台等),试验环境(包括自然环境、模拟环境及相关设备)、试验输入与控制(包括输入与控制设备,如空空导弹振动试验时的振动信号输入)、测试测量条件(包括各类测试、测量设备,输出信号采集设备)、试验数据分析与评估条件(如各种计算机)等。

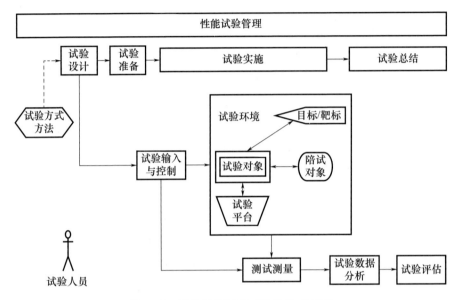

图1-3 装备性能试验系统的构成要素

装备性能试验涉及的主要活动可分为试验设计、试验准备、试验实施、试验总结四个阶段。装备性能试验可以采用不同的试验方式和方法(例如,在实验室内采用半实物仿真方法进行空空导弹的导引头性能试验)。装备性能试验设计是将试验方式方法转化为具体试验方案的活动。装备性能试验设计规定了试验项目、试验条件和所需的试验资源等。试验准备主要是指为装备性能试验提供所需的文书、人员、装备、保障资源、试验条件等。试验实施指按试验设计确定的方案向试验对象、目标靶标、陪试对象、试验环境等施加输入和实施控制,通过运用测试测量手段采集试验数据。试验总结指对试验获取的数据进行处理和分析,对装备的性能进行评估,得出试验结论。

装备性能试验管理是指对装备性能试验活动和试验资源进行组织、计划、总体筹划、协调和进行控制,以提高装备性能试验的效率,确保装备性能试验的质量,降低装备性能试验的风险,达到装备性能试验的目的。

第二节 装备全寿命周期中的性能试验

装备性能试验是装备全寿命周期中的重要工作,与装备作战试验、装备在役考核等其他类型的试验活动密切相关。从装备系统工程的角度分析装备全寿命周期各个阶段的装备试验鉴定工作,可以更好地理解装备性能试验与其他试验的相互关系,正确认识装备性能试验的地位作用。

一、装备系统工程过程模型

根据国际系统工程协会(INCOSE)的定义,"系统"是由相互作用或关联的部分(或要素)组成的有明确目标的整体。系统的每个组成部分可以分解为更小的组成部分。通常,将系统中较低一级的组成部分称为子系统或部件。系统、子系统与部件的概念是相对的。

系统工程是一种用于成功地实现系统的跨学科的途径和手段。据此,可以将装备系统工程理解为"以装备满足利益相关方的需求为目的,对装备全寿命周期中的各项活动进行组织与管理的技术"。现代高技术装备的研制是一项复杂的系统工程,涉及装备的论证、设计、试验、生产等各个环节,涉及多个部门、多个学科领域的工作。国内外装备研制的经验表明,必须采用系统工程的方法对装备研制过程中的各项活动进行统筹与控制,权衡装备的性能、费用、进度和风险等因素,确保装备满足用户的需求。

系统工程过程模型描述了在装备全寿命周期中系统工程的主要步骤。常见的系统工程过程模型有瀑布模型、螺旋模型和V型模型等。装备从研制到交付部队使用的全寿命周期过程的系统工程模型可以表示为如图1-4所示的V型模型。

V型模型的左侧一边是一个自上而下的过程:从左上角用户需求出发,经过逐层的"分解与定义"过程到装备的软硬件物理实现。该V型模型的右侧一边是一个自下而上的"综合与验证"过程,最终到右上角装备投入使用与保障过程结束。在右边每一层次的综合与验证过程中都要对照左边的系统定义规范对系统进行验证或确认。其中,对单元功能与性能、子系统功能与性能、系统功能与性能的验证主要是通过装备的性能验证试验实现的,对于系统功能与性能的考核验证主要是通过装备性能鉴定试验实现的。对于装备作战效能与适用性方面的验证主要是通过作战试验实现的,对于部队作为装备用户的最终需求满足度验证是通过在役考核实现的。

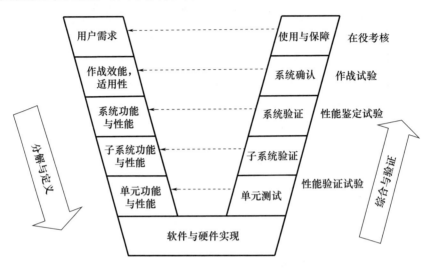

图1-4 装备系统工程过程的V型模型

二、装备全寿命周期的试验鉴定工作

装备全寿命周期可分为装备论证立项、工程研制、列装定型、生产部署与使用维护四个阶段。装备试验鉴定是一项贯穿于装备全寿命周期的重要工作。按照有关规定,各类装备在全寿命周期内,均应组织开展性能试验、作战试验和在役考核三类试验。如图1-5所示,装备试验鉴定工作的基本流程从总体上构成了"试验鉴定总体论证"和"性能试验—状态鉴定""作战试验—列装定型""在役考核—改进升级"等链路环节。

图1-5 装备试验鉴定工作的基本流程

(1)性能试验—状态鉴定。通过开展性能验证试验工作,验证装备技术方案,改进设计缺陷,通过性能鉴定试验考核,经状态鉴定审查和决策,确认装备的性能达到研制要求的水平。对于不能通过状态鉴定的装备,应改进设计和工艺,再次进行性能试验,直到性能达到要求为止。

(2)作战试验—列装定型。在状态鉴定结束后,由装备生产单位组织进行小批量试生产,并由指定的部队开展作战试验。为了减少进行外场作战试验的风险,在开始外场作战试验前,应进行作战试验准备就绪评审,以确认具备了进行外场作战试验的条件。装备通过作战试验考核后,即可由定型机构组织进行列装定型审查。对于不能通过列装定型审查的装备,需进行设计改进或纠正缺陷后再次开展相应的试验。

(3)在役考核—改进升级。装备经列装定型后,即可经订货采购配发到部队列装使用。使用期间需对装备进行在役考核。在役考核中发现装备存在的问题或缺陷可以为后续装备改进升级提供依据。

三、装备性能试验与其他试验的关系

装备性能试验、装备作战试验和装备在役考核是装备全寿命周期中的三种试验活动类型。

装备作战试验是在近似实战环境和对抗条件下,由使用装备的典型用户依据装备作战使命任务按照作战流程进行的装备试验活动。装备作战试验的主要目的是:对装备以及装备体系作战效能和适用性等进行考核评估,检验装备完成规定作战使命任务的满足度及其适用条件,探索装备作战运用方式,为编写装备操作使用规范提供依据,其结论是列装定型的重要依据。装备的作战试验由有关装备部门组织指定的装备试验单位和部队实施,参试人员应与装备部署后的使用保障人员具有相同的水平。

装备在役考核是指装备经过列装定型正式交付部队使用后,为检验装备满足部队作战使用与保障要求的程度所进行的试验鉴定活动。装备在役考核由有关装备部门组织装备试验单位会同承担在役考核任务的部队,结合部队日常使用或者演训等活动开展,也可根据需要专门组织实施。装备在役考核主要是通过跟踪掌握部队实际装备使用、维护保障等情况,进一步验证装备作战效能和适用性,考核装备适编性、适配性,以及部分在装备性能试验和作战试验中难以充分考核的指标。

装备性能试验与其他两种试验的相互关系见表1-1。

表1-1 三种试验鉴定活动特点对比

对比要素	装备性能试验	装备作战试验	装备在役考核
考核内容	战技指标达标度、边界性能	作战效能、作战适用性等	效能、在役适用性(部队适用性、适编性、质量稳定性、经济性等)

(续)

对比要素	装备性能试验	装备作战试验	装备在役考核
考核条件	规定受控条件、专业场区	近实战和对抗条件	实际使用条件
试验人员	专业试验人员	典型用户	实际用户
考核期	考核期有限	考核期有限	考核期长
实施主体	装备研制单位	试验单位和部队	部队和试验单位
过程特点	单方面操作,技术风险大	具有对抗性,结果不确定性强,实施代价大	结果的不确定性强
考核充分性	对性能进行全面考核,包括复杂环境和边界性能	针对典型环境和条件,不强调复杂环境和边界性能	针对典型环境和条件,不强调复杂环境和边界性能

(一)装备性能试验与作战试验的关系

装备作战试验与装备性能试验的关系可以从以下几方面把握:

(1)装备作战试验与装备性能试验考核内容的侧重点不同。装备性能试验主要是用于验证装备论证需求中提出的战术技术性能指标是否正确地得到了实现(是否达到研制要求的性能)。装备作战试验则主要考核研制的装备是否满足部队的实际作战使用需求(是否是用户真正想要的装备)。

(2)装备作战试验与装备性能试验的考核条件不同。装备作战试验是在一定的作战想定条件下对装备的作战效果进行考核,涉及作战环境下作战人员完成任务时的战术运用,试验条件影响因素较多,具有一定的动态不确定性;装备性能试验是在受控的环境条件下对装备的性能进行考核,影响性能的主要因素通常是已知的和确定的,便于查找研制中的问题。装备作战试验场地可能是部队的典型作战环境,因而难以具有专业的试验设施,一般仅配置有简易的数据采录设备;而装备性能试验场通常是研制单位的实验室或军方的试验训练基地,部署有较专业的试验设施和先进的数据采录设备。

(3)装备作战试验与装备性能试验在装备操作人员方面也有不同。装备作战试验的装备操作人员应是能代表实际使用装备人员水平的人员(亦称为典型使用人员),其主体通常是承担作战试验任务的部队作战人员。装备性能试验时装备的操作人员是具有一定专业技术水平的试验技术人员,其主体通常是试验单位的专业技术人员(对于性能鉴定试验)或研制单位的技术人员(对于性能验证试验)。

(4)装备作战试验过程是具有一定对抗性的活动,通常需要模拟作战双方的交战过程才能完成试验任务。装备性能试验过程通常是一种受装备操作人员单方面控制的活动。

（5）性能试验与作战试验通常不能相互替代。首先,装备通过作战试验并不一定表明其性能试验结果满足要求。在进行装备性能试验时,装备的技术成熟度还没有得到充分验证,性能试验的实施具有较大的技术风险。装备性能试验需要在严格规范和受控条件下进行,以便于了解影响装备性能的主要因素,改进技术方案和查找出现问题的原因。进行作战试验时,有大量操作水平和心理状态不同的作战人员参与,作战任务剖面和使用环境具有动态不确定性。因此,装备作战试验的试验条件不确定性较强,很多影响作战试验结果的因素难以测量和控制,作战试验的条件难以重现,不利于分析试验中出现的技术问题。此外,由于涉及部队兵力调动协同、火力运用、试验区域管控和协调等,通过装备作战试验发现和分析装备性能问题的代价非常大,使装备作战试验的次数十分有限。而且,由于受到部队使用环境下试验测试测量条件和部队人员专业知识水平的影响,仅通过作战试验很难充分暴露装备存在的技术缺陷。所以,通过作战试验难以对装备的性能在各种条件下的表现及其边界等进行系统全面的考核评价。反之,装备性能试验合格并不等同于装备的作战试验合格。由于作战试验是在近实战环境中以作战任务为背景进行的,更加突出对抗性,试验过程具有任务动态性、任务时间持续性和环境不确定性,使得作战试验中也有可能会出现比性能试验更为复杂和严酷的情况。

作战试验是性能试验的延伸。通过作战试验也可能会发现在性能试验中难以暴露的技术缺陷和问题。对于这些问题,应由研制单位及时进行设计改进并进行试验验证。对于重大问题或重大技术状态变动,应组织专家进行评审,必要时需重新组织进行性能鉴定试验和作战试验。

（二）装备性能试验与在役考核的关系

装备在役考核与装备性能试验的关系可以从以下几方面把握：

（1）装备在役考核与装备性能试验考核内容的重点不同。装备在役考核关注的重点是装备的适配性、部队适编性和服役期经济性、部分在前期试验中难以充分考核的指标。装备性能试验考核的重点是装备的性能达标度和边界性能。

（2）装备在役考核与装备性能试验的考核期有较大差异。装备在役考核在装备正式列装交付部队以后进行,以常态化开展为主,时间相对较长。装备性能试验的考核期通常是到装备状态鉴定结束。

（3）装备在役考核与装备性能试验的考核条件有所不同。装备在役考核通常是结合部队的实际战备演训和日常管理等任务进行,考核条件受到部队实际使用环境条件的制约,数据采录设备和条件受限,而且任务时间长短、任务环境条件都难以事先规划。装备性能试验通常是在实验室或专业试验训练基地进行,具有良好的数据采录条件,试验条件按性能试验大纲严格控制。

(4) 装备在役考核与装备性能试验的操作使用人员不同。装备在役考核是由部队的实际使用人员使用操作装备。装备性能试验是由试验技术人员使用操作装备,其技术水平一般高于装备在役考核的使用人员。

装备在役考核是结合部队的实际战备演训任务,由更广泛的人员在更广泛的地域和更长的时段对装备进行使用。装备性能试验期间,由于试验周期、试验样本、试验条件的局限性,可能会有一些性能指标难以得到充分验证,需要在装备列装后通过在役考核进行持续验证。例如,导弹的长期储存寿命、飞机发动机的可靠性等都需要长期实际使用才能得到客观充分的验证。此外,有些装备在役期间对前期试验或使用中暴露出的技术问题和缺陷进行了整改,也需要结合在役考核对相关性能指标进行验证。对于在役考核中发现的重大性能缺陷和技术问题,应视情及时做出停止列装、召回、退役等意见建议。

四、装备性能试验的地位作用

装备性能试验在装备试验鉴定工作中具有独特而重要的地位与作用。通过装备性能试验,可以验证技术方案和战技性能达标度,及时发现装备研制存在的问题缺陷、消除技术风险、改进提升装备性能。装备性能试验得出的结果是装备状态鉴定审查的重要依据。同时,可以利用装备性能试验摸清装备的性能底数,为作战运用以及使用维护保障提供重要的信息参考。

(一) 验证技术方案和性能达标度的主要手段

2012 年出版的美国国防部《试验鉴定管理指南(第六版)》指出,装备研制早期的试验鉴定可以支持对装备概念设计可行性的验证、设计风险评估、设计方案分析比较等,评估作战需求的满足度。美国国防部认为,试验鉴定是国防采办过程中识别技术风险的一种工具和验证系统性能的过程。发现装备存在问题的时机越早,纠正其缺陷和问题的代价就越小。经验表明,在通常情况下,当装备的研制工作结束时,装备寿命周期费用的 70% ~ 80% 就已经基本确定。研制工作结束后,如果要更改设计,不仅可能会导致所有相关分系统更改设计,而且还可能需要对更改后的设计进行重新验证,涉及的生产制造设备、材料和工艺等也可能需要更改和验证。当装备已大批量装备到部队后,如果再发现问题,所需的费用将更高。通过装备性能验证试验,在装备研制中及时发现问题,对技术方案进行改进,就可以将质量设计到装备中,降低装备研制和使用的技术风险。

如果进行了充分的试验鉴定,许多问题是可以事先被发现的。20世纪80年代,美国总统国防管理蓝带委员会指出:应在大批量生产前,尽早对系统原型或关键子系统原型进行试验,验证制造过程。应通过早期对装备原型的试验鉴定验证系统概念、性能和在实际作战环境中的适用性。1990年美国国防科学委员会指出,在项目立项时装备采办项目常常低估了新技术的难度,对于解决面临的技术问题过于乐观,从而过早地进入了全面研制阶段。当这些技术问题在试验鉴定中被暴露出来时,就开始出现研制周期延期、经费超出预算等现象。

性能试验的结果是装备状态鉴定和列装定型的重要决策依据。因此,应当通过性能试验对照装备研制总要求中提出的各项性能指标进行全面充分的考核。研制总要求是编制装备研制合同的重要依据,通常规定了装备在给定的条件下应达到的性能指标值。装备是否达到了研制总要求规定的性能指标值是研制任务是否完成的主要标志,不仅涉及研制单位的切身利益,而且也涉及部队能否拿到具有预期性能的装备。通过性能鉴定试验可以对装备性能的达标度进行客观公正的验证。性能鉴定试验的考核条件包括了研制总要求规定的条件,并且性能鉴定试验要求对装备在该条件下的性能达标度进行充分考核。例如,对于火箭弹跌落安全性指标,通常在研制总要求中规定了带包装(和不带包装)条件下的安全落高,在进行性能鉴定试验考核时,就应按研制总要求规定的高度在带包装(和不带包装)条件下,考核火箭弹跌落地面后(包括在勤务处理过程中)是否发生爆炸或爆燃。

(二)摸清性能底数的关键环节

"性能底数"主要是指装备性能在各种作战使用条件下能达到的真实水平和存在的局限性。2004年美国国防部作战试验鉴定局局长指出:试验鉴定的根本目的不是得出装备"通过"与"不通过"的结论,而是获取在研装备能力水平和局限性的独立评估信息。

由于未来作战使命任务的多样性和面临威胁的不确定性,要摸清装备的性能底数,就必须在各种近实战环境和边界性能条件下对装备的性能进行考核。装备作战试验和在役考核主要关注装备的作战效能和适用性等,环境条件的多样性和复杂性有限,影响性能的因素复杂,很难拥有对性能进行全面测试的设施设备。装备性能试验可以采用实物、仿真等多种试验手段进行,试验条件相对可控,试验测试测量技术条件完备,而且性能试验通常是循序渐进开展的,对装备性能进行摸边探底的风险相对较小。因此,装备性能试验是摸清装备性能底数的关键环节。

(三)装备状态鉴定的决策依据

状态鉴定是对通过性能试验的装备,为确认其是否符合立项批复和研制总要求明确的主要战术技术指标进行的综合评定。状态鉴定本质上是一种评价和决策活动。一方面需要对装备的性能达标度和边界性能给出评价,另一方面需要判定装备是否具备转入下一阶段(小批量试生产和开展作战试验)的条件。装备状态鉴定涉及到研制单位、有关装备部门、装备使用部队等各个方面,是确保装备质量的重要"关口"。现代信息化装备科技含量高,技术复杂,使装备状态鉴定具有很强的专业性。因此,装备状态鉴定必须遵循科学的决策原理和程序。

根据现代决策理论,信息的真伪、信息的多少、信息的质量等均影响到决策的正确性。装备性能试验可以为状态鉴定提供真实可靠的信息来源和决策依据。在装备研制过程中,装备研制单位通常已进行了一系列的性能验证试验活动,对装备采用的新技术、新材料和新工艺等的正确性和有效性进行了充分的验证,并进行了分系统和系统级的试验,有的研制单位还组织进行了出厂鉴定试验。但是,一方面,这些试验主要是以设计正确性验证和设计缺陷纠正为目的,试验的条件通常是实验室和研制单位自身的试验场条件,试验的对象主要是部件和分系统,对系统级的测试不够充分。另一方面,由于研制单位的利益相关性,其试验结果的客观公正性和权威性均难以得到保证和认可。为此,需要由装备试验鉴定管理机关组织试验单位开展装备性能鉴定试验。承担性能鉴定试验的单位通常是军方的试验训练基地,能构建比装备研制单位更接近实战的试验条件,具有先进的测试测量分析手段,通过对装备进行系统全面、严格规范的考核,能对装备性能达到研制要求的程度和边界性能进行独立、公正和权威的评判,其试验结果可作为进行装备状态鉴定决策的主要客观事实依据。

装备状态鉴定的一个重要决策前提是装备的技术状态已基本固化,以利于最大限度地减少装备进行作战试验的风险。经过状态鉴定后,装备研制转入列装定型阶段,装备即可进行小批量试生产,开展作战试验。在装备状态鉴定前的装备研制阶段,通过"设计—性能验证试验—设计改进—性能验证试验"的反复多次迭代过程,使装备的设计不断改进完善,最终通过装备性能鉴定试验,就可以基本固化装备的技术状态。

(四)开展后续试验的工作基础

装备性能试验在装备试验鉴定工作中具有基础性的地位,是识别装备技术风险的关键环节。在装备性能试验尚不充分时就过早进入作战试验阶段,极易造成装备项目失败。装备的作战效能和作战适用性依赖于装备的性能,如果装备的性能达不到要求或者性能不稳定,不仅装备的作战效能和作战适用性难以得到满足,而且装备的使用安全性可能都无法得到保证。若没有进行充分的性能试验,实装作战试验就难以开展,即使开展了也可能会由于出现性能问题而难以按计划完成。例如,美军 AIM-7"麻雀"中程空空导弹在研制试验还不充分时就试图进入作战试验,因导弹可靠性差,作战试验进行不到两周时就被迫中止。此外,当装备进行在役考核时,也需要以装备性能试验的结果为依据对装备在使用中性能的变化和稳定性进行分析。在役考核主要是由已列装部队结合其正常战备训练、联合演训和教学等任务组织实施。如果装备的性能试验考核不充分,相当于将装备的问题"甩"给了部队,直接影响部队装备使用和完成在役考核任务。

(五)装备使用与保障的信息来源

通过装备性能试验摸清装备的性能底数,可以为部队有效使用装备提供科学决策依据。例如,反舰导弹的单发命中概率是指用一发导弹去杀伤命中单个目标的概率。单发命中概率越高,我方军舰就具有越高的生存机会。如果单发反舰导弹的命中概率为 0.8,则双发齐射时的命中概率就是 0.96,作战时指挥员就可将其作为是否需对敌舰实施双发齐射攻击的决策依据。再例如,通过性能试验得到反坦克导弹在高原低压环境下的最大射程底数后,就可以为列装部队在高原条件下进行反坦克作战提供客观依据。

第三节 装备性能试验的特点与要求

装备性能试验既有装备试验鉴定活动的共性特点,也有其自身的个性特点。分析装备性能试验的特点,明确装备性能试验工作的要求,有助于更好地开展装备性能试验工作。

一、装备性能试验的特点

从装备性能试验的目的、试验对象、试验内容、试验方法、试验条件、试验活动等不同的角度分析,装备性能试验主要具有如下特点。

(一)性能试验目的具有探索性

装备的研制过程是一个通过"设计—试验—改进设计—再次试验"多次反复迭代、逐步验证的过程。在这样的迭代过程中,试验类型主要是装备的性能验证试验,其主要目的是验证装备的设计思想、设计方案的正确性和协调性,暴露设计中存在的问题和缺陷,改进装备的设计方案。例如,美军的 AIM-7F"麻雀"导弹在 1968—1975 年的研制期间,先后进行了 5 次大的设计功能更改,进行了 92 枚导弹发射试验。美军的 AIM-54A"不死鸟"导弹在 1966—1973 年的研制期间先后进行了 4 次以上重大设计功能更改,共发射试验了 122 枚导弹。21 世纪初,美国海军的 GQM-163A 靶弹通过两次无制导飞行试验和试验数据分析,决定采用 Mk70 助推器替代原来的 Mk12 助推器,以提供更大的推力总冲,并改进了助推器和冲压发动机的接口。随后,又进行了 5 枚制导弹飞行试验,逐次引入更多的性能考核内容,验证了采用的 MARC-R282 固体冲压发动机的性能满足设计要求。

摸清装备的性能底数是装备性能试验的主要任务之一。有的装备在交付部队前尽管已通过了相对完整的各种性能试验考核,但在部队使用中仍然出现了"不能用、不好用"等方面的问题。究其原因,主要是进行性能考核时的条件与装备在实际使用时的环境条件有较大差异。由于部队各种条件和任务的局限性,通过作战试验和部队使用难以了解装备在各种极端环境和边界使用条件下的实际性能表现。因此,从装备实战化运用的角度出发,装备性能试验应对装备性能进行"摸边探底",以便为装备在部队的实际运用提供技术支撑。

(二)性能试验对象具有层次性

通常,装备的性能验证试验是随着装备研制工作的推进从最低产品结构层次对象逐级从底向上开展的,这样可以避免将低层次产品的问题带入上一级产品,便于设计缺陷和问题的查找和纠正,降低了分析研制中出现的问题的复杂性。因此,装备的性能试验对象包括了装备组成的各个层次的产品(通常包括元器件、原材料、部组件、设备、分系统和全系统等)。例如,对于空空导弹,首先应进行各分系统试验,在此基础上再进行导弹的全弹试验,最后进行导弹系统试验。海军战术导弹的静力强度试验通常分为导弹全弹、部件(舵面、翼面、舱段、各种承力支架)、零件(吊挂接头等)等不同层次对象的静力强度试验。

(三)性能试验内容具有全面性

装备性能试验的目的包括在科研过程中对设计方案进行验证和在状态鉴定前对装备性能达标度进行考核。装备的性能是决定装备作战效能和作战适用性的基础。因此,装备性能试验应对装备的各种性能进行全面充分的测试验证和考核,全面掌握装备的性能底数,为装备实现其作战效能且具有良好的适用性奠定坚实的基础。

装备性能试验的内容通常应包括影响装备作战效能和适用性的所有性能。例如,对于空空导弹,在研制过程中需要对其弹体承载能力、气动力特性、制导性能、抗干扰性能、稳定性和控制、引战配合性能等多方面进行性能验证试验。在性能鉴定试验时需要对其单发杀伤概率、可靠性、维修性、安全性、测试性、保障性、自然环境适应性、电磁环境适应性、运输性等各方面进行全面的性能试验。

此外,装备性能试验还需要考核装备在复杂环境、极端环境条件下的性能和边界性能。例如,军用飞机的性能鉴定试验通常需要完成在各种极端使用条件下的试验项目。包括高/低温、大侧风、结冰等极端气象条件,高原、盐雾等极端地理环境条件以及极端状态试验(如失速尾旋等)。

(四)性能试验方法具有多样性

装备性能试验贯穿于装备研制的全过程,因而被试装备可能处于不同的形态和技术状态。在装备研制的早期,装备的形态主要是数学模型、计算机仿真模型、实物仿真模型(如缩比实物模型)和原理样机等。针对这些不同形态的对象,采用的性能试验方法也可以灵活多样。例如,对于计算机仿真模型,性能试验主要是通过计算机运行仿真模型实现。有时,需要采用物理仿真模型进行设计验证。例如,在飞机方案阶段,为了验证飞机的气动特性的理论分析或计算结果,就需要对飞机模型进行风洞试验,以弥补对某些复杂流动机理的认识不足,降低研制风险。有时,为了验证某个分系统的设计方案和性能水平,由于尚未构成完整的装备系统且考虑到节省试验费用,需要先将其置于试验台架上进行试验。例如,对于军用飞机,一台新型发动机在投入新机试验之前不仅需要先做地面试验,而且还需要先装在空中试验台上进行飞行试验。

装备性能试验的对象可能处于装备的不同构成层次,所以装备性能试验的方法也随之呈现多样性。例如,对于部组件级的可靠性试验,一般可以在实验室内利用高低温试验箱或综合试验箱进行强化试验。对于系统级的可靠性试验,由于难以置入试验箱内,通常需要在外场环境下进行实测。

在装备性能试验中,有时由于难以精确掌握目标与威胁的参数(如作战对手的隐身飞机、高速无人机等),或缺少目标与威胁的实装用于试验,只能对这些目标或威胁采取模拟或等效的方式开展我方装备的性能试验。

（五）性能试验条件具有受控性

性能验证试验和性能鉴定试验通常是在影响性能因素受控的条件下进行。性能试验必须尽可能地消除影响性能因素的不确定性，使试验在给定的条件下进行，以便于掌握装备性能随试验条件变化的客观规律，将试验结果与预期的性能进行比对，分析出现偏差和问题的原因。

在进行性能试验时，有时影响装备性能的条件难以做到完全受控，不可避免地会受各种难以控制的随机因素（例如外场试验的风速、温度变化等）的影响。为了尽可能消除这些随机因素对性能评估结果的影响，通常应在同样的试验受控条件下，对装备进行多次重复试验获取数据，以便采用统计分析方法进行结果评估。

（六）性能试验活动具有风险性

进行装备性能试验的新型装备通常都采用了一些高新技术，装备的战技性能具有较大不确定性、使用操作等方面也缺少经验。有的装备在试验中需携带大量火工品和发射一定数量的弹药，有时为了暴露装备的缺陷还需要在边界使用条件下考核装备的性能。有的装备一旦发生试验事故，不仅直接影响装备的研制进度，而且会造成巨大损失和人员伤亡，甚至产生很大的社会、政治影响。因此，装备性能试验是具有高风险性的活动。

二、装备性能试验的要求

综合考虑装备性能试验的地位作用与特点，装备性能试验工作必须严格按相关要求开展。应着眼于装备发展建设需要，紧贴实战需求，坚持战斗力标准，统筹规划全寿命周期内的相关试验活动，运用科学高效的试验方法手段，尽早暴露装备存在的设计制造缺陷问题，全面考核装备性能的达标度，摸清装备在复杂环境和边界条件下的性能底数，为装备研制改进、列装定型和实战运用提供客观、准确和权威的信息。具体包括以下几方面的要求。

（一）统筹规划，集约高效

1. 贯彻综合性试验思想

装备性能试验往往涉及多种装设备和人员，随着试验内容多、实施难度大、试验费用高、试验周期短、子样少等现实问题日趋显现，完全依靠实装试验去分析装备性能的方法越来越不可行，综合性试验是为解决这些问题而提出的一种试验鉴定模式。

综合性试验也称为集成试验（IT&E），最早由美国空军阿诺德工程发展中

第一章 概 述

心提出,其目的是缩短装备研制周期,降低装备研制风险和费用,提高装备性能试验的效率和效益。综合性试验需要对装备全寿命周期内的各类试验活动进行精心规划和设计,并考虑所有利益相关方的试验需求,尽可能满足试验数据采信条件,最大限度地减少重复试验。采用试验优化设计等技术,可以使试验活动最大限度地为各相关方提供所需的信息。综合性试验的含义是对装备全寿命周期内的所有各类试验活动进行统筹规划安排,做到相互协调、相互支撑,从整体上提高装备试验鉴定质效。综合性试验是对装备全寿命周期各类试验活动计划的有机集成,不能简单地将其理解为将各类试验交织在一起同时进行。综合性试验并不需要制定一个专门的新的"综合性试验计划",而是由一系列经过集成后的相互协调的全寿命周期各类试验组成。

现代高技术武器装备的构成十分复杂,在装备研制过程中,装备的研制单位、协作研制单位、军方试验鉴定机构等需要进行大量的各种各样的试验。这些试验内容多、成本高。例如,战术导弹系统研制过程中进行的试验通常包括:分系统及全系统试验、地面试验、空中试验、助推弹试验、自控弹试验、自导弹试验、环境试验、可靠性试验、飞行试验、作战试验等。为了缩短试验周期,减少重复试验,降低研制与使用风险,节约试验费用和成本,有必要将这些试验尽可能进行统筹规划和协调。通过统筹规划各类性能试验的时间和次数,可以提高性能试验的效率和有效性。

利用仿真试验技术可以更好地设计实物试验,验证在实物试验中难以验证的性能,提供实物试验中的替代品,辅助进行实物试验方案的拟定。但是,实物试验仍是获取装备真实性能的必不可少的手段。仿真试验与实物试验综合能够将两者的优点结合起来。尽管装备性能试验与作战试验是两种不同的试验鉴定类型,但是两者所使用的试验资源有一定的共性,通过网络化仿真试验技术能够快速方便地集成试验所需资源,促进装备性能试验与作战试验的综合。装备性能试验与作战试验的综合是指统一规划装备性能试验与作战试验活动,剔除不必要的重复试验项目,缩短试验所需的时间,节省试验成本。装备性能试验与作战训练均强调按照实战要求构建逼真的作战环境。随着靶标与威胁模拟器设备日趋昂贵,训练场与装备试验场在战场环境构建上的投入越来越大。通过网络化仿真试验技术能够将试验资源和训练资源有机集成起来,实现试验与训练一体化。

通过综合性试验,可以使同一个试验活动为多种试验鉴定目的提供所需的信息和数据,以达到节约试验资源和成本、缩短试验周期的目的。例如,同一试验项目可以同时为性能试验和作战试验提供试验数据。但是,综合性试验并不能影响不同类型试验各自的目标和要求。不同类型的试验尽管共享同一试验活动的数据,但围绕各自目标进行的评估鉴定工作是独立的。例如,性能试验与作战试验不能因为综合性试验影响各自的试验需求和目的。需说明的是,并不是所有的试验项目都可以进行综合。有时只有在经过充分的性能试验后,才能进行外场作战试验,以确保试验的安全性和效率。

2. 做好综合性试验规划

在装备研制工作中,综合性试验工作应尽早开始,相关方也应尽早参与到综合性试验工作中,并主动贯彻落实到装备型号的项目管理中,体现在装备型号的试验总案中。综合性试验鉴定工作开始得越早,各方受益就越大。为此,所有各相关方应充分信任,密切合作。建立一个由各相关方面参加的工作层面的试验鉴定联合工作组是综合性试验成功的关键因素之一。实现综合性试验需要性能试验、作战试验和在役考核等相关方面的人员共同交流,对装备全寿命周期内的所有各类试验鉴定活动进行整体规划和设计。各相关方(特别是性能试验和作战试验人员)应共同筹划、设计和实施综合性试验活动,对试验计划达成一致意见并明确数据采集要求,写入装备的试验总案。

从时间维度上讲,性能试验工作应当在装备型号研制早期就尽可能开展,以尽早发现装备存在的缺陷,减少装备研制风险。装备的使用方应尽可能早地介入各类试验鉴定活动及其筹划。这样,有助于试验单位正确理解装备的作战能力需求,使试验活动更加贴近实战背景。

在编制装备试验总案时,应当运用系统工程原理,对所有相关的试验活动进行统一的协调与规划,特别是要做好性能试验、作战试验、在役考核三类试验的整体筹划和协调。美国国防部要求在项目采办过程中,综合安排和组织研制试验鉴定、作战试验鉴定、实弹试验鉴定、系统互操作性试验、信息保障试验、建模与仿真试验等各类试验鉴定活动,并与需求定义、系统设计和开发紧密结合在一起,从而充分地利用所有相关的数据。美国国防采办大学在其出版的《试验鉴定管理指南》中也指出要将各种试验全面纳入装备全寿命周期过程进行统一的规划与管理。

美国国防部要求,装备项目管理办公室应成立试验鉴定工作层面一体化产品工作组落实这一工作。此外,各研制阶段所有的试验都应有军方或政府机构人员参与,以使试验结果具有可信度和体现作战需求。美军十分重视推进仿真试验与实物试验的一体化,在编制装备试验鉴定总计划时,要求同步规划仿试验与实物试验。例如,美国除了进行导弹防御系统的实弹拦截试验,还建立了成套的仿真工具用于导弹防御系统的试验。美国空军的阿诺德工程发展中心与加利福尼亚空军飞行试验中心曾成立联合小组,通过仿真、地面试验和飞行试验的综合,成功支持了 F-22 推进系统项目的验证。

3. 融合所有相关信息

试验信息具有多种信息源,这些信息往往相互关联,但在统计上又具有一定的差异。装备性能试验可以充分利用这些众多的试验信息。在进行现场试验之前,这些信息包括不同研制阶段、不同试验条件、不同层次产品(系统、分系统、部件)的试验信息以及类似产品(具有一定继承性)的历史试验信息等。通过融合这些信息,可以实现试验信息的共享和综合利用,以提高装备性能试验的效率和结果的可信度。

为了做好综合性试验,试验数据需求的表述必须是清晰、可测试和贴近作战使用需求的,并且应确保试验数据的一致性、完整性、安全性和有效性。应建立公共的试验鉴定数据库,使试验数据能为各相关方共享和获取。对各相关方共同涉及到的装备试验鉴定指标、试验鉴定方法、名词术语,各相关方应达成一致意见,以利于数据收集和避免重复试验工作。在进行试验数据记录时,应同时对被试装备的技术状态和试验环境、试验条件等进行记录,以利于各相关方根据各自的需求使用试验数据。

(二)全面覆盖,摸清底数

装备性能试验应遵循"覆盖全面,摸清底数"的原则。这一原则主要体现为四个方面:试验对象的全面性;试验内容的全面性;试验考核条件的充分性;试验考核手段的充分性。

"底数"是指关于某一事物的真实的、完整的、全面的情况。装备性能的"底数"清楚是有效使用装备的重要前提。通过装备性能试验摸清装备的性能"底数",在实战中运用装备才能做到"心中有数"。装备的性能底数主要是指以下三个方面的信息:

(1)装备的性能是否满足研制总要求规定的值。装备的性能满足研制总要求规定的指标是装备状态鉴定和列装定型的重要依据。因此,需要通过装备性能试验检验装备性能在研制总要求规定的条件下的达标度。

(2)装备的性能偏离(下降或超出)预期的最大实际值,即装备的性能边界。装备的性能边界对于作战运用具有重要的参考价值。通常,作战人员应尽量在装备的性能边界内使用装备。只有情况危急时,才可以考虑在边界外使用装备,但也需要对于装备性能的降级或其他风险后果有一定了解。

(3)装备的性能随使用条件的变化特性。通常,在不同的使用环境条件下,装备性能的表现不同。由于作战环境的高度不确定性和时变性,装备的性能在实际作战运用时也会有不同的表现。

实际作战环境条件可能会与研制总要求规定的条件有所差异。一方面,在研制总要求中规定的条件通常是影响装备某一性能的主要因素组成的条件。但在实际作战环境下,还有很多在研制总要求中没有明确规定的条件也会影响装备的性能值。例如,雷达的探测距离不仅会受目标 RCS 的影响,也会受气象条件、地形条件、目标与平台机动等因素的影响。因此,在实际作战环境下的装备性能可能会偏离装备的标称性能值。了解装备性能随使用条件的变化规律,可以避免误导作战人员,支撑装备的作战运用决策。

1. 试验对象的全面性

在装备研制的过程中,装备性能试验的对象处于不同的系统层次、技术形态。从系统层次的维度看,性能试验的对象包括部组件、设备、分系统、单装、系统、体系等。从装备的技术形态维度看,随着研制工作的推进,装备可能体现为数字模型、物理模型、仿真模型、概念样机、原理样机和工程样机等不同形态。不同层次对象的性能直接影响其上一层次对象的性能,不同形态对象的性能也都与装备的最终性能相关联。为了在研制过程中能及时发现装备存在的设计缺陷和问题,最大限度地了解装备的性能,装备性能试验应当尽量涵盖装备各个层次和各种形态的对象。

2. 试验内容的全面性

随着军事变革和科技的发展,装备性能试验在深度和广度方面也都有了新的发展,装备的性能指标体系越来越完善,性能考核内容的要求越来越多。

装备性能试验是装备研制工作中不可缺少的环节。通过装备性能试验,应能发现装备研制中的问题缺陷,为改进设计提供依据,以使装备的性能不断提升,达到研制规定的性能指标要求。

装备的性能是装备实现其作战效能和适用性的基础。因此,在装备性能试验时,应对影响装备作战效能和适用性的所有相关性能进行全面考核。在考虑性能试验的项目时,应重点对高风险领域(即容易出现问题的方面)开展性能试验,包括:装备的可靠性、测试性、维修性、环境适应性、人机工效等通用质量特性。对于信息化装备,还应关注装备的软件测评、网络安全、互操作性、抗干扰特性等内容。此外,还应关注装备在复杂环境和边界使用条件下的性能,验证系统在处于设计极限运行状态或极端环境条件时,仍然可以提供充分的性能。

3. 试验考核条件的充分性

装备研制的根本目的是部队作战使用。如果性能试验的条件不能体现装备实际服役期间的使用条件,就可能导致装备在实际使用过程中出现在性能试验中未发现的问题,或装备在实际中表现出的性能与性能试验时表现出的性能有较大差异。例如,军用车辆在续驶里程试验时,如果只在平原公路条件下进行试验,就难以全面反映部队实际使用时的工况。部队在实际使用装备过程中,随着执行作战任务的需要,可能会遇到各种气象、地理、地形和复杂电磁环境条件,并且有可能会处于最为恶劣的作战使用条件。例如,低温、高温,并且有冲击、振动等应力作用。这些恶劣环境条件很可能会造成装备出现故障或性能下降,影响作战使用。

战场环境是指在一定的战场空间内,对装备作战运用有影响的自然环境、诱发环境、对抗环境和目标环境的总和。自然环境是指由非人为因素构成的环境,与装备的工作状态无关,包括:大气环境,空间环境,海洋水文环境,气象环境(云、雾、雨、雪、霾、太阳光等),地理环境(地形、地貌、地物,森林、岛屿、城市等)等。诱发环境是指由人为活动、平台或装备自身工作产生的局部环境(例如,导弹发射冲击加速度,电磁环境,导弹高速飞行时气动加热,飞机的着陆冲击、大机动过载、空投冲击,坦克的行驶振动等)。对抗环境是指敌方为限制或降低我方装备的作战效能、作战适用性等,人为施加的环境因素的综合,如电子对抗环境、水声对抗环境、诱饵对抗环境和光学对抗环境等。目标环境是指目标的几何、运动特性、材料物理、电磁反射特性环境等。例如,一些低空小目标的探测跟踪难度大,会使装备性能下降。

装备性能试验应坚持紧贴实战需求,坚持战斗力标准,尽可能在各种条件下对装备性能进行充分测试。特别应突出复杂电磁环境、复杂地理环境、复杂气象环境和近似实战环境等条件下的性能考核,对装备性能进行"摸边探底",充分检验装备性能指标在极端条件及边界条件下的底数和变化规律,了解装备在不同试验条件下的性能表现,为部队更好地运用装备提供信息。

在性能试验总体设计时,应充分理解装备预期的作战使命,同时考虑未来作战任务与环境的不确定性。装备性能试验的设计和组织,必须尽可能地接近实战使用条件进行。装备的性能试验条件的设计应基于装备的使命任务剖面进行。应当尽早通过性能试验充分暴露装备在实际使用中可能存在的问题和缺陷,使装备处于恶劣的环境中进行性能边界条件考核,使试验的结果能正确反映该装备在实际使用中的真实性能表现,真正摸清装备的性能底数,避免装备部署到部队后出现问题,造成巨大损失或影响作战使用。

4. 试验考核手段的充分性

现代高技术装备的构成越来越复杂,造价越来越高,其性能试验的实施难度、试验周期和经费方面的矛盾也越来越突出。装备的外场性能试验大多属于有损甚至破坏性试验,由于试验成本大,只能进行数量十分有限的系统级试验。面对价值昂贵的装备,"试不起"已成为世界各国性能试验面临的普遍问题。一些新技术武器和特殊类型试验的外场试验也受到限制。有的装备甚至无法进行实装试验。此外,有的高技术装备(如新型战机)迫切需要尽快形成战斗力,按常规方式进行试验会使试验周期过长而失去列装的技术先进性和军事应用价值,所以应当尽可能缩短试验周期。

为了适应装备性能试验的新形势和新要求,提高性能试验结论的可信性,降低试验成本,减少试验风险,应尽可能充分运用多种试验手段方法对装备进行性能考核。

目前,多种类型试验的综合性、一体化已成为世界各国进行装备性能试验的重要手段。综合性试验要求将数学模型分析、半实物仿真、虚拟仿真、数学仿真、实验室试验、地面试验、海上试验、飞行试验等不同试验方法有机地综合起来进行运用。针对不同的性能指标和试验内容,应选择合适的试验方法,优化试验设计,最大限度地减少实装试验次数。据相关文献,美国空军十分重视建模与仿真、地面试验、飞行试验的一体化。美国空军阿诺德工程发展中心在地面试验与飞行试验结束后,将试验结果用于验证建模与仿真的精度,使地面试验、飞行试验为建模与仿真提供反馈数据以改进模型,最终减少飞行试验的次数。在 F-22 的 F119 发动机试验中就综合运用了模型分析、地面试验与飞行试验的方法。

在装备性能试验中应重视建模与仿真(M&S)技术的运用。装备性能试验中运用建模与仿真技术主要有如下作用。①在装备研制前期,可以通过建模与仿真技术对装备的性能指标做出评价,降低技术风险。②仿真模型在经过实际试验数据进行验证后,就可以用于取代部分实装试验项目。如导弹的导引头就可以采用半实物仿真对其性能进行测试评价。据相关文献,美国要求承包商在试验前提交其依据建模与仿真对试验结果的预测,据此验证模型,并促使承包商不断提高其模型正确性。③在制定现场试验计划时(如飞行试验计划),采用仿真技术可以分析确定关键试验变量及其范围,确定试验资源约束对指标评价效果的影响,识别需要试验的关键区域,使实际试验只针对具有高风险的关键指标进行,提高其试验效率。④建模与仿真可用于对难以进行实际试验的场景进行评估。例如,如果在体系对抗条件下对装备的性能进行外场试验,不仅试验组织困难、试验消耗大,而且难以得到可信的结果。在这种情况下,运用体系仿真模型进行仿真试验评估将提供实装试验难以提供的信息。

由于建模与仿真是基于已有的数据进行的,主要反映了对已知规律的认识,所以不能完全替代实装试验。应当对性能试验中运用的仿真模型进行校核、验证与确认(VV&A),以获得可信的仿真结果。此外,应尽早规划装备研制各个阶段的仿真试验活动,并纳入装备试验总案和性能试验大纲。

建模与仿真技术在装备性能试验中已得到大量应用。据相关文献,美国在联合攻击战斗机(JSF)项目研发及试验活动中,共用了近200多种仿真模型进行性能试验。美国在AIM-9X导弹研制过程中贯彻了"采用建模与仿真提高飞行试验的质量"的理念,运用了"综合飞行仿真系统"(IFS)和"军种联合交战模型"(JSEM)等进行了大量仿真,并通过飞行试验数据验证仿真的准确性。在实际飞行前对试验结果进行预测,飞行试验结束后将预测结果与实测数据进行比较。通过成功地运用建模与仿真,与传统试验方式相比,AIM-9X导弹减少了50%的飞行试验次数。

(三)标准规范,严谨细致

装备性能验证试验对装备的设计方案验证、设计改进、研制决策等具有重要的影响。装备性能鉴定试验的结果涉及到判定装备研制是否达到规定的要求。为了保证性能试验的质量、客观公正和权威性,装备性能试验必须执行有关政策法规,依据相应的国军标、行业标准、企业标准、实施指南、操作规范等文件,并按规定的试验大纲和实施方案执行。这些政策法规、标准、规范和指南,一方面可以为开展性能试验工作提供科学方法和正确的实践指导,另一方面也明确了试验各参与方的职责分工和相互协作关系,有利于提高性能试验的效率,确保装备试验质量。

暴露装备存在的设计制造缺陷、减少装备研制风险和部队使用风险是装备性能试验的重要职能。在装备试验过程中,可能会出现各种各样的故障和问题。应当本着对国家和军队最高利益负责的精神,努力做到试验信息真实和准确,严肃认真地对待任何疑点和问题。对于性能试验中出现的问题,应当努力按照"技术归零"与"管理归零"的"双归零"的原则进行处理,力争实现"双线归零,闭环运行",并且形成问题总结报告和相关文件。装备试验鉴定的长期实践表明,"双归零"要求对于保证装备研制成功和试验质量具有极为重要的作用。

"技术归零"的五条要求是指"定位准确、机理清楚、问题复现、措施有效、举一反三"。"定位准确"要求能够找出问题发生的准确部位。"机理清楚"是指要求通过理论分析与试验手段,搞清楚问题发生的根本原因和机理。"问题复现"要求在问题机理清楚的基础上,通过试验或其他验证方法,在一定的受控条件下,能够使同样的问题再次出现,以验证和说明问题定位的准确性和机理分析的准确性,找准问题出现的根本原因。"措施有效"要求针对发生的问题,研究采取设计和工艺等纠正措施,验证已解决了存在的问题,确认针对出现的问题所采取的技术措施是有效的。"举一反三"是指将发生的问题通报相关单位和人员,认真查找是否还存在类似的问题隐患需要排查和纠正。在上述五条要求中,"定位准确、机理清楚,故障复现"的目的是保证彻底查明故障和问题出现的机理和条件,"措施有效、举一反三"是保证能彻底根除故障,保证不再出现同类问题。

"管理归零"的五条要求是"过程清楚、责任明确、措施落实、严肃处理、完善规章"。"过程清楚"是指要求查明问题发生和发展的全过程,找出管理上的薄弱环节。"责任明确"是指要分清造成问题的责任单位和人员、责任主次与大小。"措施落实"是指需要针对上述薄弱环节或漏洞,制定有效的纠正和预防措施。"严肃处理"是指对由于管理原因造成的问题,应严肃对待,从中吸取教训,达到教育人员和改进管理工作的目的。对重复性问题和人为责任问题的责任单位和人员,应根据情节和后果予以批评教育和严肃处理。"完善规章"是指针对管理上的薄弱环节或漏洞,应建立和健全相关的规章制度,从管理制度上避免再次发生类似问题。

在装备性能试验中,有时对于某些复杂问题,尽管做了很多努力,但短期内仍然难以完全做到"双归零"。这时,为了不影响性能试验进度,应当在继续进行"双归零"的同时,采取实事求是的态度,召集相关专家进行专题技术风险分析与评估。只有当确认问题的风险在可接受水平,并且问题对后续试验工作没有严重影响时,方可继续开展后续试验活动。对于在试验过程中无法解决的问题,应作为遗留问题或装备缺陷上报。

(四)状态受控,逐步递进

装备性能试验任务的结论涉及到装备设计性能验证、装备状态鉴定、装备列装定型等重要决策,其工作质量直接关系到部队作战成败。装备性能试验任务涉及面广、参试单位多、技术难度大、风险大、试验周期长、耗资大。因此,必须对装备性能试验工作实施严格的质量管理和过程控制。

按照现代质量管理理论,性能试验活动的质量产生于各个试验过程,所以应将性能试验工作分解为过程进行控制。首先,应进行过程识别,明确主要过程的质量控制方法,确保影响过程特性的主要因素处于受控状态。这样,可以最大限度地确保试验数据质量,便于试验结果的分析评估,也有利于分析试验中出现问题的原因。为此,应做好过程实施前的准备情况和技术状态确认、过程运行中的状态监视和检查、过程实施后的质量评审和审核,明确试验任务实施的关键节点,建立关键节点特性控制的标准规范。

在装备试验项目的组织与安排方面,应做到逐步递进。急于求成、不切实际地跨越试验阶段,极可能"欲速则不达"。通常,应当先进行单项试验,后进行综合试验。先进行部组件、设备、分系统试验,后进行系统试验。在进行仿真试验时,应当先开环仿真,后闭环仿真;先单部件仿真,后多部件仿真;先分系统仿真,后全系统仿真。例如,军用飞机应先地面试验、后飞行试验。海军舰载装备通常也应先进行陆地试验,后进行海上试验。导弹装备应当先进行静态试验,后进行动态试验。这样可以最大限度地确保试验工作质量、减少试验风险。

(五)控制风险,安全可靠

进行性能试验的装备尚处在研制阶段,其设计成熟度尚待验证、技术性能尚未稳定,因而存在出现意外事故的风险。有的武器装备(如战略导弹)还带有火工品、燃料、战斗部、有害或高能量物质等危险源,其性能试验存在较大安全风险。此外,随着隐身飞机、高超声速飞行器、无人自主系统等装备的发展,性能试验还存在测控任务完成的风险。现代高技术装备一旦在试验中发生重大安全事故,将会危及人员生命安全,造成国家财产的巨大损失,使装备研制和试验进度延误。有的装备试验失败还会产生负面的国际和社会影响。为了减少试验风险和损失、确保性能试验任务的圆满成功,在性能试验过程中,应实施严格的风险管理和控制,最大限度地减少性能试验活动的安全风险。真正做到"稳妥可靠、万无一失"。

在制定试验实施方案时,应分析试验过程中的每一个环节,识别可能存在的风险因素,分析风险产生的原因和条件,评估风险的影响,研究和制定防范措施,努力做到安全可靠。在试验过程中要对风险因素予以密切监控。此外,应设置必要的安全设施,建立装备试验安全控制系统,以避免、消除和减少意外事故发生的机会,限制和减少已发生的事故损失继续扩大。

边界性能试验一般具有比较高的安全风险,需要综合采用多种试验方法,细心筹划、分步实施。在试验实施时可按"试试看看、看看试试"的方式,将理论分析或仿真试验与实物试验相结合。首先梳理对边界条件较为敏感的装备性能指标,然后通过数值模拟确定装备的性能变化特性及不确定度。实施实物试验时,应逐渐逼近性能极限条件,并随时监测装备技术状态的变化,以便在必要时中止试验,避免造成安全风险问题。

应加强装备性能试验全过程安全管理,建立安全责任制,制定安全管理方案,采取有效防范措施,确保人员、设备设施和信息安全,防止发生各类安全事故和失泄密事件。试验方案应当明确保障试验人员安全和重要设备设施安全所需的专用防护装备、配套保障设备等,并纳入条件建设项目落实。

参考文献

[1] 王正明,卢芳云,段晓君.导弹试验的设计与评估[M].第3版.北京:科学出版社,2022.

[2] NASA.NASA系统工程手册[M].第2版.朱一凡,王涛,黄美根,译.北京:电子工业出版社,2021.

[3] 王伟,李远哲.坦克装甲车辆试验鉴定[M].北京:国防工业出版社,2019.

[4] 刘映国.美军网络安全试验鉴定[M].北京:国防工业出版社,2018.

[5] 中国国防科技信息中心.试验鉴定领域发展报告(2016)[M].北京:国防工业出版社,2017.

[6] 孙家栋,杨长风,李洪祖,等.北斗二号卫星工程系统工程管理[M].北京:国防工业出版社,2017.

[7] 刘永坚,侯慧群,曾艳丽.电子对抗作战仿真与效能评估[M].北京:国防工业出版社,2017.

[8] 张传友,贺荣国,冯剑尘,等.武器装备联合试验体系构建方法与实践[M].北京:国防工业出版社,2017.

[9] 王本胜,赵子海.战法实验理论与方法[M].北京:国防工业出版社,2017.

[10] 中国航天科技集团公司.通用质量特性[M].北京:中国宇航出版社,2017.

[11] 徐英,王松山,柳辉,等.装备试验与评价概论[M].北京:北京理工大学出版社,2016.

[12] 洛刚.军事装备试验理论与实践探索[M].北京:国防工业出版社,2016.

[13] 曹裕华.装备试验设计与评估[M].北京:国防工业出版社,2016.

[14] 曹裕华,王元钦,等.装备作战试验理论与方法[M].北京:国防工业出版社,2016.

[15] 曹裕华,张连仲,等.装备体系试验与仿真[M].北京:国防工业出版社,2016.

[16] 王冬.武器装备安全性保证[M].北京:中国宇航出版社,2016.

[17] 隋起胜,张忠阳,景永奇,等.防空导弹战场电磁环境仿真及试验鉴定技术[M].北京:

国防工业出版社,2016.

[18] 苑秉成,高俊容,等.水中兵器试验与测试技术[M].北京:国防工业出版社,2016.

[19] 王凯,赵定海,闫耀东,等.武器装备作战试验[M].北京:国防工业出版社,2015.

[20] 柯宏发,杜红梅,赵继广,等.电子装备复杂电磁环境适应性试验与评估[M].北京:国防工业出版社,2015.

[21] 李维,吕彬.美军武器装备采办里程碑节点审查[M].北京:国防工业出版社,2015.

[22] 张健壮,史克禄.武器装备研制系统工程管理[M].北京:国防工业出版社,2015.

[23] 隋起胜,袁健全,等.反舰导弹战场电磁环境仿真及试验鉴定技术[M].北京:国防工业出版社,2015.

[24] 马威.压制武器火力与指挥控制系统试验[M].北京:国防工业出版社,2015.

[25] 赵卫民,申军,朱三可,等.导弹武器装备型号论证[M].北京:兵器工业出版社,2014.

[26] 黄士亮.舰炮保障性试验与评价[M].北京:国防工业出版社,2014.

[27] 陈琪锋,孟云鹤,陆宏伟.导弹作战应用[M].北京:国防工业出版社,2014.

[28] Blanchard B S,Fabrycky W J.系统工程与分析[M].第5版.李瑞莹,潘星,主译.北京:国防工业出版社,2014.

[29] 张晓今,张为华,江振宇.导弹系统性能分析[M].北京:国防工业出版社,2013.

[30] 罗新华,高俊峰,钟建军,等.装备研制过程质量监督[M].北京:国防工业出版社,2013.

[31] 孙凤荣.现代雷达装备综合试验与评价[M].北京:国防工业出版社,2013.

[32] 金振中,李晓斌,等.战术导弹试验设计[M].北京:国防工业出版社,2013.

[33] 唐雪梅,李荣,胡正东,等.武器装备综合试验与评估[M].北京:国防工业出版社,2013.

[34] 郭齐胜,罗小明,潘高田.武器装备试验理论与检验方法[M].北京:国防工业出版社,2013.

[35] 徐宏林.直升机机载武器试验鉴定[M].北京:国防工业出版社,2012.

[36] 张兵志,郭齐胜.陆军武器装备需求论证理论与方法[M].北京:国防工业出版社,2012.

[37] 萧海林,王祎,等.军事靶场学[M].北京:国防工业出版社,2012.

[38] 张育林.航天发射项目管理[M].北京:国防工业出版社,2012.

[39] 徐建强.火箭卫星产品试验[M].北京:中国宇航出版社,2012.

[40] 谢干跃,宁书存,李仲杰.可靠性维修性保障性测试性安全性概论[M].北京:国防工业出版社,2012.

[41] 匡兴华.高技术武器装备与应用[M].北京:解放军出版社,2011.

[42] 郭仕贵,张朋军,刘云剑,等.地雷爆破装备试验技术[M].北京:国防工业出版社,2011.

[43] Kass R A,ALberts D S,Hayes R E.作战试验及其逻辑[M].马增军,孟凡松,车福德,等

译.北京:国防工业出版社,2010.
[44] 沈如松.导弹武器系统概论[M].北京:国防工业出版社,2010.
[45] 万洋旺,伍友利,方斌.机载导弹武器系统作战效能评估[M].北京:国防工业出版社,2010.
[46] 赵新国,等.装备试验指挥学[M].北京:国防工业出版社,2010.
[47] 汪民乐,李勇.弹道导弹突防效能分析[M].北京:国防工业出版社,2010.
[48] 崔吉俊.航天发射试验工程[M].北京:中国宇航出版社,2010.
[49] Alberts D S.军事试验最佳规程[M].郁军,周学广,主译.北京:电子工业出版社,2009.
[50] 武小悦,刘琦.装备试验与评价[M].北京:国防工业出版社,2008.
[51] 胡晓峰,杨镜宇,司光亚,等.战争复杂系统仿真分析与实验[M].北京:国防大学出版社,2008.
[52] 余高达,赵潞生.军事装备学[M].第2版.北京:国防大学出版社,2007.
[53] 陈立新.防空导弹网络化体系效能评估[M].北京:国防工业出版社,2007.
[54] 杨建军.地空导弹武器系统概论[M].北京:国防工业出版社,2006.
[55] 杨榜林,岳全发,金振中,等.军事装备试验学[M].北京:国防工业出版社,2002.
[56] 路史光.飞航导弹武器系统试验[M].北京:中国宇航出版社,1991.
[57] 张金刚.美国海军固体火箭冲压发动机研制历程[J].飞航导弹,2014,(12):69-73.
[58] The Defense Acquisition University. Test & Evaluation Management Guide[M]. 6th ed. Fort Belvoir, VA: The Defense Acquisition University Press, 2012.
[59] Department of Defense Directive 5000.01: The Defense Acquisition System [EB/OL]. 2020.
[60] Department of Defense Instruction 5000.02: Operation of theAdaptive Acquisition Framework [EB/OL]. 2020.

第二章 装备性能试验管理

现代武器装备的构成越来越复杂,性能试验工作涉及装备研制单位、有关装备部门、装备使用部队等众多单位和人员。大型复杂装备的性能试验任务的实施协同性和完成质量要求高,试验所需的周期长,涉及的技术领域多,试验消耗大,任务的顺利完成不仅需要先进的技术,而且需要科学的管理。为此,必须运用系统工程与现代管理理论方法,协调组织相关的人、财、物资、信息、技术等试验资源,科学、高效、经济地完成装备性能试验工作,达到装备性能试验的目标和要求。

本章介绍了装备性能试验的组织体制,装备性能试验管理的主要内容和要求,包括装备性能试验的计划与策略、总体筹划、法规和标准、质量管理和风险管理等。此外,还介绍了装备状态鉴定的程序与要求。

第一节 装备性能试验的组织体制

装备性能试验是一项复杂的系统工程,应当通过组织体制明确各要素的分工职责权限、上下级关系、相互协作关系、信息沟通关系等,实现所有装备性能试验相关管理部门、参试单位和人员的合理分工和密切协作。

一、相关部门和单位

装备性能试验的相关管理部门和单位包括:有关装备部门、试验论证单位、试验单位、试验部队,以及试验鉴定专家咨询组织等。

(一)有关装备部门

装备性能试验服务于军方的装备研制、列装定型和采购等重大决策,涉及许多单位。一方面,必须加强对性能试验工作的组织协调和监督管理,由军方作为用户主导装备性能试验工作,确保性能试验工作的权威性、规范性和可信性。另一方面,也需要提高性能试验管理工作效率、工作质量和充分调动各级部门和单位的工作积极性,突出其在装备发展中的地位和责任。

世界各国对装备性能试验工作通常都采用集中统一领导和分级管理相结合的体制。例如,美国的装备研制试验鉴定工作由美国国防部和各军种的相应管理部门分级负责。

按装备的重要性和规定权限,各级有关装备部门的主要职责包括:①装备性能试验总体计划、性能鉴定试验的组织与大纲的审批。②性能验证试验的过程监督,对试验活动的客观性、试验数据的可信性等进行独立评估。③性能试验相关政策规章的拟制。④性能试验条件设施建设、相关研究计划的管理。

(二)试验论证单位

装备试验论证单位是承担试验初案、试验总案论证等试验鉴定总体论证工作的单位。装备鉴定试验论证单位通常为军方试验训练基地。

(三)试验实施单位

装备性能试验通常需要在严格受控的条件下对被试装备的各项战术技术性能进行试验测评,涉及的试验内容较多,试验技术和条件构成复杂。因此,装备性能试验任务通常需要由专门的试验单位实施。

1. 试验实施单位

装备试验单位是指按照计划或合同承担试验实施任务的单位。

性能验证试验的试验实施单位通常是装备研制单位或其下设的专门试验机构,也可以是其他符合资质要求的专门试验机构。装备研制单位不具备试验条件时(如导弹武器试验所需试验航区及大型试验专用装备等情况),可以利用军队试验单位组织实施。

装备性能鉴定试验的实施主要依托军队试验单位,也可根据需要由地方符合资质要求的试验机构实施。性能鉴定试验需对装备战术技术性能进行全面考核,保证试验的真实客观和充分性,同时还需要考虑战术背景因素,往往涉及近实战试验环境构设、威胁与靶标运用、部队兵力使用与协同、实弹射击等,需要对试验任务实施严密的军事化组织指挥。因此,性能鉴定试验通常由军方试验单位利用军方试验条件实施,也可根据需要利用军工企业、地方科研院所或实验室的试验资源。

2. 试验总体单位

试验总体单位主要负责装备性能试验任务实施过程中的试验技术总体工作,监督各试验单位工作进度,承担试验有关技术审查等工作。性能试验总体单位也可以同时是试验实施或试验论证单位。

根据实际情况,试验总体单位可由承担试验任务的某一试验单位担任,也可以由指定的科研院所担任。对于装备性能验证试验,试验总体单位通常是国防工业部门的装备型号研制总体单位。有的装备研制单位设有专门的试验机构(如XX公司试验部),该机构负责装备性能验证试验的总体策划、试验大纲编制、实施与试验报告编制等工作。这类专门的试验机构通常是性能验证试验的总体单位。对于装备性能鉴定试验,试验总体单位通常为承担性能鉴定试验任务的军方试验训练基地。

(四)试验鉴定专家组织

现代高技术装备的发展使得装备性能试验涉及的专业和知识领域越来越多,试验所需费用越来越高。同时,对于装备性能试验工作质量和水平的要求也不断提高,试验技术复杂性和风险越来越大,性能试验面临的各种新问题层出不穷。仅仅依靠各级装备试验鉴定管理机关、研制和试验单元的相关人员已难以完全适应性能试验工作的新形势、新任务和新要求。这就要求借助各种"外脑"和"智库"的智慧,充分发挥军地相关专家作用,形成装备性能试验的技术与决策咨询的专家组织,参与理论和技术研究、技术文件审查把关、过程监督指导和试验结论分析评估,提出咨询意见,为开展装备性能试验的相关工作提供强有力的智力支持。

这类专家组织有的是常设的专门机构,有的是针对具体任务或某项业务工作的临时性专家咨询团队。

有关装备部门通常都设置有试验鉴定专家咨询组织。具体职能包括:①为各级装备状态鉴定、列装定型工作提供决策咨询,参与试验鉴定活动,就相关技术问题提出咨询意见和建议;②参与试验鉴定政策理论和技术研究,参与试验总案、性能试验大纲,以及条件建设方案审查等工作,为编制装备试验政策法规、标准规范、工作指南等文件提供起草、论证和评审服务,就相关理论方法和技术研究提供专家意见和工作建议。

一些承担装备研制和试验任务的单位也有各类常设的或临时性的专家组,用于提供试验大纲制定和审查、试验技术研究、试验实施方案论证评估、试验结果的审核、分析和评估等服务。例如,有的装备试验训练基地设立有外聘专家,为装备试验的相关工作提供业务指导和咨询服务。有的试验单位在进行试验大纲评审或试验结果分析评定时聘请各方面的专家提供业务指导和咨询。

专家咨询组织的专家通常具有较丰富的实践经验和较高的专业知识水平,工作具有相对独立性,从而能较为客观公正地提出咨询意见和建议,是做好装备性能试验工作的重要支撑力量。

(五)教育培训及研究机构

1. 性能试验的教育与培训

随着装备技术的发展,装备性能试验的考核内容越来越全面,涉及的技术越来越复杂,考核条件已由标准环境转向极端环境条件、边界使用条件和贴近实战的复杂环境。装备性能试验的对象已由单装为主扩展到系统和体系。因此,对于装备试验鉴定人才的能力素质提出了新的要求。信息化高技术装备的性能试验迫切需要一大批掌握坚实的高科技装备知识,懂装备体系与作战运用,具有较强的试验管理和组织协调能力、试验任务实施与结果分析评估能力的高素质人才。构建从本科学历教育、研究生培养到任职教育培训的试验鉴定教育培训体系具有重要的意义。

美军十分重视装备试验鉴定人才队伍的建设和人才培养,并且通过国会立法和国防部政策文件提出了相关要求。早在1990年,美国国会就通过了《加强国防采办队伍法》,要求建立国防部采办人员的教育、培训与职业发展标准。2005年,美国国防部颁布了《国防采办、技术与后勤队伍教育、训练、职业发展计划》。美军的试验鉴定人员主要分布在国防采办试验鉴定岗位、作战试验机构和靶场。据相关文献,2015年美国国防部共有试验鉴定人员28338人(其中,军职5734,文职22604人)。2015年美国国防部设有首席研制试验官的100个重大采办项目中,78个项目的首席研制试验官由具有试验鉴定关键领导岗位资格认证的人员担任。

美军试验鉴定人才教育培训主要依托美国国防采办大学(DAU)等相关院校开展。隶属于美国国防部的美国国防采办大学为美军试验鉴定人员提供试验鉴定核心能力证书教育项目,分为初、中和高级三个等级对已有1年、2年和4年试验鉴定工作经历人员进行培训。培训主要涉及采办管理、规划与计划管理、系统工程、体系工程、联合试验、综合性试验、生产制造、费用分析、风险管理、职业健康与环境安全、决策分析、建模仿真、数理统计、可靠性与维修性、软件测评、空间定位与测量技术、领导与管理等方面的内容。美国佐治亚理工大学(Georgia Tech)提供试验鉴定证书教育项目。该项目得到美国军方资助,由试验鉴定研究与教育中心(TEREC)负责。此外,美国阿拉巴马大学亨茨维尔校区(Universityof Alabama in Huntsville)也开设了试验鉴定证书教育项目。除了获得试验鉴定证书外,美军的这些教育项目证书还可折合学分,通过进一步学习其他相关课程在相关院校申请获得硕士研究生学位。

从总体上看,这些培训主要涉及的内容包括:建模仿真、高性能计算、数理统计、软件测评、数据库技术、项目管理、决策分析、可靠性工程、经济分析、雷达与激光技术、图像与视觉技术等。

面向装备性能试验工作的需求,开展装备性能试验相关人才教育培训,应充分论证人才的知识结构和能力素质。做好装备性能试验工作,除了需要精通某一装备或相关专业技术的专门人才之外,还需要复合型的系统工程人才。这类人才应具备必要的管理学、运筹学、统计学、信息技术和军兵种装备技术基础知识,能运用系统工程管理、统计与决策、仿真分析等方法,解决装备性能试验的计划与组织管理、试验设计、试验实施、试验结果分析评估、试验保障等问题。针对这类人才,应重点培养以下能力:

(1)试验筹划能力。能够运用系统工程、项目管理、工程经济学等理论方法对装备性能试验任务进行统筹规划,对试验任务需求进行论证分析,形成试验计划,并对试验所需的条件设施进行统筹建设。

(2)试验设计与实施能力。根据装备研制和试验任务需求,综合考虑影响装备性能的各种因素,运用试验设计与优化、系统仿真等相关技术,对试验效率和资源消耗进行权衡,拟定装备性能试验大纲和试验实施方案,组织协调参试单位和人员开展装备性能试验活动。

(3)数据获取与分析评估能力。依据装备性能试验大纲和试验实施方案,通过运用测试测量、数据挖掘、大数据分析、统计分析等技术,获取装备性能相关的试验数据、对数据进行处理、存储、共享、分发和分析。运用装备试验鉴定理论、决策与综合评价理论方法,对装备性能进行分项与综合评估。

2. 相关学术研究组织与活动

当前,以信息技术为特征的高新技术在军事上的应用,使未来作战形态发生了根本性的变化,武器装备的发展呈现信息化、无人化、智能化和体系化等新特点,使装备试验鉴定面临许多新问题。探索装备试验鉴定的新理论、新方法和新技术,研究新形势下装备试验鉴定工作的特点规律,对于提高装备试验鉴定工作的水平和质量、促进装备建设具有重要的意义。军队相关管理部门和试验鉴定机构、工业界和学术界都对此十分关注。当前,国内外对于装备试验鉴定相关的学术研究十分活跃,已建立了专业的学术团体,并开展相关的学术研讨交流活动。

国际上装备试验鉴定领域比较著名的学术团体有国际试验鉴定联合会(ITEA)和美国国防工业协会(NDIA)下设的试验鉴定分会。ITEA总部位于美国弗吉尼亚州,由来自政府、学术界、工业界的人士组成。ITEA 主要以国防系统的试验鉴定问题研究为背景。ITEA 与美国国防采办大学(DAU)、美国航空与宇航联合会(AIAA)、定向能专业者协会(DEPS)等都有合作备忘录(MOAs)。ITEA 出版有《ITEA 试验与评价杂志》,每季度出版一期,每一期都有一个专题,由世界各地的专家撰稿。ITEA 每年举办一次年度 ITEA 国际研讨会,每次都有一个大会主题,并颁发杰出试验鉴定专业人员奖。ITEA 每年举行一次年度技术评价研讨会,探讨新的试验鉴定技术及其潜在应用的可能性。此外,美国每年还举办一次年度全国试验鉴定会议,由美国国防工业协会(NDIA)试验鉴定分会、系统工程与后勤分会联合主办。

当前,装备试验鉴定技术的研究越来越受到重视。中国系统工程学会、中国电子学会等学术团体也在其举办的一些学术会议上将装备试验鉴定列为会议的重要研讨专题。

(六)其他相关部门和单位

装备性能试验是装备全寿命周期中的一项重要活动,涉及许多部门和单位。除前述的部门和单位以外,还有以下几类相关部门和单位。

1. 军事代表机构

军事代表机构主要负责监督装备研制单位质量管理体系的建立与运行,对装备研制、生产、维修过程质量等进行监督,开展装备(或者产品)检验验收,并对售后服务质量和质量问题处置情况进行监督。

在装备性能试验方面,军事代表机构主要负责对装备研制过程中的性能试验活动进行监督,督导研制单位对试验中发现的问题进行处理,对研制单位提出的性能鉴定试验申请提出意见,负责研制单位提交性能鉴定试验的样机以及小批量生产样机的检验。

2. 研制总体单位

装备研制总体单位主要负责装备的总体技术方案论证、装备研制过程的系统工程管理等工作。通常,装备的研制总体单位是国防工业领域的专业总体研究院所,有时也由院校或其他研究机构承担。通常,研制总体单位参与性能试验大纲的编制、性能试验数据的采集和综合评估工作。

3. 研制单位

装备的研制单位主要负责装备的工程研制、工艺和制造等工作。在性能试验方面,通常负责性能验证试验任务的实施,提交性能验证试验数据,提供性能试验所需的样本并配合开展其他相关性能试验。

二、性能试验的管理机制

装备性能试验的管理机制是指装备性能试验的相关部门及单位之间为开展装备性能试验管理工作所规定的运行过程和方式。

(一) 装备性能验证试验的组织管理

装备性能验证试验通常由装备研制单位组织实施,必要时可利用军方试验场。如果性能验证试验数据拟被后续装备性能鉴定试验采信的,应当由装备部门组织对相关试验过程进行监督,并在装备试验总案中明确。

为了克服研制单位试验条件的局限性,有的性能验证试验还需利用军方的试验场或由军方人员操作实施。例如,大型高速风洞试验,战斗机研制过程中进行的试飞,有时就需要利用军方管辖的试验设施和军方人员参与。另外,导弹武器型号在研制过程中为验证设计方案的正确性,检验各分系统之间的协调性,评价战术技术性能是否达到技术规格要求,在接近实际使用条件下进行的试验通常也需在军方靶场实施。通常情况下,这类试验由装备研制单位提出任务申请,有关装备部门负责安排计划,由军方试验场按任务要求和试验大纲负责实施。试验结束后,由军方试验场向研制单位提供相关试验报告。

(二) 装备性能鉴定试验的组织管理

装备性能鉴定试验的组织管理机制如图 2-1 所示。装备性能鉴定试验由有关装备部门负责组织试验单位实施。

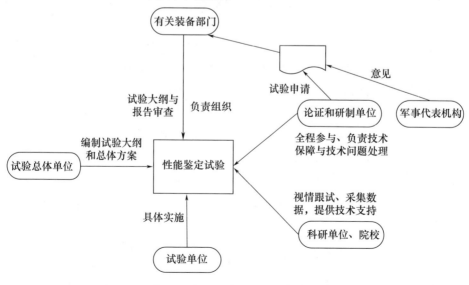

图 2-1 装备性能鉴定试验的管理机制

性能验证试验结束后,需要组织进行转阶段审查。通过审查后,向有关装备部门提出的性能鉴定试验申请,军事代表机构应当提出意见。

装备性能鉴定试验申请经有关装备部门审核通过,即可开展性能鉴定试验。

通常,由有关装备部门指定一个试验总体单位牵头开展性能鉴定试验有关工作,并组织试验实施单位根据批准的性能鉴定试验大纲和年度任务计划开展性能鉴定试验。

依据装备的地位和重要性,装备性能鉴定试验任务通常由有关装备部门下达,任务下达时主要明确以下内容:①试验目的;②被试装备(或被试品)、陪试装备(或陪试品);③试验单位;④试验项目;⑤任务分工;⑥进场安排;⑦协同关系;⑧试验保障;⑨措施要求。

性能鉴定试验大纲由试验总体单位编写,并报有关装备部门审批和备案。性能鉴定试验大纲应依据试验总案和研制总要求编写,具体包括功能性能试验大纲、通用质量特性试验大纲和软件测评大纲等。性能鉴定试验大纲需要调整或者修改的,按照原程序报批。

装备论证单位和装备研制单位应全程参与性能鉴定试验,负责试验过程技术服务保障、技术质量问题处理等工作,有关部队、院校、科研单位可根据需要跟试。试验单位在性能鉴定试验结束后应编制性能鉴定试验报告,向有关装备部门上报并抄送相关装备论证和研制单位。

第二节　装备性能试验计划与策略

计划是根据管理目标,在预测的基础上,对行动进行预先设计,对实现目标的途径作出具体安排。计划是管理活动中最基本的一项工作,是一切行动的前提。没有计划的行动,极易产生组织行为混乱和风险,导致难以实现工作目标。制定科学合理的装备性能试验计划,有助于确定实现性能试验目标所需要的资源,可为编制性能试验预算、调配试验资源、评估性能试验的风险提供输入。根据装备的地位和重要性,将装备划分为不同的管理等级进行性能试验计划管理,有助于提高管理效率和关注重要装备。同时,不同类型装备的试验鉴定特点和规律可能具有较大的差异,因而需要选用不同的试验鉴定模式规定性能试验工作程序。

一、装备的分级管理

对一个国家而言,装备类型与数量巨大。为提高管理效率,突出重点,世界各国通常都依据装备的不同地位和特点,对装备的试验鉴定实施分级管理。例如,美国国防部将所有的国防采办项目按其所需经费等因素划分为不同的采办类别,分别由国防部和各军种负责其采办决策。对于重大的国防采办项目(例如,研发与试验鉴定总费用超过3.65亿美元,或采购费用超过21亿美元的项目),由美国国防部负责其试验鉴定计划的审查,并对其试验鉴定活动情况进行监督评估。此外,美国国防部试验鉴定部门每年视情指定特定的采办项目,将其试验鉴定活动列入国防部直接监督清单。

根据装备的地位和重要性,装备鉴定定型实行分级管理,并确定其试验鉴定策略与工作程序,试验总案分别由不同层级的装备部门负责审批和备案。

二、装备性能试验计划及其分类

装备性能试验工作通常涉及各级装备部门、装备研制单位、试验训练基地或试验机构、装备使用部队等单位,协同难度大,所需试验经费与试验资源类型数量较多,试验过程中的技术风险大。此外,有的装备性能试验持续长达数年之久,各种不确定性影响因素复杂。装备性能试验计划为所有参与装备性能试验的各单位和人员提供了相互协作的方向和依据,降低了工作的不确定性,提高了装备性能试验的工作效率,为进行性能试验质量管理与控制、按时间要求实现装备性能试验目标提供了保证。应当认识到,计划并不能完全消除变化和风险,也不是一成不变的,在计划实施过程中可以根据实际情况的变化及时对计划按规定程序进行调整。

装备性能试验的计划通常可以分为以下几种类型:

(一)装备性能试验规划

装备性能试验规划是装备试验鉴定规划的重要构成内容,主要是对装备性能试验及相关条件建设等作出安排,明确装备性能试验的指导思想、发展目标、试验任务、建设安排、经费保障等。

(二)装备性能试验年度计划

装备性能试验年度计划是装备试验鉴定年度计划的重要构成内容,主要是明确年度性能试验任务以及条件建设项目的目标要求、进度节点、责任主体、经费保障、资源调配和协同措施等。

(三)装备型号的性能试验计划

装备型号的性能试验计划主要是指具体装备在其全寿命周期内所有性能试验相关事宜的工作计划,通常是该装备型号装备试验总案的构成部分。

装备型号的性能试验计划的主要内容应包括:性能试验的总体安排,性能试验的主要内容及试验项目,各类性能试验的时机和进入条件,性能试验所需的保障条件等。

(四)装备性能试验任务实施计划

装备性能试验任务实施计划针对特定性能试验任务的实施,规定了计划期内的性能试验任务的分工与协作、任务进度的时间节点要求、任务保障要求等。

装备性能试验任务实施计划按持续时间可分为进度总计划、年度进度计划、阶段计划、月计划、周计划、日计划等。

装备性能试验任务实施计划按层次可分为试验任务总体计划、分系统试验任务计划、各参试单位计划、设备和岗位计划等。按任务阶段可分为任务准备阶段计划、任务实施阶段计划和任务结束阶段计划等。

三、装备的试验鉴定模式

为了便于对装备实施全寿命周期管理决策,通常将装备的全寿命周期划分为若干阶段。在进入某些阶段前,设立相应的里程碑决策点并组织进行评审,以降低装备项目的风险。在装备研制的早期和中期,需要开展大量的性能验证试验工作,对装备的设计方案、战技指标达标度。在装备研制的后期,需要开展装备的状态鉴定试验,为装备的状态鉴定和列装定型提供决策依据。

装备试验鉴定模式是指装备在其全寿命周期内进行试验鉴定的工作程序范式。应当根据具体装备特点和实际情况,灵活确定试验鉴定模式,统筹安排性能试验、作战试验和在役考核科目。

(一)通常情况下的模式

该试验鉴定模式按照性能试验、状态鉴定、作战试验、列装定型、在役考核的基本程序开展。根据需要可以统筹性能试验、作战试验和在役考核三类试验开展综合试验,综合试验安排应在总案中明确。

图 2-2 给出了通常情况下的模式所对应的工作阶段划分。

1. 论证立项阶段

论证立项阶段的目的是提出优选的总体技术方案,降低总体方案风险。论证立项工作通常由装备部门根据装备建设规划组织开展,需要联合研制的项目,由指定的项目牵头单位组织联合论证。这一阶段的主要工作是,根据装备建设规划,分析和提出装备的作战使命任务、主要战术技术指标、体系贡献率、提出各种备选技术方案,对备选方案进行性能、效能、进度、费用等专门分析,必

图2-2 通常情况下的模式所对应的工作阶段划分

要时应进行方案的演示验证，经综合权衡提出优选方案建议（初步总体方案），提出竞争性采购要求、合同签订要求、数据模型要求、试验初案、技术可行性、研制周期、全寿命周期费用、综合保障要求和研制保障条件等，完成装备《立项综合论证报告》并报批。

论证立项阶段的试验鉴定工作主要是一些早期工作，比如方案的演示验证、原理试验和验证、分系统试验等。在方案论证时，应主要运用装备的数字模型、仿真模型等对装备的性能进行评估，在必要时可采用原理型样机对装备的性能进行演示验证，以评估方案的技术可行性和技术价值。

在这一阶段，装备试验论证单位应会同装备研制论证单位，成立装备试验初案编制组，按要求完成"装备试验初案"（简称"初案"）的拟制。试验初案论证通常根据装备作战使命任务和主要战术技术指标，设计试验工作节点，明确主要试验任务、关键试验资源需求和试验鉴定经费概算等，并随装备立项综合论证报告一同报批。

根据装备研制总要求，可由军方与装备研制单位订立装备研制合同，开展装备的工程研制。

2. 工程研制阶段

工程研制阶段的主要工作包括方案设计、样机研制、性能验证试验与性能鉴定试验、状态鉴定。这一阶段的具体工作如下：

（1）开展装备方案设计、关键技术和工艺攻关、完成原理/模型样机/初步研制型样机/正样机研制。研制单位应进行设计和生产制造工艺改进，组织设计评审，确认装备的技术和工艺规范满足装备研制要求，并提供进行性能鉴定试验的正式样机。

（2）编制系统规范，明确装备技术路线、技术方案、功能性能、研制进度、保障条件、试验鉴定考核等具体要求，最终形成装备研制总要求。

(3)编制装备试验总案。

试验总案(简称"总案")是组织实施装备试验和鉴定定型审查的主要依据。试验总案对装备性能试验、作战试验和在役考核、鉴定定型安排以及所需试验保障条件作出统筹设计,是制定、审查和批准各类试验计划、大纲,组织状态鉴定、列装定型审查的基本依据。配套产品的总案编制、审查和批准程序按其列装定型分级管理权限实施。

通常,由装备试验论证单位、装备论证单位、主要试验单位、研制单位、军事代表机构等相关单位的人员组成试验总案编制组,并明确编制组负责人和试验论证单位。

试验总案论证,通常应由试验论证单位在装备立项批复后、性能试验开始前完成。试验总案应根据装备立项批复,结合装备研制总要求论证情况,明确试验考核指标体系、试验方案及安排、试验资源保障能力和需求、鉴定定型级别划分、试验实施单位建议等要求。

美国国防部要求每个装备项目设立一个总研制试验师,同时应指定一个政府试验鉴定机构作为该项目研制试验工作的牵头单位。通常,总研制试验师由美国国防部具有资质的全职人员担任。总研制试验师负责装备项目研制试验的计划、管理和监督,并担任项目的工作层面综合性试验鉴定团队的负责人。综合性试验鉴定团队由来自试验鉴定相关单位的人员构成,负责装备寿命周期内所有的试验鉴定活动。

为了做好装备全寿命周期试验鉴定工作的总体筹划,可以针对具体装备型号设置装备试验鉴定工作总体技术负责人(简称"试验鉴定总师")。试验鉴定总师负责装备试验鉴定工作的管理实施,统筹试验鉴定策略、试验条件建设、试验技术研究和各阶段试验组织实施,配合开展试验过程装备质量问题处理。

试验总案应由装备部门组织审查,并实行分级审核或审批。

试验总案可以实施版本化管理,并结合实际适时组织修订,并按规定审批权限报批。

装备试验总案得到批准后,可以根据实际工作需要,由有关装备部门组织相关总体论证单位、试验单位、研制单位和部队等对总案中的性能试验计划进行细化。

(4)组织开展性能验证试验和状态鉴定试验。

性能验证试验工作主要由研制单位实施。其中,结论拟用于支撑状态鉴定和列装定型的试验项目,应由有关装备部门组织对试验过程进行监督。

方案设计期间的性能试验工作主要是针对拟采用的关键技术方案进行性能验证试验,验证关键技术的可行性和分系统技术性能,减少装备整体性能和生产制造工艺的风险。为了提高试验效率和节省试验成本,这一阶段的性能验证试验也可采用计算机仿真和模拟进行。

在工程研制阶段完成装备的初样研制后,即可进行初样性能验证试验,确认对各分系统的设计要求。然后,开展关键设计评审,并提出试样研制要求。试样研制完成后,可由研制单位进行试样性能验证试验,验证装备的整体性能满足研制总要求和技术规范要求。例如,飞机在工程研制阶段,可利用试制样机进行科研试飞。

在实施性能鉴定试验之前,试验总体单位应拟定装备的性能鉴定试验大纲(亦称为状态鉴定性能试验大纲),并且与装备研制单位就相关内容进行协商。装备性能鉴定试验大纲编写的主要依据是:装备的研制总要求和研制任务书、相关的国军标和其他试验标准规范、装备的实际研制情况及试验条件。完成性能鉴定试验大纲编写后,应按规定上报审批。有关装备部门对上报的装备性能鉴定试验大纲组织进行专门审查和批准后,承担试验任务的单位按照批准的性能鉴定试验大纲实施性能鉴定试验。

进行性能鉴定试验通常需要向有关装备部门提出申请,由军方试验单位和授权的具有资质的地方试验单位承担实施。性能鉴定试验工作由有关装备部门主持,装备研制单位配合。装备的研制单位应提供正式样机用于装备性能鉴定试验。性能鉴定试验的结果是装备能否通过状态鉴定审查的重要依据。

试验单位按计划实施完成性能鉴定试验任务后应提交性能鉴定试验报告。对于在装备性能鉴定试验中发现的问题,研制单位应进行认真分析,并按要求完成问题"归零"或作为遗留问题处理,并将相关情况写入性能鉴定试验报告。

3. 列装定型阶段

列装定型阶段的主要目的是确保装备的作战效能与作战适用性,同时验证装备的可生产性和经济性达到研制要求等。这一阶段的工作由有关装备部门主持,研制单位配合。列装定型阶段的主要工作是进行装备的小批量试生产、开展作战试验,对生产制造工艺、供货和质量稳定性等进行改进和审查。

完成前述工作后,即可申请由有关装备部门组织列装定型审查。通过审查并经批准后装备即可列装定型。

4. 生产部署与使用维护阶段

在生产部署与使用维护阶段,经批准列装定型的装备,相关工业部门根据订货需求进行批量生产后交付军方和配发相关部队列装使用。这一阶段开展的试验鉴定工作主要是在役考核。

在装备生产部署与使用维护阶段,可结合部队训练、演习和作战等任务对装备在部队实际使用中的性能表现进行评价,提出装备性能方面的改进升级意见。在此期间,可根据需要补充开展性能试验,以确认纠正措施的有效性或对前期难以充分考核的指标进行检验。

(二)其他情况下的模式

对于根据立项批复要求已明确分阶段形成能力的大型复杂装备,可以分阶段开展性能试验、考核并进行状态鉴定审查。在立项批复规定的最终能力阶段作战试验完成后,可进行列装定型审查。

例如,对于有些类型的大型复杂装备(特别是以武器装备平台为主,配备多种武器系统的装备系统)的研制,由于技术风险和进度风险等因素,有时系统中的部分分系统的研制进度远滞后于平台主系统的研制进度。例如,舰载雷达系统的研制进展可能会滞后于船体平台的研制进度,从而难以及时开展全系统性能试验。还有的装备建设采用渐进式发展模式。例如,军用飞机可能先挂载现有型号的空空导弹交付部队,待新型空空导弹研制成功后,再换装为新型导弹。对于这类装备的性能试验,可以按照其能力增量,分阶段开展性能试验。对于每次可交付的能力增量,都进行一轮对应的性能试验。但是,对于更新系统不会产生影响的性能指标,则可以借鉴和采信前一个能力增量已完成的性能试验结果给出评价。这样,既能满足这类装备渐进式发展的现实需求,又能满足及时摸清性能底数和发现存在的设计缺陷。

对于单独立项但需配装相应平台使用的装备分系统、设备的试验鉴定。例如,对动力装置、机载武器、导弹战斗部以及卫星应用终端等装备子系统、平台和部件,可以结合目标平台开展相应试验、考核后,可以单独进行状态鉴定审查或者列装定型审查。

对于装备适应性改进、结合装备订购开展的装备加装改装、技术状态调整,以及引进装备、军选民用装备等非研制项目,或已经过实战检验或者充分运用的装备,可以根据实际情况对一般情况下的模式进行合理剪裁。例如,可以通过采信已有试验结论,或根据需要有选择地开展补充性能试验,或不进行状态鉴定审查。

对于需要应急投入使用的在研装备、试验性装备，由装备部门组织对涉及装备使用安全和关键战术技术指标进行试验验证，经评估能够满足应急任务需求后，可以直接进行状态鉴定审查通过后交部队小批量试用。但对于需要列装交付部队的装备，则需按照要求补充试验并进行鉴定定型。

对于软件以及各类装备系统中的软件部分的性能试验，应遵循软件试验与装备试验相结合、第三方测评与用户试用相结合的原则，实施软件版本化管理和迭代升级改进。装备中的软件应当随装备进行状态鉴定或者列装定型。

四、装备的性能试验策略

装备性能试验策略是指装备在全寿命周期内开展性能试验工作的总体程序和要求。通常，装备的性能试验策略明确了对试验鉴定模式的选择。不同类型的装备，其性能试验策略也有所不同，装备所采用的具体模式通常应在试验总案中明确。

实际中装备类型很多，有的装备的研制和运用方式具有较强的特殊性。因此，在实际工作中，应结合装备特点灵活运用试验鉴定模式，确定适合装备特点的试验鉴定策略。

对卫星等装备，研制中产品可能就是拟列装的装备。对于这类装备可以采取综合试验的方式。例如，对于军用卫星，一方面，可以在地面通过"虚实结合"的方式对此类装备的性能和可能运用方式进行充分的模拟测试。另一方面，也可以充分利用研制单位出厂测试、发射场测试以及发射入轨后在轨测试等环节开展装备的性能试验。

有的装备具有研制和试验成本高、列装数量少、系统构成复杂等特点，通常具有较长的研制周期。例如，对于大型舰船平台装备，可以使拟列装部队的人员在研制早期就介入性能试验，并且与作战试验和在役考核尽量能结合起来开展性能试验活动，尽可能由经过培训后的部队人员操作装备开展性能试验，并在性能试验设计时考虑作战使用模式，以减少后续作战试验项目。

第三节　装备性能试验的总体筹划

一个装备项目所需安排的性能试验种类与数量应当视装备的具体情况而定，通常与装备的技术复杂度、新技术含量和作战运用环境有关。与现有装备相比，如果被试装备的技术构成复杂、作战使用环境多变、涉及许多新技术或者性能出现较大变化,通常就需要对其进行大量的性能试验。为了达到性能试验的目的,需要通过装备性能试验筹划制定一个全面系统的性能试验总体计划。

装备试验总案明确了满足装备试验鉴定的关键数据需求而开展的所有试验鉴定活动,也是制定各类性能试验大纲、试验任务实施进度计划和资源配置的重要依据和指南。装备性能试验总体计划是总案的重要构成内容。

一、装备性能试验筹划的要求

进行装备性能试验总体筹划的总要求是:着眼装备试验鉴定全过程,在综合权衡装备鉴定定型考核要求、试验保障以及经济可承受性的基础上,科学确定试验策略,综合考虑装备全寿命周期内的各类试验活动和各种试验方法,对装备性能试验的主要工作以及所需试验保障条件等进行整体规划,统筹安排试验科目,合理设计试验方法,力求以最小的代价获取客观可信的试验数据和评估结论,确保装备的主要性能指标得到充分考核。

在总体筹划过程中,应重点关注以下几方面的要求。

(一)充分考虑存在的各类风险

在进行装备性能试验总体筹划时,应充分考虑到装备项目可能存在的经费、进度等各种风险。2002年5月,美国国防部作战试验鉴定局局长向美国参议院武装部队委员会作证时指出:由于项目延期,只有40%的试验工作是按计划的时间开始的。此外,还应考虑试验所需要的成本、试验信息充分性和试验结论存在的风险等各种因素。

(二)贯彻综合性试验思想

在装备性能试验总体筹划时,要贯彻综合性试验的思想,尽可能将性能试验、作战试验和在役考核的试验活动综合,综合运用各种试验手段,将仿真试验、半实物试验和实物试验相结合,精心编制试验计划,最大限度地获取试验信息。在编制试验大纲时,应运用试验设计方法,科学设计试验场景和试验条件,缩短试验时间和次数,采用先进的试验评估理论,充分利用各类相关信息和采信数据,以合理的试验样本量对装备的性能指标给出可信的结论。

在装备研制的早期,装备的试验鉴定以由研制单位实施的性能验证试验为主体,主要服从于装备研制和设计验证。到研制中期,试验鉴定工作的重点逐步转到装备性能鉴定试验,主要用于从工程视角评定装备是否满足研制总要求,评定是否具备开展外场作战试验的条件。在研制后期,装备作战试验成为试验鉴定工作的主体。装备列装定型交付部队使用后,装备在役考核就成为重点工作。在装备的全寿命周期中,这三类试验活动应进行统筹和协调,充分考虑试验数据的采集,避免不必要的重复试验,实现在全寿命周期内对装备进行持续的试验鉴定。

(三)重视建模与仿真技术应用

在制定装备的性能试验总体计划时,应尽可能将建模与仿真的运用列入试验项目。建模与仿真的类型包括数学模型、人在回路中的模拟、虚拟原型、半实物仿真等。在性能试验中充分地运用建模与仿真技术,可以减少现场试验时间、费用和试验风险,增强试验鉴定的可信度,并且支持实物试验结果预测和试验设计验证。

建模与仿真非常适用于大型装备体系和高危险性的装备性能试验,以及难以实现的极端环境条件下的装备性能试验。在装备研制的早期,由于缺少实装,可以运用建模与仿真进行性能试验。例如,美国在对F-22战机实施翼板易损性试验前,就大量采用了力学模型进行仿真试验以辅助性能试验设计,节省了试验经费和试验时间。此外,建模仿真还可以用于试验安全管理。例如,美国在白沙导弹靶场的导弹实弹发射试验中,就运用了仿真试验技术,对飞行试验中的导弹飞行轨迹进行实时比对,以便当出现大偏差时发出安全控制指令。

(四)优化试验安排

在性能试验任务计划与活动安排方面,应根据试验任务要求,精心选取试验项目,合理编排试验项目的顺序,力争以最小的试验消耗和时间获取充分的试验信息,在预期的时间内完成各类性能试验任务。例如,海军舰船的零位检测项目,应优先予以安排。如果零位检测不能满足要求,由于坐标失真,其他相关试验项目就难以获得可用的数据。

在试验安排时,还应考虑尽可能使试验便于组织实施。

二、装备性能试验筹划的流程

装备性能试验的总体计划工作应尽可能早地在装备全寿命周期开展。通常,在装备研制立项批复后即可在有关装备部门指导下开展这一工作,与装备的研制总要求编制同步进行。

首先,可以成立综合性试验鉴定工作组。该小组成员来自有关装备部门、装备研制单位、装备使用单位、试验单位、军事代表机构、部队作战与训练管理部门等相关组织。该工作组在试验鉴定总师的领导下负责装备装备试验总案的编制工作。装备试验总案包括了装备性能试验的总体计划,并对装备研制过程中的所有性能试验工作进行总体筹划,并考虑与作战试验等其他类型的试验进行统筹规划。

编制性能试验总计划可参照图 2-3 所示的工作流程。

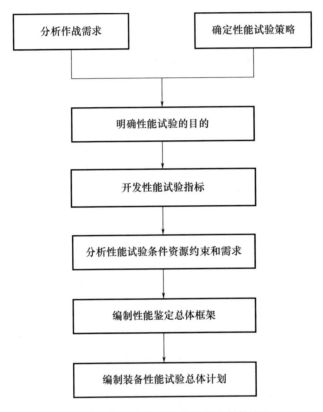

图 2-3 装备性能试验总计划编制的流程

(一) 分析作战需求和确定性能试验策略

首先,应分析装备的作战运用需求、面临的威胁等,理解装备的作战能力需求文件、研制要求、技术需求规格、装备研制计划、项目管理等文件,特别是要对装备的典型作战任务剖面进行分析。

在对被试装备作战使命任务进行分析的同时,还应对装备的作战目标、威胁进行分析评估。

在此基础上,根据批复的装备研制立项综合论证报告、试验初案、被试装备的类型和特点,确定装备试验鉴定的工作模式和装备的性能试验策略。

(二)明确性能试验的目的

明确性能试验的目的,了解各方面对性能试验结果的需求。例如,了解有关装备部门需要哪些信息支持全寿命周期各阶段的管理决策,了解哪些数据是装备状态鉴定和列装定型决策所需提供的关键信息。

一般来说,装备性能试验的目的主要有:①验证关键技术性能和战技指标的达到程度,评估研制工作进展。②为验证设计方案、发现和纠正缺陷提供信息。③识别装备的性能边界。④评估通用性能,例如可靠性、维修性、环境适应性、电磁兼容性、安全性、易损性、网络安全性、互操作性等。⑤评估装备是否满足开展外场作战试验的条件。⑥为建模与仿真提供验证数据。

(三)开发性能试验指标

根据性能试验目的,开发性能试验的评价指标,主要包括专用性能指标、通用性能指标等。

应当认真分析装备能力需求分析中所列出的各种性能指标要求,特别是在研制总要求文件中规定的性能指标,评估其可试验性、可测度性和可达到性以及表述的清晰性。此外,还需要考虑评估每一种试验要求所需的试验成本和费用。在开发性能试验指标过程中,应重点研究需要进行试验考核的装备的关键性能参数。对装备的性能验证试验,应重点关注装备关键的基本技术性能参数(对应于装备的物理特性,反映了装备的能力、关键设计特性或高风险属性,对于装备的关键性能参数和关键系统属性具有直接和重要的影响)和关键的通用性能指标。对装备的性能鉴定试验,应重点关注装备的战术技术性能指标(或关键性能指标)。装备的关键性能参数应是可直接试验和测量的。例如,导弹的发动机推力,装甲车辆的最大行程等都是装备的关键性能参数。

(四)分析性能试验条件资源约束和需求

应充分了解影响装备性能试验的相关条件资源,主要包括以下几方面。

①性能试验经费。试验经费直接影响试验件或可用于试验的各种技术状态的装备的种类与数量。有时,由于经费预算的限制,可用于性能试验的被试装备或靶标数量是有限的,这时可能不得不采用等效替代品或仿真系统进行试验,因而对所采用的试验方法、数据分析方法等产生影响。②试验单位的试验条件,包括试验场区大小、试验设施设备、试验测试测量技术等方面。③目标、靶标威胁和配试装备种类数量。有时,由于没有作战对手的真实目标威胁可用于试验,必须采用模拟仿真进行等效试验。④试验所需的协作与保障力量等方面的限制。⑤政治、社会经济、法律、国际形势或其他特殊因素对试验活动的约束或影响。

在分析性能试验条件资源约束和进行可行性分析的基础上,应针对需考核的性能指标,预计试验经费和试验资源需求。并且,应充分考虑性能试验过程和结果的不确定性。例如,试验可能出现重大故障和问题,或由于设计更改,可能需要安排补充验证试验。

在进行性能试验条件资源分析时,对于本单位的试验条件资源难以满足试验要求的情况,应充分考虑跨单位或跨系统装备性能试验资源的统筹建设和协调利用。例如,可以通过国家、军队或行业试验资源共享协调机制,向相关部门或单位提出资源使用需求。这样,一方面满足装备性能试验任务的要求;另一方面,也减少了重复建设,节省了试验时间和成本,提高了试验资源使用效率。

(五)编制装备性能鉴定总体框架

为装备研制管理决策、作战使用和保障提供性能方面的信息是开展装备性能试验的重要任务。为了清晰地表述决策、试验鉴定内容、试验鉴定方法和资源之间的关系,在前述工作的基础上,装备试验鉴定管理机构可组织装备试验总案编制人员建立装备性能鉴定总体框架,明确装备研制管理决策所需的关键数据信息,特别是为考核装备的关键性能指标所需采集的关键数据集。装备性能鉴定总体框架应说明拟采集的试验数据对于装备关键性能参数考核的作用,并明确试验项目、拟用的试验资源和试验所支持的研制管理决策三者之间的关系。

在编制装备的性能鉴定总体框架时,应当考虑将可靠性、维修性、保障性等装备通用质量特性的试验项目列入框架,用于支持装备研制过程中的故障报告、分析与纠正活动。此外,还应考虑对装备网络空间安全、互操作性等通用性能试验项目的需求。

此外,应尽可能考虑到所需试验数据和模型的类型、标准、接口,以及其采集、汇总和分发共享方面要求,明确试验数据和模型的提供方与使用方。

美国国防部要求装备在工程研制阶段开始前,建立装备研制鉴定框架(DEF)。美国国防部建议的研制鉴定框架如表2-1所列。其中,第一行是装备型号项目中涉及的技术与项目决策。例如,采办项目的各阶段里程碑决策、设计评审等。第二行是为进行决策所需要回答的关键问题,称为决策支持问题(DSQ)。DEF的第一列及其子列分别是研制鉴定目标(DEO)及其对应的功能领域,通常包括:战技性能指标、可靠性、网络空间安全、互操作性等。此外,技术测度是指装备评价目标的技术测度或需采集的数据。数据源表示为鉴定所需要的数据的生成方法(例如,建模与仿真、外场试验等)。此外,在DEF中还描述了试验项目、试验资源等信息。

表 2-1　性能鉴定总体框架示例

研制鉴定目标		决策支持问题									
		需求与技术测度		...	正样评审	...	状态鉴定			作战试验准备评审	
		文件引用	技术测度		问题 1		导弹与载机协调	系统安全	问题 ...	问题 1	问题 4
专用性能	性能 1	3.x.1	技术测度 1		仿真 1		试验 3				试验 4
	性能 2	3.x.2	技术测度 2		仿真 1		仿真 1				
	...										
通用质量特性	可靠性	4.x.1	技术测度 1		试验 1			综合性试验 1			
	...	4.x.2	技术测度 2		试验 2			综合性试验 1	试验 5	试验 5	试验 6
互操作性	导弹与发射架接口				试验 3		试验 6				
	与卫星导航的连接										
	...										

(六)规划性能试验活动

根据装备研制计划和前述装备性能鉴定框架,采用系统工程原理,对装备的所有性能试验任务安排做出统筹规划。

当完成性能鉴定总体框架文件编制后,应研究是否可以开展综合性试验,使试验项目同时为性能试验与作战试验提供数据。例如,在一定的作战背景下,从战斗机上投放炸弹原型(而不是从地面的静止挂架上投放)这样的试验活动就可以成为综合性试验,同时为性能试验和作战试验提供数据,以减少研制中的总试验量。随着装备的研制进程,装备性能试验由早期运用数学模型、仿真系统、系统原型进行试验,逐步转变为对半实物系统和实装系统进行试验。同时,装备使用方对装备性能水平也逐步了解。因此,在装备研制的中期开展综合性试验应有更多的机会。

在规划性能试验活动时,应充分考虑装备试验鉴定策略和模式。在具体确定综合性试验项目时,需要回答以下问题:①其他类型试验活动的项目是否可用于性能试验目的;②性能试验的项目是否可用于其他类型的试验活动项目;③前期的性能试验项目是否可为后续的性能试验项目提供支撑,从而实现"一考多用"。通常情况下,不需要单独拟定一个综合性试验大纲,只需要在装备试验鉴定总案、性能试验大纲、作战试验大纲等各类试验大纲中,对综合性试验项目给出标识说明即可,具体实施时应充分考虑各类试验目的的要求。

在规划综合性试验时,应充分考虑将性能验证试验数据或其他装备的试验数据用于状态鉴定或列装定型时,以便实现试验数据采信。数据采信的基本前提是:装备的技术状态基本相同或差异机理清晰;试验大纲要求的条件、试验环境和边界条件等效;试验过程受控。

装备研制计划是规划装备性能试验活动安排的重要依据。装备研制计划规定了装备研制项目的进度节点及在该节点应达到的研制目标要求(包括关键性能参数的规定值和最低可接受值)。装备性能试验活动的安排应与装备研制项目管理的阶段及决策点相协调,并确保性能试验任务列入装备项目管理的时间进度计划和风险管理计划中,并且与装备研制项目管理中的各阶段技术审查或设计评审活动相协调。

在规划装备性能试验活动时,应充分考虑到可能存在的各种风险,并提出风险应对措施。例如,装备研制进度滞后使试验难以如期开展,试验设施设备条件或所需靶标等资源尚不具备,试验环境和气象条件等的影响。

(七)编制装备性能试验总体计划

完成前述工作后,应参照有关标准和指南编制装备性能试验的总体计划。

三、装备性能试验总体计划的编写要求

(一)试验初案相关内容

试验初案通常应根据装备作战使命任务和主要战术技术指标,设计试验工作节点,明确主要试验任务、关键试验资源需求和经费概算等。关于试验初案的编制应参考相关文件要求。在试验初案中,应明确以下与性能试验相关的内容:

(1)装备的作战使命任务,装备的主要组成和用途,装备研制计划安排,装备的主要能力清单及指标体系,包括装备完成作战使命任务应具备的主要能力、装备效能指标和战术技术指标。

(2)装备性能试验初步工作安排。① 试验鉴定拟采取的主要策略和总体工作要求。②装备性能验证试验项目和要求,试验数据采信要求。③装备性能鉴定试验的项目和要求。包括在典型或标准条件、复杂环境和边界条件下考核装备需开展的试验项目、评价方法、计划进度等。

(3)性能试验所需要的样机数量、类型及技术状态(必要时)。样机数量应满足对考核指标置信度(也称置信水平)的要求。

(4)性能试验的时间节点安排,并与装备研制总体计划的协调一致。

(5)性能试验所需的保障条件与能力需求(包括陪试装备、试验场地、试验设施设备、试验条件等)。

(6)性能试验的数据采集、存储、交换、运用等管理要求,数据采信策略。

(7)性能试验所需的经费概算。

(二)试验总案相关内容

试验总案是组织实施装备试验和鉴定定型审查的主要依据。装备性能试验总体计划的相关内容应纳入试验总案中。试验总案的编制应参考相关文件要求。在试验总案中,应明确试验考核指标体系、试验方案及安排,试验资源保障能力和需求,鉴定定型级别划分、试验实施单位建议等内容,具体包括以下相关内容。

1. 装备概述

装备概述包括:①装备作战使命任务、典型作战样式、任务剖面、作战流程、主要威胁及其他相关内容。②装备的主要实现途径和采取的技术体制、能力增长点等相关内容。③装备的主要组成和用途、关键接口、关键技术属性和技术参数。④装备拟编配的部队和编制设想。⑤装备研制系统工程计划、研究进度安排。⑥装备早期已开展的试验情况、装备的特殊试验需求。

2. 主要能力及指标体系

主要能力及指标体系包括:①装备所属装备体系完成规定作战使命任务应具备的主要能力。②装备应具备的主要能力。③根据装备作战使命任务逐层分解装备各类性能指标,从使命、任务、能力、指标四个层级说明装备试验鉴定指标体系(图2-4)。

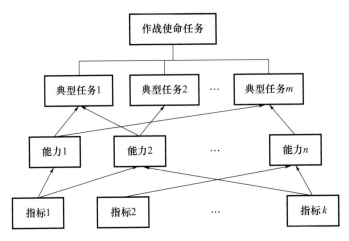

图2-4 装备试验鉴定指标体系示意图

3. 试验方案及安排

(1)试验总体策略。

装备试验鉴定拟采取的主要策略和总体工作要求,包括试验鉴定模式、试验实施方式(例如,安排开展综合试验)、试验数据采信策略、仿真模拟运用策略等。

(2)性能试验。

① 性能试验管理。性能试验的组织机构、涉及的单位及职责分工,试验数据采集与管理要求,试验问题与缺陷报告要求。②性能试验总体安排(重点描述性能鉴定试验的主要试验活动及安排)、性能试验策略、性能鉴定总体框架。③性能验证试验的数据采集要求、采信方案等。④性能鉴定试验的进入条件。主要包括:性能验证试验完成程度、关键技术风险化解程度、性能鉴定试验样机准备程度(种类、技术状态、数量等要求)试验资源及试验保障条件准备程度和技术文件、必要的验收和审查要求等。⑤在典型条件下考核装备战术技术指标需开展的试验项目、考核方式、数据采集要求、试验单位等。⑥为摸清装备在复杂电磁环境、复杂自然环境和近似实战环境等条件下的性能底数,以及为检验装备边界性能所需开展的试验项目、考核方式、数据采集要求、评价方法、计划

进度,以及试验条件构设方案等。⑦试验资源、试验技术、试验安全等方面的条件限制,可能阻止或推迟试验、影响试验结果可信度的因素,相应的处理原则、规避措施或解决方案。⑧建模与仿真在性能试验中的运用方案及要求。⑨性能试验的局限性,将来需开展的性能试验项目。

(3)需跨越工程研制、鉴定定型和(或)使用维护阶段试验项目的初步试验方案。例如,寿命试验及可靠性增长等试验项目有时可能需要跨多个阶段进行试验考核评价。

(4)试验的组织管理机构及分工,试验责任单位及分工,试验数据生成、采集、传递、使用和管理及知识产权保护等方面的责任单位和要求。

(5)主要试验活动的计划安排,编制试验计划安排网络图,确保计划安排与装备研制总体计划协调一致。

4. 试验资源及保障

试验资源及保障主要包括:①为完成各类试验所需开展的试验设计、仿真、分析评估等试验鉴定技术研究项目。②试验资源、试验保障和装备模型的需求。主要包括:陪试装备;靶标、威胁及试验环境构设;场域,设备设施,测试测量仪器设备,建模与仿真支持,评估工具等资源。说明需求资源的类别与数量、用途、使用时间、保障方式及单位等。③兵力运用需求等其他特殊需求。④需与相关单位协调的事宜。⑤参试人员及其培训需求。

5. 试验风险评估与防范

明确防范试验风险、确保试验安全和保密的措施要求,具体包括各类试验活动中的信息安全风险源识别、风险评估、风险管控措施和要求。

6. 鉴定定型级别划分

依据相关规定和标准,明确装备(含配套产品)鉴定定型级别划分,及软件的测评级别。

7. 经费需求测算

试验经费及其他相关经费的需求测算。

第四节　装备的状态鉴定

装备的状态鉴定是指针对完成性能试验的装备,对装备主要战术技术指标和使用要求符合性进行评定的试验鉴定活动,其结论是装备研制工作阶段决策的重要依据。因此,装备状态鉴定的申请、审查、审批等活动必须按照严格的工作程序和要求实施,相关文件应按规范标准要求编写。

一、状态鉴定的目的与要求

对装备进行状态鉴定的主要目的是:①确认装备性能指标达到研制要求,为装备研制阶段决策提供依据;②确认装备的性能已基本稳定,操作使用安全已得到保障,装备具备开展作战试验的条件,以降低作战试验风险;③确认装备的设计和制造工艺已具有充分的技术成熟度,装备的生产制造系统、工艺准备、供货等满足要求,具备了进入小批量试生产的条件。

新研装备通过性能鉴定试验后,即可申请组织装备状态鉴定。根据装备的地位和重要性,该申请由有关装备部门审批、组织开展审查。

装备状态鉴定应按照研制立项批复、研制总要求和试验总案执行。对于状态鉴定时战术技术性能指标拟作调整的装备,应按照原审批权限审批后重新申请办理状态鉴定。

二、状态鉴定的程序

装备状态鉴定应依次完成状态鉴定申请、状态鉴定审查、状态鉴定审批三个阶段的工作。

(一)状态鉴定申请

装备通过性能鉴定试验后,装备研制单位可向装备部门提出状态鉴定书面申请。

状态鉴定申请主要包括以下内容:①研制任务来源;②装备简介;③研制概况;④性能试验情况;⑤主要问题及解决情况;⑥装备满足研制立项批复、研制总要求、试验总案情况,工艺和生产条件审查情况;未完成工作/存在问题及其解决措施,状态鉴定建议。

状态鉴定申请应包括如下附件:①研制总结。包括装备研制过程中出现的重大技术问题及解决情况,主要配套产品的试验(鉴定)情况及和质量、供货保障情况,装备工艺性评价,尚存问题及解决措施。②状态鉴定文件清单。③其他相关文件(含装备数字化模型等)。

(二)状态鉴定审查

状态鉴定审查由有关装备部门组织。审查的重点是按照装备立项批复和研制总要求,对装备主要战术技术指标和使用要求符合性进行评定,对其数字化模型进行审验。状态鉴定审查工作通常由状态鉴定审查组以调查、抽查、审查等多种方式进行。

通常,装备状态鉴定审查依据的判定准则是:装备性能试验的组织、实施和结论评估等符合装备试验总案、性能试验大纲和有关标准的规定;通过性能鉴定试验,表明装备的性能指标达到批准的装备立项批复、研制总要求、试验总案和规定的标准,性能底数清楚;符合装备体制、装备技术体制和通用化、系列化、组合化的要求;图样(含软件源程序)和相关的文件资料完整、准确、协调、规范,软件文档符合相关标准的规定,能够指导小批量试生产;技术说明书、使用维护说明书等装备用户技术资料基本满足部队使用维护需求;装备配套齐全,能独立考核的配套设备、部件、器件、原材料、软件已完成逐级考核;小批量试生产工艺和生产条件已通过审查;配套产品质量可靠,并有稳定的供货来源,基本满足自主可控要求;性能鉴定试验反馈问题已解决或有明确结论,暂未解决的应有解决措施和计划;研制单位具备军队(或国家)认可的资格(资质),试验机构使用、试验采购服务符合相关规定。

(三)状态鉴定审批

通过状态鉴定审查的装备,应当按照规定程序和要求办理装备状态鉴定审批。状态鉴定存在有遗留工作/遗留问题的,应明确解决措施和计划。

三、状态鉴定的文件管理

(一)状态鉴定文件类型与标识

装备状态鉴定的相关文件主要包括文件、图样、数据、模型、照片和录像片,可分为鉴定审查类文件、研制依据类文件和试验类评估文件、研制单位总结类文件、图样技术类文件等不同类型。各类文件的具体内容和要求应参考相关文件规定。

状态鉴定文件应按相关规范标准要求进行编写。对于全套图样、底图、产品规范、各种配套表、明细表、汇总表和目录等状态鉴定文件,应增加状态鉴定标识。状态鉴定文件应有签署页,签署程序和要求应符合装备研制管理的有关规定,并且完整有效。

(二)状态鉴定文件的上报

通过状态鉴定审查后,研制单位应按照审查中提出的意见和要求,修改、补充、完善相关文件,并上报有关装备部门或其技术支撑单位。

(三)状态鉴定文件的保管与使用

状态鉴定文件一般用于小批量试生产、检验验收,并由装备主管部门或其技术支撑单位保存。持有状态鉴定文件的单位(部门)应承担保密和知识产权的责任和义务。

(四)状态鉴定文件的修改

状态鉴定文件的修改,依据其影响程度由不同层级的有关装备部门审批。

第五节 装备性能试验的法规标准

装备性能试验工作涉及军队相关管理部门、试验单位、科研院所、国防工业部门、装备研制单位等军地众多部门和单位。为了明确相关部门和单位的职责、协作关系、规范工作程序和要求,需要构建较为完善的装备性能试验的法规和标准体系。装备性能试验法规标准体系是装备试验鉴定法规标准体系的重要组成部分。

一、装备性能试验的相关法规和规章

法规是指由国务院、中央军委依据一定的立法程序颁布的具有法律效力的行政法规。规章是指国家部委、军队主管部门、军兵种或战区级单位、各试验相关单位依其工作权限或管辖范围制定的政策、规定、办法等。装备性能试验的相关法规和规章通常可分为条例、规定和办法等不同效力等级。其中,"条例"是对相关领域活动进行全面、系统规范的法规。"规定"是对相关领域活动进行部分或专项规定的法规。"办法"是对某一事项的程序、要求等作出具体规定的军事法规。

装备性能试验涉及的相关法规与规章体系构成如图2-5所示。

图2-5 装备性能试验的相关法规与规章体系

装备性能试验相关法规主要包括两类。①由国务院与中央军委联合颁布实施的装备性能试验相关的政策规定、办法等法律规定,这类法规适用于全国、全军范围。②由中央军委颁布实施的条例和规定等,这类法规适用于全军范围。2022年发布的《军队装备试验鉴定规定》是军队装备试验鉴定工作的基本法规,该规定科学规范了新形势新体制下军队装备试验鉴定工作的基本任务,基本内容和基本管理制度。

装备性能试验鉴定的相关规章主要包括四类:①由国家部委、军队主管部门联合颁布的装备性能试验相关政策规定、办法等行政规章,这类规章在一定范围内适用于军队和地方。②由军队主管部门、军兵种、战区级单位颁布实施的相关规定、办法等行政规章。这类规章只适用于颁布机构的管辖工作范围。③由国家部委和工业部门颁布的相关规定、办法等行政规章。④装备性能试验相关单位制定的相关规定、办法等。

二、装备性能试验的相关标准

标准指由公认的机构颁布实施的一种对重复性的事物和概念所做出的统一规定和要求。标准的本质是"统一",是各方面应共同遵守的准则和工作依据,目的是在预定的领域内实现最佳的秩序和效果。装备性能试验标准体系对提高性能试验工作的有效性、规范性和工作效率具有重要的实际意义。

(一)按标准的内容分层与分类

装备性能试验相关标准从属于装备试验鉴定标准体系。装备试验鉴定标准体系纵向层级上可分为通用标准、专用标准和型号规范三个层级,横向维度可分为试验鉴定基础、过程、技术、保障条件等四类。其中,与性能试验相关的装备试验鉴定标准体系的构成如图2-6所示。

从标准层级来看,通用标准以国家军用标准为主体,是用于指导全军装备试验鉴定工作的顶层标准,主要规范试验鉴定活动的共性要求;专用标准在通用标准的基础上,针对不同类别专用装备、通用产品以及专业性试验领域,分门别类规范试验鉴定的要求;型号规范主要用于规范具体型号在研制过程中的有关试验鉴定要求,在型号系统内部发布和使用。

从标准类别来看,基础类标准主要是基础通用标准,分为基本术语、试验鉴定综合管理等子类。其中,基本术语子类主要描述装备试验鉴定领域涉及的基本概念、分类等基本术语;综合管理子类主要规范试验鉴定质量管理等。

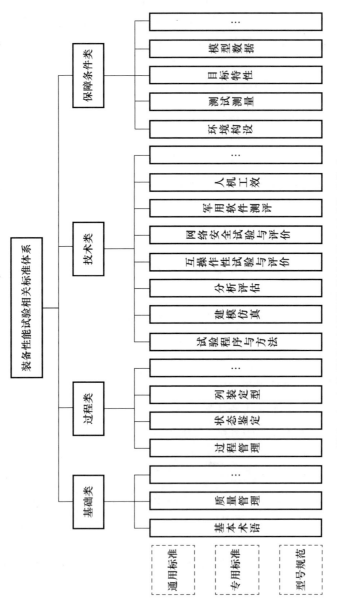

图 2-6 与性能试验相关的装备试验鉴定标准体系构成

过程类标准主要是试验鉴定过程通用标准。其中：过程管理子类主要明确试验鉴定程序和要求、试验数据采信以及问题反馈与处理等要求；为装备状态鉴定提供支撑的过程类标准包括相应的工作指南、文件编制指南等。

技术类标准是指性能试验技术通用标准，一般是以通用技术要求为主，具体分为试验程序与方法、复杂环境适应性试验、人机工效、建模仿真、分析评估、互操作性试验与评价、网络安全试验与评价、军用软件鉴定测试等，分别明确试验方法，以及各子类技术的工作指南、通用要求、规程等。

保障条件类标准主要是装备试验活动保障中需要遵循的标准，分为环境构设、测试测量、目标特性、模型数据等子类，分别明确试验保障和条件建设的工作指南，以及各子类的定义、分类、要求、规范等。

（二）按标准的性质分类

装备性能试验的相关标准按其性质主要分为：①对相关概念、准则、方法、过程和程序等作出统一规定和要求的标准。②为支持装备订购，规定订购对象应符合的要求及其符合性判据等内容的军用规范。③为相关活动提供的工作指南标准的指导性技术文件。

（三）按标准的适用范围分层

装备性能试验的相关标准按其颁布机构或适用范围层次可分为以下层级。①国家标准与国家军用标准，通常由国家或军队标准化行政主管部门发布。②部门军用标准与行业标准，通常由军队相关部门军用标准管理机构、国家部委或某一行业标准主管部门发布。③单位标准与型号规范。单位标准（或称企业标准）通常由军工企业或试验训练基地等研制或试验单位制定或发布，仅适用于企业内部。型号规范是指由装备型号管理部门发布的适用于某类装备型号或具体装备型号性能试验活动的内部规范性文件，通常由装备项目或型号办公室根据装备型号试验鉴定的特点编制。

第六节　装备性能试验的质量管理

质量管理是指在质量方面指挥和控制组织的协调活动。"军工产品，质量第一"。装备性能试验对于保证装备的质量具有至关重要的作用。装备性能试验鉴定系统构成复杂、环节多、技术复杂、任务风险大。因此，必须对性能试验工作实施严格的质量管理，确保试验任务的成功率和完成水平。装备部门应根据质量管理体系建设要求，组织制定试验程序、操作规范、数据管理、评价判定等工作标准,指导并监督试验单位落实质量管理责任制。试验单位应当在试验大纲中明确试验质量目标和要求,建立责任人制度,在试验中做到文书规范、试验内容与大纲相符、数据完整准确、问题记录详实、试验结果客观、不瞒报虚报问题。

本节主要介绍性能试验质量管理的原则、质量管理体系构成以及性能试验质量改进的方法。

一、性能试验质量管理的原则

在 GB/T 19000—2016/ISO9000:2015《质量管理体系—基础和术语》中,将质量(Quality)定义为:"客体的一组固有特性满足要求的程度"。这里的"客体"是指"可感知或可想象到的任何事物"。例如"产品、服务、过程、人员、组织、体系、资源"。因此,质量可以具体地解释为产品、服务、过程、体系、组织等的一组固有特性具有满足顾客和其他相关方要求的能力。这是"广义质量"的概念。装备性能试验本质上是服务类型的"客体",其顾客就是各级有关装备部门、装备研制单位和装备使用部队等。装备性能试验的质量特性主要包括以下几个方面:①性能试验能力。能够对被试装备的战技指标性能进行全面测试。②可信性。试验方案设计科学和周密,试验条件逼真,过程规范,得到的数据精确和完整,得到的结论可信度高。③经济性。试验所需费用与试验消耗合理。④时间性。能在规定的时间内完成装备试验任务。⑤安全性。试验对环境、人员和财产产生损伤的风险在可接受的水平范围内。⑥合规性。试验过程及结果应当符合国家和军队的相关法规和政策的要求。

ISO9000 系列质量管理体系国际标准中提出了质量管理的七项原则。这七项基本原则具体是指:"以顾客为关注焦点,领导作用,全员积极参与,过程方法,改进,循证决策,关系管理"。这七项基本原则是基于世界各国质量管理经验和质量管理理论的总结提出的,也是最基本最通用的质量管理一般性规律,现已为当今世界质量管理界普遍接受。因此,这些原则对于装备性能试验的质量管理同样具有重要的借鉴意义。基于质量管理的一般原理、相关国军标、试验的标准规范等,装备性能试验任务的质量管理应遵循如下要求。

(一)关注顾客需求,坚持"质量第一"

"质量管理的首要关注点是满足顾客要求并且努力超越顾客期望"。对于试验单位,其顾客是有关装备部门,也可以是装备研制单位、作战使用部队。因此,一定要充分理解顾客当前和未来对性能试验的需求和期望,主动管理与这些顾客的关系,为顾客提供优质性能试验服务。试验单位的最高领导者应确保顾客能及时获得装备性能试验的相关信息。试验单位应向顾客通报试验结果,邀请顾客参加其关注的性能试验。性能试验过程的变更应获得顾客的同意并经过批准。

装备性能试验涉及到试验单位、研制单位、装备试验及使用部队、有关装备部门等不同的单位。只有这些组织相互之间密切协作,使各个相关方对于性能试验工作的质量目标和要求具有共同的理解和密切协作配合,才能持续地提高装备性能试验任务的水平和质量。例如,当在试验单位进行性能试验时,装备研制单位应当积极提供被试装备的技术状态、设计文件、研制过程中出现过程的质量问题以及性能验证试验信息,而试验单位也应积极向研制单位反馈其得到的性能试验数据和结果,以改进装备的研制工作质量。

考虑到装备性能试验工作的重要性,必须对装备性能试验工作实施严格的质量管理,做到"严肃认真、周到细致、稳妥可靠、万无一失"。坚持"零缺陷"的质量理念。"零缺陷"代表了一种工作态度和质量承诺,要求有决心第一次和每一次都能正确地完成工作。某航天发射基地提出的"任务准备零疏忽,过程控制零遗漏,设施设备零故障,技术操作零差错"就是对"零缺陷"理念的具体化体现。

试验单位的最高领导者应就试验单位的使命、愿景、战略、方针等在所在单位内进行充分的沟通,建立良好的质量文化,鼓励参试人员积极参与质量管理工作并提供相应的条件,确保质量管理部门能独立行使职权,并对性能试验工作的质量负责。通常,试验单位的最高领导者应指定一名管理者作为管理者代表,直接向其报告质量管理体系运作情况,确保质量管理体系在组织内部得到实施。单位的质量方针和质量目标必须由最高领导者发布。

(二)全员参与,建立质量责任制

装备性能试验质量是装备管理部门、参试单位等各单位和部门、各环节工作质量的综合反映。大型装备性能试验涉及到来自不同单位、不同部门、不同岗位的人员,类似"千人一杆枪,万人一门炮",是一项复杂的系统工程。任何一个环节,任何一个人的工作质量都会不同程度地直接或间接地影响着性能试验的质量。

质量管理,人人有责。质量管理不能仅局限于少数专职质量管理人员,而应当是所有各级单位全体人员共同参加的活动。只有全员参与,构建共同的价值观和质量文化,充分发挥各级人员参与质量工作的主观能动性,做到"质量重担人人挑",才能保证装备性能试验工作的顺利进行和完成质量。因此,要加强所有相关人员的质量管理培训教育,应使每个相关岗位的人员都能充分深入地理解质量目标,努力提高参试人员的业务技能和质量管理水平。同时,还应建立多种激励机制,充分调动全体人员参与质量管理的积极性和主观能动性。试验单位应正确地评估个人对组织的贡献,通过表彰、授权和提高个人能力,促进各级人员积极参与质量工作。

此外,应建立质量责任制和健全岗位责任制,严格规定各成员的职责和工作程序,确定各部门和人员在质量管理活动中应承担的工作和任务,规定相应的权利和义务,将质量职责落实到每个参试人员身上,使每个人都有确定的质量管理任务和明确的责任,使质量工作程序化、规范化,真正落到实处。应明确规定各项活动之间的接口和协调措施,要特别重视职能与职能、部门与部门之间的接口设计,理顺组织中的质量活动流程。所有参试人员必须经过培训并满足岗位资格要求。承担试验任务的单位应具备相应的资质并得到顾客认可。

质量管理水平高的组织,起决定作用的是强有力的质量文化。质量文化是一个组织在长期工作中形成的质量意识、质量精神、质量行为、质量价值观和质量形象的总和,是组织文化的核心与内涵。质量文化具体体现为三个基本层次:物质层、制度层和精神层。试验单位应牢固确立"用户第一,质量第一"的质量理念,努力塑造组织的质量文化,并使其具有独特性,体现时代性。大型性能试验任务通常涉及多个单位的参试人员,各参试单位应密切合作,树立"有困难共同克服、有问题共同研究、有风险共同承担"的协作精神。

(三)坚持预防为主

为了保证和提高性能试验的质量,质量管理工作必须坚持"预防为主"的原则,将工作重点从单纯的事后检验放到事先预防和控制上,必须把影响性能试验质量的所有环节和因素都控制起来。装备性能试验的全过程质量管理应当包括从试验需求分析、试验计划、试验设计、试验指挥、试验准备、试验实施、试验结果的分析评价、试验总结等全部相关过程的质量管理。

首先,应进行试验任务的质量策划,编制并评审试验大纲和试验计划,明确性能试验目的、内容、条件、方法、程序,职责、受试产品的技术状态、试验质量要求、结果的评定准则等。同时,试验单位应编制试验质量计划(或质量保证大纲)。

在试验实施前,应进行准备状态检查。包括被试产品的技术状态、试验设备的校验、配试设备的状态、测试仪表的检定状态。确保被试产品、试验设备仪器和试验环境等满足试验要求。对于试验所用的计算机软件应进行验证和确认,并实施软件配置管理。

(四)坚持用过程方法实施质量控制

过程方法是最为基本的质量管理科学方法。过程(Process)是通过使用资源与管理,将输入转化为输出的相互关联或作用的活动。通常,一个过程的输出直接形成下一个过程的输入。

质量是通过过程形成的,性能试验的质量取决于性能试验质量的产生、形成和实现的全过程。装备性能试验的工作是由一系列相互关联和相互作用的过程构成的,每一个环节都不同程度地影响着最终的质量状况。只有对这些过程进行识别,明确各个过程的管理职责和资源,对其进行有效的管理和控制,才能保证装备性能试验工作的质量。试验单位必须对影响性能试验过程质量的所有相关因素(包括参试人员、试验设备和仪器、被试装备和试验消耗品、试验方法手段以及试验环境设施等方面)进行控制。根据过程方法,要从系统的观点,从全局的高度,对装备性能试验的各个活动过程以及相关参试的人员、装备等进行识别,充分理解其相互关联关系和影响,进行协调和管理。对每个识别出的过程,过程方法要求明确其输入、输出、具体的资源投入、过程程序、质量控制要求、管理方法和要求、测量分析方式和质量改进活动,制定相应的过程文件。

过程方法要求装备性能试验中采用严格的节点控制。当一个工序向下一个工序交接时,或进行试验阶段转换时,一定要同时进行质量情况的交接,说明各种测试情况、故障处理情况、是否有遗留问题等。对大型装备的试验,试验单位应严格进场条件控制和阶段转换条件控制。在装备性能试验中,应严格进行测试工序的质量检验,对关键过程应进行实施严格的监控。同时,应严格实施技术状态控制,严格按性能试验实施计划和试验规程实施。

(五)借助管理工具做好循证决策

进行科学的质量管理,必须基于广泛的调查研究,以数据和事实为依据。要坚决克服"情况不明决心大,心中无数点子多"的不良工作作风。应使相关人员获得所需的数据信息,具有分析和评价数据的能力水平,并能够基于证据进行质量管理。应建立质量信息系统,收集、整理试验数据和相关信息,确保试验记录的完整性、准确性、客观性和规范性。保留试验过程、结果及任何必要措施等方面的相关成文信息。

做好质量管理还应重视各种质量管理工具和技术的运用。例如:老七种质量管理工具、新七种质量管理工具、六西格玛（6σ）管理、PDCA循环、数理统计方法等。现代质量管理理论十分重视统计技术的应用。应用统计技术可帮助了解质量出现的变异，从而有助于解决问题并提高有效性和效率。这些技术也有助于更好地利用可获得的数据进行决策。在质量管理中广泛运用的统计技术包括：描述性统计（如直方图、散点图）、试验设计、假设检验、回归分析、可靠性分析、抽样、试验设计、统计过程控制、时间序列分析等。此外，还要运用组织行为学、领导理论、激励理论等管理理论和现代信息技术。应充分重视大数据分析、数据工程、智能科学、网络技术等新技术在质量管理中的应用。

（六）持续改进

组织的环境通常处于不断变化过程中，组织应及时对这些变化做出反应，并改进其工作质量和提升能力，从而保持组织的绩效水平。现代高技术武器装备组成复杂，战术技术指标不断提高，给装备性能试验工作提出了许多新的挑战。例如，由于隐身性、高机动性、高速度、超低空飞行、多弹头等特性的加强，使得目标的跟踪与测量变得更加困难。装备信息化程度的提高使装备中的软件成分越来越多，逻辑越来越复杂，软硬集成度越来越高，使其性能测试也变得更加困难。如何对无人机、高超声速飞行器等高新技术武器装备进行试验鉴定也是有待深入研究的课题。此外，性能试验技术本身也在不断发展，新的试验方法、更高精度的试验设备的出现，也给提高性能试验质量水平提供了机遇。因此，只有不断研究新情况，解决新问题，才能满足装备性能试验工作发展的需要。

在装备性能试验实施中应关注对试验质量的持续改进。性能试验前应进行事故预想，特别是对直接影响试验成败的关键项目、薄弱环节、关键点可能出现的问题进行预想，并提出预防措施。在试验结束后，应及时进行回想和总结，提出试验中出现的问题和不足方面的改进措施。

为了进行持续改进，还应当建立质量信息管理系统，掌握质量动态，分析质量趋势，及时采取相应的改进措施。特别是应当建立并运行故障（问题）报告、分析与纠正措施系统。对试验过程中发现的故障和缺陷（包括被试装备和试验本身的问题），应努力做到管理和技术线"双归零"，及时采取有效的纠正措施，并再次进行试验验证，待问题解决或经严格评审后方可继续试验。

二、性能试验的质量管理体系

（一）质量管理体系的概念

质量管理体系是指建立质量方针和质量目标并实现这些目标的体系，是在质量方面指挥和控制组织的管理体系,使质量形成的各个过程都得到充分有效的控制。质量管理体系是质量管理的载体,为质量管理提供了一种方法,是在系统的高度对组织的质量管理进行规范化,质量管理需要通过质量管理体系进行运作。建立质量管理体系的目的,就是使影响质量的所有因素都处于受控状态,使组织能持续地提供顾客满意的产品和服务,并通过持续改进使组织满足质量要求的能力不断提高,同时也向相关方提供信任。

装备性能试验的质量管理体系主要是指承担装备性能试验任务的相关单位建立的质量管理体系。建立装备性能试验质量管理体系的目的是,为确定和达到性能试验质量要求,对试验质量形成的过程和因素进行计划、组织、指挥、协调和控制。质量体系建设的基本任务是,制订质量方针和质量目标,并且通过质量策划、质量控制、质量保证和其他质量活动,确保质量方针的实施和质量目标的实现。

装备试验单位本质上是一种提供试验与评价服务产品的组织。我国各装备试验单位在几十年的实践中已形成了许多行之有效的试验质量管理模式。为了进一步做好装备试验单位的试验质量管理工作,应严格按照质量管理体系的要求进行试验与评价工作质量管理,同时应认识总结成功经验,建立有效的质量管理体系,开展质量管理体系审核和认证工作。

由于装备性能试验工作过程的复杂性、任务的繁重性和重要性。要保证试验质量,就不能只停留在靠经验、抓局部、临时抓,也不能等出了问题事后再整改。建设质量管理体系,就是要从体系的角度考虑问题,使质量管理和质量改进制度化、经常化、规范化、科学化,使质量管理的工作落实到每一个环节和每一个人。建设质量管理体系,不仅需要建立质量方针、质量目标和质量体系文件,而且还应保持其有效运行,否则就会使质量管理体系流于形式,成为负担,变成"两张皮"。

(二)质量管理体系标准

国际标准化组织(ISO)于1979年成立了质量管理和质量保证技术委员会(TC/176)负责制定质量管理和质量保证的相关国际标准。1987年ISO制定了质量管理与质量保证方面的国际标准,称为ISO 9000系列标准。2015年修订后的标准形成了ISO 9000:2015系列标准。其中,ISO 9001:2015《质量管理体系—要求》提供了质量管理体系的要求。ISO 9001:2015标准吸纳了当代最新的质量管理原理,突出了以过程为基础的质量管理体系模式。

在质量管理体系标准方面,我国的国家标准和国家军用标准都是基于

ISO 9000系列标准制定的。但是,国家军用标准针对军工产品的特殊要求增加了一些补充要求。与ISO 9000系列标准的变化相适应,我国于2016年12月发布了新的GB/T 19000系列国家标准,包括:GB/T 19000—2016《质量管理体系列基础和术语》,GB/T 19001—2016《质量管理体系要求》。此外,我国也发布了相关国军标,适用于承担军队装备及其配套产品论证、研制、生产、试验、维修和服务任务的组织,并可供其他军用产品和服务的组织可参照使用,为承担军队装备及配套产品的试验任务的单位规定了质量管理体系要求,强调了结合"策划—实施—检查—处置"(PDCA)循环和基于风险的思维。

(三)质量管理体系文件

质量文件是进行质量管理的基础,也是质量体系审核和认证的依据。通常,试验单位的质量管理体系文件可以划分为质量手册、程序文件和其他质量文件3个层次(图2-7)。

图2-7 质量管理体系文件的层次划分

1. 质量手册

质量手册规定了组织的质量体系。质量手册阐明了一个组织的质量方针、质量管理体系和质量实现的文件,是组织内部的法规,也是对外展示组织质量保证体系的证据。质量手册的内容一般包括:质量方针,质量目标,组织结构、职责、权限和相互关系的说明,质量管理体系的范围和内容,运行程序和规程的引用等。

质量手册适用于试验单位所有各分系统,由试验单位机关会同各部门拟制。

2. 程序文件

程序文件所描述的对象是过程和活动,用于对其进行质量管理和控制。程序文件分为管理性程序文件和技术性程序文件两种。程序文件是质量手册的具体展开,是对质量管理体系要素所需开展的质量活动的描述。程序文件适用于各试验分系统(如:测发、测控、通信、气象、勤务保障分系统等),例如:组织实施保障方案、测试发射流程、指挥协同程序等,由试验单位各相关部门、场站负责拟制。表2-2是某试验单位的部分质量管理体系程序文件清单。

表2-2 某试验单位的部分质量管理体系程序文件

文件序号	程序文件名称	程序文件编号
1	文件控制程序	
2	管理评审程序	
3	测发系统组织实施程序	
4	后勤保障组织实施程序	
5	采购控制程序	

3. 作业文件

作业文件是规定某项活动如何进行的文件,对某个指定的岗位、工作或活动的工作人员,该文件明确规定了其应该做什么和该怎么做。作业文件包括作业指导书(从技术方面做出规定)和工作标准(从管理方面做出规定)。此外,还包括操作规程、指南、测试记录和结果报告等。例如,某试验训练基地的外测数据处理方法和要求,试验基地的发射测试设备使用维护规则、常规兵器试验弹药准备规程等。这类文件适用于各具体工作岗位,主要由各分系统负责人和技术骨干拟制。

4. 质量记录

性能试验的质量记录是为完成的性能试验活动或试验结果提供客观证据的文件。性能试验质量记录应贯穿于性能试验的全过程。质量记录必须规范和标准化,力求完整、准确、详细和真实,并严格实行归档管理,具有可检索性和可追溯性。

5. 文件的控制

装备性能试验的试验单位应对质量体系的成文信息(文件)的生命周期(包括编制、批准、标识、发放、使用、更改、保存、回收和作废等)的全过程实施有效的控制。文件的形式可以是书面文件、硬盘或光盘等存储介质的电子格式文件、录音、录像和照片等。通常,装备性能试验质量体系的文件宜采用质量手册、程序文件、作业指导书和记录等文件形式。

文件控制通常包括如下要求:①文件在发布前应经过适当的评审和批准。必要时,应对文件实施会签和标准化检查。②应对创建的文件进行明确的标识和说明(如标题、日期、作者、版本、密级、编号、格式等)。③对于作废的文件应进行管理,防止其被误用。④对文件应进行更改和版本控制。对于需要保留的文件,应防止非预期的更改,并按规定归档。⑤文件应予以妥善存储、保护和处置,防止文件出现泄密、不当使用、失控、损坏或缺失。对于过期的文件,应及时回收和销毁。⑥对于必要的来自试验单位外部的文件应予以标识和控制。⑦现场使用的技术文件应与其他相关文件协调一致、现行有效。

三、性能试验的质量改进

质量改进是质量管理的一部分,致力于增强满足质量要求能力的质量管理工作。相关单位应确定并选择改进机会,并采取必要措施,以满足顾客要求和增强顾客满意度。质量改进是一个持续进行的工作,组织应通过识别机会、分析原因、设计并实施方案、工作总结和标准化等一系列活动,实现过程改进与组织创新,为组织带来更大的收益、实现卓越绩效。

(一)质量改进的要求

装备性能试验的试验单位应在现有质量控制的基础上,积极主动地进一步提高装备性能试验质量管理的能力,使性能试验质量达到新的更高的水平要求,以提高顾客和相关方的满意度。在性能试验实施过程中重点应关注质量控制,使影响性能试验质量的各种因素处于受控状态,预防质量问题的发生。在性能试验任务的总结阶段,应查找存在的问题和不足,主动识别质量改进的机会,着重做好质量改进工作。

(二)PDCA 循环

PDCA 是指"策划—实施—检查—处置",简称为 PDCA 循环(图 2-8)。这一概念最早是由美国著名的质量管理专家戴明(W. Edwards Deming)博士提出的,因此也称为"戴明环"。戴明认为,质量改进应当是一个持续的过程,由一系列的 PDCA 循环构成。

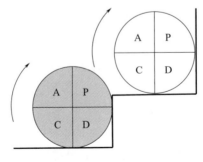

图 2-8　PDCA 循环

1. 策划

策划主要是指识别影响性能试验质量的关键因素和薄弱环节并制定相应的措施。应当针对现状进行调查分析,找出存在的质量问题,制定质量目标,分析存在问题的原因,围绕要解决的质量问题,制定相应的实施措施。

2. 实施

实施是指按照制定的计划、目标和措施去扎扎实实地具体实施。在实施中要落实质量责任制,严格性能试验过程测试,严格状态管理,严格交接。

3. 检查

对照既定的计划和目标,检查执行情况和实施效果,并及时发现和总结执行性能试验任务过程中的经验和教训。特别是要做好过程质量复查和问题预想,积极开展"双想(回想、预想)"活动。

4. 处置

总结成功经验,使之变成标准。对没有解决的问题,转入下一个 PDCA 循环去解决。

PDCA 是不断循环,周而复始。每循环一次,装备性能试验工作的质量就提高一步,如同一个螺旋式上升过程。推动戴明环转动的是参试的领导和全体人员,应当努力使戴明环转得又好又快。

第七节　装备性能试验的风险管理

装备性能试验通常需要动用武器、弹药等危险品,由于装备的技术成熟度等不确定性因素的影响,存在有技术、进度、费用和安全等多方面的风险。通过实施装备风险管理,可以系统全面地识别、分析评估、减少、控制装备性能试验过程中产生的风险,确保装备性能试验任务的完成。装备性能试验风险管理是运用系统工程和项目管理的思想实施装备性能试验的重要内容。

一、风险类型及风险管理过程

GB/T 19000—2016《质量管理体系基础和术语》将风险定义为不确定性的影响。这里,"影响"是指偏离预期,可以是正面的或负面的偏离。美国国家航空航天局(NASA)认为,风险包括三个要素:①风险情景。风险情景将使预期的目标受到影响。②风险出现的可能性,即风险情景出现的概率。③风险的后果,即风险情景发生后会导致的后果。风险用不利事件发生的可能性及其后果的严重程度进行综合度量。不利事件发生的概率越大、后果越严重,风险就越大。

(一)风险的类型

风险是对成功实现目标的威胁。在装备性能试验中存在的风险主要包括技术风险、进度风险、费用风险和安全风险等类型。

1. 技术风险

技术风险指技术方面存在的风险,具体是指在试验过程中,由于被试装备、试验装备、试验手段等技术原因,造成未能完成性能试验大纲规定的战技性能指标试验鉴定任务。由于高新技术装备构成复杂、涉及新技术多、技术状态尚不稳定、技术成熟度有限、性能指标测试难度大,在装备性能试验中就存在很多技术风险。当在装备性能试验中采用了新的测量通信手段或方法时,也可能产生新的风险。例如,由于试验数据不充分或结果分析问题,在试验报告中会给出错误的性能试验结论。此外,若试验单位设备技术条件有限,可能导致某项战术技术性能指标的相关数据测试误差过大,或没有测到相应的试验数据。

2. 进度风险

进度风险是指由于计划管理不当等原因造成试验进度延误,使装备性能试验任务未能按计划完成的风险。产生进度风险可能是不利气象条件的影响,或者是在装备性能试验过程中出现问题未能及时完成归零整改,或者是由于试验单位所需建设的试验设施未能如期完工。

3. 费用风险

费用风险指装备性能试验实际支出超出试验经费预算的风险。产生费用风险的原因有多种,例如:试验经费预算不足,或由于试验过程中出现问题需要临时增加装备试验样本量。

4. 安全风险

在广义上讲,装备性能试验中的安全风险包括在试验中发生意外事故或失泄密事件等方面的风险。如不做特别说明,本书中的安全风险是指在性能试验过程中出现安全事故,造成人员伤亡或装备受损的风险,这类安全风险是装备性能试验中存在的主要风险。此类风险事件的发生可能导致装备性能试验的中断或失败。例如,导弹的弹上火工品意外爆炸的风险是在导弹性能试验任务中客观存在的安全风险,无法完全消除。

(二)风险管理过程

有效的风险管理应基于过程进行。遵循过程管理的思想进行风险管理,可以使风险管理有序规范推进,有利于系统全面地识别和应对风险,提高风险管理工作的质量和水平。美国国防部、美国国家航空航天局(NASA)、欧空局(ESA)、美国项目管理协会(PMI)、美国软件工程研究所(SEI)等相关机构和组织都已发布了各自的风险管理过程。NASA 早在 20 世纪 90 年代后期就引入了"持续风险管理(CRM)",后来又引入更为严格的"基于风险的决策(RIDM)",使 CRM 和 RIDM 成为 NASA 进行风险管理过程的主要内容。2011 年,NASA 发布了《NASA 风险管理手册》。2017 年 1 月,美国国防部发布了《国防采办项目的风险、议题和机会管理指南》。这些风险管理过程模型都是基于大量的工程实践经验总结出来的,具有重要的参考价值。

综合各类风险管理文献,风险管理过程一般包括五个步骤(图 2-9):①风险规划。建立严格的风险管理程序,建立风险管理的总体框架。②风险识别。发现和确认存在的风险,根据风险的条件和后果描述风险。③风险分析。评估风险概率、后果影响和时间限制(即什么时候应采取措施),评价风险等级,以及确定风险应对的优先序。④风险应对。确定并实施应对风险的方法。⑤风险监控。对风险进行跟踪监测。

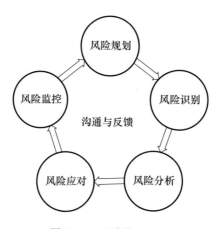

图 2-9 风险管理过程

有效的沟通与信息反馈是实施成功的风险管理的重要基础。因此,在风险管理的全过程中都应做好各类风险信息的分享与交流,以支持管理活动。

有的文献(例如 ISO 31000:2009(E))将上述定义的风险识别与风险分析统称为风险评估,并且认为风险评估包括了风险识别、风险后果与可能性的分析、风险评价(包括风险等级的确定)等。

对于装备性能试验,可以参照上述一般过程根据实际情况定义具体的风险管理过程。

风险管理工作应贯穿于装备性能试验工作的全过程。成功的风险管理应采取"自上而下"和"自下而上"相结合的方式。人是风险管理取得成功的最为重要的因素之一。为了做好风险管理,应在承担装备性能试验的各级组织和单位建立风险管理组织体系,明确各级人员承担的风险管理责任,建立风险信息沟通渠道。相关单位应建设良好的风险管理文化,充分调动全体人员参与风险管理的积极性,对于发现风险并敢于指出风险的人员应予以表扬奖励。

装备性能试验风险规划是装备性能试验管理的重要组成部分。风险管理规划一般通过召开会议讨论形成。制定装备性能试验风险规划的主要目的是建立风险管理的总体框架。包括:明确风险管理的目标、职责划分,定义风险管理的过程,确定风险管理的内容及工作要求、相关文件编制与报告的要求等。

二、性能试验风险的识别

(一)风险识别的过程

装备性能试验风险管理应遵循"预防为主"的原则,首先要尽可能从源头上识别和消除存在的风险因素。风险识别是风险管理中最为重要的工作,是进行风险评估的基础。通过进行风险识别,力求回答:哪里会出现问题或困难?风险会产生哪些影响?

风险识别的主要工作内容包括:识别风险的来源、风险产生的原因和条件,描述风险的特征,并对风险产生的影响进行初步评估。风险识别的最终结果是形成风险源清单,确定其后果严重性和可能性,并给出风险指数。

为了进行风险识别,应由较熟悉装备性能试验工作的相关人员(相关专家或试验人员等)组成专门小组进行。装备性能试验工作环节多、影响因素复杂。为了全面地识别存在的各类风险,应从多个维度或视角进行系统的风险识别,为此可以运用层次全息建模法(HHM,见下文介绍)对性能试验风险从试验装备和被试装备、工作内容、试验流程等多个层次和维度进行分解。在进行风险识别时,应充分理清试验任务的要求、各参试要素之间的接口关系,最大限度地利用所有相关信息。例如,被试装备研制过程中已进行的试验项目及试验结果,类似装备的性能试验信息及经验教训等。在风险识别过程中,应借助于一定的方法和工具。例如,检查表法、情景分析法等。对于识别出的风险,应分类分组列出详细的风险清单表。风险识别的一般过程如图 2 - 10 所示。

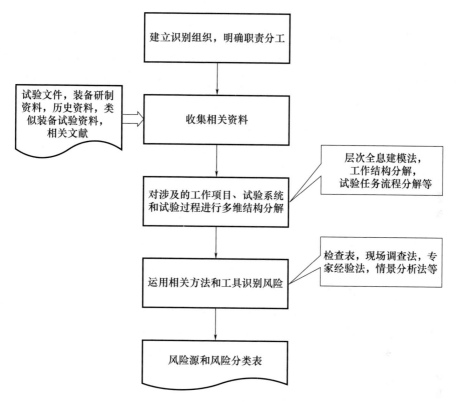

图 2-10 装备性能试验风险识别过程

风险识别应尽早开展,并且贯穿于装备性能试验工作的全过程。随着装备性能试验工作的推进,可能还会出现之前没有识别出来的风险。

风险识别的输出是由一系列已标识出的风险项目组成的风险源清单(表 2-3)。风险清单应包括风险事件(风险源)、风险事件的后果或导致风险发生的可能原因等,必要时还应说明风险可能发生的重点时段。

表 2-3 风险源清单

序号	风险源	风险源编号	风险发生原因	风险后果	重点时段	备注
1	性能指标试验方案	DL05	没有正确理解性能指标的考核方法与要求	影响性能试验结果的一致性	试验设计	
2	连续波雷达	DL07	设备老化,故障率高	影响安控数据采集	导弹发射上升段	

对于可能的风险项目应由风险管理机构组织专家进行审查和确认。

(二)风险识别的方法

试验风险识别时,通常应先对风险进行初步识别,将风险从不同的维度进行分类识别,再采用风险识别工具对各类风险进行更为细致的识别。

1. 层次全息建模

美国学者 Y. Y. Haimes 提出的层次全息建模(HHM)是对大型复杂系统进行风险类型识别的一种有效方法。HHM 的优点是可以系统全面地分析和评估各系统要素风险及其对整个系统风险的影响。HHM 是一种从全局的观点进行系统思考的方法论,其基本思想是从多个层次、视角和维度把握和表示系统中存在的风险及其影响关系。

在层次全息建模中,"层次"意味着对大型复杂系统按层次结构进行分解。层次全息建模认为,系统的各个层次都可能存在不同的风险。因此,系统不同层次的相关人员都应参与风险分析。"全息"则意味着装备性能试验工作中从多个不同的视角对存在的风险进行识别,最终形成对装备性能试验风险的整体认识。如图 2-11 所示,可以从技术、费用、进度、安全等多个方面进行风险识别,也可以从不同的试验区域、不同的参试单位、不同的试验任务阶段的角度对存在的风险进行识别,还可以从不同风险来源的角度进行识别。

对于装备性能试验,在进行风险识别时,应构建层次全息建模框架(图 2-11),对装备性能试验所有的方面进行认真细致的评估,以发现潜在的风险。

在进行风险识别时,应特别关注试验技术风险和试验安全风险。包括:试验条件或测试技术能力有限,或被试装备采用了高新技术、技术成熟度有待验证,或需要完成从未执行过的任务,或涉及弹药试验、危险性较大。此外,性能试验活动所需的时间估计不精确或出现意外情况会使性能试验的工作进度出现延后的风险。例如,若在导弹靶试过程中发现导弹的重大设计缺陷,必须归零处理后才能继续试验。

人因是导致风险的重要因素之一。人员风险是指由于个人或组织的不当行为产生的风险。由于在装备性能试验过程中很多任务活动(如数据判读、吊装操作等)需要人员手工操作完成,难免出现误操作。此外,参试人员的技术水平、身心状态、作业条件等都会对人的操作产生影响。

大型装备性能试验往往涉及跨区域分布的多个参试单位,使得任务沟通理解与协同方面产生一定困难,因而会产生协作风险。

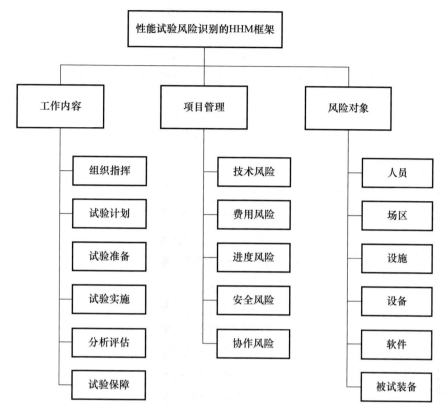

图 2-11　性能试验风险识别的 HHM 框架示意

2. 基于试验流程维度的风险分类

按性能试验的任务流程，可以分任务阶段对存在的风险进行识别。例如，导弹、火炮装备性能试验中存在的部分安全风险包括：①装备在转场运输过程中的风险。例如，导弹在装卸过程中跌落地面。②装备在临时存贮过程中的风险。例如：弹药存放于大功率电磁辐射区。③装备在试验前进行测试检查或联调过程中的风险。例如，弹上火工器在测试时被误激活。④在试验实施过程中产生的风险。例如：火炮发射时炮弹在膛内爆炸；导弹发射后偏离预定弹道；远程火炮试验时，试验前清场时没有发现在试验禁区活动的当地居民；武器系统发射操作时，指挥员出现误口令。⑤在装备试验撤收过程中产生的风险。例如，子母弹试验后没有及时对未爆炸的弹头进行清理。

3. 基于风险来源维度的风险分类

装备性能试验风险的可能来源有：①被试装备。被试装备的功能异常会导致风险。例如,飞机发动机空中停车。有的被试装备含有危险物质。例如,导弹的战斗部。②人为差错。试验操作人员没有按规定的操作规程操作或操作失误。③试验环境。极端恶劣气候条件可能会给装备性能试验带来安全风险。例如,导弹试验中出现雷电大雨使导弹误点火。还有一种情况是不同装备之间的相互作用也会导致风险出现。例如,电子设备产生的高功率电磁波可能会引发导弹火工品发生意外爆炸。④试验设备和设施。例如,若进行装备性能试验所需的试验设施未能按时间节点做好试验准备,就会造成型号的试验进度出现风险。

4. 基于试验工作维度的风险分类

从装备性能试验的组织指挥、任务协作、试验计划、试验分析与评估、试验保障等工作维度可以对各项工作中可能存在的风险进行识别。

例如,若在进行试验数据处理时,没有正确地运用数据处理模型和方法,则可能导致错误的试验结论,造成技术风险。

依据性能试验的工作分解结构(WBS)信息,可以较好地辅助进行试验风险识别。工作分解结构以树形结构形式将所有性能试验的工作任务进行逐层分解,因而便于识别不同层面和工作任务存在的风险。

5. 风险识别的工具和手段

常用的风险识别工具和手段主要有以下 9 种。

(1)查找技术文档法。通过对装备性能试验所有的相关文档进行审查,找出可能存在风险因素。特别是重点审查被试装备相关设计和研制试验文档。例如,被试装备研制生产的质量分析报告等。

(2)核对表法(检查单法)。根据已有经验或可获得的信息,将装备性能试验中可能存在的风险列在表上,请相关人员进行检查核对,看表中所列的风险是否存在,并统计汇总(表 2-4)。表中列出的风险通常是已发生过的或类似试验中出现过的风险,也有的是根据经验或思考认为可能出现的风险。检查表可以充分利用先验知识,使风险识别系统化和规范化。检查表的使用也有一定局限性,容易使人在识别风险时将风险源局限在检查表所列的范围内。

表 2-4 风险检查单示例

序号	检查项目	存在	不存在	备注
1	导弹发射阵地未设置防静电、防雷电等安全防护措施			
2	发射阵地周围 200m 内存放有火工品			
3	靶试空域有无关飞行器			

(3)专家经验法。采用专家咨询、面谈、调查问卷、会议交流等多种方式,运

用头脑风暴法、德尔菲法等,请有经验的专家提出可能存在的风险,并对风险的大小进行估计。头脑风暴法一般是在一个专家小组内进行,通过专家之间的自由讨论交流,相互启迪,激发专家的"思维灵感",经过总结归纳列出可能存在的风险。德尔菲法是选择相关的专家,通过发函形式征集意见,然后对收集的意见进行汇总整理,并反馈给专家,再次征求意见。这样反复多次,直到专家的意见基本趋向一致。

中国航天发射单位开展的"双想"机制是从工作实践中提出来的识别风险的有效方法,是一种全员参与的"不放心"活动,便于在试验现场开展,对于查找存在的漏洞和隐患具有重要的作用。"双想"是指在试验任务转阶段前各系统开展的"回想、预想"活动。"回想"是指对前阶段工作进行全面细致的回顾,回想存在的问题和隐患、存在的问题是否已归零或采取了纠正措施。"预想"是指对下阶段工作的预先考虑。预想后续工作可能出现的问题和隐患,提出预防措施。

(4)现场调查法。组织专家对现场进行考察和调研,收集相关风险信息。

(5)情景分析法。针对装备性能试验工作的流程,分析相互之间的关系和具体环节,通过图表、曲线等方式,对装备性能试验可能出现的各种状态进行描述分析,从而识别在一定的情况下,可能会出现的风险及后果。

(6)故障模式、影响与危害性分析法(FMECA)。对被试装备、参试装备和设施等的 FMECA 报告进行认真分析,在试验任务剖面的基础上,认真查找可能出现的风险。

(7)故障树(FTA)法。针对设想的不利事件,首先构建一个树形图,从不利事件(顶事件)出发,向下逐级找出导致上级事件发生的相关事件,并给出影响上级事件的逻辑关系。最后,运用定性定量方法评定顶事件发生的可能性。

(8)事件树(ET)法。从可能的初始事件出发,逐步推演后续事件的发生,直到出现最终结果,从而识别可能出现的不利风险后果。

(9)仿真分析法。对于一些复杂的性能试验任务。如军用飞机试飞,在试验任务实施前,应运用计算机仿真模型进行仿真分析,对可能出现的风险飞行状态进行识别。

三、风险分析评估与应对

风险分析的主要工作是评估风险事件出现的可能性大小、风险事件的后果与影响,并对风险的大小进行排序,以便为处置风险提供依据。风险分析的具体任务是检查每个已识别的风险,细化对风险的描述,采用定性定量的方法,系统地评估其发生的可能性、后果与影响,确定其风险水平,给出风险应对的优先级。

(一)定性风险评估方法

风险评估指数法是常用的定性风险分析方法,它将风险的可能性和后果划分为不同的等级,形成风险评估矩阵,并赋予一定的数值进行评估。

风险等级表示风险对装备性能试验可能的影响程度,是进行风险评估和应用的基础。划分风险等级可以为制定风险应对措施提供决策依据,以便于对不同等级的风险采取相应的应对措施。

确定风险等级的依据是风险发生的可能性等级、风险后果严重程度等级。

风险发生的可能性通常分为 5 级。表 2-5 给出了评定风险事件可能性等级时的参考依据。表中的第三列为评定进度、成本风险时的概率的参考取值范围。表中第四列为评定安全风险时的概率参考取值范围。在具体应用时,可根据实际需要进行修改。

表 2-5 风险发生的可能性等级示例

等级	可能性水平	概率/%	概率/%(当评定安全风险时)
1	几乎不可能	1~20	<0.0001
2	不大可能	20~40	0.0001~0.01
3	可能	40~60	0.01~1
4	很可能	60~80	1~10
5	极可能	80~99	>10

风险的后果严重性等级通常分为 5 级(表 2-6)。在具体应用时,应主要依据风险事件对性能试验目标(如技术、进度、费用、安全等方面的影响)的偏离程度评定风险项的风险等级。

表 2-6 风险后果严重程度的等级示例

等级	严重性程度	安全	进度	成本	试验任务
1	轻微	设备轻度受损	基本无影响	基本无影响	性能指标基本无影响
2	轻度	人员或设备有轻微伤害	推后 5% 以下	增加 5% 以下	部分性能指标有轻微偏差
3	中等	人员或设备有一定伤害	推后 5%~10%	增加 5%~10%	部分性能指标超差
4	重大(很严重)	人员重伤,设备部分功能丧失	推后 10%~20%	增加 10%~25%	无法评价非关键性能指标
5	灾难(特别严重)	人员死亡,设备毁坏,无法使用	推后 20% 以上	增加 25% 以上	无法评价关键性能指标,造成试验失败

表示风险等级的方法通常是采用风险评价矩阵(表2-7),有时也称为风险报告矩阵,或简称为风险矩阵。在风险评价矩阵中,风险发生的概率及其后果的组合构成风险指数,矩阵的元素对应于取相应风险指数值的风险项。风险指数=风险发生的可能性×后果的严重性。在风险评价矩阵中,风险的等级通常分为高、中、低三个等级,表中数字越大代表风险等级越高。

表2-7 风险评价矩阵示例

严重性等级 可能性等级	轻微	轻度	中等	重大	灾难
极可能	5	10	15	20	25
很可能	4	8	12	16	20
可能	3	6	9	12	15
不大可能	2	4	6	8	10
几乎不可能	1	2	3	4	5

风险分析还应给出针对所有风险项的优先序。通常,风险指数大的风险项应优先进行处理。在具体确定各风险项所处的优先序时,还应考虑处理风险的成本、处理风险的时间要求或紧迫性等其他因素。

(二)定量风险评估方法

常用的定量风险分析方法有:仿真分析法、模糊综合评价法、故障树法、事件树法、概率风险评估法(PRA)、贝叶斯(Bayes)网络等。

例如,对于试验进度风险可以建立装备性能试验任务的仿真模型进行评估。首先将性能试验工作过程划分为相对独立但相互依序关联的各项活动,估计各项活动所需的时间及资源,并考虑各项试验活动持续时间的概率分布,用计算机仿真估计出完成试验任务的总时间的概率分布,并据此进行试验任务进度风险的评估。

PRA是一种常用的安全风险评估方法,主要用于分析评估发生概率低、后果严重的风险事件。PRA最早起源于美国1975年完成的核反应堆安全研究项目WASH-1400。PRA现已成为识别和分析复杂系统风险的主要方法,广泛地应用于航天航空、核电、石化等诸多领域的安全风险分析评估。例如,NASA已针对航天飞机、国际空间站(ISS)、火星探测器等多个航天项目的研制实施了PRA。PRA通过系统地构建事件链(Scenario)对存在的风险进行量化分析。事件链由偶然发生的初因事件触发,通过一系列的中间事件,最终导致出现不期望的后果发生。PRA综合运用了事件树、故障树等方法构建风险事件链模型,可以集成各种信息进行量化分析。目前,国际上已有多种集成软件工具可以支持 PRA 实施。例如,英国 ITEM 公司开发的 QRAS,美国核能管理委员会(NRC)资助开发的 SAPHIRE,美国 Palisade 公司开发的@ RISK 等均已在重要工程中得到应用。

贝叶斯网络可以用网络图形的方法表示多个随机变量之间的统计相依关系和条件独立关系。贝叶斯网络本质上是多元随机变量联合概率分布的一种图形化表示。贝叶斯网络用节点表示随机变量,用节点之间的有向边表示变量之间存在条件概率影响关系。网络中的每个节点变量附有一个条件概率表用于表示指向该节点的变量为条件变量时,该节点变量取值的条件概率。利用贝叶斯网络可以进行多种形式的概率推理。常用的推理方法有变量消元法、桶算法、团树算法和 Monte – Carlo 近似算法。贝叶斯网络目前已在工程系统的可靠性安全性建模分析中得到广泛的应用。利用贝叶斯网络,可以直观地表示风险后果与各种风险事件之间的各种复杂统计相依关系。

(三)性能试验风险的应对

风险应对是指针对存在和已评估的风险制定相应的风险应对措施,包括改变风险事件发生的可能性或后果。风险应对是一个持续的过程。对于拟定的风险应对措施,应评估剩余风险是否可以承受,并根据需要拟定新的应对措施。

常用的风险应对方法包括:风险规避、风险控制、风险承担、风险转移。在实际工作中,也可以将它们组合运用于某一风险项。在具体选择风险应对措施时,应综合考虑风险应对措施的可行性、成本代价、产生的影响、时效性等因素。管理者应当为拟定的风险应对措施分配相应的人、财、物和技术资源,以确保措施的落实。此外,对于高风险项,还应制定应急预案。

1. 风险规避

风险规避是指更改性能试验方案、试验流程、试验要求和试验条件等,以消除风险源事件或风险产生的原因。例如,对于还不具备试验条件的高风险试验项目,应暂缓实施。在实施性能试验时,若发生故障可能导致试验失败或重大损失,而且难以及时排除时,可以考虑中止试验,待查明故障原因并采取归零措施后重新组织试验。

2. 风险减轻

风险减轻也称为风险控制、或称为风险降低,具体是指采取有效措施,尽可能减少风险发生的概率及其后果影响,从而使风险水平降低到可接受的范围内。以下是风险控制的一些示例。

(1)先进行地面试验,确认成功后,再进行空中飞行试验。或者先进行计算机仿真试验或模型试验,再进行实装试验。

（2）风险预防是风险控制的一种形式,具体是指降低风险发生的可能性。对于装备性能试验,风险预防主要有几种途径:①采取技术措施。例如,加强试验设备的维护检查和检修检测,确保参试设备的完好性。②对于难以消除的风险,采用告警标记。例如,对于重要的试验场所、试验设备、关键操作设立安全警示标识。③通过教育培训和制定管理规章制度,规范人员的行为和操作程序。④对于重要的装备试验任务,在试验前组织演练,强化协调能力,减少试验任务执行过程中的操作失误。

（3）做好试验方案设计,识别关键敏感的试验变量或其边界范围,以减少试验风险。

（4）组织专家进行试验方案评审和确认。

（5）对于关键的试验操作岗位,应设"双岗"。此外,可采取"班前会""班后会"等会议检查总结制度降低人员风险。

（6）成立性能试验任务的联合指挥机构,以减少协作风险。建立多单位的任务协商会议机制和重要事项会签制度,根据需要召开任务协调会、周例会、日例会等进行沟通和协调。被试装备的研制单位应当向试验单位进行技术交底。

（7）制定应急预案和人员紧急撤离预案,明确安全紧急撤离路线标识。建立气象和自然灾害预报系统,构建严密的消防、卫勤救护体系。

（8）建立健全安全保卫、防间保密体系,加强重点区域的巡查警卫。

3. 风险接受

风险接受也称为风险承担,或称为风险自留。对于不重要的风险,如果其存在不会对装备性能试验产生过多的影响,则可以不作专门的处理,或者做出准备承担风险后果的决策。例如,可在试验现场准备充足的医护救援力量待命。对于试验中可能出现的意外事件,可以制定应急处置预案,并对预案组织演练。

对于一个风险项采取"风险承担"并不表明该风险被忽略,仍然需要对该风险水平的后续变化进行跟踪监测。

4. 风险转移

风险转移也称为风险分担,具体是指重新分配存在的风险,将风险可能产生的后果全部或部分地转移给其他相关方。例如,在进行性能鉴定试验前,可要求装备研制单位或分系统供应商先进行一些高风险项目的试验。这样,就将试验单位的风险转移到了装备研制单位。此外,可以通过购买商业保险的方式进行风险转移。例如,可以为试验活动或参试人员购买人身意外损伤保险。

参考文献

[1] 苏秦.质量管理与可靠性[M].第3版.北京:机械工业出版社,2019.

[2] 王伟,李远哲.坦克装甲车辆试验鉴定[M].北京:国防工业出版社,2019.

[3] 朱舟,周健临.管理学教程[M].第4版.上海:上海财经大学出版社,2017.

[4] 孙家栋,杨长风.北斗二号卫星工程系统工程管理[M].北京:国防工业出版社,2017.

[5] 沈建明,夏明.现代国防项目管理(上册)[M].北京:机械工业出版社,2017.

[6] 沈建明,夏明.现代国防项目管理(下册)[M].北京:机械工业出版社,2017.

[7] 周晟瀚,杨敏,魏法杰,等.复杂装备试验安全风险评估与预警[M].北京:中国电力出版社,2016.

[8] 陆晋荣,董学军.航天发射质量工程[M].北京:国防工业出版社,2015.

[9] 张健壮,史克禄.武器装备研制系统工程管理[M].北京:国防工业出版社,2015.

[10] 刘小方,谢义.装备全寿命质量管理[M].北京:国防工业出版社,2014.

[11] 张育林.航天发射项目管理[M].北京:国防工业出版社,2012.

[12] 遇今.航天器研制风险管理[M].北京:航空工业出版社,2012.

[13] 萧海林,王祎,等.军事靶场学[M].北京:国防工业出版社,2012.

[14] 殷世龙.武器装备研制工程管理与监督[M].北京:国防工业出版社,2012.

[15] 郑恒,周海京.概率风险评价[M].北京:国防工业出版社,2011.

[16] 崔吉俊.航天发射试验工程[M].北京:中国宇航出版社,2010.

[17] 赵新国,等.装备试验指挥学[M].北京:国防工业出版社,2010.

[18] 梅文华,罗乖林,黄宏诚,等.军工产品研制技术文件编写指南[M].北京:国防工业出版社,2010.

[19] 梅文华,罗乖林,黄宏诚,等.军工产品研制技术文件编写说明[M].北京:国防工业出版社,2010.

[20] 武小悦,刘琦.装备试验与评价[M].北京:国防工业出版社,2008.

[21] 陈英武,李孟军.现代管理学基础[M].长沙:国防科技大学出版社,2007.

[22] 余高达,赵潞生.军事装备学[M].第2版.北京:国防大学出版社,2007.

[23] 杨榜林,岳全发,金振中,等.军事装备试验学[M].北京:国防工业出版社,2002.

[24] GB/T 19000—2016,质量管理体系——基础和术语[S].2016.

[25] GB/T 23694—2013,风险管理—术语[S].2013.

[26] GB/T 29075—2012,航天器概率风险评估程序[S].2012.

[27] GB/T 24353—2009,风险管理—原则与实施指南[S].2009.

[28] GB/T 20032—2005,项目风险管理—应用指南[S].2005.

[29] 郝立敏.装备研制试验风险管理与评价方法研究[J].质量与可靠性,2012,(3):

30-34.

[30] 洛刚,文良浒,李崖. 装备定型试验风险识别及管理措施[J]. 装备学院学报,2012,(3):102-106.

[31] Haimes Y Y. Risk Modeling, Assessment, and Management [M]. 4th ed. New York: Wiley,2015.

[32] The Defense Acquisition University. Test & Evaluation Management Guide[M]. 6th ed. Fort Belvoir, VA: The Defense Acquisition University Press,2012.

[33] ISO31000:2018 Risk management – Principles and Guidelines[S]. International Organization for Standardization,2009.

[34] Department of Defense Directive 5000.01: The Defense Acquisition System [EB/OL]. 2020.

[35] Department of Defense Instruction 5000.02: Operation of the Adaptive Acquisition Framework [EB/OL]. 2020.

[36] Department of Defense, Risk, Issue and Opportunity Management Guide for Defense Acquisition Programs [EB/OL]. 2017.

[37] NASA Risk Management Handbook [EB/OL]. 2011.

第三章 装备性能试验的内容

武器装备类型繁多,不同类型装备功能和性能各异,因此装备性能试验的内容非常广泛。可以从不同角度对装备性能试验的内容进行分类。本章根据装备性能指标的类型,介绍装备专用性能试验和通用性能试验。在专用性能试验方面,本章选择典型装备概要介绍其专用性能以及主要的性能试验内容。在通用性能试验方面,首先介绍可靠性、维修性、保障性、安全性、测试性、环境适应性等通用质量特性的概念、要求、试验内容和方法,然后介绍电磁兼容性试验、人机工效试验、运输性试验、网络安全试验、互操作性试验等。其中,复杂电磁环境试验、网络安全试验和互操作性试验,体现了信息化、体系化条件下装备性能试验的特点。软件在装备中的应用越来越广泛,既有独立形态的软件,也有嵌入式软件。本章专门介绍了软件测评的内容。最后,本章介绍了装备性能试验中复杂环境适应性试验与边界性能试验的相关概念和要求。

第一节 若干典型装备的专用性能试验

本节选择若干典型装备介绍其专用性能试验的内容,包括舰艇装备、军用飞机等大型作战平台,轻武器、装甲装备、导弹、火炮等主战装备,预警探测、电子对抗、军用卫星等信息支援保障装备,弹药和航空发动机,以及处突维稳装备等其他装备的专用性能试验。

一、轻武器

轻武器是指枪械及其他由单兵或班组携行战斗的武器。轻武器的范围较为宽泛,按用途可以分为枪械类(如手枪、冲锋枪、步枪、机枪等)、发射器类(如榴弹发射器、弹射器等)、弹药类(如枪弹、手榴弹、枪榴弹等)、光学瞄具类(如白光瞄准镜、微光瞄准镜、红外瞄准镜、光电瞄具等)。

(一)枪械与发射器

枪械性能试验一般包括静态检查与动态测试、安全性试验、精度试验、不同姿态射击试验、环境模拟试验、综合寿命试验、勤务性试验、有效射程处射击效力试验、可靠性试验等。枪械性能试验一般应完成试验标准中的全部试验项目，但根据不同类型枪械具体结构特点和特殊要求，对试验项目可进行必要的增减、调整和补充。

除手枪、步枪、机枪等传统枪械以外，还有部分枪械在能源、结构原理或使用环境等方面具有明显的特点，称为特种枪械，如水下枪械、激光枪、电磁枪等。特种枪械与常规枪械不同，需要根据特种枪械的结构原理、性能指标等进行试验方法研究。

榴弹发射器性能试验总体上与枪械试验区别不大，通常会增加地面密集度试验、空炸精度试验等试验内容。

（二）轻武器弹药

轻武器弹药包括枪弹、步兵榴弹、特种弹药等。

枪弹性能试验项目一般包括勤务性能试验、弹道性能试验、强度试验、枪弹对枪械影响试验等。曳光弹增加曳光性能试验，穿甲、爆炸、燃烧枪弹增加作用效果试验。具体可参考相关的国军标和试验规程。

榴弹是依靠爆炸产物对目标进行杀伤或其他作用的弹药。相对枪弹而言，步兵榴弹的安全性具有更高要求，结构也远比枪弹复杂。榴弹发射器弹药的性能试验通常包括静态检测、强度与安全性试验、引信性能试验、环境适应性试验、弹道性能试验、杀伤效应试验、破甲效应试验、榴弹对发射器影响试验等。

（三）光学瞄具

光学瞄具配备在各种枪械、发射器、弹射器上，增强了射手寻找目标的能力，提高了轻武器装备的瞄准速度、射击精度和射击效能。

光学瞄具性能试验项目主要按照两个原则确定：一是根据战术性能要求所进行的性能试验。光学瞄具的性能试验项目通常包括：静态检查与测量、振动或运输试验、精度试验、强度试验、跌落试验、环境适应性试验、勤务性能试验等。二是根据技术特点进行的性能试验，如红外瞄准镜的识别距离试验，弹道解算仪的测距性能、解算及显示性能、电气性能试验等。光学瞄具的具体试验项目要求及试验顺序可参见相关国军标和试验规程要求。

二、装甲装备

装甲装备泛指具有装甲防护和机动能力的战斗车辆和保障车辆，如主战坦克、步兵战车、装甲侦察车、装甲扫雷车等。装甲车辆的专用性能试验主要包括:结构与特征参数测定、陆地机动性能试验、水域机动性能试验、火力性能试验、防护性能试验、电气和通信设备性能试验等。关于装甲车辆各类专用性能试验(以及通用性能试验)的内容和要求见相关国军标和试验规程。

下面以坦克为例说明装甲装备专用性能试验的主要内容。现代坦克一般由武器系统、推进系统、防护系统、电子信息系统以及电气系统、其他特种设备和装置等组成,其专用性能主要包括火力性能、机动性能、防护性能和指挥控制性能。

(一)火力性能

坦克的火力性能包括火炮威力、火力灵活性和快速反应能力,具体包括目标锁定时间、射击准备时间、直射距离、战斗射速、首发命中概率、立靶精度和密集度等。

火力性能试验分为武器系统技术参数测定、武器系统射击试验和武器系统持续工作能力试验三种类型。依靠装备和弹药进行实弹射击,需要在专用的射击靶场进行,靶场应具备射击靶道、炮位、运动靶道、收弹设施和掩体等。实弹射击试验分为检验性射击和准战斗射击两种类型。其中,立靶密集度及校正射击为检验性射击试验。不同距离上的首发命中率的考核验证有检验性和准战斗两种射击试验类型。采取的射击方式包括停止间射击静止目标、停止间射击运动目标、行驶间射击静止目标、行驶间射击运动目标。立靶密集度等检验性射击试验所使用的弹丸、装药、引信、火箭弹弹体均应为同一批次,弹体应有一致的外形和一致的表面处理。试验时,气象条件应满足射击类型和试验科目的要求。

(二)机动性能

坦克的机动性能主要指运输特性、最大行程、陆地机动性和水域机动性。陆地机动性主要包括:最大速度、越野平均速度、公路平均速度;起动性、加速性、转向性、制动性;爬坡性能、标准障碍和软地通过性等。水域机动性包括水上转向性能、涉水性能、航渡性能等。

机动性能试验一般采用实车测试的方法进行数据采集和分析。例如,行驶—加速—减速试验、行驶刚性动力学试验、障碍冲击响应(冲击振动)试验、转向试验、可控穿桩试验(操纵试验)等,以及若干地形上的行驶试验、命中躲避试验等检验战术性能的试验。此外,也采用车辆、驾驶员、地形环境虚实结合的方式开展机动性试验。

(三)防护性能

坦克的防护性能包括隐身防护、主动防护、装甲防护和特种防护。隐身防护是指通过降低装甲车辆可见光、红外、雷达波和激光等外部特征,降低被发现或被识别的概率。主动防护是指通过干扰敌方武器观瞄、测距,或对敌方导弹飞行制导进行干扰和拦截,降低敌方反装甲的能力。装甲防护是指利用装甲材料、含能材料或抗弹结构,消耗弹体材料和能量,降低反装甲弹药的侵彻深度。特种防护是指对核爆射线、生物毒剂、化学毒剂、残余弹体、殉爆油料等毁伤因素进行防护的能力。

装甲防护性能试验一般采用数值模拟、实弹打靶(靶板)等方式进行,据此分析装甲材料、厚度、倾角的抗击穿、抗侵彻等方面的能力。

(四)指挥控制性能

坦克的指挥控制性能包括战术通信性能、战场侦察能力、指控与情报处理性能等。战术通信性能试验分为车内通信性能试验、车际通信性能试验、综合电子系统性能试验、定位导航设备性能试验,以及敌我识别系统性能试验;战场侦察能力试验主要测定战场侦察性能参数,包括侦察距离、侦察定位精度、侦察视界、侦察系统开机准备时间、车载无人机侦察半径、无人机展开/接收时间等;指控与情报处理性能试验包括作战指挥性能试验、态势及图形作业试验、文电收发处理试验、情报处理试验、网络规划与监控试验等。

三、舰艇装备

舰艇亦称军舰,是进行作战或实施勤务保障的军用舰、艇、船的统称。通常分为水面舰艇和潜艇。舰艇装备一般由舰艇平台和作战系统两部分组成。其中,舰艇平台包括船体结构、推进系统、电力系统、辅助系统和船体属具等,作战系统包括探测、指控、通信、导航等电子信息系统以及武器系统、辅助设备等。

舰艇装备的专用性能主要包括总体性能、作战性能、保障性能和综合特性等。水面舰艇的总体性能主要包括:主尺寸、排水量和吃水、浮性和稳性、快速性、续航力和自给力、适航性、操纵性、不沉性、储备与裕度等;潜艇的总体性能还包括:储备浮力、隐蔽性、下潜深度等。作战性能主要包括:感知能力、指挥控制能力、攻防能力、快速反应能力等。保障性能主要包括:通信能力、导航能力、自身抗损能力、接收补给能力等。综合特性主要包括:兼容性、隐蔽性、居住性、防腐防漏能力、生活保障能力等。

(一)性能验证试验

舰艇装备性能验证试验通常包括系泊试验、航行试验、总体专项试验和舰机适配性试验等。系泊试验是在船厂码头或指定水域,舰艇处于系泊状态下进行的实船试验,目的是在系泊状态下检验舰艇的建造质量及装舰(艇)设备和系统的安装质量、主要技术指标和工作可靠性。航行试验是在试验海区按规定海况和航行状态进行的实船试验,目的是全面检验舰艇及装舰(艇)设备和系统的工作协调性、稳定性、安全性、可靠性等,验证舰艇装备的设计建造质量和主要性能指标是否满足研制要求。对于在系泊、航行试验期间因不具备试验条件等原因未开展的试验项目,通常安排总体专项试验作为补充。舰机适配性试验主要验证舰艇与舰载机及相关配套设备设施之间的接口正确性、功能匹配性、作战使用流程合理性等,试验项目通常包括放飞作业适配性、回收作业适配性、着舰引导作业适配性、指挥引导和信息交互作业适配性、舰面保障作业适配性、环境适配性等。对登陆作战舰艇,通常还需进行舰艇与车、艇、机等搭载任务载荷的适配性试验。

(二)性能鉴定试验

舰艇装备性能鉴定试验的内容涵盖舰艇总体性能、作战性能、保障性能和综合特性等。由于舰艇装备试验项目多、消耗大、周期长,通常采用一体化试验方法统筹安排性能验证试验、性能鉴定试验等试验项目,以便有效避免试验冗余、提高试验效益。

在舰艇装备试验中,舰艇平台、作战系统及其所属新研系统(设备)通常进行结合式试验。被试系统(设备)的试验设计应充分考虑试验项目结合的可能性,做到一次试验、多方受益,各被试系统(设备)根据需要可独立采集试验数据,并独立作出试验结论。

四、军用飞机

军用飞机是指专门用于军事目的的飞机,包括直接参加战斗、保障战斗行动和进行军事训练的各种飞机。军用飞机的专用性能主要是指其飞行性能(包括飞行速度、飞行高度、续航性等)和飞行特性(体现为传统的性能和包线范围、操纵性/稳定性、机动性、飞行控制系统特性等)、动力装置特性、航电系统特性等。对于隐身飞机来说,还包括雷达隐身、红外隐身、射频隐身、可见光隐身等隐身性能。

军用飞机性能试验包括地面试验、飞行试验和飞行仿真试验。

(一)地面试验

地面试验主要是指在地面对机载设备、分系统和系统的功能、性能等进行的试验,包括实验室试验和机上地面试验两种类型。其中,实验室功能性能试验一般是针对设备级和分系统级机载成品在实验室环境下开展其功能性能相关试验,检验其对技术指标要求的符合性;机上地面功能性能试验是指在装机环境下,对机载设备、分系统和系统开展功能性能试验。机上地面试验也是飞机开展飞行试验前最重要的一个试验步骤。在装机条件下的联试更能代表产品的真实使用环境和接口交联关系,是实验室试验无法替代的。

(二)飞行试验

飞行试验又称为试飞,是指飞机在真实飞行环境条件下进行的各种试验,可以获得大量的实际数据。飞行试验分为三种类型,即研究类的飞行试验、演示验证类的飞行试验、型号(产品)类的飞行试验。

(1)研究类的飞行试验是针对尚未完全认识和掌握的技术而进行的研究性、探索性、原理性试飞,如超燃冲压发动机燃烧原理的研究试飞。

(2)演示验证试飞是指对航空关键技术进行的实用性或工程化性质的验证试飞,一般来说,这些关键技术对于研制新型飞机或新一代飞机具有极为重要的意义。例如,美国著名的 X 系列验证机所进行的就属于演示验证类的飞行试验。

(3)型号飞行试验是针对新研制的型号飞机(产品)所进行的飞行试验,其目的是以合理渐进的方式确保型号研制和投入使用的成功。型号飞行试验按其渐进过程和目的不同一般分为首飞、性能验证试飞和性能鉴定试飞三个阶段。首飞是从设计、制造、完成系统综合的各种实验室/地面试验过渡到飞行试验阶段的首次升空飞行。性能验证试飞是调整飞机及其系统、机载设备,使其符合状态鉴定试飞移交状态而进行的试飞;新型飞机试验机经过首飞,确信能安全飞行,即可开始进行性能验证试飞。性能鉴定试飞是为鉴定新型飞机(产品)的性能是否能够达到规定的战术技术指标和使用要求而进行的飞行试验。

飞行试验周期长、内容极其复杂、试验风险大。飞行试验必须对各种性能边界进行考核,包括速度边界、高度边界、迎角边界、过载边界、发动机起动边界、武器发射边界、环境条件边界等,有时还需要考核不同参数的组合边界。试飞过程中可能会遇到各种预想不到的情况。新机试飞过程中出现的故障可能数以千计。

飞机从设计、制造、试验到交付的周期很长,一般需要几年、十几年,其使用更是延续几十年。因此,现代飞机的飞行试验很多是基于模型和仿真开展的。因此,应重视建模仿真和基于模型的试飞验证,将建模仿真和模型验证作为飞行试验的重要补充,通过"飞行试验—模型验证"的不断迭代,进行建模仿真与飞行试验相结合的综合试验。

五、导弹装备

导弹武器系统通常由导弹、发射装备、引导装备、指控装备、保障装备等组成;导弹通常由战斗部、弹体、推进系统、制导系统等组成。导弹武器具有射程远、精度高、威力大、突防能力强、非接触等特点。

导弹装备的专用性能主要包括飞行性能、制导精度、弹头威力、抗干扰性等。

(一)飞行性能

导弹的飞行性能主要指其射程、飞行速度、飞行高度和过载。射程是在保证一定命中概率的条件下,导弹发射点至命中点或落点之间的距离。飞行速度特性包括导弹速度随时间的变化曲线以及其他速度特征量(最大速度、平均速度、加速度等)。飞行高度是指飞行中的导弹与地平面(或标准海平面)之间的距离。过载是衡量导弹机动性的性能,导弹的机动性是指导弹能迅速改变飞行速度大小和方向的能力。

(二)制导精度

制导精度是表征导弹制导控制系统性能的一个综合指标,反映系统制导导弹到目标周围时脱靶量的大小。可以通过单发导弹无故障飞行条件下命中目标的概率表示导弹制导精度,也可以通过概率偏差或圆概率偏差衡量制导精度,它们都是描述弹着点偏离目标中心散布状态的统计量。

(三)弹头威力

威力是表示导弹对目标破坏或毁伤能力的重要指标,具体表现为导弹命中目标并在战斗部可靠爆炸后,毁伤目标的程度和概率,或者说导弹在目标区爆炸后,使目标失去战斗力的程度和概率。不同类型导弹衡量威力的指标不同,例如,反坦克导弹常用穿甲厚度,空空导弹常用破片的有效杀伤半径。导弹威力通过毁伤效应试验进行考核检验。

(四)抗干扰性

导弹的抗干扰能力主要是指导弹在作战使用时对各种战场环境引起的干扰的耐受能力,通常包括抗背景和人工干扰对导弹系统目标探测、导引头和引信影响的能力。背景干扰主要包括电磁波、地物、地面、海面、海天、云雾、雨雪、阳光、烟火等。人工干扰主要是指各种有源(如欺骗干扰、压制干扰)和无源干扰(如箔条干扰、反射体等)。导弹抗干扰性能试验,一般首先用数学仿真验证抗干扰设计的正确性和原理可行性,然后利用半实物仿真试验验证抗干扰性能,接着采用外场综合试验对导弹关键制导设备的抗干扰性能进行检验,最后采用抗干扰飞行试验检验真实干扰对抗条件下抗干扰能力。

根据试验条件,导弹性能试验可分为地面试验和飞行试验。地面试验分为单机级、系统级和武器系统级试验,包括系统功能和性能的检查、测试、对接,以及风洞试验、弹体结构静力试验和结构模态试验、仿真试验、动态环境模拟试验(如火箭橇试验)等。风洞试验利用风洞环境获得被试对象的气动特性,弹体结构静力试验是在使用载荷下进行的结构模态试验。飞行试验也可以细分,例如,空空导弹飞行试验可分为机载挂飞试验和综合性飞行试验。通常,飞行试验以典型目标为考核对象,检验导弹单发杀伤概率和杀伤区域等。

关于各类导弹装备性能试验的具体内容和要求可见相关国军标和试验规程。

六、火炮装备

火炮通常由炮身和炮架两部分组成。炮身由身管、炮尾和炮闩等组成。身管是炮身的主体,用来赋予弹丸初速和飞行方向;炮尾用来盛装炮闩;炮闩用来闭锁炮膛、击发炮弹和抽出发射后的药筒。炮架通常由反后坐装置、摇架、上架、方向机、高低机、平衡机、瞄准装置、下架、大架和运动体等组成。

火炮的专用性能包括火炮威力、机动性和快速反应能力等。①火炮威力是指火炮在战斗中能迅速地压制、破坏、毁伤目标的能力,由弹丸威力、射程、射击精度和速射性等主要性能构成。②火炮机动性是火力机动性和运动性的总称。火力机动性是指火炮快速、准确地捕捉和跟踪目标的能力。射界是重要的火力机动性指标,可理解为火炮能进行标定和瞄准、炮身进行回转和俯仰运动所能达到的允许装填和安全发射的连续范围,一般用高低和方位角度来度量。运动性是指火炮快速运动、进入阵地和转换阵地的能力。③快速反应能力通常是指火炮系统从开始探测目标到对目标实施射击全过程的迅速性能,通常以"反应时间"表示。火炮的各类专用性能并不是独立的。比如,最大射程、最小射程、射击精度、强度和射速、射击稳定性等,都与射界有关。

在火炮的研制过程中要经过很多试验,比如底火强度试验、工作模态分析试验、靶场性能测试等。模拟试验是火炮研制中大量采用的方法,比如冲量发生器、空气炮、锤击法、离心机模拟、电磁脉冲加载、非线性弹簧—阻尼模拟、缩尺模型、高压气流模拟等。

火炮靶场试验包括各种静态试验、射击射速试验、射击强度试验、机构动作试验、内弹道试验、外弹道试验、终点弹道试验等,是对火炮性能指标的综合检测。关于火炮的专用性能试验的具体内容和要求,可进一步参考相关国军标和试验规程。

七、信息系统装备

信息系统是对信息进行收集、整理、转换、存储、传输、加工和利用的系统。信息系统装备用于指挥控制、情报侦察、军事通信、导航定位、安全保密、战场环境保障等领域。信息系统装备具有体系性强、互联互通互操作要求高、软件比重大、更新换代快、部署规模大、覆盖地域广、性能影响因素多等特点。

信息系统装备性能试验按照试验层次,可以分为单装试验和系统级试验。

(一)单装试验

单装试验项目包括功能试验、技术性能试验和综合运用试验。技术性能试验包括电气性能测试、接口特性测试、抗干扰性测试、通信性能试验、运动通信试验、指控业务试验。其中,电气性能指标测试包括发射机输出平均功率测试、接收机灵敏度测试、信道切换时间测试等。接口特性试验是指针对各类物理接口的形状、尺寸、引线数目与排列、固定锁定装置、接口波形与幅度、阻抗与回波损耗等进行的测试。抗干扰试验主要针对装备所采用的抗干扰技术体制、特点和应用环境等进行静态和动态性能试验。通信性能试验验证产品的传输差错率、信噪比、话音识别度、(传真)文字可读度、时效、可靠通信距离、通信有效度等。指控业务试验构建各种试验网络,验证被试产品加载指控业务后的各项功能性能是否满足要求、指控软件产品与其他相关指控系统间业务互联互通互操作能力、指控业务信息传输和交换对不同通信系统带宽和信道条件的适应能力等。综合运用试验包括互联互通互操作性试验、任务可靠性考核和战场环境适应性试验。

(二)系统级试验

系统级试验是将多个装备组成网络系统或不同层次的装备组成更复杂的系统,考察系统在规定条件与规定时间内完成任务的能力。

系统级试验主要包括系统通信性能试验、系统功能试验、系统性能试验、指挥控制能力试验、系统机动通信试验、系统互联互通试验等。①通信性能试验是最核心的试验项目,主要考核通信可靠性与通信时延,验证系统端到端的信息传输性能,并从实际应用层次验证网络设备信息处理能力、网络通信协议效率以及设备接口交互性能等整个网络的综合通信性能。②系统功能试验项目主要包括网络管理功能试验、安全防护功能试验、保密相关功能试验、无线频谱管理功能试验。③系统性能试验项目主要包括网络开通时间、网络重建能力（网络抗毁重构能力）、系统覆盖范围、系统通信容量、业务承载能力等。④指挥控制能力试验主要包括信息收集和处理试验、辅助决策试验、指挥作业试验、作战指挥控制试验、态势融合处理试验、记录和重演功能试验、系统快速反应能力试验。⑤系统机动通信试验主要考核在机动状态下系统的机动速度、网络覆盖范围、组网时间、用户接入成功率、信息传输效率等。⑥系统互联互通试验主要考核系统与其他信息系统或军(民)用通信网络的互联互通互操作能力。

系统级试验一般先组织内场联试，然后组织外场试验。内场联试主要检查装备功能、互联接口、技术性能，测试系统吞吐量、网络延时、传输效率、呼损率、流量控制、路由选择、系统管理等，系统外场试验是在典型气候、地理条件和典型时间(如早、中、晚)，对装备各种业务和工作模式进行试验和测试。

八、预警探测装备

预警探测装备是综合利用侦察、监视、探测和通信等手段，对陆、海、空、天等作战空间的威胁目标进行早期发现、跟踪、识别和报知的装备。下面以防空预警雷达装备为例介绍预警探测装备的专用性能试验。

雷达装备的专用性能主要包括作战使用、目标探测跟踪、信息综合处理、情报入网分发、电磁环境感知、抗干扰性和机动性等方面。其专用性能试验分为功能性能试验和检飞试验两大类。

（一）功能性能试验

雷达的功能性能试验包括雷达的主要功能试验、技术性能试验以及部分不需要作战对象配合进行的战术性能试验，可以通过功能检查、性能测试、实验室试验方式进行。

雷达装备的主要功能试验包括对作战管理、情报分析、综合保障、模拟训练、监测标校等几大项功能，以及部分未量化明确、可通过测试检查验证的功能的检查和测试。技术性能试验通常包括天线分系统试验、收/发分系统试验、信号处理分系统试验、数据处理分系统试验、控制与显示分系统试验、伺服分系统试验等。机动性能试验主要包含运输方式、通过能力、架设/撤收能力（包括时间、调平能力、定位能力、定北能力、授时与守时能力等）、开机时间等项目。情报录取融合与上报分发性能试验主要包含录取方式、输出内容、记录性能、融合能力和上报分发性能等项目。

（二）检飞试验

需要作战对象配合进行的战术性能试验统称为检飞试验。检飞试验主要包括探测范围、探测精度、分辨力、目标容量、数据更新时间、分类识别性能、抗干扰性能等。① 探测范围是雷达完成战术功能的空间范围的统称,包含距离范围、方位范围、俯仰范围、高度范围、速度范围等。② 探测精度主要包括测量精度(距离、方位、仰角/高度、径向速度、速度)和外推精度(包括落点预报精度、定轨精度)。③ 分辨力是指具有多维测量能力的雷达,对于其他维相同的两个目标,只在一维上进行区分的能力。④ 目标容量通常是指雷达在搜索或跟踪状态下,所能同时保持连续跟踪的目标批数。⑤ 数据更新时间是指雷达在搜索或跟踪状态下,对同一目标探测两次的时间间隔。⑥ 目标分类识别性能指雷达鉴别不同性质目标(如目标尺寸、形状、运动特征及真伪等)的能力,一般包含对空气动力目标、弹道类目标、临近空间目标、空间目标等的分类能力,以及空气动力目标类型的分类能力等。⑦ 抗干扰性能主要包括干扰侦察和分析性能、抗有源干扰能力和措施、抗无源干扰能力和措施等试验项目。

针对不同类型雷达专用性能试验评估方法,可参见相关的国军标和试验规程。

九、电子对抗装备

电子对抗装备是专门用于电子对抗的武器、设备和制式器材的统称。电子对抗装备按装备功能可分为电子侦察装备、电子干扰装备、反辐射武器等。各类电子对抗装备的作战使命、作战使用方式、技术体制均存在较大差异,性能试验内容及方法等有很大不同。

电子对抗装备(含系统、分系统或分机模块)性能试验分为技术性能试验和战术性能试验。

(一)技术性能试验

电子对抗装备(含系统、分系统或分机模块)的基本技术性能可按系统总体、天线分系统、侦察分系统、干扰分系统等分类。技术性能试验通常包括技术参数测试和功能检查。① 系统总体技术性能主要指电子对抗装备指挥控制、辅助决策、信息获取、信息传输、信息处理、侦察、测向、干扰等功能性能指标。② 天线分系统技术性能主要包括发射/接收天线的工作频率范围、增益、波束宽度、极化方式等。③ 侦察分系统技术性能主要包括侦察频率范围、侦察灵敏度、测向灵敏度、动态范围、频率分辨率、信号测量能力、信号识别能力、信号分选能力、侦察反应时间等。④ 干扰分系统的技术性能主要包括干扰频率范围、干扰功率、瞄频误差、干扰样式、干扰带宽、干扰反应时间等。

(二)战术性能试验

电子对抗装备的战术技术性能分为电子侦察、电子干扰、电子防御三个方面。电子侦察方面的性能主要包括侦察距离、测向精度、定位精度、侦察覆盖范围等。电子干扰方面的性能主要包括干扰距离、干扰覆盖范围等。电子防御性能主要包括电子抗干扰、电磁加固、频率分配、信号保密、目标隐身及其他电子防护技术与方法的相关性能。

电子对抗装备的战术性能试验可采用数学仿真、注入式仿真、辐射式仿真和外场实装试验等方式。注入式仿真试验是通过对网络或设备注入设定的不同信号进行的试验。辐射式仿真试验是借助于各类暗室在一个近似无内部反射、无外部干扰和无电磁信息泄露的电磁波传播空间进行的试验,常见暗室有米波暗室、微波暗室、毫米波暗室和光电暗室等。外场实装试验的基本特征是电子对抗装备发射、接收信号在真实的空间传播,实体装备或模拟装备相互之间电磁信号直接对抗和作用。

十、军用卫星

军用卫星是指用于执行侦察与监视、导弹预警、军事通信、导航与定位、气象监测、大地测量等任务的各种卫星。

卫星通常价格昂贵、样本量小,有时具有独一性,其生产决策在系统设计之前就已制定。不同类型卫星的专用性能有明显区别,比如,成像侦察卫星的分辨率、成像宽度,电子侦察卫星的灵敏度、动态范围、截获概率,导航定位卫星的精度、完好性等。

卫星在初样和正样研制阶段进行的大量地面试验属于性能验证试验,包括各分系统测试、电性能综合测试、精度测量、热平衡试验、质量特性试验、模态试验、振动试验、热真空试验、磁补偿试验、动平衡试验、电磁兼容性试验、电联试、检漏试验、热循环试验、高低温试验、高温老炼试验、专项试验,以及系统间对接试验等。

卫星进入发射场后即转入性能鉴定试验阶段,分为发射场鉴定试验和在轨性能鉴定试验。发射场鉴定试验对卫星性能状态进一步复核和对射前状态进行检查。在轨性能鉴定试验是性能试验的重要组成部分,全面考核卫星平台、有效载荷的性能,开展对地数传试验、星地一体化指标试验、新部件试验等。卫星发射入轨后,卫星管理部门长期持续监测卫星状态、获取运行数据、评估卫星性能。

十一、弹药

弹药包括枪弹、手榴弹等轻武器弹药,炮弹、火箭弹等重武器弹药,以及地雷、航空弹药、舰艇弹药等。

弹药种类繁多,关于各种弹药的专用性能试验见相关国军标和试验规程。通常,弹药的专用性能包括弹道性能和威力性能。弹药的弹道性能主要包括射程和精度。弹药的威力是指弹药对目标的杀伤和破坏能力。一般来说,具体的威力性能指标与打击目标类型、弹药毁伤机理和弹药战术使用等因素有关,需要综合考虑形成性能指标。

有些弹药的专用性能具有特殊性。例如,鱼雷需要通过水下航行试验考察其航速、航程、航深、机动性能和航行姿态;此外,还需要考核其在复杂水声对抗环境下的性能。深水炸弹需要考核其极限下潜速度、攻击范围、破坏半径、齐射密集度、有效工作深度等技术性能指标。水雷需要在引信试验中,考核其针对不同舰艇目标以不同距离、方向和速度通过时,引信的动作灵敏性、作用半径、工作稳定性等性能。

威力试验主要考核在一定弹目交会条件下弹药的威力性能,试验的方法主要包括静爆试验、动爆试验、等效毁伤试验(或等效试验)、仿真试验等。①静爆试验是指弹药在静止情况下被引爆,查看它对周边目标效应物的毁伤情况,并获取有关静爆威力参数。例如,对深水炸弹来说,其静爆试验包括陆上静爆试验和水下静爆试验,前者测量爆速、破片数量速度质量、空中冲击波,后者测量爆炸威力、水下冲击波压力—时程曲线。②动爆模拟试验是指利用有关装置,使弹药具有一定可控的速度和姿态撞击目标并爆炸,模拟实际弹药对目标的作用过程,查看弹药对目标的毁伤情况,并获取有关动爆威力参数。火箭橇是最常用的动爆试验装置。动爆试验可以在最接近实战条件下考核弹药的威力性能。③等效试验是根据有关理论或经验,对弹药结构或交会条件进行一定的简化等效,或者是将靶标进行尺寸缩比等效、材料强度等效等进行的试验。例如,导弹的惰性弹飞行试验和等效靶试验。④仿真试验主要通过构造虚拟的试验环境,对弹药毁伤过程进行数值模拟或建模仿真,具有经济、高效、灵活等优点。

十二、航空发动机

航空发动机是工作条件复杂、技术难度大、研制周期长和研制费用高的航空飞行器动力装置。现代航空发动机主要分为活塞式、涡轮式、冲压式和组合式。一种新型号发动机的总体性能设计、总体结构设计、部件研制和调试、发动机各系统设计都离不开试验。发动机研制中要经过大量的部件试验、材料试验、整机地面台架试验、高空模拟试验和飞行试验,才能确定发动机性能。

从试验内容看,航空发动机的专用性能试验分为性能特性试验和工作特性试验两大类。性能特性试验通常测定特定条件下的推力/功率、耗油量等,这些参数直接影响飞行器航程、有效载荷和机动性。工作特性试验通常验证发动机的推力/功率瞬变、工作包线(含启动包线)、稳定性、隐身性、作战适用性等。对于不同类型的飞机,其发动机试验的类型也有所侧重,比如运输机侧重提高发动机安全性和经济性,而战斗机更重视发动机作战适用性。

从试验的对象和方法看,航空发动机性能试验可分为部附件与子系统试验、整机地面试验以及高空试验(包括高空模拟试验和飞行台试验)、飞行试验等几种类型。部附件与子系统试验指对风扇、燃烧室、涡轮、转子轴、机匣等部件,电子控制器、燃油泵、燃油滤、滑油泵、滑油箱、轴承等成附件,以及控制系统、健康管理系统等子系统开展的试验,包括部件性能试验、结构完整性试验、成附件环境试验、耐久性试验、控制系统半物理模拟试验等。整机地面和高空模拟试验主要提供整机性能数据,包括参数测量、控制规律调整试车、转子动力学试车、温度和压力测量以及振动应力测量等,验证发动机的性能分析模型的正确性,验证发动机的性能特性、推力/功率瞬变、工作包线(含启动包线)、稳定性、工作极限、耐久性等。全台发动机的地面试验又称发动机试车。地面模拟试验设备不可能真实模拟所有飞行条件,因此还必须将发动机装在飞行台/飞机上进行飞行台试验/飞行试验。飞行台试验可以安装较多的测试设备、获取较多的测试参数,其缺点是所试飞行包线有限。

十三、处突维稳装备

非致命处突维稳装备是指在遂行处突维稳任务中,使目标产生不同症状的生理反应,短时间内失去抵抗能力,而不产生致命性伤害的武器装备。这类装备通常包括有防暴枪、防暴弹发射器、电击器、捕网枪、弓弩、声光驱散装置以及相关配套防暴弹药等装备,防爆弹药又分为手投式和发射(投射)式两类。

防暴枪及防暴发射器主要开展的性能试验有膛压测试、后坐力测试、后坐能量测试、弹丸散布试验、威力试验、弹壳强度试验、子弹对枪械适配性试验、射角测量和调整试验,电磁感应装定器性能测试试验等。非致命声光武器主要开展的性能试验有声光弹静爆发光强度试验、声光弹声压级试验。

关于各类防暴弹药的性能试验项目可参考有关国军标和试验规程。通常,手投式防暴弹性能试验内容主要有延期时间试验、出手保险试验、发光强度试验、声压级试验、催泪威力范围试验、冲击波试验、安全半径试验、使用拉力测试等。发射(投射)式防暴弹的性能试验有射程、初速、膛压、散布密集度、射击安全距离、有效致痛距离、弹壳强度与机构动作可靠性、枪口火焰、枪口噪声等内容。

第二节 通用质量特性试验

通用质量特性主要包括可靠性、维修性、保障性、测试性、安全性、环境适应性等质量特性。装备的通用质量特性是其固有属性,由设计赋予、生产实现、管理保证,并在试验和使用中体现出来,对装备作战效能、全寿命周期费用等具有重要影响。装备性能和维修保障要求的提高,以及信息化、智能化新型装备的涌现,对通用质量特性的试验提出了新的更高要求。

一、可靠性试验

(一) 可靠性的概念

在相关国军标中,定义可靠性是"产品在规定的条件下和规定的时间内,完成规定功能的能力"。可靠性的概率度量称为可靠度。"规定的条件"是影响产品可靠性的外部条件,包括环境、使用、维修、储存等。"规定的时间"是产品执行规定功能的时间,可以是通常的时间,如飞机飞行时间、弹药储存时间等,也可以是相当于时间的公里数、周期数等,如坦克行驶里程、继电器工作次数等。"规定功能"是对产品战术技术性能或功能特性的要求。

与可靠性有关的一个重要概念是耐久性,是产品在规定的使用和维修条件下使用寿命的一种度量,实际上是一种特殊的可靠性。武器装备不仅要具有优良的性能,而且要不容易发生故障、经久耐用,才能充分发挥其使用效能。

装备可靠性不高、耐久性差,将严重影响装备使用效能,增加维修保障费用,甚至危及人员安全。随着装备构成与技术日趋复杂,装备可靠性问题越来越突出,需要切实保证装备达到可靠性要求。

(二) 可靠性要求

装备的可靠性要求分为定量要求和定性要求。

可靠性定量要求通过可靠性参数的取值描述,有时还要给出置信度。比如,"卫星平台以 0.8 的置信度运行 2 年的可靠度不低于 0.94"就是一种定量要求。有时需要进一步明确"可靠"的具体内涵,比如要求弹药存储 15~20 年仍然可靠,具体要求有:弹壳不腐蚀生锈,发射装药保持密封性,弹体不受潮,炸药不变质、不分解等。常用的可靠性参数包括平均故障间隔时间、平均故障前时间、平均致命故障间隔时间、任务成功率、可靠寿命与使用寿命、储存寿命等。

可靠性定性要求是指为获得具有良好可靠性的产品,对产品的设计、工艺、软件及其他方面提出的非量化要求。

(三)可靠性试验的类型

装备在研制过程中特别是在研制早期,难免会出现设计问题和性能缺陷。可靠性试验是通过对产品施加环境应力和工作载荷的方式,为实现产品可靠性增长或验证产品可靠性水平是否达到要求而进行的活动。通过可靠性试验,可以发现产品潜在的问题和缺陷,指导设计改进以实现可靠性增长,评价和验证其可靠性水平。实际产品的可靠性试验一般单独进行,也可以结合所在的系统级试验一起进行。

如图3-1所示,装备在寿命周期中应开展的可靠性试验与评价的工作项目主要包括:环境应力筛选(Environmental Stress Screening,ESS),可靠性研制试验(Reliability Development Test),可靠性增长试验(Reliability Growth Test),可靠性鉴定试验(Reliability Qualification Test),可靠性验收试验(Reliability Acceptance Test),可靠性分析评价,寿命试验(Life Test)。其中,可靠性分析评价主要是综合利用各种信息评价产品的可靠性是否达到规定的要求,属于性能评估的范畴。可靠性验收试验主要用于交付批生产的产品时,确认其满足规定的可靠性要求。因此,应当是批抽检时运用的技术。

图3-1 可靠性试验的类型

以下重点对环境应力筛选、可靠性研制试验、可靠性增长试验、可靠性鉴定试验、寿命试验进行介绍。

根据可靠性试验的目的,可靠性试验分为工程试验和统计试验两大类。其中,环境应力筛选、可靠性研制试验、可靠性增长试验属于可靠性工程试验,可靠性验证试验、寿命试验属于可靠性统计试验。

1. 可靠性工程试验

可靠性工程试验主要目的是激发产品存在的设计、材料和工艺等方面的缺陷,改进产品设计,提高产品可靠性。可靠性工程试验由装备研制单位组织实施,其主要目的是通过对产品施加适当的应力,暴露产品设计和工艺缺陷,以便采取纠正措施排除故障、改进设计,实现故障归零。可靠性工程试验是确保装备可靠性达到研制要求、降低装备使用中出现可靠性问题风险的重要手段,一般在真实、模拟或加速的试验条件下进行。

(1) 可靠性研制试验。

可靠性研制试验的主要目的是通过对产品施加应力,将产品存在的设计缺陷激发为故障,并采取纠正措施和改进设计,提高产品的固有可靠性。可靠性研制试验是一个不断进行"试验—分析—改进—再试验(Test, Analysis, Fix and Test, TAFT)"的过程,其重点是发现存在的问题,并对设计改进措施进行验证,并不需要测定和评价产品的可靠性水平。

可靠性研制试验可以在各种环境下开展。可靠性研制试验可以采用也可以不采用实际环境的应力。为了尽快发现问题,可靠性研制试验常用可靠性强化试验方式进行,施加远超过研制要求中规定的最大环境应力激发产品故障。

在装备研制过程中,对高可靠长寿命产品采用传统的可靠性试验技术,将耗费大量的人力、物力、财力,而且试验时间也是装备研制进度管理难以接受的。在工程实践中,常采用可靠性强化试验(Reliability Enhancement Testing, RET)或高加速寿命试验(Highly Accelerated Life Test, HALT)。这类试验通常需要采用专门的试验设备,通过系统地施加逐步增大的环境应力和工作应力,快速激发和暴露产品设计、工艺上的薄弱环节,以提高产品固有可靠性、摸清产品裕度。

(2) 可靠性增长试验。

可靠性增长试验是一种有计划、有目标和有模型的可靠性试验,其目的不仅是发现产品设计缺陷,并予以纠正,而且要使产品达到预期的可靠性增长目标。在可靠性增长试验过程中,不仅要使产品的可靠性按计划增长,还需要采用可靠性增长模型对产品的可靠性水平进行定量预计评估。常用的可靠性增长模型有杜安(Duane)模型和 AMSAA 模型。在可靠性增长试验开始前,应选定可靠性增长模型,并根据模型确定计划增长曲线,以便控制和评估可靠性增长。可靠性增长试验的具体实施方法可参考有关国军标。

可靠性增长试验一般安排在工程研制基本完成后和可靠性鉴定试验之前。经过订购方批准,成功的可靠性增长试验可以代替可靠性鉴定试验。

(3)环境应力筛选。

环境应力筛选的主要目的是发现和排除在产品制造过程使用的不良元器件、制造工艺和其他原因引入的缺陷所造成的早期故障,以便提高产品的使用可靠性。

环境应力筛选常用的试验应力是温度循环和随机振动,其主要的目的是激发故障,所以不必模拟使用环境应力,但是不能改变产品的失效机理。

在产品研制阶段,环境应力筛选试验可作为可靠性增长试验和可靠性鉴定试验的预处理,以剔除产品的早期故障,提高试验效率和评定结果的准确性。在生产和大修阶段,可作为一种检验手段,剔除早期故障。环境应力筛选本质上是一种检验工艺过程。

2. 可靠性统计试验

可靠性统计试验的目的主要是对产品的可靠性指标进行定量评价,验证产品的可靠性指标或寿命是否达到规定的要求。可靠性鉴定试验和可靠性验收试验也统称为可靠性验证试验。在相关国军标中,对可靠性鉴定与验收试验提供了统计试验方案(指数分布)、可靠性参数估计方法和试验实施程序。

常用的可靠性统计试验有以下几种类型。

(1)可靠性鉴定试验。

可靠性鉴定试验是为了验证产品可靠性水平是否达到了规定的可靠性要求。可靠性鉴定试验属于装备性能鉴定试验的重要内容。可靠性鉴定试验一般采用送样试验的方式。在可靠性鉴定试验前,装备应已完成了环境适应性试验和可靠性增长试验。

进行可靠性鉴定试验设计时,应当明确试验样本量、统计试验方案、试验环境条件、故障判别准则等。可靠性鉴定试验应在真实的使用环境下进行,也可以在综合环境实验室模拟装备真实的使用环境进行。通过可靠性鉴定试验,应给出产品可靠性是否满足要求的统计判决结论。

(2)寿命试验。

寿命试验主要用于验证产品在规定的条件下的使用寿命或储存寿命。寿命试验包括使用寿命试验和储存寿命试验。为了缩短寿命试验时间,通常采用加速寿命试验的方式,即在不改变故障模式和失效机理的情况下加大应力进行试验。此外,耐久性试验作为一种特殊的试验类型,主要是评定产品在规定的使用和维修条件下的使用寿命,也用于分析验证影响产品使用寿命的因素。

(四)可靠性试验的方法

可以从不同角度对可靠性试验的方法进行分类,比如按产品层次、产品类型、试验应力等。对不同类型的试验对象,可靠性试验的方法也存在差异。软件失效机理与硬件失效机理不同,软件或软硬件结合产品的可靠性试验与硬件产品的可靠性试验方法也有所不同。

1. 硬件可靠性试验方法

传统的硬件产品可靠性试验主要采用基于失效的方法,即选取若干样品进行试验,然后根据失效时间的统计分析,评估产品的可靠性特征参数。采用这种试验方式评估产品长期暴露在预期环境中的工作情况和效应,试验需要的费用较高、试验时间也较长。为了缩短试验时间,在不改变失效机理的条件下,经常采用可靠性强化试验或加速试验方法。比如,为了验证弹药的长期储存寿命,可通过提高储存温度等做加速寿命试验,加速弹药失效,再根据试验结果推测出弹药的长期储存可靠度。

随着装备寿命和可靠性越来越高,传统的可靠性试验方法已经难以满足要求。基于产品性能退化的方法和失效物理方法,在可靠性试验与评价中得到越来越多的关注。前者通过退化试验或加速退化试验获得产品退化数据,建立退化模型来评价产品的可靠性。后者采用物理和化学模型研究产品失效机理,消除或减少失效发生的原因,以提高产品可靠性。这两种方法都能在产品的性能与其可靠性之间建立有机联系。

一般硬件产品的失效是由材料退化造成的,设计或工艺缺陷对退化机理或退化速度产生影响。这些缺陷一般具有随机性并且影响程度(大小)不同,因此产品失效特性也不同。根据缺陷的类型及其影响,可以将可靠性试验方法分为三类,即概率统计方法(基于失效的方法)、概率物理方法(基于退化的方法)和失效物理方法。概率统计方法适用于使用阶段,针对板级、部件级、设备级、系统级产品,可以获得产品的寿命分布。概率物理方法适用于设计和制造阶段,主要针对部件级产品,可以得到产品的退化过程模型。失效物理方法主要适用于设计阶段,基于确定性函数描述产品的失效过程。

2. 软件可靠性试验方法

硬件失效一般是由于材料退化、器件老化等引起的,因此硬件可靠性试验强调随机选取多个样品进行试验。软件失效是由设计缺陷造成的,软件的输入决定是否会激发软件故障。因此,使用同样一组输入反复测试软件并记录其失效数据是没有意义的。软件可靠性试验强调按实际使用剖面随机选择输入,并强调测试用例的覆盖性。但是软件可靠性试验也不同于一般的软件功能测试,它强调软件输入与典型使用环境下输入的统计特性的一致性。与软件测评相比,软件可靠性试验中测试用例的采样策略不同。对于一些特殊的软件,如容错软件、实时嵌入式软件等,进行软件可靠性试验需要多种测试环境,因为在通常的使用环境下,很难在软件中植入错误或进行针对性的测试。

对软硬件结合产品,比如软件密集型装备,一般需要先进行硬件试验,后进行软件测试,最后在任务剖面中运行硬件并加载软件进行综合测试。

二、维修性试验

(一)维修性的概念

根据相关国军标,维修性(Maintainability)是"产品在规定的条件下和规定的时间内,按规定的程序和方法进行维修时,保持或恢复到规定状态的能力"。维修性是由设计赋予的产品维修简便、迅速、经济的固有属性。这里的"维修"包括预防性维修、视情维修、修复性维修和战场抢修等。维修性的概率度量称为维修度。在维修性定义中,"规定的条件"由维修级别、维修人员专业技术能力、维修场所、维修设施设备、维修技术文件等描述,"规定的时间"是指直接用于维修的时间,不包括等待维修的时间,"规定的程序和方法"是指维修技术文件规定的操作规程,"规定的状态"是指产品通过维修后应该达到的技术状态。

(二)维修性要求

维修性要求反映了使用方对产品应达到的维修性水平的期望,包括定量要求和定性要求。

维修性定量要求由维修性参数及其对应的量化指标规定。根据维修性相关国军标,维修性参数可分为维修时间参数、维修工时参数和测试诊断类参数。

维修时间参数有:平均修复时间(MTTR)、平均预防性维修时间(MPMT)、系统平均恢复时间(MTTRS)等。维修工时参数有维修工时率(MR)等。测试诊断类参数有故障检测率(FDR)、故障隔离率(FIR)、虚警率(FAR)、故障检测隔离时间(FIT)等。

维修性定性要求是难以量化描述的要求,其中有些还是实现定量要求的技术途径或措施。常用的维修性定性要求包括:维修可达性、标准化和互换性、防差错及识别标记、维修安全、简化设计、故障测试诊断、维修人机工效、贵重件可修复性、减少维修内容、降低维修技能要求等。

(三) 维修性试验的类型

维修性试验的目的是考核和验证装备的维修性是否满足规定的维修性要求,发现装备维修性的设计缺陷,提供设计改进的依据,并对有关维修保障资源进行评价。

维修性试验一般应与可靠性试验、性能试验等结合进行,必要时也可单独进行。维修性试验样机可以采用虚拟样机、半实物或实物样机。

根据相关国军标,装备寿命周期内开展的维修性试验与评价的工作项目主要包括维修性核查、维修性验证和维修性分析评价。

1. 维修性核查

维修性核查主要由承制方实施,主要目的是检查、修正维修性分析和验证所用的模型及数据,鉴别设计缺陷,以便采取纠正措施,实现维修性增长,保证满足维修性要求,为维修性验证提供基础。

维修性核查可以在数字样机、实体模型上,通过维修作业进行演示。可以基于数字样机用虚拟人或真人开展维修性虚拟试验,也可以利用实物样机和虚拟环境用真人开展半实物维修性试验。

维修性核查通常只进行少量试验,应该最大限度地利用在研制过程中的其他试验进行维修作业获得维修数据。

2. 维修性验证

维修性验证是性能鉴定试验的重要内容,是为了全面考核装备是否满足规定的维修性要求而进行的试验与评价活动。实施维修性验证,通常应依据维修性试验的相关国军标制订维修性验证计划和方案。

维修性验证试验需要在严格的监控下进行实际维修作业,按规定方法进行数据记录和处理。针对试验成本高、风险很大的项目,可以采用虚拟仿真与实际试验相结合的方式进行。

维修性定量指标的验证试验属于统计试验,需要根据使用方和生产方风险,拟制统计验证试验方案,合理确定试验样本量并得出试验结论。

3. 维修性分析评价

维修性分析评价是指"通过综合利用与产品有关的各种信息,评价产品是否满足合同规定的维修性要求"。

维修性分析评价针对的对象主要是难以组织维修性验证试验的复杂装备,可采用维修性预计、维修性缺陷分析、维修性仿真、低层产品的维修性试验数据综合评定等多种方法完成。

(四)维修性试验的方法

根据相关国军标对维修性试验的方法和要求的规定,维修性试验的方法主要有定性评价与演示、定量的试验与评定两种方法。

1. 定性的评价与演示

定性的评价与演示的主要内容包括:①根据有关规范、合同要求和设计准则,制定维修性评定表,包括维修可达性、标准化与互换性、检测诊断的方便性与快速性、维修安全性、防差错措施与识别标记、人机工效等要求,利用维修性核对表评定装备满足维修性各类定性要求的程度。②在实体模型、样机或产品上有重点地演示可能经常出现的维修操作活动,判断维修可达性、安全性、技术难度和维修时间等。

2. 定量的试验与评定

定量的试验与评定要求通过试验完成实际维修作业、估计维修性参数,并进行统计判决,给出试验结论。

进行定量的试验与评定需要有一定数量的故障维修作业样本,并统计平均维修时间。如果进行预防性维修试验,其作业样本应依维修技术文件规定的维修频率进行分配。

维修性试验中的故障可以是自然故障或人为模拟的故障。自然故障是指在可靠性试验、环境试验或其他试验过程中发生的故障。人为模拟故障是指通过用故障件代替正常件或拆除零部件等方式人为设置的故障。模拟故障应尽可能真实或接近自然故障。在进行鉴定试验时,如果使用自然故障参与数据分析,应确认其维修条件符合维修性鉴定试验的条件要求。

维修试验中的故障应由具有规定水平的维修人员按规定的维修程序、使用规定的维修工具和方法排除,包括故障的检测、隔离、拆卸、换件或修复原件、安装、调试、检验等一系列活动。但参试的维修人员在试验前不能知晓需进行维修的故障。

维修性试验的相关国军标已针对常见的维修性参数给出了维修性试验的

一般流程及统计检验方法,包括样本量计算与统计判决规则。图 3-2 所示为针对修复性维修活动的维修性试验作业样本产生的总体流程示例。

图 3-2　维修性试验作业样本生成的总体流程

三、保障性试验

(一)保障性的概念

保障性是指装备的设计特性和计划的保障资源能满足平时和战时使用要求的能力。装备保障性从两个方面来描述:一是装备便于保障、容易保障;二是规划的保障资源能够满足要求,即在需要保障时有保障资源供应保障工作实施。

装备的保障性涉及装备的保障性设计特性与计划的保障资源两个方面。装备的保障性设计特性涉及很多方面,包括可靠性、维修性、测试性、安全性、环境适应性、人机工效、运输性、标准化、可部署性、生存性,以及其他专业工程。计划的保障资源是指为保证装备达到平时和战时使用要求所必要的人力、物力和信息等资源,是对装备实施保障的物质基础,具体包括人力与人员、备品备件、技术资料、训练与训练保障、保障设备、保障设施、计算机资源保障,以及包装、装卸、储存、运输等各类资源。

在研制时对装备保障性缺乏考虑,就可能造成装备列装后保障费用高、保障难度大、完好率低,直接影响装备战斗力。

(二)保障性要求

保障性要求用一系列反映不同需要、不同层次、不同侧面的与"保障"有关的要求来描述。保障性要求分为定性要求和定量要求。

1. 保障性定性要求

保障性定性要求主要是指装备保障性方面难以量化的要求,包括装备设计便于保障的要求,以及保障资源的定性要求两部分。此外,还有相关的可靠性、维修性、测试性等方面的要求。

(1)装备设计便于保障的要求包括装备自保障要求、装备自带工具及设备要求、简化装备动用及检测等方面的要求。

(2)保障资源的定性要求主要指减轻保障负担和缩小保障系统规模等方面

的要求。例如,减少保障资源品种数量、保障资源标准化、技术资料保障、包装储运、计算机资源保障、备件及消耗品、保障设备设施、人员与训练方面的要求等。

2. 保障性定量要求

反映装备保障性的综合参数有:能执行任务率、任务前准备时间、再次出动准备时间等。

装备保障性设计特性的相关参数有:平均故障间隔时间、平均修复时间、故障检测率等。

反映保障资源的参数有:平均保障延误时间、保障设备利用率、备件满足率、备件利用率。

(三) 保障性试验的内容

装备保障性试验是为确定装备是否有效适用于规定用途,通过对系统或分系统进行试验,以评价装备保障性的过程。装备保障性试验的主要目的是发现装备的设计缺陷、提出改进措施和建议,评价装备的保障性水平,判定其是否达到规定的要求。保障性试验是装备性能试验的重要工作内容,应与装备的可靠性试验、维修性试验、测试性试验等结合进行。

按试验内容,保障性试验可分为针对单项设计特性的保障性试验、与保障资源要求相关的试验和保障性综合试验三种类型。

1. 单项设计特性保障性试验

这类试验是针对单一保障设计特性参数的试验,包括可靠性试验、维修性试验、测试性验证试验、人机工效试验,以及技术资料的审查和验收等。这类保障性试验内容主要结合装备可靠性、维修性、测试性等试验一并考虑。

2. 与保障资源要求相关的试验

这类试验是对与装备配套的各种保障资源进行的试验,其主要目的是发现保障资源存在的问题,验证保障资源是否满足规定要求,评价保障资源与装备的匹配性和保障资源之间的协调性,评估保障资源的利用效率和充足程度,验证保障系统的能力是否与战备完好性要求相适应。

3. 保障性综合试验

这类试验是将整套装备(或样机)及其保障系统按使用要求部署于实际或接近实际的使用与维修环境中,全面测量和评价装备的保障性。保障性综合试验的条件应尽可能与装备预期的使用与保障条件相一致,包括:具有代表性的部队使用与维修人员,以及规定的保障方案和保障体制等。

(四)保障性试验的方法

保障性试验的条件应尽可能与实际使用与维修保障的条件相一致,参试人员的技术水平应与实际维修保障人员的水平相当,并按规定的程序和方法实施和记录数据。

根据保障性试验的相关国军标,保障性试验分为保障性统计试验方法和保障性演示试验方法两类。

1. 保障性统计试验方法

保障性统计试验一般是针对保障性定量要求以及涉及数据统计的保障性评价要求进行。通常,应按规定的试验方案、按规定的试验剖面进行试验,并产生一定数量的样本。试验剖面应具有代表性,并覆盖所有预期发生的保障事件。

2. 保障性演示试验方法

保障性演示试验主要是针对保障性定性要求、难以或不需要通过统计试验评价的保障性定量要求,以及保障资源中规划的需评价的保障性内容展开。通常可采用保障性定性要求核查表评价装备保障性要求的满足程度,也可根据需要开展保障性演示试验,一般不需重复操作或只进行几次重复即可。

四、测试性试验

测试性对装备维修保障以及装备可用性非常重要。具有良好测试性的装备不仅便于使用保障,而且便于故障诊断和维修保障。

(一)测试性的概念

根据相关国军标,测试性是指"产品能及时并准确地确定其状态(可工作、不可工作或性能下降),并隔离其内部故障的能力"。装备的测试性主要表现为便于对装备的工作状态进行监测、检查和测试。测试性对装备的可靠性、维修性、保障性、可用性等都有很大影响。

一个产品具有良好的测试性,主要表现为良好的自检测与自诊断能力,便于维修或使用人员对其进行检查和维修,与外部测试设备、自动测试设备良好的兼容性,接口简单。

(二)测试性要求

装备的测试性要求主要体现为"准确、及时"地检测和隔离故障方面的要求,包括定量要求和定性要求。

1. 测试性定量要求

测试性定量要求主要使用概率参数度量,包括故障检测率(Fault Detection

Rate,FDR)、故障隔离率(Fault Isolation Rate,FIR)、虚警率(False Alarm Rate,FAR)、故障覆盖率(Fault Coverage Rate,FCR)、平均故障检测时间(Mean Fault Detection Time,MFDT)、平均故障隔离时间(Mean Fault Isolation Time,MFIT)等。

故障检测率反映了检测并发现故障的能力,是指在规定的期间和规定的条件下,用规定的方法正确检测出的故障数与故障总数之比。其中,规定的方法是指机内测试、外部测试设备、自动测试设备、人工检查等方法或几种方法综合应用。规定的条件是指测试时机,如任务前、任务中或任务后,以及维修级别、维修人员的专业技术水平等。规定的期间是指用于统计发生的故障总数和检测出的故障数的时间区间。

故障隔离率反映了对已检测出的故障定位其发生部位的能力,具体指在规定的期间内和规定的条件下,用规定的方法正确隔离到小于等于 L 个可更换单元的故障数与同一时间内检测到的故障总数之比。

虚警是指机内测试或其他监测手段指示有故障,但是实际上无故障的现象。虚警会造成不必要的维修,降低装备可用性。虚警率定义为在规定的工作时间内发生的虚警数与同一时间内的故障指示总数之比。

2. 测试性定性要求

测试性定性要求主要包括以下几个方面:

(1)划分要求。装备按其功能与结构,合理划分为外场可更换单元(LRU)、车间可更换单元(SRU)、可更换组件等,使故障易于检测和隔离,故障单元易于更换。

(2)测试点要求。内部和外部测试点设置充分、具有明显标记、便于测试使用。

(3)性能监测要求。对安全和任务关键部件提供状态监测和自动报警措施。

(4)故障指示、记录要求。

(5)兼容性要求。装备与拟选用或新研制的自动化测试设备/外部测试设备(ATE/ETE)兼容。

(6)综合诊断要求。提供与各级维修相匹配的诊断能力。如果采用所有测试资源,应能检测出所有故障。

(三)测试性试验的类型

测试性试验应尽可能与维修性试验或其他性能试验结合进行。根据相关国军标,装备全寿命周期内测试性试验与评价的主要类型包括:测试性设计核查、测试性研制试验、测试性验证试验、测试性分析评价等。

1. 测试性设计核查

测试性设计核查的主要目的是发现测试性设计缺陷并采取改进措施,使装备测试性得到持续改进。测试性设计核查的主要内容包括:测试性设计分析工作项目,测试性分配、建模与预计等要求的落实情况,测试性设计准则的落实情况,测试性定性要求的核查等。

2. 测试性研制试验

测试性研制试验的主要目的是确认测试性设计特性和设计效果,发现测试性设计缺陷,以便采取设计改进措施。试验内容主要包括:考查故障检测与隔离设计对产品故障的覆盖情况,能否正确地检测与隔离故障,测试性定量与定性要求的实现情况。

3. 测试性验证试验

测试性验证试验是为确定装备是否达到规定的测试性要求而进行的试验,其主要目的是确认装备测试性设计、或者判定装备的测试性是否达到规定要求。

测试性验证试验可由研制方或订购方(军方)组织实施,前者属于性能验证试验,后者属于性能鉴定试验。

测试性验证试验的过程是:在规定的环境和条件下,按照试验方案对装备样机注入一定数量的故障,然后用规定的方法进行故障检测与隔离,并收集数据分析评估装备测试性参数,判断是否达到规定的测试性要求。

测试性验证试验属于统计试验,需要在考虑测试性指标要求、试验风险、试验成本等多种因素的基础上,优化试验方案,包括注入故障数量和故障样本集。用于测试性试验的故障样本应尽可能与实际使用时的故障相一致。

4. 测试性分析评价

测试性分析评价方法主要针对难以进行测试性验证试验的产品进行。这时,需要充分利用产品及其组成部分的各种试验数据、试运行数据、相似产品的有关数据,并参考研制各阶段与测试性有关的信息等进行综合分析,评价产品是否满足规定的测试性要求。

(四)测试性试验的方法

测试性试验可采用实物试验、虚拟试验以及实物和虚拟相结合试验的方法进行。关于装备测试性试验的具体实施与评价方法可参见邱静等编著的《装备测试性试验与评价技术》一书及本章其他相关参考文献。

实物试验是直接向被试装备注入故障并获得测试性数据的试验。通常,需要使用专门的故障注入设备。注入故障的方式包括原位注入和等效注入两种。当由于位置不可访问或者故障危害性大而不允许注入时,可采用等效故障注入法,即在别处注入一个表现类似的故障。有时可能难以实施故障注入,例如注入后难以复位的故障、易导致受试品破坏的故障、故障注入方式受限的故障。对这种情况,可以采用虚拟试验或专家评价方法。

虚拟试验能够解决实物试验故障注入与试验难以实施的问题。为提高试验结果的可信性和降低试验成本,可采用虚实结合的测试性试验方法。

五、安全性试验

(一)安全性的概念

根据相关国军标,安全性是指装备具有的不导致人员伤亡、装备损坏、财产损失或不危及人员健康和环境的能力。装备不安全直接影响装备作战任务的完成。

装备安全性与可靠性既有联系也有区别。装备的可靠性是影响安全性的重要因素,但装备可靠并不等同于装备安全,反之亦然。例如,飞机弹射座椅尽管弹射可靠性高,但如果能被轻易误触发启动,也不具有安全性。车辆实际车速为30km/h,而驾驶舱显示速度为50km/h,则只是系统可靠性出现问题,一般不会导致驾驶安全问题。通常,提高装备的可靠性只是部分提高了安全性。

(二)安全性要求

安全性要求包括定量要求和定性要求,是对安全事故发生的约束。例如,弹药安全性要求包括弹药保险机构和引信可靠、外壳强度满足要求、能够经受住勤务意外事件而不发生爆炸(例如碰撞、跌落等)。

1. 安全性定性要求

安全性定性要求包括安全性设计要求、标准符合性要求、风险评价要求等。

安全性设计要求指根据经验、装备特点、任务要求等提出的安全性设计方面的要求,如"设备高压区有明显的警告标志"。

标准符合性要求包括符合通用安全性设计准则及相关标准规范。

安全风险要求是对风险等级方面的要求。在相关国军标中,给出了装备使用中的危险严重性等级和危险可能性等级。

2. 安全性定量要求

安全性定量要求是指用安全性参数及其量值描述的要求,通常称为安全性指标。包括概率要求与非概率要求。例如,事故率、事故预警率,导弹 x 米跌落不爆炸等。事故风险是常用的安全性度量方法。此外,安全裕度也是与安全性有关的一种设计参数,表示系统处于实际状态与破坏极限状态时特定参数值之差。

(三)安全性试验的类型与方法

根据国内相关指导性文件,安全性试验可分为安全性验证试验、安全性鉴定试验和安全性作战试验。其中,前两类试验属于性能试验。安全性验证试验主要在装备性能验证试验过程中开展,而安全性鉴定试验主要在装备性能鉴定试验过程中开展。

常用的安全性试验方法可分为以下几类(但不限于给出的类型)。①功能性能演示试验。这一方法用来验证装备是否以安全的和所期望的方式运行,或具有某种特性或功能。演示结论常用"通过"或"通不过"给出。②极端环境试验。针对危险源进行相应试验,以验证装备的危险源防护的有效性,在可能的使用条件下不会发生危险事故。例如,为了验证弹药的安全性能,对弹药进行跌落试验。③仿真试验。利用仿真技术模拟装备的实际运行环境和任务场景,推演风险的发生及影响,验证装备的安全风险是否符合要求。④实物试验验证,根据风险场景,采用实装或硬件在回路中的试验方式,测量装备的参数,确认参数值是否处于安全要求的范围内。⑤检查。通过目视或简单测量,确认装备是否符合安全要求。例如,是否配备有所需要的安全装置。⑥安全性分析。采用数学模型和相关数据计算分析验证装备的功能、性能,确认装备的运行状态是否满足安全性要求。

六、环境适应性试验

(一)环境适应性的概念

装备在储存、运输和使用时,会受到气候、力学和化学等各种环境因素的作用,导致装备的材料和结构受到腐蚀与破坏,使其电子器件、部件和性能劣化或功能失效。由于装备通常会在多种环境条件下作战和机动,在其寿命期内经历的环境构成复杂,装备适应环境的能力就成为重要的性能要求。其中,特别需要考察装备耐受恶劣环境而不被损坏、并能正常工作的能力。

装备的环境适应性是指装备在其寿命期预计可能遇到的各种环境的作用下能实现其所有预定功能、性能和(或)不被破坏的能力,是装备的通用质量特性之一。作为通用质量特性的环境适应性,其"环境"主要是指装备在其寿命期内所遇到的自然与各种诱发环境,一般不包括电磁环境和作战时的对抗环境和目标环境。此外,环境适应性要求装备在预定的环境中能正常工作,在预期的环境不被破坏,比如在振动、冲击等力学环境下装备的结构不受损坏,在高低温和太阳辐射等气候环境下材料不发生老化和降解。

(二)环境适应性要求

装备的环境适应性要求是指描述装备应达到的环境适应性水平的各种环境因素的定量和定性要求。不同环境对装备功能性能的影响和作用机理不同,通常需要对每一类环境因素提出相应的环境适应性要求,再综合为对环境适应性的总体要求。

环境适应性要求包括两个方面:一是装备在其作用下能不损坏或正常工作的各环境应力强度及其综合描述;二是在各环境下装备是否允许被破坏、允许被影响的程度或允许的性能参数偏差范围和时间描述。例如,卫星太阳能电池在寿命末期输出功率不低于初值的××%,就包含了自然辐射环境下的允许性能偏差范围。对于难以定量的环境因素,如霉菌、盐雾等,可以定性描述环境适应性要求,例如,规定产品允许长霉到几级、表面受腐蚀面积大小等。

环境应力的作用效果不仅取决于其强度,还取决于其作用时间,即时间累积效应。装备在寿命期内的环境剖面往往随时间变化,而且环境因素的影响有时很难准确量化。由于环境适应性要求复杂多样,因此在装备研制总要求中对环境适应性的要求有时主要为定性描述。例如,要求装备在高原综合环境中能正常工作。在性能试验时,需要根据相关国军标和试验规程对此类要求进行细化和落实。

(三)环境适应性试验的类型

环境适应性试验是指在设定的环境条件下,让装备经受环境应力的作用,以检验其是否适应可能遇到的极端环境的试验,其主要目的是给出装备能承受的各种环境极限,以保障装备在各种恶劣条件下能正常使用。

环境适应性试验主要考虑气候、机械、运输、海洋等环境因素,涉及的试验项目主要包括:机械试验、气候试验、腐蚀性气体试验、沙尘试验、霉菌试验等。环境适应性试验可分为自然环境试验、使用环境试验和实验室环境试验(图3-3)。

1. 自然环境试验

自然环境主要指大气环境、水环境和土壤环境。①大气环境包括地面、空中和空间大气环境等,主要环境因素有温度、湿度、气压、太阳辐射、降水、风、沙尘、霉菌、盐雾、有害气体、真空、空间高能粒子、空间磁场、微重力等;②水环境

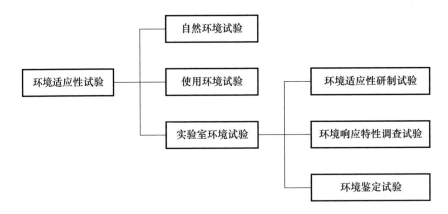

图 3-3 环境适应性试验的类型

主要指海洋、河流、湖泊、沼泽、地下水、冰雪、大气含水等,这些环境因素会对装备产生腐蚀效应、生物污损效应、冲刷与磨损效应等;③土壤环境由土粒、土壤中溶液、土壤中气体、有机物、无机物、带电胶粒和非胶体粗粒等多种成分组成,土壤环境会对装备产生腐蚀效应和虫蚁损害效应。

自然环境试验也称为天然暴露试验,是指将产品长期暴露于某种自然环境中,以确定该环境对装备及材料、工艺、构件的影响。进行试验时,应根据装备寿命周期环境剖面,确定装备可能遇到的各种自然环境,并据此分析确定自然环境试验的种类,选定自然暴露试验的场地和时间。此外,还应确定需要进行自然环境暴露的材料、构件、部件和设备。关于装备自然环境试验的具体要求和试验方法已有相关国军标可供参考。

通过积累自然环境试验数据,可以为设计人员选用材料和工艺提供依据;自然环境试验结果也可以用来验证实验室环境试验。自然环境试验的周期较长,一般需几年至十几年的时间,试验环境条件随着时间的变化而变化,环境条件不可控制、无法进行复现。自然环境试验重点考察材料、工艺(镀、涂层)、元器件的老化、劣化等,目前正逐渐向设备、整机等更高层次的产品拓展。

国内的典型严酷自然环境包括有湿热(亚湿热)海洋环境、湿热(亚湿热)环境、湿热雨林环境、高原环境、干热沙漠环境和寒冷环境等。目前已有各种典型环境的试验站,主要分布在自然界中某种(或一组)环境因素最为严酷的地区。

2. 使用环境试验

装备的使用环境主要指装备的运输、储存、战备执班、作战使用等环境。装备在作战使用时除了经受自然环境外,可能还会处于冲击波、污染物、沙尘、硝烟、噪声、电磁、水声等战场环境,使其性能发挥受到较大影响。

使用环境试验也称为现场试验,一般在研制后期进行,是在装备实际使用环境条件下进行的环境适应性试验。相对于实验室环境试验,使用环境试验试验周期较长、人力物力花费较大。但是使用环境试验能使装备经受自然环境、诱发环境和其他环境的综合作用。通过使用环境试验可以发现实验室环境试验无法发现的设计和工艺缺陷,为改进产品设计和验证其有效性提供支持。

3. 实验室环境试验

实验室环境试验也称为人工模拟试验,是通过在实验室内重现环境因素进行的环境适应性试验。

实验室环境试验主要用于获取环境适应性的信息,以提高产品的环境适应性。实验室环境试验具有环境条件受控、实时记录、结果重现性好的优点。由于可以模拟单一的或综合的环境条件并将其施加给产品,便于查找故障原因和改进设计。此外,实验室条件下可以通过加速试验缩短试验时间。但是,实验室难以做到对装备使用综合环境的完全逼真模拟,涉及的试验技术较为复杂。

关于实验室环境试验的具体要求和试验方法已有国军标可供参考。例如,在相关国军标中规定了低气压(高度)、高低温、霉菌、盐雾、冲击、砂尘、加速度、振动、噪声、冲击以及温度—湿度—振动、振动—噪声—温度等实验室单项和综合环境下的试验要求。

实验室环境试验按照试验目的可分为环境适应性研制试验、环境响应特性调查试验和环境鉴定试验。

(1)环境适应性研制试验。

环境适应性研制试验在产品研制早期阶段进行的,其主要目的是发现设计和工艺缺陷,验证产品选用的材料、工艺、元器件或部件的耐环境能力,以及采取的环境适应性设计措施是否能满足耐环境要求。环境适应性研制试验主要包括加速度试验、振动试验、分离试验、高低温试验等,通过对装备施加一定的环境应力和(或)工作载荷,寻找设计和工艺缺陷,并采取纠正措施以提升装备的环境适应性。

(2)环境响应特性调查试验。

环境响应特性调查试验在产品研制的中期和后期进行,其主要目的是确定装备对某些环境(如温度和振动)的物理响应特性(量值)和影响装备关键性能的环境应力临界值,为后续试验及装备使用提供相关信息。典型的环境响应特性调查试验内容包括:确定产品对热环境、力学环境的响应特性,确定产品可耐受的最大环境应力值,确定产品在环境作用下的薄弱环节等。

(3) 环境鉴定试验。

环境鉴定试验是性能鉴定试验的重要内容,其目的是全面验证装备的环境适应性是否满足规定的要求。环境鉴定试验需要在规定的条件下,对规定的环境项目按照一定顺序进行试验。承担环境鉴定试验的单位应通过相关的资格认证和计量认证。

第三节　其他通用性能试验

通用质量特性是装备通用性能试验的主要内容。此外,电磁兼容性、人机工效特性和运输性也是对装备效能发挥具有重要影响的通用性能。电磁兼容性试验已经具有比较完善的标准和方法体系;人机工效的重要性正在得到越来越多的重视;运输性与装备保障密切相关。随着战场环境越来越复杂,装备信息化、网络化的不断发展,复杂环境特别是复杂电磁环境适应性、网络安全、互操作性的要求越来越重要,其试验内容和方法正在不断发展完善中。

一、电磁兼容性试验

(一) 电磁兼容性的概念

电磁兼容性是指设备、分系统、系统在共同的电磁环境中能一起执行各自功能的一种共存的工作状态。在这种状态下,它们不会因内部或彼此之间存在的电磁干扰而影响正常工作。电磁兼容性是电子、电气设备或系统的一种重要的技术性能。电磁兼容性的好坏已经成为装备作战效能发挥的关键因素之一。

设备或系统的电磁兼容性包括两个方面:①设备、分系统、系统在预定的电磁环境中运行时,不因电磁干扰而受损或产生不可接受的降级,即对所处环境的电磁干扰具有一定的抗扰性(包括传导抗扰性和辐射抗扰性),可按规定的安全裕度实现设计的工作性能。②设备、分系统、系统在正常工作中,不会给环境(或其他设备)带来不可接受(即超过规定限值)的电磁干扰,包括传导干扰和辐射干扰,即沿着导体传输的干扰和以空间场形式传输的干扰。

电磁兼容性包括系统内部和系统间的电磁兼容性两类。①系统内部各分系统、设备和部件之间的电磁兼容性,主要取决于系统本身的设计、制造、工艺等。②系统之间的电磁兼容性,即系统与其工作环境中其他系统之间的电磁兼容性。例如,各系统联系外界的端口(如天线、线缆、壳体等)是否可能引入不可接受的干扰。这类电磁兼容性主要与各系统工作参数,如频率、方向图、功率以及工作方式等密切相关。

(二) 电磁兼容性要求

装备系统内所有分系统和设备之间应当是电磁兼容的,系统与系统外部的电磁环境也应兼容,并且应遵守国家和军队相关规定与要求。

根据电磁兼容性的相关国家军用标准,系统内以及系统与环境之间的电磁兼容性主要有如下几个方面的要求:①系统电磁兼容性总要求。包括系统内电磁兼容要求、系统对外部电磁环境的适应性要求、雷电防护要求、静电防护要求和电磁辐射的危害防护要求等。②对外部电磁环境的兼容性要求。包括对电源线瞬变的要求,对雷电环境、电磁脉冲环境的定量要求等。③对装备自身的静电电荷积累和无意电磁发射控制的要求。包括:控制和消除由各种电荷产生机理(如沉积静电效应)引起的静电电荷积累,避免对人员的电击危害;防止点燃燃油和危害军械;避免产生泄密电磁发射等。④对火工品的电磁环境安全性要求。该要求常用安全裕度和最大不发火激励描述。

(三) 电磁兼容性试验的类型

电磁兼容性试验可分为三个层次:设备和分系统电磁兼容试验、系统级电磁兼容试验以及系统的电磁环境试验。①设备和分系统电磁兼容试验的目的是考核分系统和设备的电磁发射和敏感度特性满足电磁干扰控制要求,比如传导发射、辐射发射、传导敏感度、辐射敏感度要求。②系统级电磁兼容试验的内容有:检测系统自身的电磁辐射发射,考核其对系统内敏感设备以及周围设备和环境的影响;检测系统在规定的外部电磁环境下,是否能够正常工作,性能是否下降。③系统的电磁环境试验是系统在实际使用环境中的电磁兼容试验,考核系统与其所处电磁工作环境的兼容性。

装备的电磁兼容性试验应考虑其全寿命周期的所有状态和阶段,包括正常工作、检查、储存、运输、搬运、包装、维护、加载、卸载和发射等。

按照相关国军标,电磁兼容性试验可分为以下四种类型:

(1) 工程总体设计电磁兼容试验。这类试验主要包括电磁环境分析试验,设备、分系统、天线最佳布局模拟试验,总体控制干扰措施试验。

(2) 设备、分系统电磁发射和敏感度试验。

(3) 安装检测试验。这类试验在完成设备和分系统安装后进行,主要用于验证电磁兼容性的控制效果和工艺质量。试验内容一般包括:设备安装、电缆铺设、接地、绝缘、屏蔽、滤波器安装、天线安装等工艺质量是否符合要求;电源系统的干扰是否超过规定值;干扰源、敏感设备、电爆装置等周围的环境电平是否满足要求；各设备和分系统之间的相互干扰。

（4）总体电磁兼容性试验。这类试验一般将系统置于使用环境中进行，主要验证装备在各种工作状态下，设备、分系统之间以及系统与环境之间的电磁兼容性是否满足要求，对装备总体电磁兼容性进行评价。

目前，关于系统电磁兼容性要求、设备和分系统电磁发射和敏感度要求与测量、系统电磁环境效应试验方法等已有相关国军标可供试验实施参考。

（四）电磁兼容性试验的方法

1. 试验条件

电磁兼容性试验对测试环境有严格的要求，需要保证没有外部干扰对测量结果产生影响，同时还不能影响其他系统的正常工作。电磁兼容性试验一般在屏蔽室、微波暗室、混响室和室外试验场进行。屏蔽室将试验环境与外部隔离开来，防止外部电磁干扰进入室内，保证室内电磁环境达到规定的要求，同时也防止室内的发射源泄漏到室外。在屏蔽室内部墙上使用吸波材料，就是微波暗室。当条件具备时，应尽可能在暗室内进行。混响室可以提供一个空间均匀的电磁环境。多个分系统的电磁兼容试验通常在外场进行，对室外试验场的要求是：场内无反射物，对周围不造成电磁污染，环境电平比干扰电平低。

2. 试验项目

电磁兼容性试验项目通常可分为发射试验和敏感度试验两类：

（1）发射试验测试电子或电气设备工作或静态时向外发射的电磁能量，包括传导发射测试和辐射发射测试等。传导发射测试由于测量电子元器件和设备在各种电磁环境中的传导和辐射发射量，如电子设备的交流供电电源中的脉冲干扰和持续干扰测量等。辐射发射测试用于测量各种信号传输方式下的干扰传递特性的，如各种传输线的传输特性。

（2）敏感度试验主要测量设备抵御外界电磁干扰的能力，包括辐射敏感度测试、传导敏感度测试和对静电放电干扰的敏感度测量。辐射敏感度测试主要检查在一定场强的电场、磁场干扰下的辐射敏感度和电磁屏蔽效果，验证设备能否正常工作。传导敏感度测试采用电流或电压方式将电磁能量注入到设备中，用电流或电压探头、测量接收机等仪器监测其敏感度。

二、人机工效试验

（一）人机工效的概念

装备本质上是执行人的命令、实现人的意图的作战工具。为使装备具有良好的保障性、作战效能和作战适用性,必须使人、装备(机)、环境得到最佳配合。人机工效以人—机—环境系统为对象,运用生理学、心理学及其他相关学科知识,根据人、机器和环境的特点,合理分配人和机器的职能,并使之相互适应,为人创造安全舒适的工作环境,使工作效率达到最优。

与人机工效有关的概念包括人因工程、"人—机—环"工程、人类工效学等。人因工程侧重人的因素,"人—机—环"工程增加了环境的比重,人类工效学则强调人操作机器的作业效能。

装备人机工效主要根据人的生理和心理以及环境条件,考虑作业的便利性和持续性,操作的舒适性和安全性,以及防止人为差错等。装备人机工效的主要内容通常包括:信息显示、符号表示(标准表示与特别表示)、操作控制、人员舒适度和方便性、设备轻便性(体积、重量、负荷分布)、操作与维修可达性、人员体力和心理工作负荷要求,以及与任务特点和任务环境的兼容性等。装备人机工效概念中的"人"应该包括直接对装备进行使用操作、维修操作及保障操作的所有人员。

装备人机工效的目的是保障作业的效率、安全、健康、舒适等,使人员与装备的综合效能得以充分发挥。

与普通的"人—机—环"系统相比,"人—装备—作战使用环境"存在作战对抗问题。装备人机工效不良会影响任务完成、降低作战效能或使用效率,甚至可能造成人员或装备安全隐患,因而装备人机工效对人装结合作业效率和人员生命安全的要求更为严苛。

(二)人机工效的要求

装备人机工效的要求主要包括活动空间、操作、抗振动冲击、操作环境(如温度、湿度、空气质量、内饰、照明等)等方面的要求。需要关注环境对人员心理、生理和完成作战任务能力的影响,比如对乘员持续工作能力的影响。例如,在相关国军标中对常规武器射击时乘员位置脉冲噪声限值提出了要求。此外,质量管理体系的相关国军标也要求运用产品优化设计,以及通用质量特性设计、人因工程设计等专业工程技术进行产品设计和开发。

根据"人—装备—作战使用环境"的特殊性,装备人机工效的要求可以从保证作战效能发挥、保证操作人员安全以及作战准备和保障等三个方面进行规定。

1. 保证作战效能发挥要求

这方面的要求主要包括:①装备的结构设计和安全技术符合人体测量的数

据,使人员工作位置、工作姿态、体力消耗等符合人的生理、心理特征,降低操作者的能耗,减少疲劳,提高效率。②人机界面符合人机信息交流和传递的特性,显示装置提供的信息清楚、充分,控制装置满足人的反应时间、感觉能力、操纵力以及操纵动作的速度和频率。③工作空间适于人员使用和维修设备,不会对人员产生无法接受的限制。④作业环境温度、湿度、照明以及装备的噪声、振动等应在合理的范围内,以免对人员带来明显的不舒适感或造成差错,降低工作效率。⑤战斗环境下便于人员操作和维修装备。

2. 保证操作人员安全要求

装备的人机工效应尽可能保证人员在平时和战时的使用安全。例如,装甲车辆对乘员防护和舒适性的要求、寒冷地域对乘员乘坐环境的要求、对射手隐蔽性的要求等。

3. 作战准备和保障相关要求

如果装备在使用时要求密集的人力操作、繁琐的操作程序、过高的人员能力,就不适合备战打仗和保障的要求。因此,装备的人机工效应充分考虑满足作战准备和保障的使用要求。比如,装备维护的可视性、可达性、防差错设计、保障设备适配性等要求,以及人员是否需要穿着防护服(如保温、防化、潜水等)才能进行有效操作等。

(三)人机工效试验的内容

人机工效试验的主要目的是发现装备在人机工效方面的设计缺陷,验证和改进人机工效设计,考核装备是否满足人机工效方面的要求。

为节省试验人力、资金和时间,在进行性能鉴定试验时,一般情况下不对人机工效单独进行试验,而通常与专用性能试验以及可靠性、维修性试验等一起进行。试验的重点是关注人的关键性工作任务。关键性工作任务是指如果人不能按要求完成,将导致装备不能完成任务,或者产生安全性危害,或者显著地降低可靠性与维修性的那些工作。

装备人机工效试验的层次主要分为设备级、分系统/系统级和装备级。在性能鉴定试验过程中,主要开展装备级人机工效试验。

可以从不同角度考核装备人机工效,包括需求、交互对象、环境条件等维度,以实现对装备人机工效的充分考核。

1. 从人机工效需求的维度分类

根据人机工效需求的维度,人机工效试验的内容也可以分为针对作战效能的人机工效试验、针对人员安全的人机工效试验和针对作战准备和维修保障的人机工效试验。

(1)从影响作战效能维度,人机工效试验的内容主要包括:检验核查装备设计是否符合相关人体生理标准,通过主观感受判断和衡量作业环境、作业强度、认知过程等对人员心理的影响,考核评估装备设计是否便于人员操作使用,是否符合人员操作习惯,是否支持人员持续作业,装备设计对人失误的警示和容错能力,环境、座椅等是否舒适,等等。

(2)从人员安全维度,主要与装备安全性试验的内容协调,包括:考核评估危险物、危险能量、危险隐患等危险源是否有应对防护措施,操作使用装备时是否有应对敌方威胁的必要的防护措施,针对重大危险源是否有防护逃生措施,针对长期操作使用是否有预防职业病或保护健康的措施。

(3)从作战准备和维修保障维度,主要考察装备设计、编配与部队编成结构的协调性和适应性,装备设计是否满足人员的生活保障需要,装备对人员生理、心理要求和技术水平的要求是否符合部队实际。

2. 从交互对象的维度分类

从交互对象维度,可以将人机工效试验分为"人—环"交互、"人—机"交互、"人—人"交互以及典型任务绩效和人装结合综合评估等几类。"人—环"交互主要涉及作业环境(如照明、噪声等)、生命保障(如应急救生等)环境下的交互。"人—机"交互分为人员操作硬件和软件的交互,前者主要考核作业空间、显控布局、维修、显示界面、话音告警等,后者针对界面显示布局、字符颜色与大小、交互操作流程等。"人—人"交互主要针对多人分工协作、工作负荷等。典型任务绩效针对操作效率、操作有效性和满意度等。

3. 从交互的环境与条件维度分类

考虑装备实际面临的任务环境和交互要求,可以分为正常条件、对抗条件和紧急情况下的人机交互。正常条件下的交互不涉及复杂自然环境与战场环境,主要考核舱内布局、温度、湿度、空气质量、噪声、振动、力学环境、工作空间、生活保障、安全设施、人员感知(视觉、听觉等)、维修空间与可达性等。对抗条件下的人机交互主要指信息对抗、火力对抗、光电对抗等极端和综合对抗环境条件下的人机交互。紧急情况下的人机交互是指紧急条件下保障人员免受伤害的应急逃生和灾害防护等,例如,防止人员吸入有害气体,弹射救生,灭火,以及发生爆炸时装备对人员的防护等。

(四)人机工效的评价方法

人机工效评价可采用定性评价法、定量评价法和定性定量综合评价法。

定性评价也称为主观评价法,通常采用人员访谈、调查问卷、专题汇报等方式,对信息显示、人机接口、操作可达性、操作有效性、操作效率、操作满意度、作业空间、人员疲劳等进行主观评价。

定量评价也称为客观评价法,通过工程测量、生理测量、检查表单、虚拟仿真、任务绩效评价等途径,采集任务时间、响应时间、操作错误率、人体数据、使用工具的力量数据、技术资料的阅读等级水平等,对人机工效进行定量评价。例如,对眼动追踪的注视点数据,人员肢体特征点位置参数,人员的心电、脑电、肌电数据等人员身体和生理数据进行分析评价。

人机工效的综合评价可以采用模糊综合评价、多属性综合评价等模型方法。

三、运输性试验

(一)运输性的概念

运输性可定义为装备通过拟定运输方式进行运输的固有能力。装备的运输性主要指装备"被运输"的特性或"适运性",即使是能自走的装备(如装甲车辆),也是针对装备被装载、运输和卸载等相关特性。装备的运输性直接影响装备的机动性。装备的运输性主要立足于现有的或计划采用的运输工具,并考虑对作战部队机动能力的影响,是装备的固有属性,装备一旦设计完成,其运输性就确定了。通常,装备应该能够适应于不同的运输方式,包括铁路、公路、水路和航空等。

影响装备运输性的因素有很多,主要包括:①装备的尺寸、形状、质心位置等适应性;②装备的重量、接地压力等适应性;③运输过程中的振动、冲击、摇摆等适应性;④装卸搬运的方便性;⑤能承受自然环境条件的气候环境适应性以及包装适应性等。

(二)运输性的要求

按照装备的运输性特点,可以将装备分为四类。①Ⅰ类装备是运输性研究的主体,主要包括坦克、装甲车辆、火炮以及各类运输、指挥、通信、工程机械车辆等,是自驱动或被牵引行驶的作战装备或保障车辆。②Ⅱ类装备是指无行走装置的大件装备,如舰炮、方舱、天线装置等,这类装备尺寸和重量都比较大,装卸和运输难度高。③Ⅲ类装备是包装或集装后的装备和物资,比如枪械、弹药、器材等,这些装备尺寸小、种类多、形状和特征复杂,一般需要进行包装或集装后进行运输。④Ⅳ类装备是从民品中选型用于军事用途的装备。

对于Ⅰ、Ⅱ类装备,通常应从适应运载工具、交通基础设施、运输环境、装卸机械等方面提出运输性要求,包括几何形状、尺寸、质量、质心位置、装载区域、接地压力、固定方式等要求,适应铁路、公路、站台、码头、机场的相关条件,适应的力学环境、气候环境、电磁环境条件等,适应的装卸技术条件,包括货场、港口装卸机械的作业能力局限性。此外,要求装备本身应具有吊装和固定的专用装置,其数量和位置均应须与吊装设备及载运工具相适应。当装备因超限不能整体运输时,应满足拆分及重组方面的时间和保障条件要求。

对于Ⅲ类、Ⅳ类装备,除满足上述要求外,通常还应满足集装化运输要求。不能满足前述所有要求时,需要另外作出规定。

除装备自身要求外,装备的包装与集装应符合相应的国家标准和国家军用标准以及其他相关的安全性规定。

装备运输性可能受到地理环境的限制。例如,装备在某一地区可能与运输工具兼容,而在另一些地区则会受到运输能力的限制。因此,必须深入分析装备在不同地区的使用情况,确保满足运输性要求。

(三)运输性试验类型与方法

装备的运输性试验可分为两种类型:一是装卸载试验,例如吊装试验、固定试验、吊具顶向冲击试验、跌落试验、叉装试验、堆码布放试验以及滚装对站台的适应性试验等。二是运输试验,例如,限界尺寸通过性测定、运输稳定性和安全性试验、铁路电磁兼容性试验等。

运输性试验的方法主要包括实地试验、环境模拟试验、仿真试验、部队试验等。实地试验主要是针对装备的实际使用场景进行试验,如在站台、机场等场所进行实装、实卸,并实施一定距离的陆路、航空(海)机动运输等。环境模拟试验主要在试验场或实验室等模拟实际运输进行试验。例如,可以在试验场模拟不同运输环境,以验证机动装备、弹药、集装箱的运输性。也可运用仿真技术进行装备运输的虚拟仿真,验证装备运输性是否能满足规定的要求。

四、网络安全试验

(一)网络安全的概念

现代信息化装备越来越多地在网络信息体系中进行作战运用,容易遭受敌方的网络攻击和破坏。因此,需要针对已有的或未来潜在的网络威胁,及早发现武器系统存在的脆弱性、渗透性、生存性等网络安全问题,及时采取纠正措施,确保武器系统的网络安全。

装备的网络安全是指装备在接入网络信息系统后抵御有意和无意的网络威胁，并对网络威胁做出响应和恢复的能力，体现为装备在网络环境下的脆弱性、渗透性和生存性。脆弱性指装备在物理环境、网络结构、系统软件、应用中间件、应用系统等方面的薄弱点及安全管控措施的有效性；渗透性描述网络威胁对装备网络资产的危害程度与影响，主要包括物理毁伤、系统故障、功能降低、数据窃取、操作篡改、信息泄露等；生存性则是装备在对抗条件下的网络生存性，与其防护能力、检测能力、响应能力和恢复能力有关。

美军十分重视网络安全试验鉴定能力建设，已建设了国家网络靶场，发布了一系列网络安全性试验鉴定文件。美军将装备全寿命周期内的网络安全试验鉴定划分为六个阶段，包括：确认网络安全需求、表征网络攻击面、协同脆弱性识别、对抗性网络安全研制试验鉴定、协同脆弱性与渗透评估、对抗性评估。前四个阶段对应于研制试验阶段，目的是在装备投入生产和部署前，确认其受到网络威胁时能够恢复作战能力。后两个阶段为作战试验阶段，目的是鉴定配备该装备的作战单元，能够在预期的作战环境中对指定任务提供支持。

网络安全试验是一个迭代过程。在系统架构发生变化、出现新的威胁或系统环境发生变化时，网络安全试验要反复多次进行。

（二）网络安全要求

网络安全要求通常包括：与已知标准、配置、操作/管理流程的合规性（一致性），以及系统运行效能指标和性能指标。合规性是网络或联网系统必须符合的最低标准，是网络或与网络连接的系统性能试验的基础内容。但仅合规还不足以表征系统的网络安全，还需要评估系统的关键性能参数（KPP）和关键系统属性（KSA），给出系统在恶劣网络环境中性能的最低限度。

网络安全合规性要求一般包括：①用户筛选、授权、进入认证与识别。②恶意和非正常活动的审核、复核、分析及报告。③系统数据的备份、保护，系统复原和恢复。④系统与设备连接认证识别及识别管理。⑤物理进入控制和边界保护。⑥网络通信安全。⑦安全软件和固件更新管理。⑧恶意编码保护。

网络安全的性能主要是指在对抗网络环境下核心网络的防护性能，包括：①防御性能：包括防御行为的描述、事态等级、时间跨度、防御成功概率等。②侦测性能：包括侦测到入侵行为和权限扩大行为的时间。③响应性能：包括减少被侦测到的入侵行为和权限扩大行为的时间。④恢复性与连续性：包括系统任务效能恢复所需的时间。⑤任务效能：包括任务效能下降的百分比。

（三）网络安全试验的类型

装备性能试验中，网络安全性试验可以从不同角度进行分类。根据试验的目的,可以将网络安全试验分为网络安全验证试验和网络安全鉴定试验。

1. 网络安全验证试验

网络安全验证试验主要测试装备的网络安全技术特性,通常在装备性能验证试验过程中同步开展,主要试验内容包括:① 验证确认装备的网络技术脆弱性,包括网络结构、网络环境、软件、硬件、应用系统等。②验证确认装备的网络管理脆弱性,包括管理组织、制度、人员安全管理和运维管理等。③验证装备安全措施的有效性,包括流量监测、访问控制、安全审计、密码防护等。

脆弱项分析是网络安全试验的重要工作。美国《安全技术实施指南》和《国家脆弱性数据库》中列出了常见的网络安全脆弱项。

2. 网络安全鉴定试验

网络安全鉴定试验是分析网络威胁入侵渗透及抵御威胁的过程,评估装备在面对网络攻击时的稳健性和弹性,主要内容包括:①针对典型网络威胁,分析其侵入装备的渗透过程。②针对典型网络威胁,分析装备应对威胁入侵渗透的过程,包括防护、检测、响应与恢复等。③验证网络威胁对关键资产的危害程度与影响范围,包括发生物理毁伤、系统故障、功能降低、数据失窃、信息泄露和操作篡改等后果。

网络安全鉴定试验主要包括如下活动:①综合分析装备的网络特征、脆弱性、网络威胁等,确定渗透测试的方法、工具和测试用例等。②采用理论分析、桌面推演等方法,分析网络威胁入侵与装备对其抵御的环节,评估网络威胁对资产的影响。③通过模拟威胁攻击进行渗透测试试验。

威胁入侵试验可能导致被试装备的损坏。根据所承受的风险,网络安全鉴定试验应在专业化的试验环境下进行。

(四)网络安全试验技术

目前已经有多种技术可用于评估装备的网络安全。这些方法可以分为三大类,即评审、目标识别与分析、目标漏洞验证。①评审。评审技术通常指采用人工方式审查文档、日志、规则集和系统配置,以及检查网络监听和文件完整性,主要包括:文件审查、日志审查、规则集审查、系统配置审查、网络监听、文件完整性检查等。②目标识别和分析。目标识别和分析技术是指用于识别系统、端口、服务和潜在脆弱性的试验技术,包括网络发现、网络端口和服务识别、漏洞扫描、无线扫描和应用安全检查等。这些技术通常使用自动化工具。③目标漏洞验证。目标漏洞验证技术指用于验证装备是否存在漏洞或弱点,包括密码破解、渗透测试、社会工程和应用安全测试。这些工作可以人工实施或通过自动工具来执行。

五、互操作性试验

(一)互操作性的概念

互操作简单地说就是两个系统之间交换数据和利用数据的过程。早期的互操作主要指设备的互联互通和相互兼容。随着C^4ISR、军事信息系统、网络信息体系的发展,互操作不再局限于数据和信息的交换,还包含两个或多个系统相互协同完成任务的要求。装备互操作性是指装备间交换信息并相互利用所交换信息实现功能或达成任务的能力。这一定义中的互操作性包括技术和作战两个方面,即技术互操作性和作战互操作性。互操作性是装备在体系化联合作战中的重要能力要求。

互操作性不仅涵盖了底层系统的互联互通、信息和服务的交换,还涉及作战系统之间的协作协同,即作战互操作性。作战互操作性要求参与者具有共同的理解和处理信息的背景,了解彼此如何作出决策并开展相互支持。技术互操作性关心的是语法理解问题,而作战互操作性关注的是语义理解问题。建立在相互理解之上的相互协同是一个复杂的问题,不仅与系统的技术属性有关,还与编制体制、人员构成、人员素质、满足互操作性要求的系统数量等组织管理有关,此外,部队条令、作战概念、相关政策、规则等众多因素都会导致互操作性问题。

关于互操作性的概念,应该明确以下几点认识:

(1)互操作性是一种系统属性。互操作性是系统自身所固有的一种能力,与系统体系结构特别是技术体系结构密切相关。由于互操作发生在两个或多个系统之间,互操作性体现为两个系统之间进行互操作的能力和效果,由两个系统各自的互操作性的匹配程度决定。

(2)互操作不具有传递性。系统 A 能与系统 B 互操作,系统 B 能与系统 C 互操作,并不能确定系统 A 与系统 C 之间的互操作。从无互操作到完全互操作之间存在多个层次的互操作水平,存在较大的动态范围,具有层次性和模糊性。

(3)互操作性与兼容性、连通性、集成性等概念的内涵不同。兼容性意味着系统或者单元不影响其他系统或者单元的性能,但是并不意味着它具有交换服务的能力。硬件的连通性不能保证互操作性,比如两个人可以通过电话进行通话,但互相使用对方不能理解的语言,就无法实现互操作;只有两个人都能发送和接收对方可以使用和理解的信息,才能实现互操作。互操作的系统必须具有兼容性和连通性。

（4）互操作性和网络安全具有相互制约关系。通常,提高互操作性会增加连通系统的安全脆弱性。网络安全试验经常结合互操作性试验进行。

美国国防部要求所有的信息化武器系统必须进行互操作性试验,并给出相关遗留问题及其影响的分析报告。美军针对互操作性发布了大量的相关文献,例如,美国国防部和联合互操作性试验司令部的指令 DoDI4630.5、DoDI4630.8、DoDI5000.02、DoDI8330.01、CJCSI6212.01F,以及实施层面的信息系统互操作性等级模型(LISI)等。

（二）互操作性的要求

可以从定性和定量两个方面评价系统的互操作性。

互操作性定量要求通过定量指标来描述。比如,对指挥自动化系统,要求平均互操作性为 XX%,关键互操作性为 XX%,成功通信与总通信的比率不低于 XX%。此外,还可以通过量化接口种类、网络拓扑结构数、接口文件、接口装置配套性、调试验证文件可用性等,对互操作性要求进行量化。

互操作性定性要求的主要依据是互操作性等级模型。已经提出了许多互操作性等级及其度量方法,具有代表性的包括互操作性测量频谱模型(SoIM)、信息系统互操作性等级(LISI)模型、体系互操作性(SoSI)、ARCENT 模型等。由于互操作性不仅取决于技术因素,组织管理因素的影响也不可忽视,因此还提出了组织结构互操作性等级模型(OIM,1998)、协作互操作性层(LCI,2003)、规划管理互操作性等级模型(PIM,2003)、非技术互操作性(NTI,2004)模型(参考 OIM 提出)。在 LISI 模型中,将影响系统互操作性的所有因素分为规程(P)、应用(A)、基础设施(I)和数据(D)四种密切相关的属性,每一种属性都用来描述与互操作性等级相关联的某个方面的关键问题,因此可以通过分析系统的 PAID 性能来评估系统互操作能力。

（三）互操作性试验的类型和方法

装备性能试验中的互操作性试验可分为互操作性验证试验、互操作性鉴定试验等多种类型。其中互操作性验证试验、互操作性鉴定试验属于装备性能试验的类型。

1. 互操作性验证试验

互操作性验证试验通常在装备性能验证试验过程中开展,主要内容包括以下几方面以及与相关标准规范的符合性:①体系结构:与互操作对象的功能和信息交互关系、与信息系统体系架构及其他顶层设计要求的符合性。

②网络接入:与互操作对象连接或接入信息网络的类别、信息传输方式、接口、协议等。③时空基准:装备的时空基准、地理信息、导航定位技术体制等方面的使用情况。④信息共享:信息数据格式、信息处理交换、信息服务调用、信息资源引接等。⑤安全保密:信息安全产品使用、保密措施、安全保密运维管理等。⑥频谱使用:频谱资源占用程度、频谱兼容性、技术体制的有效性、频谱运用等。

互操作性验证试验的主要方法包括:对设计实现文档进行文件审查,采用测试工具和测试技术、实验室和仿真试验平台、外场试验环境等验证技术指标的符合性。

2. 互操作性鉴定试验

互操作性鉴定试验应覆盖所有互操作对象,试验环境应包括典型运用场景中的电磁、频谱和自然环境等环境,主要考核内容包括:①节点互联性:包括传输时延、丢包率、链路稳定性、通信可靠性、传输带宽等。②信息互通性:包括信息编码的规范性、传输速率、信息处理时间、资源与频谱占用情况等。③装备互操作性:互操作对象的操作成功率、操作用时、操作效率等。④当装备需要通过信息网络系统实现互操作时,还需要进行入网验证试验。

互操作性鉴定试验时,可以利用专业工具进行技术指标测试、对装备实装试验与仿真试验得到的数据进行分析比对。

(四)互操作性评估

1. 互操作性等级评估

互操作性等级评估基于互操作性等级模型,通过对比和试验法等评估互操作性等级。①对比法。通过对比系统的互操作实现技术与互操作性等级特征,确定系统的互操作性等级。②试验法。根据试验结果和互操作等级模型给出评估结论。

2. 互操作性认证

互操作性认证的目的是验证系统互操作性符合相关的标准规范以及相关指标要求。

美军在装备研制阶段的互操作性认证试验分为标准合规性试验和联合互操作性试验两类。标准合规性试验主要用来验证系统与有关标准的一致性。联合互操作性试验在实验室或现场环境下进行,试验过程中采集与信息传输和信息处理有关的互操作性数据。实验室实验是在受控条件下进行试验。现场试验是在尽可能真实的环境下,验证有效交换信息试验能力,以确保端到端互操作性。在联合互操作性试验中,建模和仿真是评估互操作性的重要方法。

装备接入业务网认证是互操作性认证的一种形式,通常是在装备互操作性综合评估后进行,主要是对装备在一定的通信或网络环境中满足互操作性要求做出认可,通常由有关装备部门委托的专业审核认证机构实施。

第四节 软件鉴定测评

软件可以是一种新的装备形态(即独立的非嵌入式软件),也可以是装备系统的组成部分即配套软件(既有嵌入式软件,也有非嵌入式软件)。软件是信息化装备的灵魂。随着软件规模及其在装备中的占比越来越大,软件的质量问题越来越重要。为验证软件是否满足规定的质量特性要求,检验其功能性能指标及其边界条件,评价效能、任务完成度和适用性等,应针对软件开展专项性能试验。无论软件是独立的装备还是装备的组成部分,对软件本身的性能试验都是必要的,同样应该遵循装备试验鉴定程序要求。

根据组织实施主体,软件性能试验主要分为三类,包括:①科研过程中由研制单位组织完成的内部测试、联试联调、试验试飞等验证活动;②由有关装备部门主导的由军地独立测评机构完成的第三方测试;③由有关装备部门主导的由军地独立测评机构完成的鉴定测试、由试验训练基地完成的性能鉴定试验。其中,前两类属于软件的性能验证试验,亦称为软件验证测试;第三类属于软件的性能鉴定试验,亦称为软件鉴定测评。

这些试验对软件验证考核的目的、关注点、层级、环境不同。软件验证测试通常以软件研制任务书、软件需求规格说明为依据,是为发现软件缺陷、检验软件指标而开展的软件测试活动。验证测试中的内部测试需要开展单元测试、单元集成测试、配置项测试、配置项集成测试、系统测试,一般使用开发、调试环境。软件鉴定测评通常以研制总要求、试验总案、装备能力清单等为依据,是为检验软件功能性能指标及其边界条件,评价软件是否符合质量标准、满足用户使用要求而开展的考核性试验活动。鉴定测评一般只开展配置项测试和系统测试,必要时也可对关键重要软件开展单元测试,鉴定测评一般在实验室环境、仿真环境或实装环境下进行。

本节针对软件鉴定测评介绍软件测试的级别、类型和过程,也可供独立测评机构实施软件验证测试参考。

一、软件测试级别

软件测试级别划分为单元测试、单元集成测试、配置项测试、配置项集成测试和系统测试(图3-4)。鉴定测评中的新研软件、改进软件通常应做配置项级测评和系统级测评;系统/分系统软件组成中已经开展过测评、验收的沿用软件(含货架软件),经分析评估后,可不开展配置项级测评,只参与系统级测评。

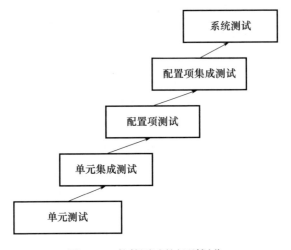

图3-4 软件测试的级别划分

(一)单元测试

单元测试的对象是软件单元。软件单元是软件配置项设计中的一个独立的、可测试的元素,如一个类、对象、模块、函数、子程序等。单元测试的主要目的是检查软件单元是否满足软件设计说明(详细设计部分)中的功能、性能、接口和其他设计约束等要求,发现单元可能存在的缺陷。

单元测试的环境通常是被测软件的开发环境或仿真环境。为构建测试环境,应开发必要的桩模块和驱动模块,具备必要的测试软件或测试工具。

(二)单元集成测试

单元集成测试的对象是在软件单元集成过程中形成的软件部件。单元集成测试的目的是验证软件部件正确实现了软件概要设计规定的功能及结构设计要求,确保软件部件功能正确、内部各软件单元之间接口关系的协调一致性。

待集成的软件单元通过单元测试后开展单元集成测试,也可根据一定的集成策略将部分单元测试与集成测试合并进行。单元集成测试环境与单元测试环境相同。

(三)配置项测试

配置项测试的对象是软件配置项。软件配置项是为独立的配置管理而设计的并且能满足最终用户功能的一组软件,如办公软件系统 MS Office 中的字处理软件 MS Word、表格处理软件 MS Excel 等。软件配置项测试是检验软件配置项与软件需求规格说明的一致性,发现配置项存在的缺陷。

由于软件配置项一般能独立运行,配置项测试的环境通常为被测软件实际或相容的运行环境。若选择仿真或模拟测试环境,为保证配置项测试环境与真实运行环境等效,应经过论证和批准。为搭建测试环境,应开发必要的测试软件、具备必要的测试工具,测试工具一般应经过认可。

(四)配置项集成测试

配置项集成测试的对象是由软件配置项及与其接口相连的其他软/硬件配置项集成得到的局部系统及其集成过程。配置项集成测试主要是检验局部系统的内、外接口、时序、资源等相互关系的匹配性、协调性、一致性。配置项集成测试是一个持续执行的过程。被集成的软/硬件配置项不断增加,直到系统中所有的配置项都被集成和测试完成为止。对结构较为简单的系统,配置项测试可裁剪。

配置项集成测试的测试环境通常应使用软件真实运行环境和真实外部硬件环境,若选择仿真或模拟测试环境,应进行环境等效性分析并获得批准;为搭建测试环境,应开发必要的测试软件,具备必要的测试工具,测试工具一般应被认可。

(五)系统测试

系统测试的对象是完整的、集成的软件系统,重点是新开发或改造的软件配置项集合。软件系统是某装备系统中的软件部分,或本身就是一个系统,如某雷达系统(含硬软件的系统)中的软件部分,某军事地理信息系统(纯软件系统)。系统测试的目的是在软件系统真实工作环境下检验软件系统是否满足系统研制总要求、系统/分系统规格说明和系统开发任务书等相关文档规定的要求,发现软件系统内可能存在的缺陷。

系统测试环境通常为软件系统本身或其所属装备系统的实际运行环境。若选择仿真或模拟测试环境,应经过论证和批准。为搭建测试环境,应开发必要的测试软件、具备必要的测试工具,测试工具一般应经过认可。

二、主要测试类型

软件包含代码(含源代码和可执行代码)、文档以及基本数据等三要素。软件测试类型主要是根据对软件要素实施的测试技术活动而划分的,包括文档类测试、代码类测试、数据类测试、功能类测试、性能类测试、接口类测试和专项类测试(图 3-5)。应根据软件测试目的、要求、级别及软件关键重要程度等,选取适当的测试类型。对于可编程逻辑器软件,测试类型还包括时序测试、功耗分析。

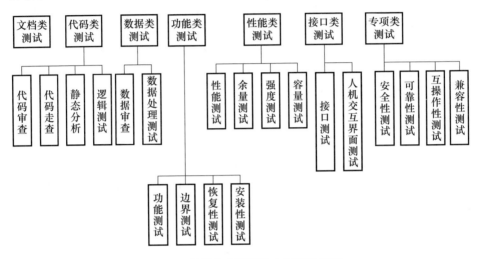

图 3-5 软件鉴定测评的主要测试类型

软件鉴定测评的配置项级测试至少应开展文档审查、静态分析、功能测试、边界测试、性能测试、接口测试,对关键和重要的配置项,还应开展代码审查、余量测试和安全性测试,对关键配置项进一步增加恢复性测试和强度测试;系统级测试至少应开展文档审查、功能测试、性能测试、接口测试、边界测试、安全性测试、余量测试、强度测试。如需要对必须开展的测试类型进行裁剪,应在软件鉴定测评大纲中给出裁剪原因说明。

(一)文档类测试

文档类的测试类型为文档审查。文档审查是对被测软件文档的齐套性及内容完整性、一致性、准确性、正确性等进行检查。文档审查通常应编制审查所用的文档检查单,并随测试计划或测评大纲通过评审,得到相关方的确认。为适应不同类型的文档,需要编制不同的文档检查单。

(二)代码类测试

代码类的测试类型包括代码审查、代码走查、静态分析、逻辑测试。

(1)代码审查是依据相关标准及软件文档开展的针对软件程序代码的审查。通常审查代码和需求、设计的一致性、代码执行标准的情况、代码逻辑表达的正确性、代码结构的合理性、代码的规范性和可读性等。代码审查应根据源代码所使用的编程语言和编码规范确定审查所用的检查单。检查单的设计或采用应经过评审并得到相关方的确认。

（2）代码走查是由测试人员组成小组，设计具有代表性的测试用例，用人脑模拟计算机，沿程序逻辑执行测试用例，查找代码中可能存在的缺陷。

（3）静态分析通常是借助专业工具对程序代码特性进行机械性和程序化的专项分析，包括程序结构分析、数据结构分析、控制流分析、数据流分析、接口分析、表达式分析以及软件单元的规模、圈复杂度、扇入数、扇出数、源代码注释率、参数化率等静态特性的分析。

（4）逻辑测试是测试程序代码逻辑结构设计的合理性、实现的正确性。逻辑测试利用程序代码内部的逻辑结构及相关信息设置监测点，设计或选择测试用例，在测试用例执行过程中记录监测点的状态，确定实际状态是否与预期状态一致。逻辑测试应依据软件等级提出具体的覆盖要求，通常包括一般控制流覆盖、语句覆盖、分支覆盖、条件覆盖、判定/条件覆盖、条件组合覆盖、修订的判定/条件覆盖等。对关键代码，宜在软件配置项真实运行过程中进行覆盖率的统计。

（三）数据类测试

数据类的测试类型为数据审查和数据处理测试。

（1）数据审查是依据相关文档开展的针对软件运行所依赖的参数数据、配置数据、控制数据等开展的完整性、有效性、合理性、规范性、安全性等内容的审查。

（2）数据处理测试是对完成专门数据处理功能所进行的测试。主要包括数据文件存取、数据库操作、数据采集、数据融合、数据转换、数据解析、剔除坏数据、数据滤波、数据容错等数据处理功能的测试。

（四）功能类测试

功能类的测试类型包括功能测试、边界测试、恢复性测试、安装性测试。

（1）功能测试是对软件的功能需求逐项进行的测试，以验证其功能是否满足要求。功能测试通常采用等价类、边界值、判定表、因果图、猜错法等分析方法确定软件功能的输入。系统测试应在任务剖面和业务流程中进行测试。鉴定测评还应关注软件运行在超负荷、饱和及其他最坏情况等极端边界条件下的功能。

(2)边界测试是对软件处在边界或端点情况下运行状态的测试。边界测试应针对输入域或输出域、数据结构、状态转换条件等的端点或边界点进行测试。功能、性能、容量等涉及的极限情况均视为广义端点或边界点进行测试；必要时应考虑接近边界、超越边界、连续来回穿越边界等各种情况的测试。

(3)恢复性测试是对有恢复或重置功能的软件的导致恢复或重置的情况逐一进行的测试，以验证其恢复或重置功能。恢复性测试应证实在克服软硬件故障后，系统能否正常地继续进行工作，且不对系统造成任何损害。恢复时间是否满足规定要求也应进行测试。

(4)安装性测试是检验软件安装、卸载过程是否满足相关规程的测试。安装性测试应在软件适用的各种环境及配置下进行。系统级软件应对软件的部署与撤收进行测试，包括在线升级、数据迁移、系统配置等相关内容。

(五)性能类测试

性能类的测试类型包括性能测试、余量测试、强度测试、容量测试。

(1)性能测试是对软件的性能需求逐项进行的测试，以验证其性能是否满足要求。性能测试通常包括对数据精度、时间精度、空间占用、处理能力、数据传输吞吐量等内容的测试，在系统测试中，应关注软件性能和硬件性能的集成，测试结果应得到具体的量化数值。

(2)余量测试是对软件是否达到需求要求的余量的测试。例如，要求最少应有XX%以上的余量。

(3)强度测试是检验软件的外部条件恶劣到何种程度将导致软件无法正常工作的测试。测试时应确定软件运行所依赖的外部可变性影响条件，并控制其范围、频度的变化。长时间连续不中断运行的测试也属于强度测试。

(4)容量测试是检验软件的能力最高能达到什么程度的测试。容量测试一般应测试到在正常情况下软件所具备的最高能力。

(六)接口类测试

接口类的测试类型包括接口测试和人机交互界面测试。

(1)接口测试是对软件的接口需求逐项进行的测试，以验证其是否满足要求。测试内容包括接口的信息格式、信息内容、时间特性，接口容错性等。软硬件系统中应特别关注软硬件接口以及信号触发类的接口测试。

(2)人机交互界面测试是对所有人机交互界面提供的操作和显示界面进行的测试，以检验是否满足用户的要求。测试内容包括界面显示的符合性、准确性、直观性，操作输入的方便性、健壮性、提示性，人机交互的友好性、导航性、适宜性等。软硬系统中作为软件输入的操作杆、旋钮、开关等,以及作为软件输出的警示灯、蜂鸣器等均属于界面测试范畴。

(七)专项类测试

专项类的测试类型包括安全性测试、可靠性测试、互操作性测试、兼容性测试等。

(1)安全性测试是检验软件功能安全性以及信息安全性是否满足要求的测试。测试内容包括涉及安全性措施的结构、算法、容错、冗余及中断处理等设计,对软件的信息保密与防护能力等。

(2)可靠性测试是在真实的或仿真的环境中,以软件可靠性评估为目的,按照运行剖面和使用的概率分布进行的软件功能测试。

(3)互操作性测试是检验不同软件对同一功能或同一数据操作处理的协调性和一致性的测试。对同一功能通过配置可在不同软件中实现的相关软件,应验证各种配置下功能的正确性;对因软件降级而将部分功能移交给其他软件执行的相关软件,应验证功能移交的正确性;对可异步并发操作同一共享数据源的相关软件,应验证对数据源操作的相容性和一致性;当同一功能被不同软件同时进行操作时,应验证操作处理的协调性和一致性。

(4)兼容性测试是检验软件不同版本之间、不同软件产品之间、不同软硬件环境之间兼容程度的测试。测试包括向下兼容性、相互兼容性、交错兼容性、适配兼容性、环境兼容性等内容。

三、软件鉴定测评过程

软件鉴定测评是在规定的条件下对软件进行操作,以发现程序错误、衡量软件质量,并对其是否能满足设计要求进行评估的过程。通常,软件测试是人工或自动运行或测定某个软件系统,检验它是否满足规定的需求或弄清预期结果与实际结果之间的差别。除了对计算机程序的运行测试以外,软件测试还应包括对数据和文档的审核测试。本节描述的软件测试是指由独立测评机构实施的软件验证测试和鉴定定型测评,不同于研制单位实施的与研制过程同步的内部测试。

软件鉴定测评是一项非常复杂的、需要创造性和精心组织实施的工作,如图3-6所示,一般包括:需求分析与策划、设计与实现、执行、总结等阶段。软件鉴定测评通常还应进行测评准入条件的审查。

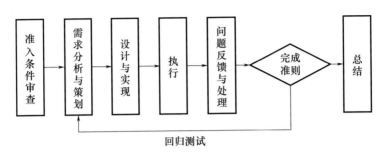

图 3-6 软件鉴定测评过程

(一) 准入条件审查

通常由软件鉴定测评总体单位(如有)、军事代表机构、软件测评机构和研制单位共同评估被测软件技术状态,进入鉴定测评应满足以下条件:①软件源程序、相关文档资料、数据齐全;②软件技术状态固化,已纳入配置管理;③已通过软件验证测试,且验证测试发现的软件问题均已归零或处理;④具备满足要求的测评环境。

(二) 需求分析与策划

在整个测评过程中,测评机构应根据软件研制总要求(包括装备研制总要求、任务书、合同、技术要求等涉及的对软件的要求)、试验总案、测评总体方案(如有)和其他相关标准规范文件,结合测评过程进展情况,开展软件测评需求分析,对如何完成测评任务不断地进行策划。本阶段的主要活动包括:①确定测评范围、测试级别和测试类型;②确定测评策略、测试项及充分性要求;③确定测评资源及测评进度;④确定被测软件的评价准则和方法;⑤确定测评终止条件及测评通过准则;⑥开展测评风险分析,给出应对措施;⑦确定需采集的度量及采集要求;⑧确定测试项目跟踪与控制、配置管理和质量保证等要求;⑨按要求编制软件鉴定测评大纲并进行评审。

(三) 设计与实现

测评机构应根据测评大纲规定的测评内容,设计测试用例,搭建测评环境,主要活动包括:①设计文档审查单;②设计代码审查单;③设计测试用例,确定其执行顺序;④设计、准备并验证测试数据;⑤准备测试资源,必要时开发测试程序及支撑软件;⑥规定评价所需的数据及其收集方法;⑦搭建并校核测评环境;⑧编制并评审测评说明。

测试用例是软件测试的核心,测试用例的设计和编制是重要的软件测试活动。通常一个测试项由多个测试用例来覆盖。测试用例应包含名称与标识、测试追踪、用例综述、测试的初始化要求、前提与约束、用例的步骤及输入、期望结果、测试结果评估准则、终止/中止条件、测试用例通过准则等信息。

（四）执行

测评机构应根据测评大纲的要求，在经过校核的测评环境下，执行测试用例，如实记录测评数据与结果，必要时补充测试用例。主要活动包括：①执行文档类、代码类、数据类等静态测试；②执行功能类、性能类、接口类及专项类等动态测试；③如实、具体、完整地记录测试输入数据、测试结果；④分析并判定测试结果，填写软件问题报告单；⑤分析测试的充分性，补充测试用例。

（五）问题反馈与处理

测评机构应完整、准确地记录测评过程中发现的问题，并与研制单位进行确认，涉及重要需求变更应经过审批确认，对研制单位修改的问题进行回归验证。主要活动包括：①与研制单位确认问题，对存在争议的问题组织问题确认评审；②对已修改的问题进行回归验证；③严重以上等级问题的反馈与上报；④对重要需求变更的审批确认进行核实。

（六）总结

全部测试结束后，测评机构应进行总结，分析并评价被测软件，编制测评报告，召开测评总结评审会。主要活动包括：①总结软件测评大纲的变化情况；②分析测试工作完成情况；③分析测试环境与软件实际运行环境之间的差异及其对测试结果的影响；④分析和评价被测软件；⑤分析测评产生的数据和文档，积累资产；⑥按要求编制软件鉴定测评报告，进行总结评审。

第五节　复杂环境适应性与边界性能试验

装备性能试验应覆盖研制总要求和研制任务书中的所有性能指标，确保装备性能考核的全面性。从装备的实战适用性考核和摸清性能底数的要求出发，以及考虑装备研制时间、费用以及试验条件等多方面的限制，在装备性能试验过程中，应该突出重点难点。复杂环境和边界性能试验是在规定的近似实战的环境和条件下，为验证装备的复杂环境适应能力、装备边界性能和性能底数等开展的试验活动，是装备性能试验考核的重要内容。

一、复杂环境

装备的使用环境是指在装备使用中对装备性能有影响的各种情况和条件

的统称,通常包括自然环境、诱发环境、对抗环境和目标环境等(图3-7)。为了贴近实战进行性能试验,需要使装备性能试验的条件尽可能体现装备实际使用的复杂环境。

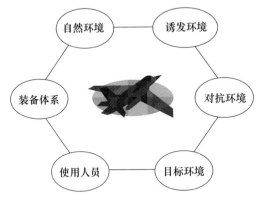

图3-7 装备的使用环境

通常,考虑到对于装备性能的主要影响因素,装备性能试验所指的复杂环境主要包括:复杂电磁环境、复杂地理环境(如高原、湿地、濒海等)、复杂气象环境(如高温、高寒等)、复杂水文环境、复杂水声环境、复杂放射环境、复杂生化环境、海上综合环境、高原综合环境等。

"复杂"在英文中称为"complex",按照牛津高级英汉双解词典的解释,"复杂是指事物由关联的多个部分组成,并且难以理解"。据此,可以将复杂环境理解为是多种多样环境因素交织综合的环境。复杂环境通常具有如下几方面的特点。

(1) 存在多种环境因素。这是复杂环境最基本的特征,也是复杂环境区别于极端环境的特点。复杂电磁环境是指在一定的空、时、频和功率域上,多种电磁信号同时存在,对装备运用和作战行动产生一定影响的电磁环境。通常,造成复杂电磁环境的因素主要包括我方辐射、敌方辐射、民用辐射、自然辐射和辐射传播因素等。

(2) 对装备的影响具有涌现性(Emergence)。复杂环境的多种环境因素相互交织作用,对装备产生了"1+1>2"的非线性影响效果。也就是说,复杂环境效应不是其各个构成因素的环境效应的简单叠加。比如,在温度变化和随机振动应力的综合作用下,电子产品的失效率会较顺序施加应力有明显增加。因此,仅靠对单一环境因素影响的分析,不能确定复杂环境对装备性能的影响。

(3) 环境因素具有不确定性。不确定性通常分为两类,即认知不确定性和随机不确定性。认知不确定性是一种主观不确定性,反映了人们对于各种复杂环境因素及其变化规律的认识水平有限。例如,人们对于海况的变化规律还缺少足够的知识。又如,由于难以完全理解作战对手采用的电子干扰技术和战术,对干扰信号因素就会表现出一定的认知不确定性。随机不确定性反映环境因素变化的偶然性,通常指由环境因素按一定概率规律变化而表现出的不确定性。例如,风速的随机变化。环境因素的不确定性越高,环境的复杂性就越高。

(4)环境因素具有动态时变性。构成复杂环境的各种环境因素不是恒定的,而是随时间动态变化的。

为了便于定义面向实战开展性能试验的环境条件,可以从主观和客观两个方面对环境的复杂性进行度量。一是环境的客观复杂度,二是环境的主观复杂度。环境的客观复杂度主要度量环境的客观复杂特性,与被试装备无关。例如,电磁信号的密度、强度和类型数量等。环境的主观复杂度主要度量装备本身易受环境影响的特性。例如,雷达装备的被干扰通道比例、干信比、干扰频率吻合度等。

装备在预期的自然环境中长期使用时经历的环境剖面也非常复杂,因此考核长期自然环境对装备正常使用产生的影响也非常重要。例如,由于环境效应造成的金属疲劳、部件老化、腐蚀等问题。这类试验通常需要较长的时间,所以应将其纳入装备的性能试验总计划中尽早予以安排。

装备作战使用环境可能非常严酷,因此仅开展典型条件或理想环境下的试验难以有效评价装备在真实作战环境下的性能。例如,在复杂电磁环境下,导弹等高技术武器装备的性能可能发生非常显著的变化,需要构设复杂电磁环境并进行复杂电磁环境适应性试验。因此,在性能试验阶段应重视复杂环境和近似实战环境条件下的考核。

二、复杂电磁环境适应性试验

(一)复杂电磁环境适应性的概念

复杂电磁环境包括背景电磁环境和威胁电磁环境。背景电磁环境包括所处地区噪声环境、平台内部自扰环境、其他辐射源非有意的干扰环境、自然界造成的损害环境(雷电、静电等)以及杂波环境(地杂波、海杂波和气象杂波等)。威胁电磁环境包括敌方电子对抗装备形成的干扰环境和强电磁脉冲攻击环境(如高功率微波)。

复杂电磁环境是信息化战争的突出特征。雷达在低空电波传播环境和电磁干扰的共同影响下截获目标的概率可能会急剧降低,甚至难以准确跟踪目标;导弹在复杂电磁环境的影响下命中目标的概率可能会严重下降。复杂电磁环境具有相对性。相同的电磁环境,对装备 A 可能不会产生明显的影响,但对装备 B 的影响可能非常严重。

复杂电磁环境适应性可理解为装备在不同复杂电磁环境下战术技术性能不发生根本性改变和完成预定任务的能力,包括电磁兼容性要求、电磁频谱特性要求、电磁危害防护要求和抗干扰要求等多个方面。

根据装备的技术体制、使用环境及作战运用方式等,可以分类构建复杂电磁环境适应性指标体系。通常,可以用特定电磁环境条件下,装备性能参数的极限值描述电磁环境适应性。例如,雷达在特定电磁环境下的探测距离、战术电台在特定电磁环境下的通信距离,导弹在干扰环境下的命中概率,或能抗某种强度的自卫压制干扰、能抗某种箔条。也有的文献认为,装备的复杂电磁环境适应性指标可分为装备在复杂电磁环境下的战备完好性和持续作战能力两大类。其中,战备完好性主要指装备完成任务的能力及使用可用度,持续作战能力主要指装备的使用可信性、装备的保障性等的抗损能力。

(二)试验的类型与方法

按照试验场所,可分为内场试验与外场试验;按照试验目的,复杂电磁环境适应性试验可分为验证性试验、考核性试验和评估性试验。

内场试验通常是在微波暗室中模拟目标回波信号、箔条、有源诱饵以及海杂波、地杂波等各种干扰信号,生成可能面临的电磁环境,重点考核辐射环境对装备性能的影响,评估装备抗干扰性能,辅助查找设计薄弱环节。内场试验一般采用半实物仿真试验方法。外场试验主要考核装备在战场电磁环境下的适应性。验证性试验主要用于验证设计方案、关键技术和内场试验结果。考核性试验是为考核装备在电磁环境下的技术指标而进行的试验。为此,需要构建贴近实战的复杂、综合、动态的电磁环境,考核验证装备性能是否满足规定的战术技术指标要求。评估性试验是与考核性试验类似,但没有明确的指标或环境要求。

通常,在开展装备复杂电磁环境适应性试验前应完成装备的电磁兼容性试验。试验实施方面,应遵循"先单项后组合",以及"内场测试、外场验证、战术背景综合试验"的原则,依数字仿真、半实物仿真、内场实装、外场实装的顺序开展。应尽可能将分系统级试验与系统级试验相结合,综合评估和验证装备系统的适应性。

三、边界性能试验

边界性能试验包括性能设计极限验证试验、极端环境考核试验、使用边界性能考核试验等类型,试验的目的是摸清装备的边界性能,为装备研制和作战运用提供有关信息。

(一)设计极限验证试验

设计极限验证试验主要用于验证装备的各种设计极限性能边界(极限性能边界、破坏性能边界)。比如,飞机在接近设计飞行包线边界时的颤振特性。通常,实施设计极限性能边界试验时,应在试验过程中逐渐逼近边界,并评估装备达到边界时的技术状态。

(二)极端环境考核试验

极端环境主要指装备在使用时可能遇到的最大值或最小值的环境条件,通常是指极低温、极高温、大风、高盐雾、高湿度、高海况等。例如,对某些陆上装备,认为低温-55℃就是一种极端温度环境。装备在处于极限环境时完成预期功能的能力是一种重要的边界性能指标。

极端环境考核试验主要针对的是极端自然环境,用于验证和评估装备在作战使用过程中处于极端或恶劣环境条件下,其性能表现仍然满足基本要求。进行极限环境试验的基本依据是作战任务和使用剖面。例如,验证轻武器装备在高寒或高热条件下都能发射使用,需要在高寒条件和热带地区进行试验。

(三)使用边界性能考核试验

使用边界性能考核试验的目的是考核装备的一些关键战术技术性能指标否达到规定的使用边界性能值的要求。例如,装甲车辆火炮的最大俯仰角、战术导弹的最大和最小射程、飞机的最大飞行速度等。

在进行使用边界性能考核时,应充分考虑装备作战使用时所处的各种环境和条件,必要时应结合复杂环境适应性试验在复杂环境下对边界性能进行考核。当实装试验或试验条件难以实现时,可以考虑采用建模与仿真、理论分析等方法。

参考文献

[1] 王正明,卢芳云,段晓君.导弹试验的设计与评估[M].第3版.北京:科学出版社,2022.
[2] 孙建国.网络安全实验教程[M].第4版.北京:清华大学出版社,2019.
[3] 刘培国,丁亮,张亮,等.电磁环境效应[M].北京:科学出版社,2018.
[4] 刘映国.美军网络安全试验鉴定[M].北京:国防工业出版社,2018.
[5] 龚春林,谷良贤.导弹总体设计与试验实训教程[M].西安:西北工业大学出版社,2017.
[6] 中国航天科技集团公司.通用质量特性[M].北京:中国宇航出版社,2017.

[7] 邱静,刘冠军,张勇,等.装备测试性试验与评价技术[M].北京:科学出版社,2017.
[8] 王东生,刘戈,李素灵,等.兵器试验及试验场工程设计[M].北京:国防工业出版社,2017.
[9] 何洋.常规兵器电磁兼容性试验[M].北京:国防工业出版社,2016.
[10] 王树荣,季凡渝.环境试验技术[M].北京:电子工业出版社,2016.
[11] 苑秉成,高俊荣,等.水中兵器试验与测试技术[M].北京:国防工业出版社,2016.
[12] 隋起胜,张忠阳,景永奇,等.防空导弹战场电磁环境仿真及试验鉴定技术[M].北京:国防工业出版社.2016.
[13] 王冬.武器装备安全性保证[M].北京:中国宇航出版社,2016.
[14] 徐英,李三群,李星新.型号装备保障特性试验验证技术[M].北京:国防工业出版社,2015.
[15] 柯宏发,杜红梅,赵继广,等.电子装备复杂电磁环境适应性试验与评估[M].北京:国防工业出版社,2015.
[16] 胡湘洪,高军,李劲.可靠性试验[M].北京:电子工业出版社,2015.
[17] 周旭.导弹毁伤效能试验与评估[M].北京:国防工业出版社,2014.
[18] 黄士亮,齐亚峰.舰炮保障性试验与评价[M].北京:国防工业出版社,2014.
[19] 金光.基于退化的可靠性技术——模型、方法及应用[M].北京:国防工业出版社,2014.
[20] 多贝金,等.波武器——电子系统强力毁伤[M].董戈,刘伟,孙文君,等译.北京:国防工业出版社,2014.
[21] 金振中,李晓斌,等.战术导弹试验设计[M].北京:国防工业出版社,2013.
[22] 张为华,汤国建,文援兰,等.战场环境概论[M].北京:科学出版社,2013.
[23] 卢芳云,蒋邦海,李翔宇,等.武器战斗部投射与毁伤[M].北京:科学出版社,2013.
[24] 徐宏林.直升机机载武器试验鉴定[M].北京:国防工业出版社,2012.
[25] 陈淑凤,马蔚宇,马晓庆.电磁兼容试验技术[M].第2版.北京:北京邮电大学出版社,2012.
[26] 谢干跃,宁书存,李仲杰,等.可靠性维修性保障性测试性安全性概论[M].北京:国防工业出版社,2012.
[27] 匡兴华.高技术武器装备与应用[M].北京:解放军出版社,2011.
[28] 黄士亮,田福庆,张威,等.舰炮试验与鉴定[M].北京:国防工业出版社,2011.
[29] 周自全.飞行试验工程[M].北京:航空工业出版社,2010.
[30] 卢芳云,李翔宇,林玉亮.战斗部结构与原理[M].北京:科学出版社,2009.
[31] 张国伟.终点效应及靶场试验[M].北京:北京理工大学出版社,2009.
[32] 武小悦,刘琦.装备试验与评价[M].北京:国防工业出版社,2008.
[33] 杨日杰,高学强,韩建辉.现代水声对抗技术与应用[M].北京:国防工业出版社,2008.
[34] 张宝诚.航空发动机试验和测试技术[M].北京:北京航空航天大学出版社,2005.

[35] 郭齐胜,董志明.战场环境仿真[M].北京:国防工业出版社,2005.
[36] Etter P C.水声建模与仿真[M].第3版.蔡志明,等译.北京:电子工业出版社,2005.
[37] 杨榜林,岳全发,金振中,等.军事装备试验学[M].北京:国防工业出版社,2002.
[38] 徐宗昌.保障性工程[M].北京:兵器工业出版社,2002.
[39] 杨为民.可靠性维修性保障性总论[M].北京:国防工业出版社,1995.
[40] 小埃米尔,J·艾希布拉特.战术导弹试验与鉴定[M].蔡道济,赵景曾,等译校.北京:国防工业出版社,1992.
[41] 刘士通.军事装备运输性工程的理论、方法及其应用研究[D].天津:天津大学,2005.
[42] GB/T 22239—2019.信息安全技术:网络安全等级保护基本要求[S].2019.
[43] GB/T 28448—2019.信息安全技术:网络安全等级保护测评要求[S].2019.
[44] GB/T 28449—2018.信息安全技术:网络安全等级保护测评过程指南[S].2018.
[45] GB/T 36627—2018.信息安全技术:网络安全等级保护测试评估技术指南[S].2018.
[46] GB/T 11457—2006 软件工程术语[S].2006.
[47] GB 17859—1999.计算机信息系统安全保护等级划分准则[S].1999.
[48] 吴栋,黄永华,汪凯蔚,等.装备试验鉴定新形势下测试性验证工作分析[J].电子产品可靠性与环境试验,2019,37(S1):30-34.
[49] 郑兰设,高英健,孙立朝,等.对武器装备复杂电磁环境适应性试验与评估的思考[J].电子对抗,2017,(2):8-12.
[50] 梁高波,张海彦,郝光宇,等.电子装备复杂电磁环境适应性试验方法初探[J].电子对抗,2017,(2):13-19.
[51] 梁奕坤,胡宁,黄进永,等.基于失效物理的可靠性仿真技术及软件设计[J].电子产品可靠性与环境试验,2016,34(3):76-79.
[52] 张雪松,苏辛,王燕敏.军事信息系统互操作能力评估方法研究[J].中国电子科学研究院学报,2016,11(6):649-654.
[53] 陈健军,李月芳,王鹏,等.军事信息系统互操作性设计与验证研究[J].电子科学技术,2016,3(5):643-650.
[54] 刘俊先,曹江,张维明,等.网络信息体系的成熟度评估[J].指挥与控制学报,2016,2(4):282-287.
[55] 王世伟.论信息安全、网络安全、网络空间安全[J].中国图书馆学报,2015,(2):72-84.
[56] 鲍平鑫,杨永伟,余贻荣,等.军事装备铁路运输性试验仿真程序与方法[J].装甲兵工程学院学报,2010,(4):1-5.
[57] 傅常海,黄柯棣,童丽,等.导弹战斗部对复杂目标毁伤效能评估研究综述[J].系统仿真学报,2009,(19):5971-5976.
[58] 马东堂.军事信息系统的互操作性研究[J].指挥控制与仿真,2009,31(4):12-14.
[59] 邓爱民,陈循,张春华,等.加速退化试验技术综述[J].兵工学报,2007,(8):10

02-1007.

[60] 李贤玉,王华,郑建群. 信息化理论与综合信息系统——中国电子学会电子系统工程分会第十三届信息化理论学术研讨会论文集[C]. 2006:81-83.

[61] Borky J M, Bradley T H. Effective Model-Based Systems Engineering[M]. Springer, 2019.

[62] Domercant J C. ARC-VM:an architecture real options complexity-based valuation methodology for military systems-of-systems acquisitions[D]. NW, Atlanta: Georgia Institute of Technology, 2011.

[63] Ford T C. Interoperability Measurement[D]. Wright-Patterson Air Force Base, Ohio: Air Force Institute of Technology, 2008.

[64] MIL-STD-461G, Requirements for the Control of Electromagnetic Interference Characteristics of Subsystems and Equipment[S]. 2015.

[65] MIL-STD-464C, Electromagnetic Environmental Effects Requirements for Systems[S]. 2010.

[66] Snyder D, Powers J D, Bodine-Baron E, et al. Improving the Cybersecurity of US Air Force Military Systems Through Their Life Cycle[R]. RAND Corporation, 2015.

[67] Wyatt E J, Griendling K, Mavris D N. Addressing interoperability in military systems-of-systems architectures[C] // 2012 IEEE International Systems Conference (SysCon 2012), Vancouver, BC, Canada: IEEE, 2012.

[68] Leeuwen B V, Urias V, Eldrige J, et al. Performing cyber security analysis using a live, virtual, and constructive (LVC) testbed[C] // The 2010 Military Communications Conference. San Jose, CA, USA. 2010.

[69] Larson E, Lindstrom G, Hura M, et al. The Interoperability of U.S. and NATO Allied Air Forces: Supporting Cases Studies[R]. RAND Corporation, 2003.

[70] Department of Defense Instruction 5000.02: Operation of the Adaptive Acquisition Framework[EB/OL]. 2020.

[71] Department of Defense. Cybersecurity Test and Evaluation Guidebook, Version 2.0 [EB/OL], April 25, 2018.

[72] DT&E Interoperability Initiative Team. Interoperability Developmental Test & Evaluation Guidance[EB/OL]. 2017.

[73] Department of Defense. DoD Program Manager's Guidebook for Integrating the Cybersecurity Risk Management Framework (RMF) into the System Acquisition Lifecycle, V1.0 [EB/OL]. 2015.

[74] Department of Defense Instruction 8330.01: Interoperability of Information Technology (IT), Including National Security Systems (NSS)[EB/OL]. 2014.

[75] CJCSI 6212.01F: Interoperability and Supportability of Information Technology and National SecuritySystems[EB/OL]. 2012.

[76] Deputy Assistant Secretary of the Navy (Research, Development, Test, and Evaluation). Net – Ready Key Performance Parameter (NR – KPP) Implementation Guidebook, Version 2.0 (EB/OL). 2011.

[77] Joint Publication 1 – 02, Department of Defense Dictionary of Military and Associated Terms [EB/OL]. 2010.

[78] Souppaya M P, Scarfone K A. Technical Guide to Information Security Testing and Assessment[EB/OL]. 2008.

第四章　装备性能试验方式与方法

装备性能试验方式方法是指开展装备性能试验活动所采用的形式和手段。根据试验地点、试验对象、试验方法、试验目的、试验主体、试验阶段等不同性能试验特征，装备性能试验可采用不同的方式与方法。本章主要介绍内场试验方式、外场试验方式、内外场联合试验方式、跨试验场联合试验方式等四类装备性能试验的方式，以及实物试验方法、仿真试验方法、实物与仿真相结合试验方法等三类常用的装备性能试验方法。

第一节　装备性能试验的方式

根据试验任务实施地点的不同，装备性能试验方式分为内场试验、外场试验、内外场联合试验和跨试验场联合试验四种方式（图4-1）。装备性能试验一般按照先内场试验、后外场试验的顺序进行，必要时再开展内外场联合试验和跨试验场联合试验。

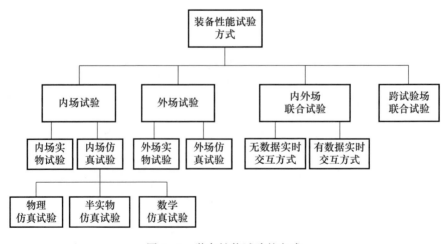

图4-1　装备性能试验的方式

一、内场试验

(一)内场试验的概念与类型

装备性能的内场试验指在室内进行的性能试验。内场试验可进一步细分为内场实物试验和内场仿真试验两类。

内场实物试验是在室内试验场条件下,以被试装备实物作为试验对象所进行的试验。例如在实验室针对被试装备实物开展的装备基本属性、通用质量特性试验等。

装备环境适应性试验中的实验室试验或人工模拟试验通常就是内场实物试验。进行试验时,需要采用人工方法创造出某种气候环境或机械环境,将被试品在此环境中进行试验。这样的试验具有与大气暴露试验相似的模拟性,并具有加速性,可大大缩短试验时间,而且其环境应力、负载条件的施加都可严格控制在容差范围内,保证试验在受控的条件下进行,重现性好、具有可比性,其缺点是受到试验设备的限制,一般仅能针对体积小、重量轻的产品进行,而且有些情况下室内试验也难以完全模拟真实环境。

内场仿真试验又包括物理仿真试验、半实物仿真试验和数学仿真试验。

物理仿真试验是指按照被试装备的物理性质构造其物理模型,并在物理模型上进行的试验。例如,为了研究飞机的空气动力学性能,可以利用飞机缩比模型在风洞中开展性能试验。物理仿真试验在装备设计阶段应用较多,其优点是直观、形象,能更真实全面地体现被试装备的特性,缺点是物理模型的制作复杂、成本高、周期长、调整变化困难,试验限制多。

半实物仿真试验是指将被试装备的部分实物或实物模型接入仿真试验回路,同时用计算机和物理效应设备来实现仿真系统模型的仿真试验。这类仿真通常是实时仿真,对被试装备中比较简单的组成部分或对其规律比较清楚的组成部分建立数学模型,并在计算机上加以实现;对复杂的或其规律尚不十分清楚的组成部分,由于建立其数学模型比较困难,则可直接采用被试装备的实物或实物模型。将两种模型连接起来就可以完成整个系统的试验。半实物仿真试验是装备工程研制阶段常用的方式,由于利用装备实际部件或子系统减少了建模误差,相对于数学仿真试验具有更高的仿真可信度。

数学仿真试验是通过用数学关系描述装备的特性,得到关于装备性能的数学模型,并对数学模型进行的仿真试验。数学仿真试验是装备设计或分析阶段常用的方式之一,具有方便、灵活、经济的特点,但有时建立被试装备的数学模型较为困难。

(二)内场试验的特点

内场试验利用内场试验资源开展试验,通常可以提供外场试验难以控制和具备的性能试验环境和试验条件。内场试验的结果可以为外场试验提供支持。

内场仿真试验具有以下优点:①能够进行边界性能试验,得到大样本的试验统计数据和边界数据,为摸清装备的性能底数提供参考数据;②对不具备外场试验条件或高风险的性能试验项目(如武器的毁伤效应),仿真试验具有无破坏性、可多次重复、易获得充分试验样本量等特点,并且可避免外场试验对装备的不必要破坏;③仿真试验容易构建丰富的战场环境,便于开展复杂环境适应性试验;④由于试验条件可控,易于复现装备故障和问题,有利于查找问题和分析解决问题;⑤不受环境、气象条件和场地空域的限制,试验周期短,成本相对低。

由于装备实际使用环境的动态性和复杂性,仅依据内场试验还难以确认装备在实际使用环境下的性能及其环境适应性,因此还要开展外场试验。

二、外场试验

(一)外场试验的概念与类型

外场试验指在室外或野外试验场开展的性能试验,可分为外场实物试验和外场仿真试验两类。

外场实物试验指通过在外场用真实装备或装备实物构建比较逼真的装备使用环境所开展的性能试验。例如实弹打靶试验、挂飞/检飞/绕飞试验、飞/航行试验等都属于外场实物试验。鱼雷的外场试验包括在湖、海试验场开展实航试验,如总体性能试验、跟踪固定/移动靶试验、入水冲击试验、战雷实航爆炸试验等。

环境试验中的外场试验分为天然暴露试验和现场试验。天然暴露试验将被试品在自然气候条件下暴露,考核其环境适应性,试验样品一般不工作,试验时间很长,往往需要多年后才能评估其结果,这种试验准确、真实,结论比较权威。由于实验室条件的限制,许多装备无法在实验室中进行环境试验,需要采用现场试验来充分验证装备在现场试验环境下的性能。现场试验的优点是真实、可靠,缺点是试验环境条件不能保障在受控条件下进行,因而试验条件和试验结果的重现性较差。将实验室试验和现场试验结合起来交替使用,有助于加快研制进度和降低研制成本,使环境因素对装备的影响减少到最小,提高装备的可靠性。

外场仿真试验指在外场用模拟装备或模拟器代替实际装备构建典型环境所开展的性能试验,例如,利用空中飞行模拟器开展的飞机试飞试验。

(二)外场试验的特点

外场试验一般在真实的战场环境下按照真实作战流程和战术原则进行,试验结果真实、可信、权威,因而是装备性能试验主要的试验方法。外场试验结果是装备性能验证和状态鉴定的依据,是检验装备设计理论、验证装备仿真模型的客观标准。

外场试验的缺点是自然环境不可控、复杂环境和边界条件的性能难以充分考核、试验费用和安全风险较高、试验次数有限等。因此,理论分析和内场试验应是外场试验的先导。应在对各分系统技术性能有一定了解的基础上再开展外场试验。

三、内外场联合试验

(一)内外场联合试验的概念与类型

内外场联合试验是将计算机技术、网络技术、软件技术、建模与仿真技术等综合运用,将外场试验与内场试验综合集成的一种综合试验方式。内外场联合试验可以将试验场相互独立的内场资源和外场资源统筹兼顾、系统集成,形成虚实融合、功能互补、统一控制的内外场联合试验系统,构建尽可能真实的作战环境,按作战方式充分考核装备的性能。

根据内场试验和外场试验是否实时交换试验数据可将内外场联合试验分为两种类型,一种是无数据实时交互方式,另一种是有数据实时交互方式。

第一种方式是由内场和外场独立完成被试装备的某个指标的性能试验,然后将各自的评估结果综合,也可以是以内场试验数据作为先验知识开展外场试验,对外场试验进行验证和补充。

第二种方式是在内外场一体化技术框架下,将内外场数学仿真、实装、模拟器、试验场试验设备等试验资源按需组合、灵活构建逼真的试验环境,试验过程中内外场试验资源产生的试验信息实时交互融合,共同完成试验。

(二)内外场联合试验特点

外场试验是获取装备信息必不可少的手段,但随着试验需求的变化,全面进行外场试验也越来越不现实。除了费用以外,外场试验还受到靶场资源的限制,例如由多个系统组成的大型装备系统往往涉及若干种相关装备,装备体系级性能试验还需要不同作战对手的部队和装备。内场仿真试验技术可以表现那些在真实试验中不能验证的系统属性,提供真实试验中其他系统的替代品,提供体系级性能试验的可行方案。当内外场试验资源不能各自单独构建试验环境时,可采用内外场联合试验来共同构建试验环境。

内外场联合试验可充分发挥外场试验和内场试验的各自优点,基于内外融合、虚实结合的联合试验环境,集成试验资源,提高试验能力和效益。

无数据实时交互方式下,内外场的信息是事后交互,可看成内外场试验数据的叠加。外场试验设计往往依赖于内场试验数据。内场试验数据可辅助开展外场试验,指导外场改变参数设置和测量行为。外场试验获得的数据可进一步校正内场的模型。

无数据实时交互内场试验可以进行大样本试验和综合性试验,考核各种复杂条件如气象条件、干扰环境、电磁环境等对装备的影响。外场试验主要是验证性试验。极端条件的考核主要用仿真手段实现。在性能评定时,需要综合利用各阶段内场仿真和外场试验数据。

数据实时交互方式适用于耦合性较强的装备以及装备体系的性能试验。这种试验方式的前提是内场仿真试验模型比较成熟、可信度较高、内外场试验数据能相互融合,内外场能实时交互信息,内场试验和外场试验之间具有数据反馈功能。当内场试验具有外场实物试验的仿真模型时,外场实物试验得到的数据可为内场仿真校核与验证提供支持,而内场仿真的结果可为外场实物试验提供结果预测。

四、跨试验场联合试验

(一)跨试验场联合试验的概念和作用

随着装备体系的构成日趋复杂,作战要素不断增多,各要素之间的关联越来越紧密,需要的试验资源也越来越多,装备的作战空间不断加大,单一的试验场已难以适应以联合作战为特征的装备性能试验的需要。因此,将位于多个试验场的试验资源进行无缝集成、实施跨试验场联合试验就成为一种必然的选择。

跨试验场联合试验需要集成多个试验场的各类试验资源,建立起装备试验所需要的逼真分布式环境。为了支持跨试验场联合试验,需要共享和集成各种真实的、虚拟的和构造的试验资源(LVC)来构成逻辑靶场。逻辑靶场是没有地理界限、跨靶场与设施的试验资源集合体,通常包括海、陆、空、电等多域,真实的武器和平台,以及模拟器、仪器仪表、模型与仿真、软件与数据等。逻辑靶场中的资源通常分布在不同的试验场,根据具体试验任务的需求,能够快速进行配置和组合,并实现试验资源之间的互操作、可重用,使得试验资源得到更加高效和充分的利用。

跨试验场联合试验的作用主要体现在如下几个方面:

(1)为装备性能试验提供复杂逼真的对抗环境。通过跨试验场联合试验可以将作战双方的装备置于逼真的对抗环境下,在比较真实的威胁目标和作战环境之中进行性能试验。

(2)可以根据需要选取不同LVC形态的试验资源,充分利用实装的真实可信性、仿真试验条件的可控性和可重复性、半实物仿真和模拟器的折中性,使得试验环境构设更加灵活,提高试验能力和试验效率,节约试验成本。

(3)通过综合运用LVC资源的运行结果对实装试验结果进行预测,可以优化实装试验想定和试验方法,减少实装试验风险。

(二)逻辑靶场及其体系结构

20世纪90年代,美国国防部提出了试验训练使能体系结构(TENA)。TENA试图建立一种逻辑靶场的体系结构,通过网络互联和使用公共的软件平台,使分布在不同地域的靶场及试验资源能够实现互操作、可重用和可组合。在TENA中,这些资源整体上处于一个逻辑体,能以逼真的方式共同完成各种试验任务。通过TENA,可以实现真实、虚拟、构造(Live, Virtualand, Constructive, LVC)互联,和连续覆盖装备全寿命周期的分布式试验鉴定能力,形成连接各军兵种的试验环境及相关工业部门的一体化网络。

目前,美军的跨试验场联合试验项目已支持了多项联合试验任务,包括联合攻击战斗机试验、联合电子战评估试验、"千年挑战2002""联合红旗2005"和"集成火力2007"等。

第二节 实物试验

实物试验是指用装备实物作为试验实施对象所进行的性能试验。例如导弹的外场飞行试验、飞机的新机首飞试验、舰船装备的系泊航行试验都是属于实物试验。

实物试验的优点是试验结果可信度高,能较客观地检验装备的性能是否达到规定的性能指标要求,是装备性能试验最常用的试验方法。相对于仿真试验,实物试验的主要缺点是难以充分考核复杂环境适应性和边界性能,试验费用高,试验周期长,安全风险较高,试验次数和样本量有限,试验组织和实施保障复杂等。例如,对于导弹的飞行试验,由于导弹造价昂贵,可用于试验的导弹数量极为有限。但是,由于影响其战术技术性能的因素很多,不通过实弹飞行试验很难充分暴露存在的设计缺陷。

一、实物试验类型

按照被试装备产品的层次,实物试验可以分为装备组件和部件级性能试验、装备分系统级性能试验、装备级性能试验、装备系统级性能试验和装备体系级性能试验五种类型。

通常,装备的实物试验应按照"逐步递进"的要求实施。先开展组件和部件级性能试验,后开展分系统级性能试验,再开展装备级性能试验和装备系统级性能试验,必要时再开展装备体系级性能试验。只有低层次试验合格后方可转入高层次试验,同时高层次试验又可修正和验证低层次试验的结果。

当实物样机或实物已研制出来,且具备性能试验的条件时,可以采用实物试验方法。

二、装备组件和部件级性能试验

装备组件和部件通常包括电子、机械、机电、光电、热、磁等各种类型产品。装备组件和部件级性能试验是以装备分系统的部件或组件实物为试验对象的性能试验,其目的是验证和评定装备部件或组件在机、电、热、光、磁等方面的功能和性能是否满足要求,验证装配设计的合理性,环境适应性等。典型的装备组件和部件性能试验包括寿命试验、冲击试验、振动试验、磨损试验、软件的部件测试等。以卫星环境试验为例,卫星的相关组件通常包括热控组件、光学组件、微波组件、流体或推进剂组件、活动分离机械组件、电子电工组件、天线、太阳电池阵列、压力容器、蓄电池、阀门等,对这些组件和部件的性能试验包括地面温湿度试验、加速度试验、振动试验、冲击试验、声试验、压力试验、热真空试验、热循环试验、真空放电试验、磁试验、检漏试验等。

对于不同类型的装备组件和部件,性能试验的重点也有所不同。例如,对电子产品应重点关注降额设计、热设计、电磁兼容性设计、冗余设计、容错设计、静电放电控制、抗辐射设计等;对有寿命要求或有磨损失效模式的组件,应评价磨损和性能漂移失效模式;对冲击和振动敏感的组件,应验证阻尼减振性能、工作稳定性、工作寿命等特性。

装备研制过程中,新研的组件和部件或采用了新元器件、新材料、新工艺等的已有组件和部件,要通过组件和部件级试验评价不同的设计方案、不同的制造方法。可以通过装备组件和部件级性能试验检验装备组件和部件承受各种试验环境的能力,验证装备组件和部件的设计、制造和组装是否符合要求。

以某型弹药制导舱的组件和部件性能试验为例,该弹药制导舱由惯导装置、执行机构、热电池、电缆组件、弹载计算机等组成,为了确保制导舱工作正常,在组装之前要对惯导装置、执行机构、热电池、电缆组件、弹载计算机等开展组件和部件性能试验。

三、装备分系统级性能试验

装备分系统级性能试验是以装备的分系统为试验对象的性能试验(包括软件的配置项测试),其目的是考核装备分系统的功能性能是否达到研制要求,关键技术问题是否得到解决,考核的主要内容包括分系统的专用战术技术性能、通用质量特性等。

例如,新研制的卫星在初样试验阶段开展的结构分系统试验、热控分系统试验就属于分系统级性能试验,其目的是检验分系统设计方案和工艺方案的合理性,验证分系统能否达到规定功能及对各种环境的承受能力,为正样产品设计提供依据。结构分系统试验通过结构模态试验来验证和修正结构动力学模型,通过结构静动载荷试验及热环境试验确定结构在这些环境下的特性和适应能力,对返回型卫星还应做防热结构的再入热防护试验,返回舱的着陆、着水冲击试验。热控分系统的热平衡试验主要用于检验卫星热模型和热设计方案的正确性。

四、装备级性能试验

装备级性能试验是以装备单体为试验对象的性能试验(包括软件系统测试),其目的是评价装备单体的整体性能指标是否达到相关要求,验证设计方案和工艺,为提升性能和改进设计提供依据。装备级性能试验的主要内容包括基本技术性能、专用战术技术性能和通用质量特性等。

以卫星的装备级性能试验为例,根据卫星的特点、技术状态和继承性等,整星初样试验的项目包括电磁兼容试验、力学工程模型试验、星箭干扰匹配试验、工程模型磁试验、运输性试验等。在整星性能鉴定试验时,装备级性能试验包括电磁兼容性试验、正弦振动试验、随机振动试验、声试验、爆炸冲击试验、热平衡试验、热真空试验、检漏试验、磁试验等。

五、装备系统级性能试验

有时,单独的装备难以具有作战功能(例如导弹弹体本身),因此需要与其他装备/设备(如导弹发射指挥车等)关联在一起才能进行战术技术性能指标的考核。装备系统(有的文献中亦称为武器系统)是由装备及其配套的相关装设备等组成的具有特定功能的有机整体。装备系统通常应能单独遂行一定的作战任务或具有一定的作战功能。例如,地空导弹武器系统通常包括导弹本身及其发射设备(如发射车),以及目标搜索与跟踪、制导控制、指挥与通信等分系统或设备。装备系统级性能试验是指以装备系统为试验对象的性能试验。

装备系统级主要考核装备系统的整体性能以及各分系统之间的协调性。例如装备系统任务可靠性、按作战使用流程使用时各组分的互联互通互操作性、电磁兼容性、功能性能配套性等。

例如,某型武器系统由发射车、装填车、运输车、指挥车、气象车和储运发射箱弹药等组成。在进行装备系统级性能试验之前,要对发射车、装填车、运输车、指挥车、气象车和储运发射箱弹药等进行装备级性能试验。装备级性能试验合格后,才能转入装备系统级性能试验。

六、装备体系级性能试验

装备体系是由功能上互相联系、相互作用的各种装备系统组成的更高层次系统。装备体系的核心是利用信息网络将各种传感器、武器系统、指挥和控制系统联接在一起,实时进行信息共享,掌握战场态势,统筹作战资源的运用,从而形成体系整体作战优势。例如,通常的反导作战体系由雷达、拦截器和指挥控制系统构成。其中,雷达包括天基雷达、海基雷达、陆基雷达等。拦截器包括海基、陆基、空基拦截器等。指挥控制系统包括各级作战指挥控制系统。因而,通过将不同功能的装备集成在一起,反导体系就具有了对导弹飞行的初始段、中段、末端等全过程的反导作战能力。

装备体系突破了各作战单元仅能在自己探测和打击能力范围内工作的局限性,具有整体效能大于部分之和的作用。与单装的性能不同,装备体系的性能是指其作为一个整体所具有的性能。装备体系的专用性能主要是指装备体系的集成度(即体系组分之间的互联互通互操作程度)和装备体系作为整体的专用战术技术性能。例如,反导作战体系对不同类型目标的探测距离和发现概率就属于其整体战术技术性能。装备体系的通用性能主要是指装备体系执行预定作战任务时作为整体的任务可靠性、保障性、网络安全等。

装备体系的主要特征是具有整体大于部分之和的效果。各个单装性能的简单叠加并不能完全反映体系的整体性能。例如,在舰艇编队网络反导体系中,当拦截导弹的射程超出发射舰的制导雷达作用距离时,可以由其他舰提供多舰接力制导控制,从而实现对反导拦截弹的全程制导。舰艇编队反导体系还可以实现对来袭导弹的探测信息共享,利用远程数据进行发射装订,实现超视距攻击。此外,还可以通过对火力单元的协同指挥,实现对来袭导弹的全程拦截。这种舰艇编队反导体系有效地提高了抗击导弹的多批次、多目标、多路径、全方位的攻击的能力。所以,应将装备体系整体作为试验对象才能验证和考核装备体系的整体战术技术性能。

装备体系性能试验的主要任务是发现装备体系组分之间互联互通互操作方面的问题,验证装备体系的各组分能否有效集成在一起实现体系的功能,考核装备体系的整体战术技术性能的达标度和性能边界。例如,在装备体系的集成度试验中,体系组分通过有线、无线设备所构成的网络环境参与试验,主要考核各组分之间的互联互通互操作性,考核指标包括指挥节点之间、指挥节点与作战平台节点之间信息传输的平均时间、可靠性等。

第三节 仿真试验

仿真试验是指通过运行被试装备的仿真模型而对被试装备进行的试验。仿真试验不仅能够减少试验成本和风险,而且可以缩短试验周期,验证装备的边界性能。仿真试验分为数学仿真、半实物仿真和物理仿真三种类型。仿真试验所用的模型可以是数学仿真模型、缩比实物模型或全尺寸工程研制模型等。

一、仿真试验的作用及适用情形

(一)仿真试验的作用

利用仿真试验方法可以高效进行设计方案的验证,缩短装备研制周期,节约试验经费,减少试验风险,扩展提高试验能力。

1. 快速验证设计方案

在装备工程研制阶段,仿真试验是预测装备性能、优化装备设计方案的重要手段。装备设计人员可以充分利用仿真试验方法建立或完善系统模型,运用仿真模型进行性能试验,对设计方案的正确性进行验证迭代和优化,减少装备实物的研制风险,缩短研制周期。

例如,美国海军通过虚拟仿真舰船和虚拟作战环境来确定下一代水面舰艇的研制方案,采用了基于虚拟试验环境的分布交互式舰船仿真方法和虚拟现实技术进行航母鱼雷舱的设计。美军艾格林空军基地利用仿真试验技术在接近于实际飞行试验的条件下,对 AGM-154 导弹的全部功能完成了虚拟飞行试验。对实物试验困难或实物试验风险大的装备,通过仿真试验可以提前暴露问题,减少研制风险和实物试验次数。美国在 F-35 战斗机研制过程中通过运用仿真试验技术,在飞行演示验证前就发现了以前在传统飞行演示时才能暴露的问题(例如,机体内部部件冷却影响隐身性能并使飞机部件很快磨损、飞行员弹射时座舱盖的设计问题等)。

若装备涉及新的部件或分系统,对比可以采用半实物仿真试验方法。例如,旧的部件或分系统可以采用实物,新的部件或分系统可以采用仿真模型。

2. 支持实物试验设计和分析

仿真试验可以在实物试验前进行装备性能预测和分析,支持实物试验方案的优化设计,并利用实物试验结果对仿真模型进行校验和修正,辅助进行实物试验的故障分析。

(1)优化实物试验方案设计。

在进行实物试验前,可以通过仿真试验制定实物试验方案,推演试验过程,预测试验结果,发现和解决试验方案存在的问题,及时诊断并排除安全隐患和故障,减少试验的不确定性,降低试验风险。

此外,还可以在分析系统性能的基础上,合理选择和设置敏感的实物试验参数,优化实物试验方案,使其既能减少实物试验次数,又能达到预期的试验目的。

(2)提高实物试验中对系统故障和问题的分析能力。

在实物试验过程中或试验结束后,对于试验中出现的故障或试验中发现的技术问题,可将实际的测量数据输入到仿真试验系统,通过仿真试验结果来快速分析和查找被试装备系统的故障原因,以便及时排除系统故障,保证实物试验顺利进行,或针对系统存在的问题改进设计。

在实物试验结束后,可以利用仿真试验数据与实物试验数据进行对比分析,对仿真模型进行校验与改进,更好地指导下一次实物试验。

3. 节省试验经费和时间

采用仿真试验手段,能大大减少进行性能考核所需的实物试验次数和样本数量,缩短试验周期、节约试验经费。据有关专家统计,仿真试验方法可缩短导弹研制周期20%~40%,节约导弹鉴定定型试验所需弹数10%~30%,减少鱼雷试航次数50%~80%,缩短舰船作战系统、武器系统联调时间40%~60%。

4. 扩展性能试验能力

仿真试验可以使性能试验贯穿装备研制的全过程。在装备研制早期尚无装备实物,可以通过仿真试验验证装备的性能。

由于实际自然环境、靶标威胁、参试装备、试验安全风险、试验场区空间等条件的限制,性能试验有时难以具备试验大纲中规定的实物试验条件。仿真试验条件可以不受真实环境条件的限制,在各种复杂、极限和边界条件下对装备的性能进行考核,在试验条件方面大大扩展了性能试验能力。以空空导弹为例,由于试验弹数量有限,实弹飞行试验的次数是有限的。因此,需要大量的仿真试验,以减少导弹的破坏性飞行试验次数。因此可以利用仿真试验充分考核导弹在整个攻击区内的制导精度、杀伤概率及抗干扰性能等。

有的装备由于各种因素限制难以进行实物试验。

此外,还可利用高可信度的仿真系统,生成统计样本,评定不同试验条件下装备性能指标的统计特征值。

5. 有利于装备性能保密

仿真试验有利于增强装备性能试验的安全保密性。现代高新技术装备特别是信息化装备的研制中,电磁信号保密是决定了装备生存的重要问题。电子战的一个重要的方面就是以各种手段获取敌方或潜在敌方信息化装备辐射的电磁信号。因此,装备(特别是电子装备)在试验过程中应尽量减少电磁信号向外部空间的辐射以防泄密。通过仿真试验,可以最大限度地减少电磁辐射或者把电磁辐射信号控制在一定的安全范围内,提高了装备的保密性。

6. 减轻环境影响

进行仿真试验可以减少或避免试验对自然环境的破坏。例如,对电子装备进行仿真试验,可以避免干扰军用和民用电子设备的正常使用而可能发生的危险。

(二)仿真试验的适用情形

仿真试验方法主要适用于以下几种情形。①装备尚处于研制状态中,难以采用实物进行性能考核。②有些实物试验所需的时间太长,但需要在短时间内观测到装备的性能变化。有些实物试验过程的时间太短,难以对试验过程进行细致观测。例如,对于耗时很长的实装环境适用性试验、时间很短的武器爆炸试验等,运用仿真试验可根据需要控制性能试验所需的时间。③实物试验所需的环境难以实现、构建难度很大,或进行实物试验会对环境造成较大破坏。④实物试验所需费用较大,难以承受。⑤实物试验会对装备造成较大的破坏或难以恢复装备的正常状态。例如,大型舰船的抗冲击试验可能会对舰艇造成较大损伤。⑥实物试验会对陪试(或参试)人员造成伤害。例如,弹射救生装备、伞降装备等回收系统的性能试验。⑦某些试验条件下的实物试验难以实现或具有很高风险。例如,某些装备的边界性能试验。⑧实物试验样本量有限,且难以确保每次试验的条件相同。例如,对装备某些性能指标的验证,需要相同试验条件下足够多的样本。装备实物试验时出现了故障,需要进行故障复现,以便确认故障机理。

二、数学仿真

(一)数学仿真的类型

数学仿真是指以被试装备的数学模型作为试验对象的性能试验。数学仿真根据被试装备模型的特性可分为连续系统仿真和离散事件系统仿真两类。

连续系统仿真指状态变量随时间连续变化的系统的仿真。连续系统仿真根据仿真时间的变化规律又细分为连续时间仿真、离散时间仿真以及连续离散混合仿真三类。连续时间仿真基于连续时间模型进行,仿真时间可以连续变化,仿真模型常用微分方程(组)或偏微分方程(组)建立;离散时间仿真的仿真时间只在离散时间点推进,其离散化时间步长一般取固定值,仿真模型采用差分方程(组)建立。同时包含连续时间仿真或离散时间仿真两种类型的仿真称为连续离散混合仿真。

离散事件系统仿真是对状态仅在离散时刻点上变化的系统的仿真。离散事件系统与连续系统的主要区别在于离散事件系统仿真状态变化发生在随机时间点上,这种引起状态变化的行为称为事件。事件往往发生在随机时间点上,系统的状态变量往往是离散变化的。

连续系统仿真是进行数学仿真的主要的手段,常用于对装备的运动学和动力学建模与仿真。例如,飞机、导弹、舰艇等动力学系统仿真都是典型的连续系统仿真。离散事件系统仿真的典型应用场景包括目标流模拟、故障模拟、流程优化等。

数学仿真还可分为集中式和分布式。两者的主要区别在于数学模型的运行平台是单台计算机还是由通信网络连接的多台计算机。并行仿真是集中式仿真的一种形式,通常采用高性能计算机实现,主要用于流场分析、有限元计算、RCS 计算、毁伤计算等方面。分布式仿真通常采用分布式交互仿真（DIS）和高层体系结构（HLA）体系结构，主要用于体系作战环境下装备性能考核。

（二）数学仿真流程

数学仿真应根据性能试验要求，在试验任务分析的基础上，建立数学模型和仿真模型。为了使模型具有可信性，必须具备系统的先验知识及必要的试验数据，开展仿真可信性分析。有了正确的仿真模型，就可以根据仿真目的对模型进行多方面的试验，最后还要对仿真输出数据进行分析。数学仿真的详细流程和步骤包括试验任务分析、数学模型建立、仿真模型建立、模型数据准备、仿真可信性分析、仿真试验、输出分析和结果评定等过程。

1. 试验任务分析

试验任务分析主要根据数学仿真试验的目的和置信度的要求，确定对数学仿真模型及仿真架构的要求，以此来指导后续的建模工作。

数学仿真模型的要求一般包括各类模型（装备模型、目标模型、环境模型、作战模型、评估模型、误差模型等）的建模分辨率要求，各模型之间的相互关系，模型的接口关系，模型的精细程度等方面的内容。

其次，还需要确定数学仿真采用的试验构架。试验构架规定了产生系统输入的产生器、用于监视试验是否满足试验条件的接受器以及用于观察和分析系统输出的转换器。通过试验构架确定了需要准备哪些输入数据、需要采集哪些输出数据。包括模型参数、输入变量、观测变量、输出变量、初始条件、终止条件等。

此外，还需要确定数学仿真采用的体系结构，包括软件体系结构和硬件体系结构，从而确定数学仿真系统的总体结构和运行环境；确定仿真试验相关方法，包括仿真试验设计方法，仿真模型的校核、验证与确认（VV&A）方法，仿真数据的校核、验证与认证（VV&C）方法，数据处理方法，结果评定方法等，以便开展可信性分析和试验结果评估。

2. 数学模型建立

数学模型要求能够全面、准确、集中地反映被建模对象的状态、本质特征和变化规律。数学建模是对被建模对象的结构和机理的合理抽象和简化过程，要紧紧围绕性能试验的目的，准确而详细地描述与性能试验目的密切相关的因素，简化甚至忽略与性能试验目的关系不大的因素。例如，在建立导弹飞行动力学模型时，应将导弹视为一个刚体而不是一个质点，同时要注意导弹在高超声速运动中的特殊性。

数学建模中如何合理地选择建模方法没有固定模式,需要根据建模目的、装备状况、建模要求及实际背景来确定,采用的数学建模方法包括机理分析建模法、实验统计建模法、系统辨别法、蒙特卡洛法、定性推理法等。

数学建模一般应遵循如下原则。①可信性原则:模型的可信性是指模型解算结果的可信程度,建立数学模型时,要采用合适的建模方法,做出科学合理的简化和假设,采用权威和可信的模型参数和数据。②简明性原则:模型的简明性是指模型本身结构和组成的简单清晰程度,要求在满足实用、可信、可靠、唯一辨识的前提下,模型要尽可能简单。另外,子模型之间除仿真试验所必须的信息联系外,信息相互耦合要最少化,结构要尽可能清晰。③易用性原则:模型的易用性是指模型容易被用户使用的程度。模型表达要易于被用户理解、易于处理与计算并转化为仿真模型,模型要求的运算条件要易于提供,模型要求的数据要易于获取,模型要易于移植到其他试验环境中以及模型运算所需时间要容易满足等方面。④重用性原则:模型的重用性是指模型适用于其他仿真试验的程度。例如,达到对模型不进行修改即可直接重用,或对模型稍加修改或改进后即可应用于其他的仿真试验。

3. 仿真模型建立

仿真模型是数学模型的计算机实现。仿真建模的主要任务是根据已知条件和数据,分析数学模型的特征和模型的结构特点,设计或选择求解数学模型的数学方法和算法,然后编写计算机程序或选择与算法相适应的软件包,并借助计算机完成对模型的求解。

仿真模型的建模流程分为数学模型分析、数据结构和算法设计、程序实现和调试、模型文档撰写等步骤。

建模时应根据仿真建模要求,进行仿真模型的稳定性分析、模型参数的灵敏度分析、模型误差分析等。如果不符合要求,应对模型进行修正或增减建模假设条件,重新建模,直到仿真模型计算的稳定性、计算精度、计算速度等能够满足性能仿真试验的需要。如果通过分析符合要求,还可进一步对仿真模型进行评价、预测、优化等方面的分析。

除了性能试验项目的特殊要求外,仿真建模通常还要满足如下要求。①高效性要求:仿真模型应采用合适的算法提高存储空间使用效率和模型运行速度。②健壮性要求:仿真模型应具有容错能力和出错恢复能力。③接口规范性要求:应明确仿真模型之间,模型内部各模块单元之间的各类接口的结构关系、信息关系和控制方式,并逐个确立各个接口的详细功能,技术规格和性能,数据特性以及其他技术要求。④可读性要求:仿真模型应语义明确,模块划分清晰,逻辑严密,具有可读性,包括规范的编码(即规范的标识符命名、规范的各子功能模块程序书写格式和规范的变量命名)、注释和技术文档。

4. 试验数据准备

根据试验构架的要求,需要准备的数据主要包括模型参数和数学仿真所需输入数据。现代仿真技术将模型结构和模型参数分开,参数值属于试验构架的内容之一。仿真试验时,只需对模型赋予具体参数值,就形成了一个特定的模型,从而大大提高了仿真的灵活性和运行效率。

数学仿真所需输入数据一般包括模型所需数据和环境所需数据。一般来源于装备的初始条件、边界条件、各种误差源的范围、有关随机分布的数据发生器等。

模型数据与建模活动是紧密相连、相互影响的,具有与模型结构同等重要的地位。如果无法提供与模型相匹配的数据,那么需要修改模型结构。

5. 仿真可信性分析

仿真可信性是描述仿真模型或系统能否在特定应用范围内满足预期应用要求的度量指标。对于同一个仿真模型或系统,其应用范围和目的不同,其可信性也不同。仿真可信性分析包括仿真模型或系统的 VV&A 和数据的 VV&C。

6. 仿真试验

有了可信的仿真模型,就可以在统一的管理与控制下,通过运行仿真模型,对模型进行多方面的试验,得到仿真试验输出数据。

7. 输出分析和结果评定

仿真试验结束之后,通过输出分析对输出数据进行处理,对系统性能做出评价,同时也对模型的可信性进行检验。例如判断仿真状态是否正常,仿真过程是否规范,试验记录是否完整、记录数据是否能正确仿真技术状态,输出指标是否满足仿真试验指标要求。

对于采用分布式仿真体系结构的数学仿真,其数学仿真模型的构建及运用流程可以参考 IEEE 标准 1730 – 2010(IEEE 建议的分布式仿真工程和执行过程(DSEEP)惯例)。DSEEP 标准定义的流程包括定义仿真环境目标、进行概念分析、设计仿真环境、开发仿真环境、集成和测试仿真环境、执行仿真、分析数据和评估结果等七个步骤(图 4 – 2)。①定义仿真环境目标。用户和开发小组共同确定仿真目标。②进行概念分析。进行仿真场景开发和概念建模,提出仿真环境需求。③设计仿真环境。确定适合重用的已有仿真模型组件、需要修改的仿真模型组件和新开发的仿真模型组件,分配各仿真模型组件的功能,制定仿环境开发和实现计划。④开发仿真环境。开发仿真数据交换模型,建立仿真环境协议,完成新仿真组件的开发和对已有仿真组件的修改完善。⑤集成和测试仿真环境。进行仿真系统集成,验证其互操作性。⑥执行仿真。执行仿真,并对执行的输出数据进行预处理。⑦分析数据和评估结果。分析和评估执行的输出数据,完成结果报告。

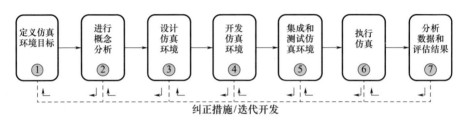

图4-2　DSEEP顶层流程视图

(三)数学仿真示例

1. 空空导弹制导系统的数学仿真

下面以空空导弹制导系统的数学仿真为例说明数学仿真的流程。该仿真试验的目的是进行空空导弹制导系统的性能验证。

首先,需要建立数学模型。制导系统数学模型一般包括导弹动力学及运动学模型,载机、导弹与目标的运动学模型,导弹制导装置数学模型,目标、环境特征数学模型以及误差数学模型,可以具有微分方程、代数和超越方程组等多种形式。①导弹动力学及运动学模型,主要用于描述导弹在推力、重力、空气动力、操纵力作用下的刚体运动。②载机、导弹与目标的运动学模型,一般包括目标运动模型,载机运动模型,导弹运动模型,载机—目标相对运动模型,导弹—目标相对运动模型,导弹—载机相对运动模型。③导弹制导装置数学模型,一般应包括导引回路数学模型,制导信号形成数学模型,惯导模型,数据链模型,自动驾驶仪/舵机模型和内部噪声模型。④目标、环境特征数学模型,一般应包括目标辐射、散射模型,有源、无源干扰特性数学模型,大气和云层的辐射、散射特性模型,地、海镜像及杂波模型。⑤误差数学模型,通常包括多个子模型,例如:天线罩瞄视误差模型,零位误差模型,斜率误差模型,发动机推力偏差模型,导弹质心偏差模型等。

建立好数学模型之后,要建立仿真模型,编制与调试仿真软件,在仿真软件开发的各个阶段应建立相应的文档。然后,按照试验大纲的要求准备有关数据。一般应准备导弹制导装置的设计参数,导弹结构、推力及气动力参数,目标与环境特征数据,以及初始条件数据。所有数据都应经过确认,并注明其物理意义及法定计量单位。同时,建立相应的试验数据库,数据库应能包容、跟踪、查询不同研制阶段,不同研制方案及试验日期的仿真结果。数据库中还应包含仿真原始参数及试验条件数据。

完成建模与数据准备后,应采用适当的方法对模型和数据进行校核与验证,评估仿真的可信度。以上准备完毕,即可按试验大纲规定的试验项目与要求,在统一的管理与控制下,逐项运行仿真模型,得到仿真试验输出数据,进行结果分析评定。

2. 战斗部爆炸威力参数的仿真

爆炸冲击波是战斗部产生的主要毁伤元素之一,在武器威力评估和目标毁伤分析中,重要工作之一就是确定目标承受的爆炸冲击波载荷。超压和冲量是确定爆炸载荷的两个主要参数,目前很多目标在爆炸冲击波作用下的毁伤准则也主要是由这两个参数确定,如超压判据、冲量判据、超压冲量联合判据。以人员杀伤为例,爆炸峰值超压是造成人员杀伤的主要判据。下面以爆炸冲击波峰值压力为例介绍爆炸威力参数的计算方法。

爆炸载荷有如下基本参数:峰值超压、比冲量、冲击波持续时间、冲击波到达时间、压力时程曲线等。利用这些参数可以准确地对爆炸载荷的作用进行描述。自由空气场爆炸产生的冲击波典型压力时程曲线如图4-3所示,P_0为目标点的大气压,自由空气中的爆源起爆后产生的冲击波经过时间t_A到达目标点,目标点处的压力瞬间迅速上升至峰值P_{so}(又称为峰值超压ΔP_m)。随着冲击波向前传播,目标点处的压力逐渐下降,经过时间t_0后恢复到大气压,t_0也称为正压持续时间。之后,目标点处的压强并不是停留在大气压上,而是随着冲击波的向前传播而继续下降至负压,直到降到负的峰值P_0^-,然后逐渐恢复到大气压强,负压的持续时间为t_0^-。

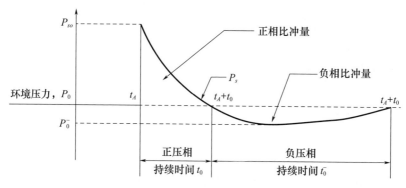

图4-3 爆炸冲击波典型压力时程曲线

完全依靠试验对爆炸威力进行研究的操作难度高、花费大,利用爆炸相似律可以将小型的爆炸冲击波试验结果以一定的规律推广到全尺寸试验中。爆炸相似律的数学描述为,爆炸波的峰值超压 P_{so} 和正压相作用时间 t_0 均是比例距离 Z 的函数:

$$P_{so} = \Phi_1(Z)$$
$$t_0 = \Phi_2(Z)$$

式中比例距离 Z 的定义为

$$Z = \frac{R}{\sqrt[3]{W}}$$

式中:W 为装药量或等效 TNT 当量;R 为传感器距爆心距离或爆炸波传播距离。

爆炸相似律表明,当两个当量不同的炸药在不同的位置起爆,在其他条件(如装药类型、大气环境)相同的情况下,在同一比例距离处冲击波的超压峰值、持续时间和比冲量相同。

一般情况下采用多项式进行拟合,在某一观测点上超压峰值可以写成如下形式:

$$P_{so} = A_0 + A_1 \frac{1}{Z} + A_2 \frac{1}{Z^2} + A_3 \frac{1}{Z^3} + \cdots = \sum_0^\infty A_n \frac{1}{Z^n}$$

式中的参数 $A_0,\cdots,A_n$ 由试验数据结合曲线拟合确定。著名的萨道夫斯基公式即采用这一形式,给出了球形 TNT 裸炸药在无限空中爆炸时的峰值超压计算公式:

$$\Delta p_m = 0.84\left(\frac{\sqrt[3]{W_{TNT}}}{R}\right) + 2.7\left(\frac{\sqrt[3]{W_{TNT}}}{R}\right)^2 + 7.0\left(\frac{\sqrt[3]{W_{TNT}}}{R}\right)^3$$

由于这种形式很难满足量纲一致性,通常在确定系数 $A_0,\cdots,A_n$ 时要指定特定量纲,比如式中系数适用的量纲为:Δp_m 的单位是 atm(1atm = 1.013 × 10^5Pa),W_{TNT} 的单位是 kg,R 的单位是 m。这种基于量纲分析得到的半经验计算方法理论上只适用于简单理想情况,但是由于这种方法计算得到的结果能够对三维数值模拟和试验测试结果进行标定和校验,因此在试验设计阶段和测试结果分析过程中也扮演非常重要的角色。

由于数值模拟的灵活性和可重复性,数值模拟方法日渐成为一种受到关注的数值试验方法。为了弥补理论和试验研究的不足,数值模拟正在成为毁伤效应和评估研究中的一种有效的手段,并且在导弹武器试验中发挥着越来越重要的作用。国内外常用的爆炸动力学数值模拟软件通常包含了武器毁伤过程中常见的金属、混凝土等材料的动态力学材料模型,同时包括求解侵彻、爆炸等问题所需要的接触和流固耦合算法。图4-4给出了10kg的球形TNT炸药在自由场空气中爆炸时,分别采用萨道夫斯基经验公式和数值模拟软件AUTODYN得到的爆炸波峰值超压及其相对误差。

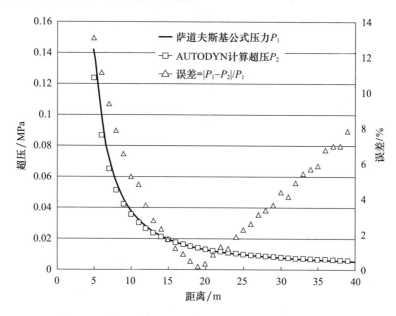

图4-4 爆炸冲击波峰值超压经验公式与数值模拟对比

相对于理论分析和经验公式法,数值模拟的优势在于能够适用于较为复杂的情况,如复杂的时间分布或空间分布问题。

3. 飞行器结构加热虚拟试验

飞机、导弹和火箭等飞行器以高马赫数在大气层中飞行时会出现"热障"现象。"热"作为速飞行器结构设计的一种载荷,在结构设计和强度中必须考虑。在型号研制过程中,需要对其某些部件或者整机进行结构热试验,以检验结构部件是否满足热环境要求。一般采用在地面模拟工作的热环境,在结构件上的特定位置布置加热设备,对结构件的受热情况进行分析,并在该加热环境中采集结构件的试验数据,评估结构件的强度、承载能力、变形能力。

直接进行地面实物的工程热试验存在以下不足:①热试验系统复杂,场景搭建复杂,试验成本高、周期长。②加热环境恶劣,高温环境下零件的破坏性大,问题复现困难,故障难以定位。③加热设计方案准确性无法保证,为了获得多种气动加热条件下的温度分布状态需要耗费大量人力财力,试验结果可信度低。

为了克服以上不足,运用加热虚拟试验方法,可以实现全三维加热试验场景搭建和热环境条件设置,进行三维装配工具设计加热器排布,按照试验方案模拟零件工作状态实际的热环境,实时计算分析热工况下试验件温度分布,修改加热试验方案,重新进行加热器排布方案和加热工况设置,迭代仿真出最佳的加热虚拟试验方案,从而大大提高了加热试验方案准确度,降低了试验成本,减少了试验周期。

我国某单位在地面加热试验过程中,采用加热虚拟试验业务系统,完成对辐射源加热规划设计方案的设计与优化,针对真实加热试验工况进行全面的预示,并完成物理试验工况选择及试验过程方案的规划,采用大量虚拟试验丰富和完善真实地面加热试验工况,使试验件温度达到设定的要求,从而最终确定热试验方案,降低了热试验成本,缩短热试验周期。

三、半实物仿真

半实物仿真(又称硬件在回路仿真)指将被试装备的部分实物及其所需要的物理效应设备接入仿真试验回路,协同运行的仿真试验。由于采用真实设备,避免了模型建立过程中引入的误差,比数学仿真具有更高的仿真可信度。

(一)半实物仿真系统

进行半实物仿真需要构建半实物仿真系统。半实物仿真系统主要包括如下几部分:仿真计算机,仿真软件(仿真专用软件、支撑软件等),被试装备实物(例如导引头、运动体上计算机、惯性组件、执行机构等),接口设备,仿真试验控制台,物理效应设备(姿态模拟器、目标/环境模拟器、负载模拟器、高度/深度模拟器、加速度模拟器等),实时通信网络,支持服务系统(显示、数据记录及文档形成等)。

构建半实物仿真系统的主要依据是仿真试验任务需求、仿真试验方案、仿真试验大纲、仿真试验实施细则、仿真试验方法、使用的开发工具或编程语言、仿真试验质量管理和安全管理要求等。构建半实物仿真系统一般应遵循以下原则:①半实物仿真系统的组成和性能指标应满足仿真试验要求;②难用数学模型精确描述的装备部件一般应以实物参试;③不参试的非实物功能一般由运行于仿真计算机上的仿真模型实现。

(二)半实物仿真的应用

在装备研制阶段常用已研制出的实际部件或子系统代替部分计算机模型,以提高仿真试验的可信度,并用来对实际部件或子系统进行功能测试,在以下情况常需要考虑半实物仿真。

(1)避免建立复杂模型的困难。

装备性能试验中有些装备子系统的特性很难用数学模型描述,或者建立的数学模型特别复杂。因此,将装备实物直接引入到仿真系统中来,构成半实物仿真系统,避免了建模的困难。

(2)实物试验前的联调联试。

将装备实物、仿真计算机和仿真模型一起组建半实物仿真系统,进行仿真试验,可对在装备进行实物试验前进行联调联试。例如,在战略导弹实际飞行试验前,可以通过半实物仿真试验进行飞行程序正确性验证。

(3)分系统验证。

装备的某些分系统(如弹上控制、制导计算机)完成研制后,为检验其设计方案是否正确,需将其联入仿真回路进行多种工作方式的性能验证。

(三)半实物仿真示例

以导弹射频制导半实物仿真系统为例对半实物仿真进行说明。导弹的射频制导仿真是一种典型的半实物仿真。由于导弹导引头和电磁环境的相互作用涉及导引头的物理器件特性、目标和环境的电磁特性,建立对应的数学模型比较困难,因此将实际导引头引入到仿真系统中来,构成射频制导半实物仿真系统。

导弹射频制导半实物仿真系统的构成如图4-5所示。舵机、制导控制器、导引头等是导弹上的实际设备;负载力矩模拟器为舵机提供负载模拟;两个三

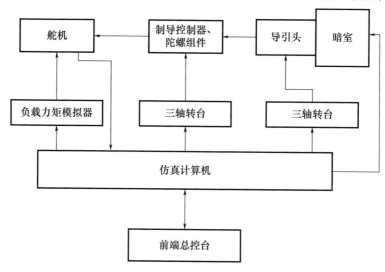

图4-5 射频制导半实物仿真系统组成

轴转台分别为制导系统的陀螺部件和导引头提供姿态驱动;暗室(含发射天线阵列、目标射频信号生成部件、干扰和环境电磁信号生成部件等)为导引头提供实际的射频信号驱动。仿真计算机是系统的核心,担负导弹动力学模型、目标运动学模型、目标和环境的电磁信号等模型的仿真计算,还要实现对负载力矩模拟器、三轴转台、暗室等物理设备的控制,模型的计算和设备控制都需要实时运行。早期的半实物仿真系统一般只有一台仿真计算机,现在系统中一般都会有通过实时网络互联的多台仿真计算机,构成分布实时仿真平台。前端总控台完成对全系统的统一监视和控制,包括电源控制、设备控制、仿真参数设置、设备监控、仿真过程管控、数据采集可视化等。

四、物理仿真

物理仿真是基于物理模型的仿真试验,也称为模拟试验。

(一)物理模型的类型

物理模型可分为静态物理模型和动态物理模型两类。

1. 静态物理模型

静态物理模型是装备在三维空间中的表示,包括全尺寸实物模型、缩比实物模型、电子实物模型等。

静态物理模型主要用于验证装备的结构等能否满足某些特定环境的要求、能否达到设计的指标。例如,通过导弹物理模型在风洞中的试验,可以测出导弹的升力、阻力、力矩等特性,评价其空气动力学性能。

2. 动态物理模型

动态物理模型是指物理特性及相关变化规律与被建模装备相似、能反映被建模装备的物理效应的模型。动态物理模型能从物理效果上给出装备性能的变化过程,并通过电压、受力、位置等进行测量。例如,空空导弹地面发射试验中的发动机试验弹、搭载试验弹、程控弹等试验产品就是动态物理模型。

(二)物理仿真示例

物理仿真通常在已完成数学仿真试验和半实物仿真试验、对装备的性能有了基本的认识、物理模型构造完毕的基础上开展。下面给出说明物理仿真方法的示例。

空空导弹近炸引信交会物理仿真试验的目的是动态模拟空空导弹近炸引信与目标的交会情况,获得引信启动特性,评定引信的工作性能。该试验的物理模型为引信试件,引信试件通过吊挂装置悬吊在运载装置轨道附近,运载装置推动目标模型沿确定轨道与引信交汇,目标模型等效反映了实际目标的几何形状、反射/辐射特性等主要特征。试验通过设置在吊挂装置附近运行轨道旁的距离标志器来测量引信和目标模型的瞬时相对位置。

近炸引信交会物理仿真试验的具体步骤如下:①按规定的条件吊挂引信试件,并在运载装置上设置目标模型。也可采用引信运动而目标静止的方法,吊挂目标模型,并在运载装置上设置引信试件。②启动运载装置,使目标模型从引信试件附近匀速通过。③测量并记录引信试件输出的信号和距离标志器输出的位置标记信号。④进行全尺寸目标模型速度缩比交会仿真时,把已测得的低速目标回波信号增速处理成真实交会速度下的回波信号后输入引信信号处理电路,记录增速后的回波信号和位置标记信号以及引信启动信号。

对于规定的其他交会状态,重复上述步骤。试验结束后,根据机图形显示设备把引信图形和目标图形动态交会过程、目标回波信号、引信启动信号及位置标记信号,得到引信启动时目标进入引信探测视场的位置,对不同的脱靶量作出引信启动规律曲线和启动点散布图,即可对试验结果作出评定。

五、仿真可信性分析

(一)仿真可信性的概念

为了使仿真结果具有可信性,必须依据各种先验知识及必要的试验数据,开展仿真可信性分析。仿真可信性是描述仿真模型或系统能否在特定应用范围内满足预期应用要求的度量指标。仿真可信性与仿真模型或系统的应用范围和目的紧密相关。对于同一个仿真模型或系统,其应用范围和目的不同,其可信性也不同。例如,对于一个导引头和舵机模型都经过适当简化的导弹数学仿真系统而言,基本满足制导控制系统设计阶段的初步验证试验要求,但若用于评估导弹系统的性能或作战效能,可信性就较差。

仿真可信性可以用"完全可信、可信度高、可信度中等、可信度低、不可信"等自然语言进行定性描述,也可以用数值(介于 0 和 1 之间)来定量表示。可信度为"0"与"不可信"对应,表示仿真系统完全失败,没有任何可用性;可信度为"1"与"完全可信"对应,表示仿真系统能够满足所有预期应用需求。

仿真可信性分析包括模型或系统的 VV&A 和数据的 VV&C。

(二)模型的校核、验证与确认

1. VV&A 的概念

校核、验证与确认(VV&A)是为保证仿真系统或模型的可信度,对仿真系统或模型的设计、开发及运行进行评估的过程和方法。

VV&A 技术包括三类：①校核技术。评估仿真系统或模型是否准确反映了仿真需求、概念描述以及技术规范的各类方法。②验证技术。从仿真系统或模型的预期应用角度出发，评估仿真系统或模型能否有效代替仿真对象的各类方法。③确认技术。由用户或其委托的领域专家基于预期应用目的，评估仿真系统或模型是否可接受的方法。

2. VV&A 方法

VV&A 方法可分为四类：①非形式化方法。主要依赖于专家的知识和经验进行推理，不具备严格的数学形式，主观性强，常用方法包括图灵测试、审查等。②静态方法。不要求仿真模型运行，主要对仿真模型的设计和源代码进行精度评估，常用方法包括因果图、数据分析、结构分析、接口分析等。③动态方法。根据仿真模型的运行状态和结果对仿真模型进行评估，常用方法包括功能测试、灵敏度分析、边界测试等。④形式化方法。基于形式化的数学证明或数学上的正确性进行评估，常用方法包括归纳、推理、谓词运算等。

VV&A 方法与对应的仿真系统或模型及其应用目的紧密相关。如美军开展的 AIM-9X"响尾蛇"红外制导空空导弹试验采用了四个需要验证的模型和仿真，即一体化飞行仿真模型、联合军种模型、靶标模型和红外信号模型。美军对这四个模型采用了三种不同的方法进行验证：一是对各单个模型分别进行验证，联合军种模型和红外信号模型采用了计算机组件级验证、一体化飞行仿真模型采用子系统级验证；二是对四个模型进行系统级验证，将综合运行的仿真结果与实弹试验的真实结果进行比较；三是进行对比，将一体化飞行仿真模型和联合军种模型的结果与飞行试验综合测量结果进行对比。

(三) 数据的校核、验证与认证

1. VV&C 的概念

校核、验证与认证（VV&C）是为保证仿真数据的可信度，对仿真数据的生产、转换及应用进行评估的过程和方法。VV&C 技术包括三类：①校核技术。评估仿真数据是否满足特定约束的各类方法。②验证技术。从仿真数据的预期应用角度出发，评估数据与已知值相比是否一致的各类方法。③认证技术。由用户或其委托的领域专家基于预期应用目的，评估仿真数据是否可接受的方法。

2. VV&C 的方法

校核技术分为数据生产者校核技术和数据使用者校核技术两类：数据生产者校核技术适用于数据生产者，主要测试数据是否满足由数据标准和行业规则定义的特定约束;数据使用者校核技术适用于数据使用者,主要测试数据是否满足用户指定约束、数据是否被正确地转换和格式化。

验证技术分为数据生产者验证技术和数据使用者验证技术两类:数据生产者验证技术主要评估数据是否满足生产过程中声明的标准和假设;数据使用者验证技术主要评估数据在预期模型中是否适用。

认证技术分为数据生产者认证技术和数据使用者认证技术两类:数据生产者认证技术主要基于数据生产者校核和验证结果,鉴定数据是否已经满足规定的标准或规范;数据使用者认证技术主要用于数据使用者或委派的代理鉴定数据是否满足特定仿真应用的过程。

数据 VV&C 方法的选择与对应仿真数据的生产和应用过程紧密相关。

第四节　实物与仿真相结合试验方法

实物试验通常具有较高的可信度,但试验费用较大,难以开展边界性能试验。仿真试验费用较低,便于进行极限环境和边界性能试验,但可信度相对较低。实物与仿真相结合试验方法将实物试验和仿真试验有机结合,能充分发挥实物试验和仿真试验的各自优势,是一种常用的装备性能试验方法。

一、实物与仿真相结合试验方法的类型

实物试验和仿真试验的结合可分为独立试验和联合试验两种方式。

(1)独立试验方式。首先进行实物试验和仿真试验的一体化设计,分别独立开展实物试验和仿真试验,然后在试验数据层面进行结合。通过仿真试验可以获取大量统计数据,设计实物试验方案,确定实物试验参数,同时通过实物试验可以验证仿真试验结果和模型,最终将仿真试验数据和实物试验数据进行综合处理和分析。

(2)联合试验方式。将实物试验和仿真试验联合起来实时运行的试验方式。

通常,联合试验主要是指通过互联现有的试验场和设施,通过资源和能力共享构建复杂的试验环境进行的装备性能试验。联合试验将一系列具有互操作性、可重用性、可组合性、地理位置分散的靶场资源联合起来形成一个综合环境。这种环境通常包括海、陆、空、太空、网电等作战空间,真实的武器和平台,以及模拟器、仪器仪表、模型与仿真、软件与数据等。联合试验资源通常分布在

不同的试验场,能够根据性能试验需要快速配置。

实物与仿真相结合试验从层次上看主要适用于装备分系统级以上,从分布特性来看主要适用于内外场联合试验或跨靶场联合试验方式。

通过联合试验,可以减少实装试验数量和消耗,节省试验成本。此外,联合试验还扩充了性能试验能力。

二、联合试验体系结构

联合试验体系结构主要由联合试验应用资源、资源接入系统、公共支撑系统和联合试验支撑环境等层次构成(图4-6)。

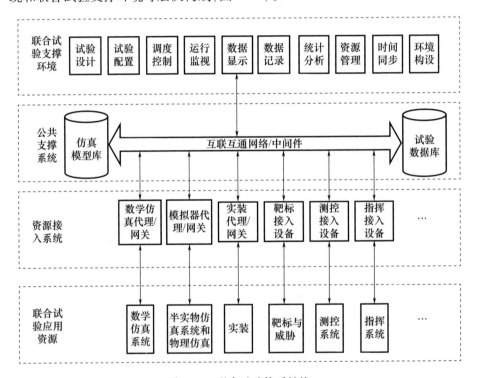

图4-6 联合试验体系结构

(一)联合试验应用资源

联合试验需要集成的试验资源包括各种内外场试验资源。主要有:①数学仿真系统;②半实物仿真系统和物理仿真,例如导弹制导半实物仿真系统、飞机模拟器、卫星模拟器、数据链模拟器等;③实装,主要包括装备分系统级以上的装备实装;④靶标与威胁;⑤测控系统;⑥指挥系统等。

联合试验应用资源以LVC的方式接入联合试验系统。依托靶场试验信息网络,利用资源接入系统和公共支撑系统,将各种内外场试验资源互联、互通、互操作,由联合试验指挥控制中心统一调度,形成内外融合、虚实合成的联合试验环境。

(二)联合试验接入系统

资源接入系统包括将各类应用资源接入联合试验的网关、代理、适配器、网络接口单元、无线/有线接入系统等。

(三)公共支撑系统

公共支撑系统由互联互通网络、互联互通中间件、试验信息网络、仿真模型库和试验数据库组成,是整个联合试验系统的基础。互联互通中间件为试验应用资源提供高性能、低延迟的实时通信,负责将整个联合试验资源有机连接起来。

(四)联合试验支撑环境

联合试验支撑环境包括试验设计、试验配置、调度控制、资源管理、时间同步、联合试验环境构设等分系统,为用户提供一个集成化的管理与控制支撑界面。

联合试验支撑环境在联合试验过程中,它既要对联合试验及整个网络进行全面监控,又要对各联合试验应用系统进行实时监控管理,当不同的联合试验应用系统之间需要进行交互时,还要协调它们的同步运行。这些联合试验应用系统既可以相互独立地运行,又可以在联合试验支撑环境的协调和监控下进行交互,同步地运行。

三、联合试验示例

以下给出防空导弹系统拦截多目标的联合试验示例。由于实装试验条件(如,缺少作战对手的实装作为靶标、部分参试装备未到位等)和试验安全风险控制方面的考虑,难以完全运用实装进行性能鉴定试验。所以,采用联合试验方式考核该防空导弹系统同时拦截多目标时的性能。

假设有 2 个真实目标(一个为飞机、一个为无人机靶标)、2 个数学仿真目标。防空导弹共发射 4 枚(1 枚实弹、1 枚半实物仿真弹、2 枚数学仿真弹),其中,用 1 枚实弹攻击无人机靶标,1 枚数学仿真弹攻击飞机,1 枚半实物仿真弹攻击 1 个数学仿真目标,剩余 1 枚数学仿真弹攻击另外 1 个数学仿真目标,如图 4-7 所示。

在此联合试验任务中,涉及的联合试验资源包括:防空导弹、靶标(敌方来袭飞机、无人机等目标)、指控系统、侦察系统、导弹发射系统、靶场测控系统等。其中导弹武器系统 1 套(包括侦察系统、指控系统、发射系统)为实装,部署在外场,半实物仿真系统、导弹及目标数学仿真系统部署在内场。

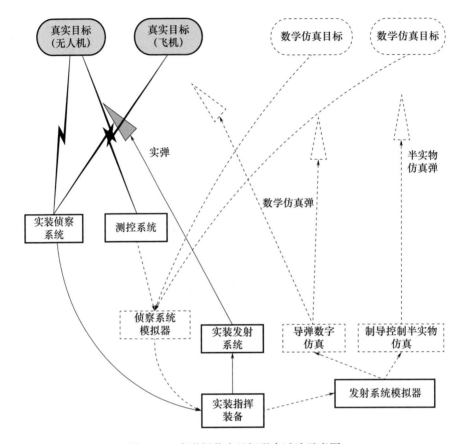

图4-7 多弹拦截多目标联合试验示意图

真实目标可以被实装侦察系统探测进入实装指控系统,也可由靶场测控系统获取信息后传递给侦察系统模拟器。侦察系统模拟器可以接收数学仿真产生的目标信息,并将其传递给实装指控系统。

实装指控系统可以向实装发射系统发出作战指令,由实装发射系统发射实弹,也可以向发射系统模拟器发出指令,由其模拟发射数学仿真弹和半实物仿真弹。

上述联合试验的具体操作过程如下:

(1)试验前,联合试验支撑环境根据内外场联合试验任务的要求,完成试验配置,其中目标的配置要使得真实导弹攻击真实靶标。

(2)试验开始后,真实目标和数学仿真目标开始运动,测控系统实时测量真实目标的信息,并将该信息经公共支撑系统传到联合试验支撑环境以及侦察系统模拟器。

(3)侦察系统实装自主搜索目标;侦察系统模拟器在实测目标信息的基础

上,叠加数学仿真目标信息,将信息传递给实装指挥控制系统。

(4)实装指挥系统根据所获得的目标信息,对所属作战单元实施指挥控制,使得实弹、半实物仿真弹和数学仿真弹分别攻击各自的目标。

(5)实装发射系统和发射系统模拟器根据作战指令和目标信息分别发射实弹、半实物仿真弹和数学仿真弹。

(6)实装测控系统对实弹与真实目标飞行过程进行测控,并经侦察系统和实装指控系统向制导控制半实物仿真系统和数学仿真系统提供状态信息。制导控制半实物仿真系统和数学仿真系统模拟半实物仿真弹和数字弹的飞行和命中目标的全过程,给出导弹的状态信息以及命中信息。

参考文献

[1] 张传友,贺荣国,冯剑尘,等.武器装备联合试验体系构建方法与实践[M].北京:国防工业出版社,2017.

[2] 曹裕华,张连仲,等.装备体系试验与仿真[M].北京:国防工业出版社,2016.

[3] 隋起胜,袁健全,等.反舰导弹战场电磁环境仿真及试验鉴定技术[M].北京:国防工业出版社,2015.

[4] 史蒂夫·马克曼,比尔·霍德尔.独特的研究飞机——空中飞行模拟器、飞行试验台和改型机的历史[M].赵江楠,译.西安:西北工业大学出版社,2014.

[5] 金振中,李晓斌,等.战术导弹试验设计[M].北京:国防工业出版社,2013.

[6] 王凯,赵定海,闫耀东,等.武器装备作战试验[M].北京:国防工业出版社,2012.

[7] 肖田元,范文慧.系统仿真导论[M].第2版.北京:清华大学出版社,2010.

[8] 武小悦,刘琦.装备试验与评价[M].北京:国防工业出版社,2008.

[9] 王国玉,冯润明,陈永光.无边界靶场[M].北京:国防工业出版社,2007.

[10] 刘兴堂,吕杰,周自全.空中飞行模拟器[M].北京:国防工业出版社,2003.

[11] 杨榜林,岳全发,金振中,等.军事装备试验学[M].北京:国防工业出版社,2002.

[12] 王鹏,李革,黄柯棣.靶场内外场一体化仿真体系结构及时间管理[J].系统工程与电子技术,2017,39(10):2255-2263.

[13] 何西波,王则力,王智勇.虚拟试验技术在结构热实验中的应用[J].强度与环境,2016,43(1):60-64.

[14] 王维,王振,雷国强.美军靶场发展模式[J].国防科技,2008,(2):77-80.

[15] 王国玉,冯润明.逻辑靶场与联合试验训练[J].现代军事,2006,(9):55-58。

[16] 韦宏强,郑巍,赫赤,等.第17届中国系统仿真技术及其应用学术年会论文集[C].2016:251-255.

第五章 装备性能试验设计

一个优化的试验方案,既要能够满足对被试装备战术技术性能评价的要求,还要考虑试验经费、试验设施、试验装设备等实际条件的限制,以最小的代价获取充分的试验数据。装备性能试验设计的主要任务是:在装备性能试验任务实施之前,对装备性能试验的考核指标、试验项目及实施程序、试验方法、试验条件等方面的关键要素做出规定。

试验设计是根据试验研究的对象和目的,在试验任务实施之前,对试验工作各方面、各环节、全过程进行的通盘考虑和适当安排。广义地讲,试验设计工作既包括针对装备整个寿命周期内一系列试验任务的规划和安排,也包括针对一项具体试验任务的规划和安排。装备性能验证试验也可参考开展本章内容开展试验设计活动。此外,完整的试验设计包括试验技术设计与试验支持设计。试验技术设计主要的目的是编制性能试验大纲,而试验支持设计是基于试验技术设计的要求,针对试验实施和试验数据获取等进行的设计,包括试验指挥、试验环境构设和试验保障等方面的设计。本章主要针对性能鉴定试验的技术设计介绍试验设计的依据、要求、流程和方法。

第一节 性能试验设计的依据与要求

科学合理的试验方案关系到试验的全局。试验方案的设计需要考虑试验经费、试验周期、试验设施等实际条件,以较小的代价获取有价值的有效数据,满足对被试装备战术技术性能评价的要求。装备性能试验设计是一个复杂的迭代优化过程,需要各种因素的综合权衡与分析。试验设计人员需要充分理解试验任务,遵循规范的流程,采取科学的方法,编制优化的试验方案。

一、性能试验设计的依据

图 5-1 给出了装备性能试验设计活动及其输入输出描述。装备性能试验

设计的主要依据是试验总案和研制总要求。此外,需要遵照装备试验鉴定相关的法规标准(如试验鉴定的相关国军标等),参考装备研制立项批复、研制任务书或研制合同、试验任务书,并综合考虑装备的使命任务和使用要求、试验单位的技术能力和条件设施、已经进行的试验和获得的数据等多方面因素。

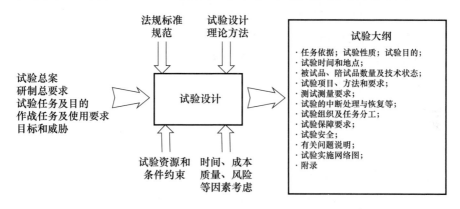

图 5-1 装备性能试验设计的输入与输出

装备研制总要求是装备研制、生产、试验的依据,其内容包括:装备的作战使命、任务及作战对象,主要战术技术指标及使用要求,研制总体方案,系统、配套设备和软件方案,质量及标准化要求、研制经费及成本核算、研制进度和周期等。

研制任务书主要根据研制总要求等文件编制,其内容包括:产品用途及组成、性能要求、使用要求、环境要求、设计要求、质量及标准化要求、任务周期和研制经费等。

装备试验鉴定相关法规、国家军用标准、军兵种试验标准、技术规范和指南等,是开展性能试验设计的主要依据。相关标准规范和指导性文件规定了装备性能试验的项目、目的、程序以及试验条件、试验准备、试验实施、试验数据处理和结果评定方法等。

性能试验设计的结果体现为性能试验大纲。

二、性能试验设计的要求

试验方案的设计是一个过程,需要通盘考虑各种因素,以装备的使命任务和实战要求、研制要求、相关国军标、规范和指南为依据,力求做到试验活动的统筹优化,以最小的代价为装备状态鉴定、列装定型和使用保障提供最充分的信息。

试验方案应该体现试验项目的综合性、试验条件的逼真性、测量手段的先进性、试验样本的合理性,做到摸清边界底数、方法科学合理、过程安全可控、结果充分客观,并根据需要迭代和不断修订完善。性能试验设计应重点关注实战性、完备性、充分性、科学性、可行性、经济性等方面的要求。

(1)实战性是指面向实战,以评价装备性能的达标度和摸清性能底数为目的,坚持以战斗力为标准。

(2)完备性是指在确定试验项目和内容时做到对战技术性能指标的全面考核,完成试验总案规定的所有试验任务。

(3)充分性是指要对标实战要求,力求考核条件的设计能充分摸清装备在复杂电磁环境、复杂气象环境、复杂地理环境和近似实战条件下的性能底数和边界性能。

(4)科学性是指要运用科学的方法进行性能试验设计。要依据装备战术技术性能要求,选择适用的试验标准和规范,确定试验项目的试验方法和结果评估依据。对于无成熟标准规范可以遵循的试验项目,应研究提出科学合理的试验和结果评估方案。应深入分析影响装备关键性能和试验结果的影响因素,综合考虑试验资源、试验条件等约束,运用各种可利用的相关信息,设计性能试验项目和样本量、试验数据采集策略等。在确定试验实施方案时,应尽可能运用先进的测试测量技术,确保试验数据的测量和处理精度。

(5)可行性是指要综合考虑试验资源、试验技术、试验成本、试验安全等约束对试验的影响,确定试验所需获取的数据,识别和评估可能阻止或推迟试验、影响试验结果可信性的风险源,提出相应的处理原则、规避措施或解决方案。确保试验项目实施方案具有可行性。

(6)经济性是指要力求减少试验消耗,提高试验质效。应优化试验项目和合理分配试验样本,将装备全系统、各层次、各阶段、不同类型的试验进行综合设计、统筹优化,充分发挥每次试验的效益,以较少的试验时间和资源消耗,获得充分的试验结果。

三、性能鉴定试验大纲的内容

性能鉴定试验大纲通常包括功能性能试验大纲、通用质量特性试验大纲和软件测评大纲,主要包括以下几方面的内容。

(1)任务依据。说明试验任务来源和依据文件。包括上级下达的试验任务、试验总案,相关国军标等。

(2)试验性质。试验性质一般在下达试验任务的有关文件中确定。

(3)试验目的。说明性能鉴定试验的主要目的。必要时,应根据试验总案中规划的性能试验项目考核重点,进一步细化明确试验目的。

(4)试验时间和地点。明确试验任务的试验时间、地点或区域。必要时可以进一步细化明确在具体试验阶段和地点开展的主要试验项目。

(5)被试装备(或被试品)、陪试装备(或陪试品)数量及技术状态。描述被试品及其主要配套产品的名称、数量、提供单位和主要技术状态,靶标、试验设备、测试仪器仪表等,以及保障装备的名称、数量和技术状态(如测量设备的精度)要求。

(6)试验项目、方法和要求。针对每个试验项目,逐一说明试验的方法及要求,内容包括:①试验目的。②试验条件,说明试验环境条件,目标与威胁的名称、种类、数量,以及技术要求、战术使用条件、试验保障条件、操作人员要求等。③试验方法,说明采用的试验方法及其依据。④数据处理,说明数据处理的数学模型和统计评估方法或引用的标准规范。当数学模型和处理过程比较复杂时,可增加附录进行补充说明,也可根据需要对数据处理方法汇总描述。⑤评定准则,说明依据研制总要求、试验总案等制定的合格判据。

(7)测试测量要求。明确试验测试测量参数的类型和准确度要求。根据需要可汇总描述。

(8)试验的暂停、中断、恢复与终止等决策准则和处理要求。

(9)试验组织与任务分工。列出试验单位和参试单位,明确试验组织形式、任务分工。参试单位一般包括其他试验单位、试验保障单位、被试装备(或被试品)研制单位、陪试装备(或陪试品)提供单位、其他参试装备的研制单位,以及军内相关单位等。

(10)试验保障。主要包括保障单位、保障内容和要求等。

(11)试验安全与保密。一般包括对人员、装备、设施、信息及周边环境等的安全及保密方面的要求。

(12)有关问题说明。一般包括:试验方法与相关试验标准差异的说明;数据采信的说明;有关综合性试验项目的说明;其他需要说明的问题。

(13)试验实施网络图。以网络图形式说明相关试验项目的实施时间、实施顺序和完成周期等。

(14)附件。对正文内容的补充和说明,包括被试装备性能鉴定试验大纲与研制总要求、试验总案的对照表、试验项目一览表等。

第二节　性能试验设计的总体流程

如图5-2所示,针对具体试验任务的装备性能试验设计可分为试验项目设计和试验样本设计两个部分。试验项目设计的主要目的是分析试验任务需求,构建性能试验的考核指标体系及考核方式,综合考虑各种约束条件,提出和统筹性能试验项目。试验样本设计的主要任务是分析试验剖面,确定试验变量及其水平、试验样本量,以便获得性能指标评估所需的试验数据等。这两个试验设计活动可能需要通过相互迭代完成。例如,如果由于试验样机的约束,最终各个项目的试验样本量总需求难以满足,则需考虑重新修改项目设计方案、改变性能试验的考核方式或根据性能指标的重要性剔除一些试验项目。装备性能试验设计是编制装备性能试验大纲的主要依据。

本节主要针对装备性能鉴定试验介绍装备性能试验设计的总体流程(图5-2)。

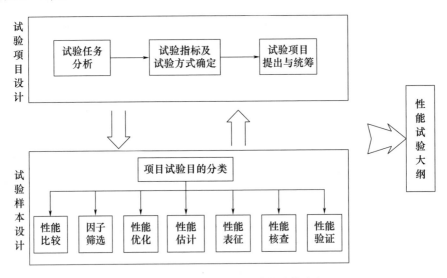

图5-2　装备性能试验设计的总体流程

一、试验任务分析

试验任务分析的主要工作是分析试验应达到的目标要求、试验资源需求、试验费用、试验的技术途径、装备和目标特性、测试的内容、范围和精度、测试设备要求、试验数据要求、试验设施要求、参试人员要求,以及试验关键技术及其解决途径等。

首先,要分析装备的立项背景、作战使命任务需求,精心构建装备典型任务剖面,分析典型任务剖面下的气象、地理和电磁环境等作战使用环境,了解典型威胁目标及威胁源的类型、数量和性能特征,准确全面地把握装备战术技术性能要求和作战使用环境。

其次,应分析被试装备研制情况,明确装备技术状态和试验范围;了解装备研制总要求(或研制任务书)和试验总案中规定的试验完成时间、试验费用等,并对试验资源约束进行调查和研究,为试验项目和试验样本设计提供基础。

在此基础上,要分析试验单位的试验技术能力、试验测试水平、试验条件设施等约束条件,论证试验任务的可行性。

二、试验指标及考核方式确定

如图 5-3 所示,明确试验任务后,需要提出被试装备性能的考核指标体系,并确定需要重点考核的性能指标和拟采取的考核方式。

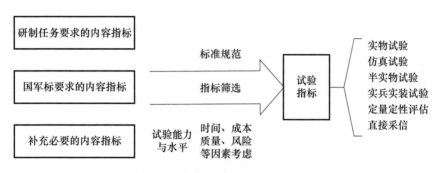

图 5-3 性能试验指标与试验方式

1. 试验指标的确定

性能试验考核指标的确定主要根据装备的试验目的和试验任务要求,基于装备研制总要求和研制任务书中的主要战术技术指标及使用要求确定。根据装备作战使命任务和使用要求,装备试验单位认为应该进行考核的性能指标,也可以作为确定考核指标的依据,必要时可适当补充一些考核的指标。在此基础上,进一步对性能试验考核指标体系进行完善。最后,综合试验时间、成本、质量和风险、试验单位的试验能力和水平等因素,确定需要装备性能试验最终需要考核的性能指标。

确定考核指标的过程应该充分考虑实战化考核的要求,并重点针对复杂环境适应性和边界性能提出考核指标要求。对有些研制总要求中未明确规定的条件或指标,也可根据作战运用需求提出考核要求。

由于各种因素的影响,与提出研制总要求时的情况相比较,被试装备的性能要求、使用方式、甚至使命任务等都可能发生变化或调整,因此需要根据实际情况增加或减少考核指标。

在确定考核指标时,应明确性能指标的定义、类型(是否连续变量、能否转化为连续变量进行处理)、是否可直接测量、指标的重要性等。

确定考核指标时一般需要建立指标体系即层次化的装备性能属性,然后通过指标测度对指标属性进行描述。一般来说,一个指标属性可以有多个指标测度。比如,可靠性是装备的一种通用性能属性,可以通过平均寿命、可靠寿命、任务可靠度等多个可靠性测度度量。对每一层级的每个指标属性,主要根据研制总要求、试验总案,确定指标测度。如果预先规定的指标测度不足以刻画该指标属性,可以进一步根据领域知识、专家知识等,增加新的指标测度。

2. 试验方式的确定

对于具体的性能试验考核指标,首先应针对实战化需求分析,提出指标考核的总体要求和条件。对于已有国军标可以满足考核要求的指标,应优先采用国军标中规定的考核方式方法进行考核,对于已有国军标不能满足考核要求的指标,应对考核方式方法进行设计。

指标考核方式包括实物试验、仿真试验、软件测评、分析评估等。对于无法直接测量的指标可通过低层次指标进行综合评估。

由于试验环境条件、技术能力和安全性等的限制,有些试验只能通过仿真来开展。因此,仿真试验是考核装备性能的重要方法。受试验条件和资源等制约,有些指标可能无法通过实物试验考核,有的指标的考核缺乏足够的样本量,有的指标可以直接采信性能验证试验的结果。

在确定指标的考核方式时,应综合考虑试验考核方式的质效。例如,对能够在内场试验的指标考核,能够通过数学仿真、半实物仿真以及模拟器(件)试验的指标考核,也可以考虑减少实物试验。应可能减少飞行或实物试验项目。

对于所要考核的指标,还需要确定指标计算的方法和准则。而且,计算方法的选择对试验样本量和数据测量精度都等也会有影响。在计算方法选择方面,应优先选择国军标或其他标准规范中的方法。但是由于性能指标的多样性以及试验数据的特殊性,有些指标的计算尚缺乏成熟的理论方法支持,这时就需要开展专门的理论方法研究。对无法直接测量的指标(比如维修可达性),可以考虑定性评估方法;对于综合型指标,则通过加权综合由低层指标向上层聚合来计算。

对按照装备层级确定的考核指标,高一层级指标的计算可能不依赖于低层级指标,或者不需要通过低层指标聚合得到。以导弹武器系统为例,不同层级的性能之间的关系一般难以通过定量的计算模型描述。比如,命中精度虽然与火控系统的精度有关,但不能通过这些系统级指标的综合进行精准计算,一般应通过武器系统级实物试验、建模仿真等方式进行。

由于现代武器装备试验小子样特点越来越突出,在指标的统计计算中,充分利用验前信息可以提高试验结果统计评估的精度。另外,在获得试验数据后,应该根据试验数据的特点,进一步开展必要的指标计算方法和模型研究,以保证指标计算结果的有效性。

三、试验项目的提出与统筹

试验项目是围绕拟考核的具体试验考核指标而组织的试验活动,具体包括数据采集要求、试验环境构设、测试测量、试验数据处理分析等。例如,为了考核导弹的命中概率而组织的导弹飞行试验项目,为了考核导弹的电磁兼容性而组织的电磁兼容性试验项目。针对被试装备的具体试验任务就是由围绕试验考核指标体系而构建的一系列试验项目构成的。试验的过程也就是试验任务所包含的全部试验项目的完成过程。

由于装备性能指标体系的层次性,试验项目也可能分成不同层级。例如,通用质量特性试验项目又可分为可靠性、维修性等试验子项目。

(一)试验项目的提出

首先,应针对前面提出的试验考核指标体系中的每一个指标,依据指标的考核方式,按相关试验标准的要求或实战化考核要求,科学合理地提出考核指标的试验项目。应尽可能使试验项目覆盖所有的性能试验考核指标。例如,针对地面雷达的环境适应性指标,需要开展的项目有高低温、湿热、振动、冲击、跑车和淋雨等,低气压、霉菌、盐雾、砂尘和太阳辐射等可作为选做项目。如果明确雷达装备的部署地域,就可以根据部署地域的环境特点进行试验项目的选择。如部署地域为高原,低气压和太阳辐射项目就应该作为必做项目;如果部署地域不确定,在试验项目的选择上就要全面考虑。应遵循通用要求服从具体要求、下一级产品要求服从上一级产品要求的原则。例如,装备使用环境有特殊要求时,应按具体装备的要求设置试验项目,否则可以参考相关环境试验国军标设置试验项目。

在设置试验项目时,需要根据装备的实战化考核需要,重点考虑装备的关键性能指标、薄弱环节和以往试验中曾经出现问题的环节。例如,装备的复杂环境适应性、边界性能、可靠性、网络安全和互操作性等。

试验项目的设置需要基于试验单位的试验能力、水平和试验条件等实际情况。例如,地面雷达一般来说体积庞大、结构复杂,进行其整机的实验室环境试验较为困难。气候类项目如温度、湿度试验可以到方舱级,力学类项目如振动、冲击试验只能到机柜级,低气压、太阳辐射、砂尘、淋雨、霉菌、盐雾等试验项目只能到设备级或组件级。有时,装备的性能指标通过一个试验项目难以完成,还需要通过多个试验项目进行测试。

(二)试验项目的筛选

一个装备有很多试验项目或子项目,但出于试验资源、试验能力、试验水平等多方面因素的考虑,在提出备选试验项目集合后,应综合考虑试验项目的重要性、试验消耗和时间成本等因素,进行试验项目的筛选。应尽可能保留重要的、试验消耗少和信息量大的试验项目,确保获取充分有效可信的试验数据。要充分利用数学仿真、半实物仿真以及模拟器(件)开展试验,通过采信已有的试验结果减少试验项目,以缩短时间、减少费用和产品消耗。

(三)试验项目的统筹

各个试验项目的实施时机、试验条件可能有不同的要求,且试验项目之间可能存在复杂的相互关系,因此,通过试验项目的统筹安排,将装备性能的各个试验项目综合考虑,实现试验信息的综合利用,可以有效缩短试验周期、提高试验效率。

试验项目的实施顺序安排是试验总体设计的重要内容。合理安排试验项目的顺序,可以有效缩短试验周期、提高试验效率。此外,一些试验结果受试验项目顺序的影响,部分试验项目(如环境试验)对产品有破坏性,也需要对试验顺序做出合理的安排。

以环境适应性试验为例说明不同类型环境试验的顺序安排。相关国军标针对不同类型的设备给出了对应的各种环境试验项目的试验优先顺序安排建议。当许多试验项目先后在同一个试验样品上进行时,一般应采用国军标推荐的试验顺序。通常,环境适应性试验中各试验项目的顺序按如下原则安排。

(1)按产生最大环境影响排序。当试样数量受限时,可以从最小严酷的试验项目开始,按后一环境能暴露或加强前一环境作用的原则安排,至少前一试验不能降低后一试验的效果。

（2）按模拟实际环境出现次序排序。一般应从装备实际可能遇到的主要环境影响因素出现的次序考虑安排试验顺序。对于运输、储存和使用条件非常明确的火工品，可根据它们将经受各种环境因素的时序来确定试验顺序，这样真实性较强。

通常可按下述顺序安排试验项目：先数值模拟，后实物试验；先软件测试，后硬件试验；先静态试验，后动态试验；先常规条件试验，后边界性能试验；先内场（室内）/地面/系泊试验，后外场/空中/航行试验；先技术性能试验，后战术性能试验；先单项、单台（站）试验，后综合、系统试验。一般情况下，具有损坏性的试验项目在试验后期进行。

确定了试验项目的顺序安排，就可以在此基础上制定试验工作计划网络图，明确试验项目名称及内容、工作周期、完成试验所需条件、责任单位、评价等。

有时，一个性能指标可以运用不同试验项目进行考核，以获取更多的关于该指标的数据信息。此外，一个试验项目也可以用于考核多个性能指标，通过一个试验活动获取关于多个性能指标的信息。在此情况下，可以分析各个试验项目信息之间的相互关系，通过信息融合或前序项目为后序项目提供验前信息，实现装备性能试验结果的综合评定。例如，对于导弹的飞行可靠性指标，可以将单元的综合环境试验、地面试验、仿真试验、挂飞试验和飞行试验等试验项目进行综合设计，采集相关数据，有利于实现对指标的综合评定。

第三节　试验样本设计

试验样本设计的主要任务是，针对已经确定的每个性能试验项目，进一步明确其涉及的试验条件、试验样本量、数据采集与分析等相关要素。在进行试验样本设计时，应根据项目的目的和性能指标的特点采用不同的试验设计方法。例如，若性能指标的取值无变异性，比如重量、外形尺寸等指标基本不变试验环境条件的影响，则只需进行核查或一次验证试验即可，无须运用专门的试验设计理论方法。若性能指标的取值针对环境条件变化有变异性（包括取值的随机性或取值受试验条件的影响），但已有相关考核标准规范或指南要求，则需要应依据这些文件要求进行项目试验，否则需要运用试验设计方法开展试验样本设计。

本节介绍了项目试验样本设计的相关概念,针对不同的试验目的类型介绍了适用的试验设计方法。

一、试验变量与水平

性能试验中所涉及的与试验结果有关的因素或变量称为试验变量。比如在导弹发射试验中,变量表中可能包括发射平台、导弹数量、勤务人员、靶标尺寸、形状和结构、当日发射时间、发射时与目标的相对位置、目标运动要素、武器装载平台的运动要素及气象条件等。如果要对两型导弹进行比较,导弹型号本身也是一个变量。

在试验设计理论中,将试验变量按其在试验中的作用分为响应变量(亦称结果变量)和条件变量两大类。响应变量是度量试验结果的变量,通常是性能试验中可直接测量得到的能反映性能指标的变量或参数。例如,在雷达试验中,包括目标探测距离、距离和方位分辨率、跟踪精度、反应时间、平均故障间隔时间、平均故障修复时间等。在导弹飞行试验中,包括导弹飞行空间坐标、脱靶距离、命中概率等。条件变量是指影响装备性能的变量,在试验设计中将条件变量称为试验因子。因子的取值称为因子水平或简称水平。

一般来说,装备性能试验涉及的条件变量很多,而且条件变量的变化范围也较大。由于试验样品数量有限,考虑人力、物力、财力和时间的限制,难以对所有条件变量的所有可能取值组合都搭配起来试验,只能选择部分有代表性的变量及其变化范围内的典型水平组合,利用有限数量的试验样本得出的结果推断装备的性能指标。

(一)条件变量

条件变量可分为受控条件变量和非控条件变量两种类型。

受控条件变量是在试验时可以控制其取值大小的条件变量,也称为可控因子或受控因子。在性能试验时,考虑的条件变量越多,试验结论越充分可信,但是所需的试验样本量可能也越大。由于试验资源和试验条件的限制,应主要考虑对试验结果有重要影响的受控因子开展试验。不是受控主要因子的受控条件变量均为受控潜在因子。由于这些变量对试验结果有一定影响,因此在试验过程中将这些因子的取值保持在某种水平上,或者通过区组化或随机化设计方法消除其对试验结论的影响。

非控条件变量是难以控制其取值的试验变量。例如,外场试验的环境温度、湿度等。在试验过程中应尽可能测量或记录这些变量的取值,以便用于试验结果的分析。

上述各种类型变量之间的关系如图5-4所示。

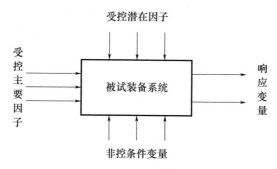

图5-4 条件变量与响应变量的关系

可以采用鱼骨图(因果关系图)和头脑风暴法协助识别条件变量。例如,可按人员、设备、材料、方法、环境、测量(简称"人、机、料、法、环、测")六类因素制作影响装备性能取值的鱼骨图。

例如,不同的海区或不同深度条件下,鱼雷的命中率可能会有较大差异,因此,海区或深度就可以考虑成为一个环境条件变量。

(二)变量的水平

确定变量或因子后,需要确定变量的取值区间(对连续型变量)或取值集合(对离散型变量)。变量或因子可能的取值称为变量的水平。例如,舰艇的速度为10kn、20kn和30kn,电子干扰试验中不同的干扰方式等都是属于离散型取值的条件变量的不同水平。对于防空导弹性能试验,拦截高度因子可以取高空、中空、低空和超低空4种水平。在比较两种不同体制雷达的性能时,雷达本身就是一个条件变量。

在确定变量的水平时,水平的取值越多,试验样本的需求量可能越大。但水平数量过少,又可能难以充分描述性能的变化特性。

(三)试验空间

由于条件变量的数量可能很多,因此,在试验设计时,通常只能考虑对装备性能影响较大的受控条件变量,即受控主要因子,这些变量称为试验条件变量,通常可能通过采用专家经验判断或因子筛选方法得到。

变量水平组合是指试验条件变量的取值水平的组合(在多因素试验中称为处理或设计点,也称为试验点)。将试验条件变量的所有水平组合构成的集合称为试验空间。试验空间的维数就是试验条件变量的个数。

二、试验设计方法的确定

根据性能试验目的的不同类型,可以把装备性能试验分为性能对比试验、因子筛选试验、性能表征试验、性能优化试验和性能指标验证试验等5种类型。针对这些不同目的类型的性能试验,分别有不同的试验设计方法可供选用。

1. 性能对比试验

在装备研制过程中,经常需要通过试验比较不同的设计方案的优劣。比如,比较不同仪表布局方案对人机工效的影响。这类试验称为性能对比试验(简称对比试验)。

对比试验的主要目的是比较不同的试验输入条件下试验结果是否具有显著性差异。对比试验可以通过完全随机化设计和区组设计进行试验设计,用方差分析方法得出试验结论。

2. 因子筛选试验

在性能验证试验或性能鉴定试验时,有很多因素或条件变量都会影响性能试验结果。如果将所有影响因素都考虑在内进行试验,不仅会加大试验成本和时间,而且可能会加大试验结果的误差。

因子筛选试验(简称筛选试验)的目的就是识别对试验结果有显著影响的因子,为后续高效开展性能试验设计提供依据。

为了减少试验次数和样本量需求,筛选试验通常不考虑因子之间的交互作用和高阶效应,通常,将各个因子的水平设置为2个或3个,采用析因设计方法进行试验设计,并且用方差分析方法得到试验结论。

3. 性能表征试验

性能表征试验(简称表征试验)的主要目的是确定试验条件与装备性能之间的关系。这种关系称为响应曲面。在装备性能验证试验或装备性能鉴定试验时,通过表征试验建立的响应曲面,可以预测和评估装备在不同使用条件下的性能变化特性。

表征试验的试验设计通常采用因子设计方法进行。响应曲面通常可以用一次、二次曲面或各种多元回归模型表示。

图5-5给出了构想的空地弹在不同射程和俯仰角下的脱靶量的响应曲面示例。可以看出,随着射程、俯仰角的增加,脱靶量也变大。

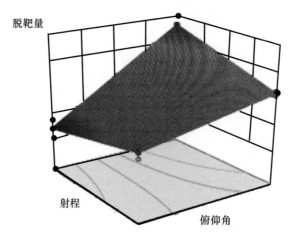

图 5-5 空地弹脱靶量的响应曲面

4. 性能优化试验

性能优化试验(简称优化试验)主要用于性能验证试验,其主要目的是找出使装备性能达到最佳值的设计参数或试验条件变量取值。

优化试验设计通常基于响应曲面,采用序贯和优化方法实现。

5. 性能指标验证试验

在进行装备性能鉴定试验时,需要验证装备战术技术性能是否达到了研制要求的值。这种试验称为性能指标验证试验(简称验证试验)。验证试验设计通常基于统计假设检验原理,采用经典统计验证试验设计方法进行。

三、试验设计需要考虑的其他因素

在试验设计中还需要考虑试验数据的类型,以及影响试验设计的其他因素。

(一)数据类型的考虑

用于表示试验中的因子(输入)和响应(输出)的数据类型可能会影响试验所需的资源,从而影响结果分析评估的质量。在描述因子水平和响应时经常使用分类变量,这可能是由需求定义和试验目标的模糊性导致,也可能是试验设计人员发现使用分类变量使试验更容易,因为有时也许很难精确地测量输入和输出。例如,可能无法精确测量实弹射击试验的弹着点。使用命中和未命中这样的计数而不是测量落点到目标的距离,可能更容易采集数据。

一般来说,采用分类变量意味着需要较多的试验次数,对试验数据分析也可能产生影响。此外,分类数据不支持分级预测。比如,假设温度是感兴趣的因子,并使用低、中、高作为因子水平,试验可以估计在每个水平的响应。但是,如果将温度视为连续变量,则可以估算在这些水平范围内的温度所导致的响应(例如,温度增加一个单位会导致性能增加 x 个单位)。

与连续数据相比,分类数据关于响应包含的信息相对较少(在某些情况下信息量减少 38%~60%),从而在有噪声的条件下,难以检测到响应的变化。更具体地说,这时试验结果的信噪比将会变差(信噪比定义为响应的期望差异与过程噪声变化幅度的比值)。

因此,在确定考核指标和条件变量时,应该充分考虑试验数据类型的影响。比如,因子或响应是连续变量还是可以转换为连续变量?每个响应的估计信噪比是多少?是否需要了解分类变量的不同水平之间的响应?如果响应是连续的而不是分类变量,可以减少多少次试验?

(二)试验约束的考虑

影响试验设计的另一个重要方面是对试验设计或实施的限制或约束条件。常见的试验约束包括试验区域限制、随机化限制(包括难以改变因子水平)以及试验资源限制等。

试验区域限制一般是由于经济、安全风险、可行性或设备等原因,试验区域不是超立方区域,而是某种不规则区域。比如,某些因子的水平不能同时出现,或者装备性能与其工作模式有关,或者某些水平组合是必须进行试验的情况,这时的试验区域就是不规则的。

随机化是统计试验设计的三个基本原则之一,包括试验实施顺序的随机化和被试装备的随机分配。未能随机化可能导致某些试验因子与其他变量的影响混淆。因此,必须在试验样本设计阶段确定对随机化的限制。此外,还须考虑改变因子水平的难易程度。有些因子可能很难改变或很难多次改变,这些难以改变的因子的水平也导致对随机化的限制,因而可能需要特殊的试验设计方法。

试验资源受限一般是由于试验资源约束,无法保证传统的全因子试验或部分因子试验方案的实施,此时需要重新设计试验方案,使得在试验样本尽可能少的情况下获取尽可能多的有效信息。

四、试验样本量

一个试验样本点是指在所有试验条件变量给定的取值条件下(对应试验空

间中的一个点),对装备性能值的一次独立观测。一个试验项目的试验样本量就是指对应于该试验项目的全部试验样本点的数量。而一个试验任务的总样本量就是该试验任务的全部试验项目的样本量。样本量受试验样机数量、试验时间、试验条件和资源等因素制约,并需要考虑试验点的实施难度、试验风险、对性能探边摸底的要求等因素。

试验样本量并不一定等同于样机(样品)数量。例如,某型车辆需要的试验环境条件包括多种试验地区和多种试验路面,此外还需要进行大量的其他试验,但样车数量有限,因而难以为每种水平组合单独安排样车。这里,试验样本量是在特定条件或特定类型试验下,通过试验对性能指标观测的次数。有时,用于性能试验任务的样机数量是事先确定的,这时装备性能试验设计的主要任务是如何将样本点分配到各个样机。

对于有的性能试验(如导弹飞行试验),获取样本需要消耗产品,试验样本量受到限制,这时可以考虑进行小子样试验设计方法。

针对不同的试验目的类型,由于采用的试验设计方法不同,样本量的确定方法也可能不同。例如,对性能验证试验,通常是根据两类假设检验的风险水平决定试验用的样本量。对于性能表征试验,通常需要根据试验空间中全部试验点下的重复观测样本数确定样本数量。

样本量只是(给定水平组合后的)反映性能试验消耗需求的一种因素,对有些类型的试验,比如产品的性能退化试验,试验截止时间、数据测量间隔等也是试验设计需要确定的变量。

五、拟制装备性能试验大纲

性能试验大纲是规定性能试验的目的、项目、要求、方法和评估准则等内容的文件,分为性能验证试验大纲和性能鉴定试验大纲,是单一文件或一系列专项大纲组成的集合。性能试验大纲是对装备性能试验的总体设计,大纲的内容应满足编制依据的要求,具体参见本章第一节相关内容。

性能鉴定试验大纲通常由试验单位拟制,并需上报有关装备部门审批。

第四节 因子试验设计方法

因子试验设计的主要目的是研究单个因子或多个因子水平组合对试验响应的影响。因子试验设计应遵循重复、随机化和区组化的原则,以减少试验次数、显现因子的效应和确定其对性能的影响关系。

一、因子试验设计的相关概念

(一)因子的主效应与交互效应

进行因子试验设计,首先应明确涉及的试验因子及水平。假设进行舰空导弹发射试验,考核导弹命中精度,试验因子及其水平如表 5-1 所列。在这个试验中,涉及目标距离和高度以及发射平台(舰艇)速度等 3 个因子,每个因子有 3 个水平。因此,这个问题也称为 3 因子 3 水平的试验设计问题,其试验空间是 3 维的。

表 5-1 舰空导弹精度试验的因子与水平

水平	因子		
	A:目标距离	B:目标高度	C:舰艇速度
1	近	低	低
2	中	中	中
3	远	高	高

对于因子试验问题,如果要对每个因子的每个水平都相互搭配进行试验,需要做的试验次数就会很多。对上述问题,考虑不同目标距离和高度以及不同速度 3 个因子,每个因子 3 个水平,每个因子、每个水平互相搭配,共需要 $3^3 = 27$ 次试验。如果因子数量和水平数进一步增加,则所需试验次数呈指数增长,试验所需样本量将难以满足需求。通过运用因子试验设计方法科学合理地确定试验点集合,可以用较少的样本获得较准确的因子效应分析结果。

因子与响应(需观测研究的装备性能指标)的关系通过效应来描述,主效应和交互效应是最主要的两种效应。因子的主效应是指该因子对响应变量的平均影响程度,反映了响应的变化在多大程度上可以由这个因子的变化来解释。

因子的交互效应提指一个因子的效应大小依赖于其他因子的不同水平,因此,交互效应反映了多个因子对装备性能的"$1+1 \neq 2$"的协同影响关系。如图 5-6 所示,纵轴为装备性能,A,B 为两个试验因子。A_1,A_2 是 A 因子的不同水平,B_1,B_2 是 B 因子的不同水平。可以看出,图 5-6(a)中,在 A 因子的不同水平下,因子 B 的效应相同,因而两个因子无交互效应。图 5-6(b)中,在 A 因子的不同水平下,因子 B 的效应不同,因而两个因子有交互效应。

一个科学合理的因子试验设计方案应该用最小的试验点数量,较准确地分离和估计出因子的主效应或交互效应。

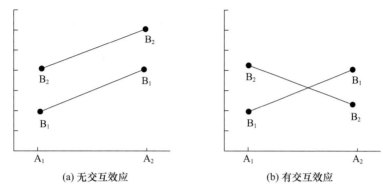

图 5-6 因子交互效应示意图

(二)因子试验设计的分辨率

给定一个因子试验设计方案,相当于给出了一个试验空间中的试验点集合。所谓混杂,是指根据给定试验设计方案试验结果,难以分离出某些因子的效应。在因子试验设计时,应尽可能减少因子效应之间的混杂。

定义单个因子的主效应为 1 阶效应,2 个因子之间的交互效应为 2 阶因子效应,p 个因子之间的交互效应称为 p 阶效应。称一个因子试验设计的分辨率是 R,是指对应于该试验方案的结果,没有 p 阶效应与其他少于 $R-p$ 阶的因子效应相混杂。

例如,对于一个分辨率为 Ⅲ 的因子试验设计,各个因子的主效应之间不存在混杂,但主效应可能与某些二因子交互效应相混杂,且二因子交互效应之间可能互相混杂。对于分辨率为 Ⅳ 的因子试验设计,各个因子的主效应与其他因子的主效应或二因子交互效应之间没有混杂,但因子的主效应可能与 3 个因子之间的交互效应相混杂,2 个因子交互效应之间也存在互相混杂。

显然,因子试验设计的分辨率越高,试验得到的信息量越大,但通常需要的样本量也随之增大。因此,一方面,需要运用科学合理的因子试验设计方法减少试验次数;另一方面,也需要在试验设计时突出重要的效应,允许不重要的效应之间产生混杂。

二、因子试验设计的基本原则

重复、随机化和区组是因子试验设计中需要遵循的三个基本原则。这些原则的主要目的是便于突显因子的效应、降低误差对试验结论的影响。

(一)重复

在因子试验设计中,"重复"是指对于试验空间中的一个样本点,在同样的条件下进行多次独立试验和观测。例如,在同样的试验环境条件下对靶标进行多次射击就是一种重复。通过(独立)重复试验,不仅可以估计试验总误差,而且通过多次重复可以更好地估计试验因子的效应。

值得注意的是,在相同条件下对试验结果作多次重复测量,如重复测量导弹的射程等并不是试验设计中所指的"重复"。利用重复测量可以减少测量误差,但其结果难以用于估计不可控因子产生的误差。

(二)随机化

随机化是指在分配样本和实施试验时,随机地将试验因子的水平组合分配给被试单元,并随机地设置其实施顺序。随机化也是经典统计理论中评价因子与响应的因果效应的基本要求。

对于试验结果的统计分析,通常要求试验观察值或测量误差是相互独立的随机变量。用随机化原则设计和实施的试验,使各种因素对试验结果的影响成为随机的,使不可控因素的影响在一定程度上相互"抵消",从而"平均出"因子的效应。因此,随机化设计能减少未知但可能会对响应产生影响的因子对试验观测值的影响,也可减少主观判断造成的影响,有助于提高因子效应估计的精度。

(三)区组

区组是指在性能试验时,依据样品特性对试验结果的影响,尽可能使特性差异小的样品分在一个组内进行试验,而在各个组之间的样品可以存在较大差异。这样的分组称为区组。

由于处于同一区组内的各个试验样品差异较小,因此可以在结果分析时消除组与组之间的差异,在每个区组内分析感兴趣的因子效应,可以提高试验结果的可比性。

对照试验是一种特殊的区组化试验。在对照试验中,将样品分为试验组与对照组,除了待研究的因子水平条件不同,试验组与对照组中的其他条件应尽量相同。例如,对于产品在不同温度环境下的可靠性试验,对照组与试验组的区别仅在于两组产品所处的温度环境的差异,其他因素均保持不变。

三、因子试验设计的方法

针对不同目的类型的因子试验设计问题,目前已有多种设计方法可供选用,比如完全随机化设计、区组设计、析因设计、正交设计、均匀设计、响应曲面设计、最优回归设计等。以下对这些方法做简要介绍。

(一)完全随机化设计和区组设计

在完全随机化设计中,因子的水平组合被随机地指派给试验单元。区组设计是根据误差局部控制原理和客观试验条件的约束,将对试验结果有一定影响,但不感兴趣的因子(例如,产品的批次)设置为区组因子。将具有同一区组因子水平的试验单元(例如,同一批次的产品)划分为一个区组,从而减少了同一组内的试验单元的相关特性差异,但在不同组间有较大差异。通过区组设计,减少区组因子对试验结果分析的误差影响,从而突出感兴趣的因子的效应。在随机化完全区组设计中,先按一定规则将试验单元划分为若干同质的组(即区组),再将各水平组合随机地指派给各个区组。

典型的随机化完全区组设计包括拉丁方设计(Latin Square Design)、希腊拉丁方设计(正交拉丁方设计)和超拉丁方设计,它们分别适用于数量为2、3和更多的区组因子的情形。

裂区设计(Split-Plot Design)主要解决试验因子水平不能随意改变所导致的随机化困难。在实际中,有的因子水平可能难以变化(例如,试验场的地域条件,或天气条件等),这时可以考虑运用裂区设计方法。裂区设计是在区组设计的基础上,将区组分裂为更小的子区。通常,应将难以变化、重复取样操作难度大的因子设置为主区因子,而将效应分析精度较高的因子设置为子区因子。与完全随机化区组设计相比,裂区设计具有较少的主区因子水平的变化次数。按子区划分层次的不同,裂区试验设计可分为一阶裂区设计和二阶裂区设计等。

(二)析因设计

析因试验设计(Factorial Design)主要用于确定因子的主效应及交互作用,并通过方差分析来检定这些效应是否显著。

在很多试验设计问题中,所有因子都只有两个水平,称为高水平和低水平,或"+1"和"-1"。对这些因子所有可能的高、低水平进行组合,得到完全因子试验。因子数为 k 时,水平组合数量为 2^k。当因子数 k 比较大时,即使对于每个因子都只有两个水平的情况,水平组合数也可能过多。可以只选择其中的一部分,比如取完全因子水平组合的1/2或1/4,这时可以运用各种部分析因设计方法(Fractional Factorial Design)。例如,当试验水平组合数为4的倍数而非2的幂时,Plackett-Burman设计可用于估计主效应,以确定具有显著影响的因子,并大大减少试验次数。

(三) 正交设计

正交试验设计(Orthogonal Design)是一种部分因子试验设计方法,主要用于从试验空间中选出一些有代表性的条件组合进行试验,用部分试验来代替全面试验,通过对部分试验结果的分析,了解因子的主效应及交互效应等信息。目前已在试验设计中得到了广泛的应用。

假设防空导弹命中精度试验项目的因子试验设计问题中,考虑拦截方式、目标速度和目标 RCS 共 3 个试验因子,每个因子有 3 个水平。若已知各因子之间没有交互效应,只需要通过因子试验分析各因子的主效应即可。如果对试验空间中的所有试验点进行试验,则需要进行 $3^3 = 27$ 次试验。表 5-2 给出了对应的 4 因子 3 水平的正交表,记为 $L_9(3^4)$。采用这一正交表进行试验设计,取其前 3 列对应的搭配组成试验样本点进行试验即可,仅需做 9 次试验,即可评价出所有 3 个因子的主效应。这 9 次试验是 3 个因子全部 27 种水平组合中的 9 个,因此,依正交表安排的试验次数仅为全部试验次数的 1/3。在这 9 个试验中各因子的每个水平的搭配都是合理、均衡的,每个因子的每个水平都进行了 3 次试验,每两个因子的每一种水平组合都进行了一次试验。

表 5-2 正交表 $L_9(3^4)$

试验号	因子			
	A	B	C	D
1	1	1	1	1
2	1	2	2	2
3	1	3	3	3
4	2	1	2	3
5	2	2	3	1
6	2	3	1	2
7	3	1	3	2
8	3	2	1	3
9	3	3	2	1

正交设计是在样本空间中均匀地选择具有代表性的样本点进行试验。表中的 9 次试验在试验空间中的安排如图 5-7 所示。可以看出,9 个试验点均匀分布于 3 个因子构成的三维立方体空间。每个因子每个水平对应的每个坐标轴上有且仅有一次试验。每个因子对应 3 个平面(例如,因子 A 对应的平面为 A_1、A_2、A_3),每个平面上进行 3 次试验。

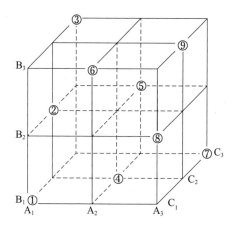

图 5-7 $L_9(3^4)$ 的试验点分布

观察表 5-2 所列正交表 $L_9(3^4)$，可以发现它有如下特点：

(1) 均匀分散性。每列中不同数字出现的次数是相等的，即每列中数字 1、2、3 各出现 3 次。因此，在因子各个水平上试验的重复次数是相同的。

(2) 整齐可比性。将任意两列、同一行的两个数字看成是有序数对，则每种数对出现的次数相等。$L_9(3^4)$ 中有序数对共有 9 个，即 (1,1)、(1,2)、(1,3)、(2,1)、(2,2)、(2,3)、(3,1)、(3,2)、(3,3)，它们各出现一次。因此，各因子的各种水平搭配是均匀的，有利于因子效应的分析。

在利用正交表进行析因试验设计时，应根据因子的数量及水平数选择合适的正交表。首先根据因子的最大水平数，选择具有该水平数的正交表，然后再根据因子的数目及拟评估的效应(含交互效应)数目，选择正交表的大小。当各个因子的水平数不相等时，可以采用拟水平法进行处理或直接采用具有混合水平的正交表进行试验设计。

通常，正交表都附有对应的交互作用表。当考虑因子之间的交互作用时，应将交互作用视为一个新的因子，专门占用正交表的一列(称为交互作用列)，并按正交表的交互作用列安排其在正交表中的列位置。

应用时可查阅有关文献获得已设计好的常用正交表。正交试验设计的结果常用直观分析法、方差分析法和回归分析法等多种方法完成。

(四) 均匀设计

尽管采用正交设计减少了试验次数，但正交试验的次数至少是因子水平数的平方。均匀设计(Uniform Design)是我国科学家方开泰、王元于 20 世纪 80 年代提出的，并已经在试验设计领域得到广泛应用。均匀设计方法去掉了正交设计的"整体可比性"要求,主要考虑在试验空间中尽可能均匀地散布各个试验点。与正交设计相比,均匀设计的试验次数很少,但是其结果分析需要运用回归分析方法等更为复杂的统计方法。

进行均匀设计需要运用均匀设计表及其附表(称为使用表)完成。均匀设计表及其附表都是采用专门的算法构造的。常用的均匀设计表及其附表通常可查阅相关文献获得。

(五)响应曲面设计

响应曲面法(Response Surface Methodology,RSM)是一种通过试验探求响应变量(装备性能)最优值的方法。设试验响应变量与试验因子 x 的关系式为 $y = f(x) + \varepsilon$,其中,ε 表示随机误差。则称期望响应的关系式 $z = E(y) = f(x)$ 为响应曲面。通常,真实的函数关系式 $f(x)$ 是未知的。

响应曲面法采用序贯的方法寻找 $f(x)$ 的最优值,其主要步骤是:首先在小范围内用低阶多项式模型(通常采用一阶线性模型)来近似响应曲面,得到近似的最速上升方向;一步步过渡到极值点附近后,再用高阶模型(通常采用二阶模型)拟合响应曲面,从而得到最佳值。在最速上升阶段,为了能够估计一阶模型中所有参数,一般采用正交回归设计。到达极值点附近后,为了能够估计二阶模型中的参数,通常采用中心复合设计。

中心复合设计(Central Composite Design,CCD)主要用于拟合二阶响应曲面模型。对 k 因子、2 水平的中心复合设计包括三部分:①角点,即所有各个因子都取高水平或低水平进行水平组合构成的试验点。②中心点,即各因子都取零水平构成的试验点。③星号点,亦称轴向点,位于各个因子坐标轴上,围绕 0 点对称分布,离坐标 0 点的距离为 α,具有形式 $(0,\cdots,x_i,\cdots,0)$,其中 $x_i = -\alpha$ 或 α,$i = 1,2,\cdots,k$ 的点。其中 α 是待定设计参数。

(六)回归设计与最优设计

回归设计是通过试验空间中的试验点的合理设计,更精准地拟合试验响应与试验因子的回归模型,这样可以用较少的试验次数获得精度较高的多项式回归方程。常用的回归设计方法有正交回归设计和旋转回归设计。

设回归方程模型为 $Y = X\beta + \varepsilon$,其中,Y 是响应变量的观测向量,X 是受控试验变量(或其函数式),ε 表示随机误差。定义 $M = X'X$ 为信息矩阵。通过正交回归设计,可以使信息矩阵成为对角矩阵,从而消减回归系数之间的相关性,简化回归模型的分析和计算。在实际中,可以运用正交表实现正交回归设计。

如果在相对于试验空间的中心点具有同一距离的点,回归模型的预测精度基本一致,则称该因子试验设计为旋转回归设计。例如,通过适当选择中心复合设计的参数,可以获得二次回归模型的旋转设计。

最优设计的目的是使基于回归模型的信息矩阵 M 定义的某个准则实现最优化。目前,已提出了一些不同的最优性准则,例如:A - 最优准则(使回归系数估计量各分量的方差之和最小)、D - 最优准则(使回归系数估计向量构成的置信椭球的体积最小)、G - 最优准则(回归系数在试验空间中各点的方差最大值最小化)和 E - 最优准则(最小化回归系数标准化线性函数的方差,或最小化置信椭球的最长轴)等。其中,D - 最优准则是较常用的最优准则。最优回归设计涉及的计算较为复杂,通常只能通过数值计算实现。

(七)其他设计方法

试验设计需要处理的因素可能非常复杂,比如:因子之间不独立、存在复杂的约束,导致试验区域不规则(不是超立方体);因子组合的随机性受到限制;因子之间有主次之分;试验资源受到限制等。

对于不规则试验区域的试验设计,可以基于各种最优性准则,采用遗传算法进行试验水平组合设计,或通过坐标交换进行试验点改进。随机性受限情况下的试验设计可以通过区组设计和裂区设计进行。如果因子之间有主次之分,可以将各因子按隶属关系分组,运用嵌套设计(又称系统分组设计)方法进行设计。试验资源受限情况下的试验设计方法有部分因子试验设计、不完全区组设计等。

四、计算机仿真试验设计

目前,数学仿真在装备性能试验中的应用越来越广泛。随着系统越来越复杂,试验因子数量越来越多,因而需要采用科学的试验设计方法提高多因子试验的质效,减少仿真次数,提高试验结果的分析精度。仿真试验设计的主要目的是探究试验条件变量与试验响应变量(装备性能)的关系,评估因子的效应,构建装备性能的拟合模型,预测试验空间中装备的性能值。

仿真试验通常需要模拟复杂的物理过程,以便了解试验因子与响应变量之间的真实关系。因此,在试验空间中,仅依靠选择一些立方体上的角点(如部分因子设计)将难以构建这种复杂关系模型。计算机仿真的试验设计的主要目的是尽可能使试验点充满试验空间,以便捕获试验空间不同区域内试验响应的不同行为,同时又需要考虑尽可能减少试验点的数量。

空间填充设计(Space Filling Designs)使试验点在整个设计区域内均匀分布,为构建系统元模型(Meta Model)或代理模型(Surrogate Model)提供数据。

目前常用的空间填充设计方法有拉丁超立方设计(Latin Hypercube Designs, LHD)和均匀设计方法。

拉丁超立方设计是一种基于抽样的空间填充设计,其试验点集可视为在试验空间上通过分层抽样得到的样本。假设有 p 个因子,试验空间的各个因子的取值范围被分为 n 个等距子区间,则试验空间可以被划分为 n^p 个子立方体。拉丁超立方设计先从这些子立方体中抽取容量为 n 的样本,得到 n 个子立方体,使得每个因子的各子区间中只有一个点被抽中。然后,再在每个抽出的 n 个子立方体中进行随机抽样,从而得到 n 个试验点。因此,拉丁超立方设计得到的试验点集在试验空间各因子坐标轴的投影具有均匀分布的性质。目前,已提出了一些针对拉丁超立方设计的改进方法。例如,采用正交拉丁超立方设计方法能生成具有较好的填充均匀性质的试验点集。

克里金模型(Kriging Model)最早是由南非的 Krige 于 1951 年提出的,是目前计算机仿真试验中常用的代理模型。该模型能考虑空间数据的相关性,具有插值的特性,因而能较好地拟合复杂的多因子响应曲面。

五、因子试验设计方法的选择

无论是实物试验还是仿真试验,都已经有多种试验设计方法。许多因素会影响设计方法的选择,包括:试验目标(试验类型),试验设计方法的适用性(包括因子和水平的数量、因子类型等),试验方案的规模(包括区组大小、中心点数目、重复点数目、运行总次数等),试验方案所能支持的模型和所能识别的效应(如主效应、交互效应、二次效应等),对试验区域和随机化的限制,等等。

通常,从建立高精度元模型和提高模型预测精度的角度,在选择试验设计方法时应考虑以下因素:

(1)试验规模。试验次数应能够充分估计元模型未知参数。

(2)正交性。正交性的主要作用是简化计算,有助于获得比较精确的模型,便于分离各因素对整体元模型拟合的贡献,简化对试验结果的解释。缺少正交性被称为多重共线性,这会导致参数估计具有较大的误差或难以估计。

(3)空间填充性。空间填充设计对于拟合非参数模型也特别有用。空间填充设计也提供了估计线性和非线性效应以及交互效应的可行途径。空间填充性对仿真试验设计来说是非常重要的评价准则。

(4)有效性(最优性)。试验设计方法和设计方案决定了所估计的元模型参数的标准误差。

(5)模型估计精度。有很多定量指标可以用来评价模型估计精度,通过比较不同试验方案下这些指标的取值,可以对试验方案进行评价。典型的模型估计精度评价指标包括信噪比、检验功效、预测方差、方差膨胀系数、混淆程度等。方差膨胀系数是衡量多元线性回归模型中多重共线性的一种度量。

第五节 统计验证试验设计方法

由于各种随机因素的影响,在同样的试验条件下,对装备的一些性能指标的各次试验获得的性能观测值具有随机性。例如,导弹是否命中目标,导弹的射程等。因此,对于这类指标提出研制要求时,通常是将指标的观测值视为服从一定概率分布的随机变量,以该概率分布总体特征参数的形式给出,例如,如果将导弹在一次飞行试验中是否命中目标视为二项分布,则可用导弹的命中概率作为总体参数进行验证评估。对于导弹武器系统的火控系统的无故障工作时间,通常采用平均无故障工作时间(MTBF)作为总体参数。要对这类性能指标进行试验验证,就需要通过性能试验获取试验样本,通过样本对性能指标的真值是否满足要求给出结论。

统计验证试验设计的主要任务是基于数理统计理论,设计所需的试验样本量,确保能基于设计的样本量,在一定的置信度或误判风险水平下给出装备性能指标的验证结论。

一、统计假设检验设计

(一)假设检验问题

对于装备的性能指标是否达标,运用统计验证方法进行检验时,需要首先根据问题需要,对装备的性能指标做出某种假设,然后根据所搜集的试验样本数据,对该假设的真伪进行判断。从统计学的角度讲,这一问题可抽象为统计假设检验问题。统计假设检验问题是指先针对总体的参数取值提出一个假设(如总体的均值等于100),然后基于来自于总体的观测样本,对提出的假定是否正确得出统计推断结论。

在统计理论中,通常将提出的关于总体参数取值的假设称为 H_0 假设(Null Hypothesis),将总体参数取其他值的假设称为 H_1 假设,或称为备择假设(Alternative Hypothesis)。一般来说,原假设是研究者想收集证据予以反对的假设,备选假设一般是研究者想收集证据予以支持的假设。在经典的统计假设检验框架下,原假设和备选假设之间是不对称的,也就是说,需要很强的证据才能够拒绝原假设。

在进行装备性能指标的假设检验问题中,通常把性能指标满足研制要求作为原假设,即首先假设参数的真值满足要求,选择研制总要求中规定的战术技术指标的要求值构造原假设或零假设,再来检验这个假设是否成立。例如,为了验证导弹的命中概率是否满足要求,首先假设导弹的命中概率为 θ,且 θ_1 为最低可接受值,θ_0 为规定值。则对于指标 θ 的验证问题,可表述为以下统计假设检验问题:

$$H_0: \theta = \theta_0 \quad H_1: \theta = \theta_1$$

(二)假设检验的原理

统计假设检验的依据是小概率原理:小概率事件在一次观测中几乎是不可能发生的。统计假设检验的基本思想类似于逻辑推理中运用的反证法。如图5-8所示,首先假设原假设成立,再根据原假设计算样本观测值出现的可能性,如果出现的可能性很小,则根据小概率原理拒绝接受原假设。若可能性较大,则结论为:不拒绝原假设的成立(但这并不等价于原假设一定成立)。

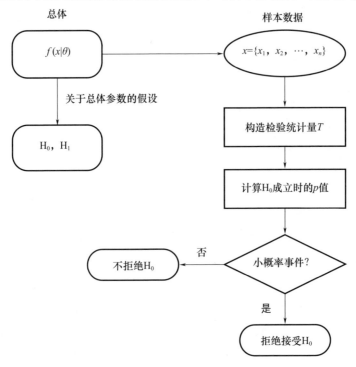

图5-8 统计假设检验的原理

根据计算得到的样本统计量对应的 p 值表示样本观测值或更极端观测结果出现的可能性,在统计学中一般认为当这一概率小于 0.01 或 0.05 时,就表明样本数据不显著地具有从 H_0 假设成立这样的总体中随机抽取的特性,因此,根据小概率原理,运用反证法推理,认为原先提出的假设是不成立的。

例如,要检验某型导弹命中概率是否高于 0.8,逻辑上需要对所有该型导弹进行发射试验后,根据是否命中得到命中概率,如果该取值低于 0.8,则断言"某型导弹命中概率高于 0.8"就是错误的。但是,对于导弹这类一次性使用的产品,将所有产品都用于进行试验显然失去了试验的价值。因此,实际的做法是选择该型导弹的少量样品进行试验,然后根据试验结果得出结论。

为了利用样本数据对原假设进行检验,需要构造一个统计量 T,称为检验统计量,并在该统计量的取值空间中定义拒绝域 D 和接受域 D^C,分别表示拒绝 H_0 时 T 的取值范围和不拒绝 H_0 时 T 的取值范围,因此 T 和 D 就构成一个检验方案,其判定规则为:当 T 的取值落入拒绝域 D 时,则拒绝原假设 H_0;当 T 的取值落入接受域 D^C,则不拒绝原假设。

(三)两类错误与风险

由于样本的有限性及随机性,这种统计推断得到的检验结论存在误判的风险。当检验结论与真实情况不一致时,就称犯了统计检验错误。在统计假设检验中可能犯的错误分为如下两类(表 5-3)。

表 5-3 假设检验中的两类错误

		检验结果	
		不拒绝 H_0	拒绝 H_0
真实情况	H_0 为真	结论正确	弃真错误(概率为 α)
	H_1 为真	采伪错误(概率为 β)	结论正确

当假设 H_0 为真的情况下,根据采集到的样本得到的结论是 H_0 不成立,这类错误在统计学中称为"弃真"错误或第 I 类错误(Type I Error),通常用 α 表示这一类错误的概率。由于 H_0 通常是认为装备性能满足要求,所以当装备性能满足指标要求而判定不符合指标要求时,研制方的利益受到损害,因此 α 也称为研制方风险。

当假设 H_1 为真时,如果检验结论是接受 H_0,这类错误称为"采伪"错误或第 II 类错误(Type II Error),其概率用 β 表示。由于 H_1 通常表示装备性能不能满足指标要求,使用方(军方)的利益受到损害,所以 β 也称使用方风险。

给定一个统计假设检验方案,其功效(Power)定义为根据该检验方案,当

H_1 为真时拒绝 H_0 的概率。由此,统计检验的功效等于 $1-\beta$。

假设对某导弹进行维修性验证,验证其平均维修时间满足要求的值。通过故障设置和维修作业试验,可以得到维修时间样本数据,通常假设维修时间是服从对数正态分布的随机变量。将维修时间经过对数变换后,可得到服从正态分布 $N(\mu,\sigma^2)$ 的随机变量 X。

假设经过试验得到的 X 的容量为 n 的样本为 $x_1,x_2,\cdots,x_n$,检验统计量为 $T(x)=\sum_{i=1}^{n}x_i/n$,则由统计理论可知,T 服从正态分布 $N(\mu,\sigma^2/n)$。给定原假设与备择假设如下:

$$H_0:\mu=\mu_0 \quad H_1:\mu=\mu_1(\mu_1>\mu_0)$$

若假设统计检验的判据为:当 $T(x)\geq T_1$ 时,拒绝接受 H_0,否则,不拒绝 H_0。则如图 5-9 所示,当 T_1 左移时,第 I 类错误风险 α 加大,当 T_1 右移时,第 II 类错误风险 β 增大。根据统计学理论,在试验样本量一定时,难以同时降低两类错误的风险。如果减小 α 就会增加 β;而 β 减小,则 α 就随之增加。也就是说,研制方风险减小,则使用方风险增大;反之,使用方风险减小,则研制方风险就增大,两者是相互矛盾的。要想同时减少两类风险,只有增加试验样本量。样本量越大,对装备性能的估计或检验也就越可靠。但是,增加试验样本量必然要增加试验的成本,样本量越大,耗费就越大。因此需要综合考虑双方风险的前提下,使得样本量越小越好。

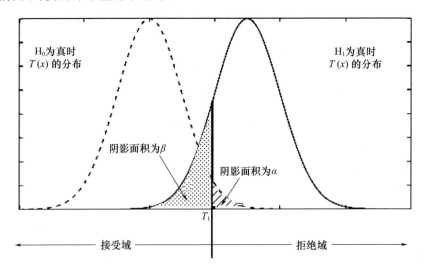

图 5-9 假设检验中所犯错误

在实际试验设计时,通常将研制方风险 α 与使用方风险 β 设置为某一特定值,通过计算确定能同时满足两类风险水平控制要求的最小样本量 n。较为常用的是采用风险平均分担原则确定 α 与 β 的取值,即 $\alpha=\beta$ 或 $\alpha\approx\beta$。

在装备性能试验实践中,装备的性能指标验证要求通常是以一定误判风险水平下的最低可接受值等形式提出。例如,在出现误判为不达标的风险水平不大于5%的条件下,要求验证导弹的命中概率大于0.8。

(四)样本量设计

武器系统命中概率通常假设统计总体是二项分布,需验证的总体参数为成功概率。电子装备的正常工作时间通常假设是服从指数分布的随机变量,导弹的落点偏差(横向或纵向)通常可以假设为服从正态分布的随机变量,这时需验证的参数是总体均值。

以下以成败型指标的统计验证为例说明试验样本量的设计原理。正态分布或指数分布型指标的统计验证设计具有类似的原理。

对成败型指标,通常假设 p_1 为二项分布总体成功概率的最低可接受值,p_0 为成功概率的规定值。关于实际成功概率 p 的统计假设可写为以下简单假设检验形式:

$$H_0: p=p_0 \quad H_1: p=p_1$$

如果判定试验通过的条件为:进行 n 次试验,失败的次数小于等于 f 次。根据二项分布概率的计算公式及两类风险水平的控制要求,可列出如下不等式组:

$$\begin{cases} 1-\sum_{i=0}^{f}\binom{n}{i}(1-p_0)^i p_0^{n-i} \leq \alpha \\ \sum_{i=0}^{f}\binom{n}{i}(1-p_1)^i p_1^{n-i} \leq \beta \end{cases}$$

上述不等式的基本思想是,当实际成功概率为 p_0 时,统计检验结论为拒绝接受 H_0 的概率小于等于 α;当实际成功概率为 p_1 时,统计检验结论为接受 H_0 的概率小于等于 β。通过上述不等式,可求解得到试验设计参数 n,f。其中 n 是试验所需的样本量,f 是不拒绝 H_0 的判据,即当试验中失败数小于等于 f 时不拒绝 H_0,否则拒绝 H_0。

假设 $p_0=0.8, p_1=0.4, \alpha=\beta=0.2$,则可运用前述不等式组计算得到 $n=4$,$f=1$,因此试验方案为:共试验4次,当失败次数小于等于1时,认为成功概率满足0.8的要求,否则不满足指标要求。假设取 $\alpha=\beta$,图5-10给出了 α 取不同值时,为判定成功概率满足要求而所需的最少试验次数 n(图中的实线)及允许

的失败次数 f(图中的虚线)。由此图可见,如果要求较低的风险水平,则必须增加试验次数。

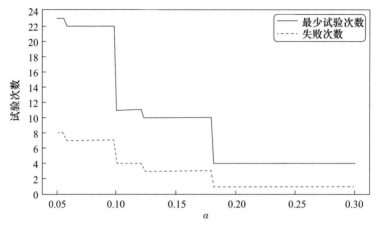

图 5-10 试验次数与风险水平的关系

图 5-11 给出了当允许失败数 $f=1,2$ 时,通过上述检验的概率随实际成功概率的变化情况。可以看出,当实际成功概率变高时,通过检验的概率逐渐增加,而且当允许失败数增加时,通过检验的概率也随之增加。此外,当试验样本数 n 增加时,曲线变陡。对同样的允许失败数 f,在实际成功概率为 0.4,0.8 时,通过检验的概率随 n 的增大都有所下降。

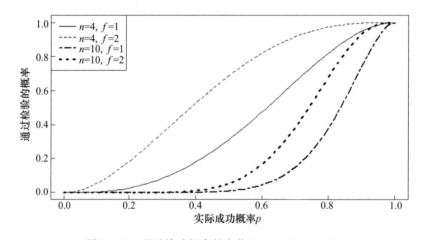

图 5-11 通过检验概率的变化($n=4,10;f=1,2$)

由图 5-12 可以看出,如果取 $n=60$,当 $f=17$ 或 20 时,可以使得在真实成功概率为 0.8 时具有较高的通过概率,同时又使当真实成功概率为 0.4 时具有较低的通过概率。因此,增加样本量并且进行科学合理的统计验证试验设计具有十分重要的意义。

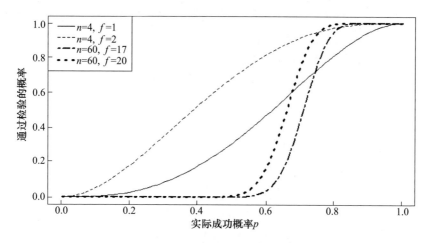

图 5-12 通过检验概率的变化($n=4,60;f=1,2,17,20$)

二、序贯试验设计

装备研制过程一般遵循"试验—分析—再试验"的迭代过程。将装备研制过程中的各阶段试验视为一个试验序列,可以使用早期阶段的试验数据来加深对装备的了解,验证(或改进)各种模型和模拟,为后续试验设计提供信息。

(一)序贯试验样本量设计

序贯试验设计的基本思想是根据实际试验的结果决定是否需要继续采集样本数据,而不是必须按事先设计的样本量完成全部试验。序贯试验需要在得到新的样本观测值后,对试验数据进行计算分析和判断,决定是否可以结束试验,或者仍然需要继续进行试验。这样逐次得到的样本称为序贯样本。研究表明,在同样的检验风险要求之下,序贯试验的平均试验次数要小于非序贯试验的试验次数。

序贯试验设计需要解决两个问题:一是何时停止,二是如何根据停止时的全部数据做出统计推断。

序贯试验设计通常是基于序贯概率比检验(SPRT)法实现的。SPRT 的基本思想是:根据当前已获得的样本数据 $X_1,X_2,\cdots,X_n$,计算其在 H_0 和 H_1 成立的情况下出现的概率 $P_{0,n}$ 和 $P_{1,n}$,即

$$P_{0,n}=P(X_1,X_2,\cdots,X_n\mid H_0)$$

$$P_{1,n} = P(X_1, X_2, \cdots, X_n | H_1)$$

定义似然比为 $L_n = P_{1,n}/P_{0,n}$。当 L_n 充分大时，表明 H_1 成立的可能性比 H_0 成立的可能性大，因而可以拒绝 H_0。当 L_n 很小时，接受 H_0。当 L_n 不大也不小时则不作结论，需继续进行样本观测后再判断。

序贯概率比检验的停止规则由两个常数 A、$B(0 < A < 1 < B)$ 确定。当试验中出现第一个满足 $L_n \leq A$ 或者 $L_n \geq B$ 的试验结果时终止试验，否则需要继续采集样本。当 $L_n \leq A$ 时，接受 H_0；当 $L_n \geq B$ 时，拒绝 H_0。SPRT 的停止法则可表示为：

(1) 当 $L_n \leq A$ 时，接受 H_0；

(2) 当 $L_n \geq B$ 时，拒绝 H_0；

(3) 当 $A < L_n < B$ 时，抽取样本，继续试验。

在实际工作中，可用于试验的样本量是有限的，不能无限地一直进行序贯试验。为了在有限的样本量下得出结论，可以采用序贯截尾试验方案，即当样本量达到规定最大值时强行停止试验，然后根据非序贯条件下的假设检验方法对装备做出判断。

假设对于某成败型性能指标，$p_0 = 0.9, p_1 = 0.8, \alpha = 0.2, \beta = 0.2$，最大允许的样本量为 $n_0 = 22$，则可由序贯检验方法得到如图 5 – 13 所示的检验方案，其中，$s = 0.8548, h_0 = 1.7096, h_1 = -1.7096$。设当前累计试验次数为 n，累计试验成功次数为 m，则试验判决规则如下：

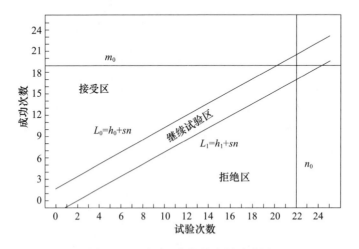

图 5 – 13 成败型指标的序贯试验图

(1) 当累计试验次数小于 22 次时：

如果 (n, m) 在 $L_0 = h_0 + sn$ 的线上或其上方，则接受 H_0 假设；

如果 (n,m) 在 $L_1=h_1+sn$ 的线上或其下方,则拒绝 H_0 假设;

如果 (n,m) 处于直线 $L_0=h_0+sn$ 和 $L_1=h_1+sn$ 之间,则继续进行试验以采集样本观测值。

(2)当累计试验次数等于22次时:若 $m\leqslant m_0$,则拒绝 H_0 假设;若 $m\geqslant m_0$,接受 H_0 假设。

二次抽样统计或两阶段试验是指试验过程被分成两个阶段,在第一阶段试验后如果还不能明确地给出拒绝或接受的结论,则进行补充试验,依据补充试验结果进行最终判决。

(二)序贯试验点设计

性能试验的主要目的是获得被试装备性能的知识。如果通过初始的试验无法满足要求,则应该根据之前的试验点信息及相关准则来选择(增加)新的试验点,生成新的试验方案,再将原试验点与新试验点综合起来,进行对比、评估或优化。与序贯样本量设计相比,序贯试验点设计更复杂一些,涉及初始设计、决策准则和停止规则三个方面。

初始设计即选择初始试验点。决策准则是指在决定继续试验的情况下,如何新增试验点。对于表征试验来说,可以考虑在元模型不规则的区域,或者在预测误差较大的区域,或者在预测模型不确定性较大的区域增加试验点。终止准则即决定序贯试验过程是否终止的规则。对于表征试验来说,可以基于元模型预测精度(比如,均方平方根预测误差 RMSE、最大绝对误差 MAX、渐近均方误差 AMSE 等)来终止序贯试验;对于系统优化来说,可以通过是否收敛到最优点来结束试验。有时,可以直接根据所能承受的试验次数来确定终止时刻。

对于筛选试验来说,除了可以采用与表征试验类似的序贯试验设计,还可以采用专门设计的序贯策略。序贯分支(Sequential Bifurcation)设计假设各试验因子对响应变量的效应的符号是已知的。首先将所有感兴趣的试验因子合成一组进行试验(称为当前组),并通过试验数据获得该组的效应。如果当前组的效应是重要的,表明该组中至少有一个因子具有重要影响,则将该组划分为两个子组。对这两个子组进行试验,获得每个子组的效应。随着试验的进行,依次得到的分组变得越来越小,直到所有因子或者被分类到不重要组,或者作为重要组中的一员。

现代装备研制过程中大量采用建模仿真技术,仿真模型不仅可以检验需求和验证设计,而且为实物试验提供重要的验前信息。获得实物试验数据后,对仿真模型进行修正或确认,经实物试验数据校验的仿真模型成为装备性能验证的重要依据。这种"建模—试验—验模"迭代的试验评估过程,是一种广义的序贯试验。

三、小子样试验设计

(一)小子样试验设计的思想

经典统计学主要是基于大样本统计的结果,即假设试验样本量充分大。性能参数统计评估的精确度和假设检验的风险,都与试验样本量有关。试验样本量增加,就会提高评估的精度,降低检验的风险。因此,人们通常都希望获得较大的试验样本量。但是,有些现代大型复杂装备成本高、试验难度大,试验样本量少,考核指标多;有的装备具有"长寿命、高可靠性"特点,导致故障信息有限;某些卫星型号、舰船装备等还具有独一性,比如有的型号卫星可能仅为单星定制交付。有时,由于测试设备技术局限性或观察条件的限制,导致装备试验数据缺失。试验样本量少不仅使得难以进行充分的实装试验考核,而且使得基于大样本统计理论的统计试验设计与评估方法难以保证评估结果的置信度或功效,从而使其应用面临困难。因而,在小子样条件下,如何开展装备试验设计与评估就成为了人们十分关注和迫切需要解决的问题。

如图5-14所示,所谓小子样试验设计与评估,就是指在现场试验子样少的现实情况下,充分利用各种来源的验前信息(即现场试验前对装备性能的相关知识或数据信息)开展装备试验设计与评估。

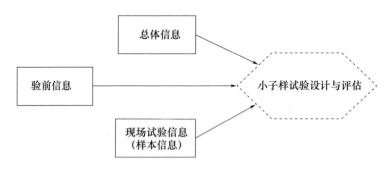

图5-14 小子样试验设计与评估的思想

传统的大样本统计试验设计与评估理论,在进行统计推断时主要是利用了抽样信息,包括两类信息。第1类是总体信息,即关于被试装备性能指标的总体信息(例如,寿命服从指数分布、命中概率服从二项分布等)。第2类是试验样本信息,即通过现场实装试验得到的试验样本信息。小子样试验设计与评估理论在统计推断时则利用了3类信息,除了前述2类抽样信息外,还利用了验前信息,即在现场试验之前所获得的关于被试装备性能指标的各种类型和来源的验前信息。因此,小子样并不意味着试验设计与评估时的可用信息少,而主要是指需要的现场实装试验数据少,可以通过充分融合验前信息,并结合现场试验数据来满足试验结果置信度或功效要求。

小子样试验设计是一种综合性试验设计方法,除了现场试验的样本信息以外,还要使用各类验前信息,包括装备不同研制阶段的不同类型试验的数据。从装备全寿命周期试验的角度,小子样试验设计要统筹考虑不同阶段和不同类型的多种试验。比如,在仿真试验中考虑实物试验的验前信息的需求,确定试验项目,制定数据收集保障方案;进行实物试验时,根据仿真信息的数量和可信度,确定试验样本量;仿真试验和实物试验的样本设计存在关联,可以在试验开始前进行综合设计。

(二)贝叶斯方法的基本原理

目前,在装备性能试验鉴定实践中应用较多的小子样试验设计与评估理论是基于贝叶斯统计理论的。贝叶斯统计理论最早是在18世纪由英国学者Thomas Bayes提出的,现已发展成为一种受到广泛关注的统计推断的方法(称为贝叶斯方法),并在统计学界形成了具有影响力的贝叶斯学派。经典统计的频率学派认为,总体参数 θ 虽然是未知的,但是一个确定的量。与频率学派不同,贝叶斯学派最为显著和基本的一个观点是:未知的总体参数 θ 为一个随机变量,而且可以用一个概率分布对其不确定性进行描述。在试验之前,人们对这一分布有某种认识,而获得试验数据后,人们对 θ 的分布就会更新,并用新的分布表示。

关于贝叶斯方法,国外较系统全面介绍贝叶斯理论的专著有 James O. Berger 所著的 *Statistical Decision Theory and Bayesian Analysis*。在国内,国防科技大学张金槐教授等为代表的学者已经出版了一些关于贝叶斯理论在装备试验鉴定领域应用的专著和论文。

贝叶斯方法与经典统计方法的主要不同之处是利用了验前信息。假设对于被试装备某一性能参数 θ(例如,导弹的命中概率),对应于该参数的样本观测值 X(例如,导弹是否命中目标)服从的概率分布密度函数为 $f(X;\theta)$。在装备现场试验之前,可以通过各种来源获取关于该指标的信息,从而得到关于 θ 的认识。这种认识可以用 θ 的概率分布 $\pi(\theta)$,即所谓"验前分布"(Prior Distribution)表示。假设通过现场试验,可以获得来自装备性能指标总体的样本数据 X。

在贝叶斯方法中,由于 θ 被视为随机变量,因此可将 $f(X;\theta)$ 视为一个已知 θ 时的条件分布密度,记为

$$g(X|\theta) = f(X;\theta)$$

以下是贝叶斯方法的核心公式,称为贝叶斯公式:

$$\pi(\theta|X) = \frac{g(X;\theta)\pi(\theta)}{\int g(X;\theta)\pi(\theta)d\theta}$$

其中,$\pi(\theta|X)$ 称为验后分布(Posterior Distribution),Θ 为参数 θ 的取值范围。验前信息 $\pi(\theta)$ 是在试验前了解的总体参数 θ 的概率分布,反映的是在试验之前对 θ 的认识。验后分布 $\pi(\theta|X)$ 是综合验前信息、样本数据 X 和总体信息(即样本所服从的统计模型)三种信息得到的 θ 的概率分布,反映了人们在试验之后对 θ 的认识。

例如,对于成败型性能指标成功概率 p 的估计,设 p 的验前分布为 Beta 分布 $B(50,6)$,现场53次试验中有50次成功、3次失败,则运用贝叶斯公式可得 p 的验后分布为 Beta 分布 $B(100,9)$,图 5-15 给出了验前分布向验后分布的转换过程。由图 5-15 可以看出,在获得了现场试验信息后,p 的概率分布密度的离散程度变小,所以减少了关于 p 的认识的不确定性。

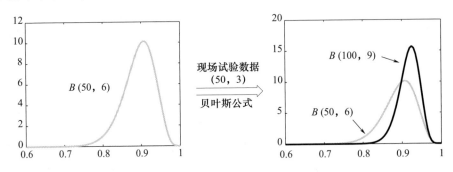

图 5-15　验前分布向验后分布的转换示意图

贝叶斯方法的基本原理是利用各种验前信息构造总体参数的验前分布,再利用贝叶斯公式综合验前信息和现场试验数据获得验后分布,然后根据验后分布对总体参数进行统计推断。贝叶斯方法作为一种小子样方法,并不是指不需要数据信息,而是要求在试验之前尽可能获得较多的关于总体的验前信息。

依据贝叶斯公式计算验后分布,通常会涉及较为复杂函数形式的高维积分,并且难以得到解析解。为此,可以运用计算机数值求解。较常用的方法是

MCMC(Markov Chain Monte-Carlo)方法,该方法是通过模拟一个Markov链生成验后分布的样本,再通过样本实现各种贝叶斯估计计算。关于MCMC方法的介绍详见王正明等著《导弹试验的设计与评估》及其他相关参考文献。

(三)验前分布的构造

1. 验前信息的来源及处理

由贝叶斯公式可以看出,验前信息是贝叶斯方法应用的前提。构造验前分布是在装备试验鉴定实践中应用贝叶斯小子样方法的关键环节。验前信息的不同可能会导致贝叶斯评估结果的不同。因此,一方面要尽可能多地收集各种相关的验前信息,另一方面还要对验前信息进行可信性分析,根据不同验前信息的特点科学合理地对其进行折合、融合及稳健性分析等处理,以保证评估结果的可信度。

在实际应用中,可以根据具体情况采用两种方式对不同来源的验前信息进行融合。一种是先将不同来源的验前信息进行融合,然后再进行贝叶斯统计推断。另外一种融合的方式是直接基于各个来源的验前信息和现场信息分别进行贝叶斯统计推断,再对基于各个统计推断的结果进行事后融合,得到最终的评估结果。

图5-16给出了使用第一种方式融合验前信息一个处理流程。在实际中可以根据具体情况和需要对此工作流程进行裁剪或调整修改使用。例如,对于由专家主观判断得到的验前信息,可以考虑直接进入可信度分析环节。

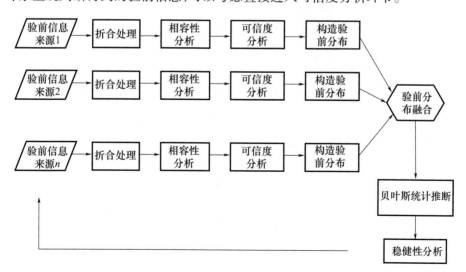

图5-16 验前信息的处理流程

以下对验前信息的相关处理流程进行简要说明,具体方法详见张金槐等《贝叶斯试验分析方法》、蔡洪等《贝叶斯试验分析与评估》和其他相关参考文献。

(1)验前信息的来源。

装备性能试验的验前信息有多种来源和表现形式。例如,装备研制过程中部件和分系统试验、系统验证试验、仿真试验等试验样本、类似装备的试验数据以及专家对性能指标的经验知识等。随着建模与仿真技术在装备性能试验中的大量运用,仿真试验数据已成为重要的验前信息来源。

(2)验前信息的折合。

验前信息通常与现场信息并不对应于同一装备状态及试验条件。例如,导弹发动机的地面试车数据与飞行试验数据所处的环境不一。在可靠性试验时,有时还需要考虑产品的可靠性增长或加速寿命试验等情况。对于不一致的验前信息,需要采用科学合理的模型方法对验前信息进行等效折合处理,以便使验前信息与验后信息能对应于同一状态或条件。

(3)验前信息的相容性检验。

进行信息折合处理后,需要对验前信息与现场信息的相容性进行检验。检验两个来源数据是否源于同一统计总体。常用的相容性检验方法有 Kolmogrov - Smirnov 检验、Wilcoxon 秩和检验法等。

(4)验前信息的可信度分析。

验前信息的可信度是贝叶斯方法应用时需考虑的重要问题。专家信息通常具有一定的主观性,涉及专家的个人偏好、专家判断的不确定性、一致性和权威性。通过计算机仿真,可以产生大量的验前信息,如果不加区分地混用这种信息,就可能使现场信息将被验前信息"淹没"。因此,需要在对验前信息的可信度、验前信息的折合方法等进行分析的基础上,再运用贝叶斯方法进行分析,对可信度低的验前信息,应慎重使用或给予较低的权重系数。

验前信息可信度可采用两种方法量化评估:一是可信度的量化方法是基于与现场数据的"比较",比如基于两类数据分布之间的差异定义可信度。这种方法在样本量较大情况下比较有效,但在小子样情况下由于抽样的随机性使得可信度的计算不够准确。二是可信度的度量方法是基于数据来源,比如基于验前信息的折合精度定义可信度等。

(5)构造验前分布。

进行前述处理后,需要基于处理得到的结果,构建各个验前信息来源的具体验前分布形式,并确定验前分布的参数。

(6)验前信息的融合。

对于多种不同来源的验前信息进行验前分布的融合,形成一个融合后的验前分布以用于验后评估。常用的融合方法有基于可信度的加权融合法、极大熵融合法。

(7)验前信息的稳健性分析。

由于不同的验前分布会得出不同的验后评估结果,所以在实践中应用贝叶斯方法时,应进行稳健性分析,分析不同验前分布对评估结果的影响程度,评估结果对验前分布的"灵敏度"。对于"灵敏度"高的验前分布应重点分析其原因,特别是分析前述各个环节是否科学合理,必要时对验前分布进行修改,重新进行处理。

2. 验前分布的构造方法

关于验前分布的构造有以下几种方法。

(1)无信息先验法。

当对总体参数不了解任何信息时,可以依据"同等无知原则"构造"无信息"验前分布,即认为未知参数 θ 在参数空间 Θ 中取任何值的可能性都相同。

例如,当对于导弹的命中概率 p 没有任何知识时,可以假设 p 的验前分布是$[0,1]$上的均匀分布,从而其验前分布密度为 $\pi(p)=1$。

一种常用的构造无信息先验的方法是 Jeffreys 准则。Jeffreys 准则认为总体参数 θ 的无验前分布对于 θ 的函数变换应具有不变性,因而其无信息先验分布应为 $\pi(\theta)=\sqrt{\det \boldsymbol{I}(\theta)}$。其中,$\det \boldsymbol{I}(\theta)$ 表示 Fisher 信息矩阵 $\boldsymbol{I}(\theta)$ 的行列式。Fisher 信息阵的定义为 $\boldsymbol{I}(\theta)=[I_{ij}(\theta)]$,$I_{ij}(\theta)=E\left(-\dfrac{\partial^2 l}{\partial \theta_i \partial \theta_j}\right)$。

例如,对于导弹命中概率 p,根据上述准则,可以得到其无信息验前分布为 Beta 分布密度 $B(1/2,1/2)$,$\pi(p) \propto \dfrac{1}{\sqrt{\theta(1-\theta)}}$。

(2)共轭分布法。

目前,最方便和常用的构造验前分布的方法是共轭分布法。共轭分布法认为,总体参数 θ 的验前分布与验后分布应具有同一类型的概率分布形式,据此可以得到针对某一总体分布的验前分布。这种思想不仅简化了数学计算,而且共轭验前分布的参数通常是具有某种实际工程意义的变量,因而就可根据参数的工程意义直接给定验前分布的参数。

例如,对于二项分布总体,若取其参数为成功概率 p,则可证明其共轭分布为 Beta 分布。因此,如果 p 的验前分布为 $B(a,b)$,现场试验共 n 次,成功 x 次,

则可证明 p 的验后分布为 $B(a+x, b+n-x)$。

(3) 极大熵法。

当在试验前,已知性能总体参数 θ 的部分信息时,可以采用极大熵方法求解验前分布。

熵(Entropy)是信息论中对信息量的一种度量,反映了概率分布的不确定性。设 θ 的验前分布为 $\pi(\theta)$,则当 θ 为离散变量时其熵定义为

$$H(\pi) = -\int_{\Theta} \pi(\theta) \ln \pi(\theta) \mathrm{d}\theta$$

极大熵法认为:当已知关于 θ 的部分信息时,应在尽可能满足已知信息的约束条件下,使验前分布的不确定性最大。

已知验前分布 θ 的均值为 μ 时,根据极大熵法,可以通过在约束条件 $\int_{\Theta} \theta \pi(\theta) \mathrm{d}\theta = \mu$ 下求解如下约束最优化问题 $\max_{\pi} H(\pi)$ 得到验前分布 π。

(4) 其他方法。

除了上述几种方法外,还有专家主观概率法、位置与尺度变换法、第二类极大似然法、自助法等多种方法可用于确定验前分布,详见有关参考文献。

(四) 贝叶斯统计验证试验设计

运用贝叶斯方法进行统计试验设计,主要是利用验后分布进行总体性能参数的假设检验。以下通过介绍装备试验鉴定领域较为常见的贝叶斯序贯验后加权检验法(Sequential Posterior Odd Test, SPOT),说明运用贝叶斯方法进行小子样试验设计的思想。

假设有如下总体参数的假设检验问题:

$$H_0: \theta \in \Theta_0 \quad H_1: \theta \in \Theta_1$$

当获得样本 X 的观测值 $x = \{x_1, x_2, \cdots, x_n\}$ 后,可计算得到 θ 验后分布 $\pi(\theta|x)$。据此可以计算出 θ 属于两个假设的验后概率

$$\alpha_0 = P(H_0|x) = P(\theta \in \Theta_0|x)$$
$$\alpha_1 = P(H_1|x) = P(\theta \in \Theta_1|x)$$

SPOT 方法通过比较 α_0, α_1 的大小进行假设检验决策。定义验后概率比为 $O_n = \dfrac{\alpha_1}{\alpha_0}$。设 A, B 为常数,且满足 $0 < A < 1 < B$。SPOT 方法具有如下序贯决策形式:①当 $O_n \leq A$ 时,结束试验,并接受 H_0。②当 $O_n \geq B$ 时,结束试验,并接受 H_1。③当 $A < O_n < B$ 时,继续进行试验。

定义 $\pi_0 = \int_{\Theta_0} \pi(\theta) \mathrm{d}\theta$,$\pi_1 = 1 - \pi_0$,给定在考虑验证信息的条件下,研制方

风险和使用方风险的期望水平分别为 $\alpha_{\pi 0},\beta_{\pi 1}$。为了使检验风险满足要求,待定常数 A,B 应按以下公式计算确定

$$A = \min\left\{1, \frac{\beta_{\pi_1}}{\pi_0 - \alpha_{\pi_0}}\right\} \quad B = \max\left\{1, \frac{\pi_1 - \beta_{\pi_1}}{\alpha_{\pi_0}}\right\}$$

因此,在应用 SPOT 方法时,只需根据给定的验前分布,计算得到 π_0,π_1,代入上式求出常数 A,B 即可确定序贯检验法则。依据采集到的样本,计算出 O_n,就可以根据检验法则决定是否可以停止试验得到结论或需要继续试验。

当在实际应用中,当试验最大样本量 N 受限时,可以进行序贯截尾,即样本数达到 N 时停止试验,做出假设检验决策。为此,可以运用截尾 SPOT 方法,详见张金槐等的专著《贝叶斯试验分析方法》和其他相关参考文献。

参考文献

[1] 王正明,卢芳云,段晓君.导弹试验的设计与评估[M].第 3 版.北京:科学出版社,2022.

[2] 郁浩,都业宏,宋广田,等.基于贝叶斯分析的武器装备试验设计与评估[M].北京:国防工业出版社,2018.

[3] 韦来生.数理统计[M].第 2 版.北京:科学出版社,2015.

[4] 金振中,李晓斌,等.战术导弹试验设计[M].北京:国防工业出版社,2013.

[5] 茆诗松,汤银才.贝叶斯统计[M].第 2 版.北京:中国统计出版社,2012.

[6] 武小悦,刘琦.装备试验与评价[M].北京:国防工业出版社,2008.

[7] 张金槐,刘琦,冯静.Bayes 试验分析方法[M].长沙:国防科技大学出版社,2007.

[8] 常显奇,程永生.常规武器装备试验学[M].北京:国防工业出版社,2007.

[9] 蔡洪,张士峰,张金槐.Bayes 试验分析与评估[M].长沙:国防科技大学出版社,2004.

[10] Wu C F J,Hamade M.试验设计与分析及参数优化[M].张润楚 郑海涛,兰燕,等译.北京:中国统计出版社,2003.

[11] 郭波,武小悦,等.系统可靠性分析[M].长沙:国防科技大学出版社,2002.

[12] 刘琦,冯文哲,王囡.Bayes 序贯试验方法中风险的选择与计算[J].系统工程与电子技术,2013,35(1):223 – 229.

[13] Montgomery D C. Design and analysis of experiments[M].9th ed. Hoboken:Wiley. ,2017.

[14] Defense Acquisition University. Chapter8,Test and Evaluation[M]. Belvoir Rd:In Defense Acquisition Guidebook (GAG). 2017.

[15] Fang K T,Li R,Sudjianto A. Design and Modeling for Computer Experiments[M]. Boca Raton:Chapman & Hall/CRC,2006.

[16] Law A M,Kelton W D. Simulation Modeling and Analysis[M].3th ed. New York:McGraw –

Hill, 2006.

[17] Box G E P, Draper N R. Empirical Model – Building and Response Surfaces[M]. New York: Wiley, 1987.

[18] Berger J O. Statistical Decision Theory and Bayesian Analysis[M]. 2th ed. New York: Springer – Verlag, 1985.

[19] Natoli C, Burke S. Computer Experiments: Space Filling Design and Gaussian Process Modeling[R]. STAT Center of Excellence, 2018.

[20] Oimoen S, Sigler G, Burke S. Implementing Rigor in Test Plans[R]. STAT Center of Excellence, 2018.

[21] Ortiz F. Test Facility DOE Survey[R]. STAT Center of Excellence, 2015.

[22] Helton J C. Conceptual and Computational Basis for the Quantification of Margins and Uncertainty[R]. Albuquerque: Sandia National Laboratories, 2001.

[23] Kleijnen J P C, Sanchez S M, Lucas T W, et al. A user's guide to the brave new world of designing simulation experiments [J]. INFORMS Journal on Computing 2005, 17 (3): 263 – 289.

[24] Heckert N A, Filliben J J, Croarkin C M, et al. NIST/SEMATECH e – handbook of statistical methods [EB/OL]. 2002. https://www.itl.nist.gov/div898/handbook/.

第六章 装备性能试验组织实施

试验单位在领受上级下达的试验任务后,即可开展装备性能试验任务的组织实施工作。装备性能试验任务涉及多个单位之间的组织协调,涉及试验装设备、被试装备、物资器材和各种仪器设备等,同时还具有各种风险。因此,装备性能试验的组织实施工作需要做到周密计划、严密组织和严格控制。在性能试验任务实施过程中,还需要做好任务计划进度管理、任务实施风险和质量管理,确保性能试验任务的圆满完成。

本章主要介绍装备性能试验的组织实施程序,包括装备性能试验准备、实施、总结等各个阶段的相关工作及要求。

第一节 装备性能试验组织实施程序

性能试验的组织实施是一项复杂的系统工程,有其特定的程序和要求。实施装备性能试验必须满足规定的前提条件,履行必要的审批手续,并按计划的流程在严格的控制条件下进行。

一、性能试验任务的实施条件

(一)装备性能验证试验的实施条件

当装备研制单位需要验证装备技术方案、关键技术的可行性和性能指标符合性时,即可依据不同等级产品性能试验审批权限的规定,向上级部门申请组织开展性能验证试验。经批准后,即可进行性能验证试验任务的组织实施。例如,对于装备研制过程中的分系统级的性能验证试验,可以由装备研制单位的分系统项目团队根据需要提出试验要求,上报研制单位科研管理部门批准后即可组织相关人员实施。

对于试验数据拟用于支撑状态鉴定、列装定型的试验项目,应将相关安排向有关装备部门报告并提出试验数据采信申请。由有关装备部门组织相关单位(试验单位、研制单位、论证单位、军事代表机构等)根据试验总案中的数据采信策略及要求开展性能验证试验数据的采信工作。具体任务包括:

(1)制定采信方案。依据试验总案,确定试验数据采集策略、数据有效性准则,并明确责任单位。

拟采信的试验项目应满足如下条件:被试品技术状态基本相同(有差异时应说明),试验项目和方法具有等效性,能覆盖试验环境和边界条件,试验过程受控,有关装备部门监督试验过程。

(2)审查试验大纲。对于纳入试验数据采信范围的试验,应对试验大纲组织审查。

(3)参与现场试验。有关装备部门授权军方代表参与试验准备和现场试验过程。

(4)编制试验数据采信分析评估报告。主要内容包括:可用于状态鉴定、列装定型的试验数据和结论;试验活动的客观性;试验数据的可信性。

(二)装备性能鉴定试验的实施条件

装备性能鉴定试验由有关装备部门组织,试验单位具体实施。必要时,可指定试验总体单位牵头。装备性能鉴定试验对象为符合状态鉴定技术状态的试验样机,并符合性能试验大纲的要求。承担装备性能鉴定试验的试验单位应具备有关装备部门认可的资质。

具备条件时,研制单位应单独向有关装备部门提出性能鉴定试验书面申请。军事代表机构(或军队其他履行相应职能的单位)应对试验申请提出意见。申请经审核批准后,可按计划组织开展试验活动。审核未通过的,有关装备部门应将申请报告退回研制单位并以书面形式说明理由。

申请实施装备性能鉴定试验应满足如下条件:①通过规定的性能验证试验或软件测试,证明装备的关键技术问题已经解决,主要战术技术性能指标能够达到研制总要求(或研制任务书、研制合同等)和试验总案要求;②装备的技术状态已确定;③试验样机(品)经过军事代表(或军队其他履行相应职能的单位)检验;④试验样机(品)数量满足性能鉴定试验的要求;⑤保障设施、设备,维修(检测)设备和工具,必需的备附件等配套保障资源已通过技术审查;⑥具备性能鉴定试验所必需的技术文件,包括产品规范、试验报告、技术说明书、使用维护说明书、软件使用文件、产品图样、软件源程序及试验分析评定所需的文件资料等。

性能鉴定试验申请通常包括以下内容:研制工作概况;装备(产品)技术状

态;性能验证试验情况;试验样机(品)数量等。

研制总体单位在提出性能鉴定试验申请前,通常应先组织对是否具备申请性能鉴定试验条件进行内部审查。

二、性能试验的组织实施流程

装备性能试验的一般组织实施流程如图 6-1 所示。首先根据对试验任务的预计或规划进行性能试验的预先准备。装备研制单位根据研制进程和需求提出试验申请,经相关管理部门审批后下达试验任务,试验单位即可进入试验准备阶段(或称直接准备阶段)。试验准备完成后,即可由试验单位进行试验实施,对于试验实施过程中出现的问题,试验单位应及时向研制单位及相关部门反馈并进行处理。完成试验实施任务后,应对试验进行总结。

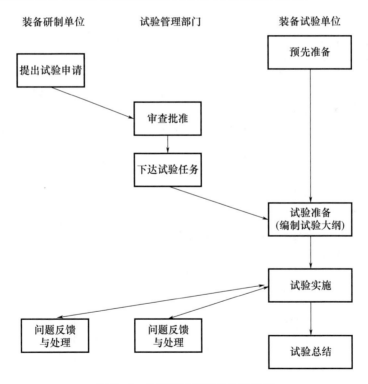

图 6-1 性能试验实施的总体流程

依据装备的重要程度,装备性能鉴定试验任务应由不同层级的有关装备部门或其委托的相关部门下达。任务下达时通常需明确如下内容:试验目的;被试装备(被试品)、陪试装备(陪试品);试验单位;试验项目;任务分工;进场安排;协同关系;试验保障;措施要求。

装备性能试验组织实施的具体流程如图6-2所示。以下按阶段进行介绍。

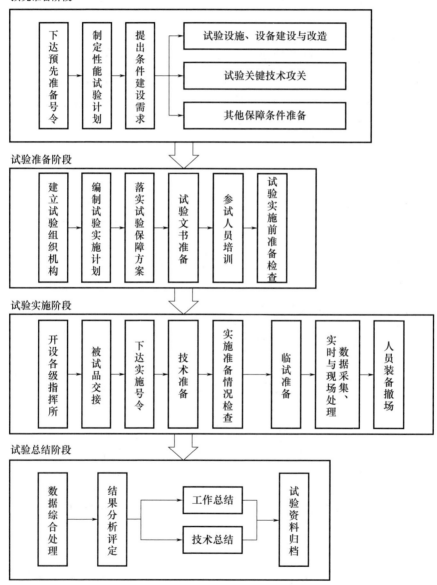

图6-2 性能试验的具体实施流程示意

(一)预先准备阶段

装备性能试验的预先准备阶段是指从上级机关明确装备性能试验任务承担单位至正式接受上级下达的性能试验任务为止的这段时期。对于装备性能验证试验,这一阶段的实际开始时间可视装备研制计划和实际需要确定。

在此期间,试验单位应根据上级下发的装备性能试验任务计划以及上级的意图,及时下达试验预先准备号令,把性能试验任务的性质、时间、分工、准备工作完成时限、要求等下达各相关单位。

具体工作包括:参与拟制装备的性能试验计划,开展试验总体论证;提出参试装设备建设和技术改造、试验场区设施条件建设、试验工程配套建设、参试人员等方面的需求和建设方案,对复杂的、风险较大的试验条件建设项目应开展方案论证和关键技术预研;针对装备试验鉴定需求,开展配套的试验鉴定技术研究和开发。

装备性能试验预先准备阶段的工作主要由各相关试验单位依托其行政管理组织体系实施,必要时可请示上级有关机关进行协调。

(二)试验准备阶段

从任务正式下达试验单位至被试装备进入试验场区(场所)的这段时期为性能试验的直接准备阶段,通常简称试验准备阶段。在此阶段,试验单位要在人员、技术、组织等多种保障方面做好充分的准备。

这一阶段的主要工作任务是:建立性能试验实施的组织体系;编制性能试验实施方案;针对装备试验鉴定需求,开展保障试验鉴定的组织指挥、测试测量、环境构设、分析评估、基础保障等的建设。落实试验实施所需的所有保障条件和全面试验资源。

落实试验场区(场所)时,应对拟定的试验场区的地形、空情或海情等进行勘察,掌握试验地区的人口分布、交通干线、文物保护、敌情社情、空中管况、海上航行等基本情况,编制安全管控方案,以便试验实施时,按方案进行人员疏散、道路封控和设施防护等工作。

此外,还应开展必要的试验条件建设,主要包括组织指挥、测试测量、环境构设、分析评估和基础保障等。对于有的装备性能验证试验,还应开展试验用工装夹具设计、制作等工作。

对于大型性能试验,为加强直接准备工作的组织协调,应在这一阶段适时建立性能试验任务实施的组织体系,具体准备工作在试验单位的行政管理机关和业务单位的配合下完成。

对于小型性能试验或其他情况,这一阶段的工作可依托试验单位的行政管理组织体系先行开展,但需在性能试验任务实施阶段之前建立性能试验任务实施的组织体系。

(三)试验实施阶段

从被试装备进入试验场区起,到试验现场的任务结束为止是性能试验的试验实施阶段。在这一阶段应开设各级指挥所,对所有参试单位和装备实施现场指挥,协调一致地行动,按照试验实施方案要求完成预定的试验项目,取得有效的试验数据。通常,装备研制单位应全程参与试验,承担相应的技术服务保障、技术问题处理等工作。

性能试验的试验实施阶段是完成性能试验任务的关键阶段。这一阶段可分为进场后准备和现场实施两个子阶段。

(1)进场后准备阶段。其主要工作是:完成被试装备的进场交接,向参试各单位下达试验任务书,组织试验实施准备情况检查与评审。

(2)现场实施阶段。其主要工作是:完成试验现场实施前准备(临试准备),实施现场试验,试验信息的采集和现场处理分析,现场参试人员和设备的撤收。

试验过程出现问题后,应按规定的程序和要求进行问题反馈。按问题分类和分级,相关部门组织责任单位进行问题整改、归零审查。试验管理部门审核整改情况,做出是否需要补充性能试验的决定。

(四)试验总结阶段

装备性能试验任务实施后,试验单位应及时完成相应的试验报告,并报试验管理部门审查。具体包括:基于对试验数据的处理分析给出被试装备的性能试验结论,提出改进建议,并编写和上报试验数据处理报告和试验结果分析评定报告,组织对性能试验任务实施进行工作总结和技术总结。装备性能试验技术总结,是被试品试验情况、质量状况和战术技术性能的真实反映,是评定被试品和改进产品的重要依据。

根据试验管理部门的审查意见,试验单位将完善后的试验报告上报试验管理部门,并抄送有关装备部门和研制单位完成试验资料归档。

第二节 装备性能试验准备

性能试验准备的主要目标是确保试验文书、参试人员、参试装备、试验设施设备条件和试验环境等满足性能试验实施的必要条件。装备性能试验任务的准备工作包括:建立性能试验组织机构,编制性能试验实施计划,落实性能试验保障方案等。

一、建立性能试验组织机构

性能试验组织的主要任务是科学合理地部署和使用所有参试力量和资源,充分调动各方面的积极性和发挥试验资源的效能,协调一致地实施试验活动,高效有序地完成各项性能试验任务。性能试验组织指挥对于试验任务的顺利实施和圆满成功具有重大的影响。

性能试验任务的各级组织指挥机构是为了完成特定的性能试验任务而建立的一种临时性的任务组织机构。当性能试验任务完成后,性能试验的组织机构的使命即结束。

性能试验任务正式下达后,即可建立性能试验任务的组织指挥机构。根据装备性能试验任务的类型、任务重要性、大小规模和任务阶段,可实行不同的组织指挥体制。

(一)常见的组织结构类型

组织是为了实现特定的目标而建立的系统。组织有明确的目标、分工、协作关系、权力和责任制度。性能试验的组织通常由来自不同单位、部门和专业的人员组成。从管理理论的角度看,性能试验的组织结构通常可分为直线式、职能式、直线职能式组织结构、矩阵式组织结构等不同类型。

1. 直线式组织结构

直线式组织结构是指所有组织成员按隶属关系层次从上级到下级垂直排列的结构形式,属于一种集权式的管理结构。直线式组织的各级负责人对其下级具有直接指挥的权力,组织中的上级与下级构成了命令与服从的关系。这种结构形式常见于军队基层。

直线式组织结构形式简单,职权职责分明,便于统一指挥和行动。但是,由于没有机关职能部门,要求各级领导对各项业务都较为熟悉。此外,不同基层单位的成员之间的业务沟通较少,协调不便。因而,这种结构形式常见于组织规模较小和业务较为单一的组织(图6-3)。例如,营、连、排、班结构,或军方试验训练基地的专业研究所、室、小组结构。

2. 职能式组织结构

职能式组织结构是指按业务职能部门组成而建立的层次化结构,形如金字塔。各层次组织的职能部门在自己的业务职权范围内拥有向下一层组织下达工作任务和业务指令的权力。下级成员除了服从上级的行政领导之外,还需要同时接受多个上级职能部门的业务领导(图6-4)。这种结构是一种分权式管理结构。

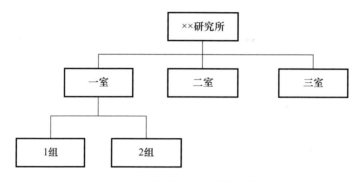

图6-3 直线式组织结构示例

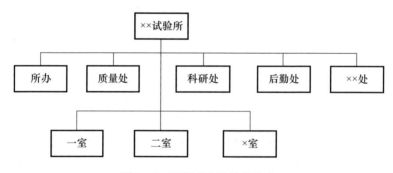

图6-4 职能式组织结构示意

职能式组织结构是一种经典的组织结构类型,其主要优点是可以充分发挥各职能部门的专业优势,减轻各级领导的工作负担。但是,这种结构容易造成多头领导,职能部门之间相互扯皮,产生只考虑部门利益的"本位主义",使各职能部门之间难以协调,并有管理"越位"或"缺位"的可能。因此,这种结构适用于业务种类较多且组织规模不大、管理层次较少的组织。

3. 直线职能式组织结构

直线职能式是由直线式和职能式相结合而构成的一种组织形式(图6-5)。这种结构下,组织的各层次都设有职能部门(机关)。各职能部门只为下级提供业务指导,为同级领导提供决策和业务建议,对下级单位没有直接指挥权。在具有这种组织结构的组织中,任务由各级主管领导统一指挥,各职能部门指导落实。各单位既受上一级领导的指挥,又受上级职能部门的业务指导和监督。

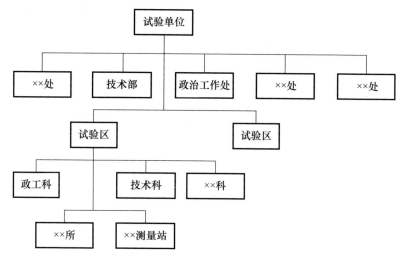

图 6-5 直线职能式组织结构示意

由于同时具有直线式和职能式的优点,所以这种结构较为常见。但是,这种结构存在各职能部门之间的横向联系不紧的问题。

4. 矩阵式组织结构

矩阵式组织结构是在纵向按行政管理体系划分的直线职能式组织结构的基础上,又针对各个特定的任务团队组成横向的组织体系(图 6-6)。因此,是在直线职能式组织结构系统上又增加了一种横向组织结构系统。这样,各个任务团队成员既受原有纵向行政管理组织体系的领导,又受横向任务团队组织体系的领导。任务完成后,任务团队即解散。

矩阵式组织结构的优点是能充分发挥原有直线职能式组织结构行政领导关系稳定、专业化分工的优点,便于各方面的人员为了完成一项任务进行密切合作,提高了工作效率。因此,在装备性能试验中经常使用这种组织结构。

但是,这种组织结构的主要缺点是任务团队负责人权力有限,任务团队成员容易产生临时观念,影响其工作责任性。此外,双重领导体制若协调不当有时可能使组织成员难以适从。

矩阵式组织结构中横向的试验团队本身内部组织结构又可以呈现为直线式、职能式、直线职能式等不同类型。

(二)性能试验任务的组织结构

性能试验任务的组织结构受试验任务的类型、试验任务的规模和复杂性

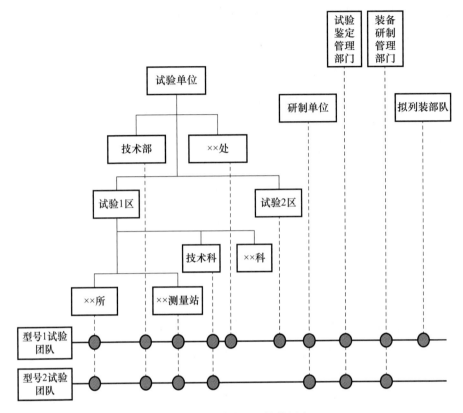

图 6-6 矩阵式组织结构示意

(如参试装备、参试单位、参试人员的种类数量等)、任务的阶段、任务的持续时间长短等多种因素影响。

通常,在性能试验任务的准备阶段,由于主要涉及人员准备、组织准备、试验文书拟制、试验条件建设保障等,对各参试单位相互协同性和工作的时效性要求不高,可以由各参试单位依托其职能部门开展相应的工作,其组织结构对应于各单位的行政管理组织结构设置(通常为直线职能式)。在任务的实施阶段,由于性能试验实施过程实时性强、涉及技术复杂,对参试人员和装备的行动协同性、一致性、准确性要求很高,需要采用集中统一和高效的组织结构(通常为矩阵式结构,即由来自各单位的人员组成性能试验任务团队)。以下分别论述小型、中型、大型性能试验任务在任务实施阶段的组织结构。

1. 小型性能试验任务实施的组织结构

小型性能试验是指试验任务规模较小(如工程研制阶段进行的部件级可靠性试验,或小型装备的性能鉴定试验),参试人员和动员装备数量不多,通常可以在单个试验场所(如实验室或试验场)内完成且场区规模不大的性能试验任务。

小型性能验证试验任务通常由试验单位(包括研制单位下属的试验单位,或设计团队兼试验单位,试验训练基地等)为主完成,其他单位人员进行适当的配合。对于一般的小型装备性能验证试验,通常可由产品研制单位的产品设计团队或专业研究室人员组织完成。例如,导弹弹上设备的可靠性强化试验任务通常依托由专业可靠性实验室本身的行政组织结构(通常为直线式或直线职能式结构)实施。对于小型的装备性能鉴定试验,通常可由试验单位的专业团队(如专业研究室)完成。

若性能试验任务涉及来自多个单位的人员,可采用试验队的组织模式。这种试验团队本身的组织结构为直线式或直线职能式。例如,可以由研制单位各部门和相关下属单位、试验单位和装备使用部队的人员共同组成试验队。试验队可设现场总指挥,下设试验组、技术保障组、后勤保障组等(图6-7),各司其职完成试验任务。

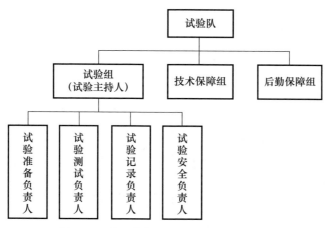

图6-7 小型装备性能团队的直线式结构

有的装备研制单位设有专职的试验部门承担完成研制过程中的装备性能验证试验,其组织结构与上述小型试验队类似。例如,有的研制单位还编制有常设的专业试验队,装备系统级性能出厂鉴定试验可直接由该试验队实施(通常为直线式结构)。有的研制单位设有专职的试验部,由试验部负责组建试验队承担小型性能验证试验项目任务,产品设计师团队派代表参加该试验队。

2. 中型性能试验任务实施的组织结构

中型性能试验任务是指试验涉及多个单位的人员,装备为中型装备(如战术导弹、鱼雷、航空炸弹等),参试人员和动用装备数量较多,可以在一个试验场区完成但涉及场区范围较大的性能试验任务。

中型性能试验任务通常采用矩阵式组织结构,试验团队成员由来自不同的参试单位组成。试验团队本身采用直线职能式结构。

图6-8给出了此类性能鉴定试验团队组织结构示例。其中,试验指挥组组长由试验单位的行政领导担任。试验调度组辅助试验指挥组完成试验任务的情况汇总、计划协调和指令下达等工作。由试验单位相关职能部门人员组成的试验技术组、政工组、试验质管组、后装保障组等分别负责相应的专门工作,构成性能试验任务团队的职能机构。试验技术组组长由试验单位分管技术的领导担任。试验任务的实施具体由试验技术组领导下属的技术准备组、试验实施组、数据处理与分析组、不合格项与故障审查组落实。

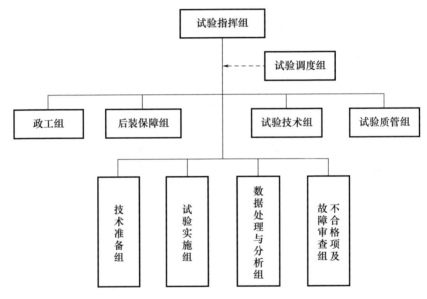

图6-8 中型性能试验任务团队的组织结构

对于中型性能验证试验,通常由研制单位的科研主管部门(例如,军工部或科技处等机关)负责协助组建试验团队和相关试验工作。对于设有专职的试验部门的装备研制单位,其性能试验组织机构与其行政组织结构基本相同。

3. 大型性能试验任务实施的组织结构

大型性能试验任务通常涉及多个行政隶属关系不同的单位和部门,试验区域分散、地理分布广阔(通常在外场进行,有时需跨场区联合实施),被试装备系统构成和接口关系复杂,参试装备种类与数量较多,试验活动持续时间较长。

在大型性能试验任务的预先准备和直接准备阶段，相关任务主要在各参试单位内部落实，对于各参试单位和人员的协同性、时效性要求不高。因此，在这一阶段，性能试验任务可以主要依托各参试单位的行政管理组织体系开展工作。通常，采用直线职能式组织结构，由各参试单位指定相关业务部门牵头组织协调落实各项工作。

在大型性能试验任务的试验实施阶段，由于试验活动流程复杂、活动程序要求严格，各类参试装备、参试人员行动协同性要求高，所以必须对这类性能试验任务实施集中统一的指挥，进行严密组织和协同，确保试验活动圆满成功。因此，大型性能试验任务的试验任务团队通常采用多个层级的组织指挥体制，并开设各级指挥所对所属相关试验力量实施逐级集中指挥，形成多层的直线职能式团队结构（从人员组成的角度看是一种矩阵式结构，因为团队人员来自不同的单位）。

对于指挥的层次和跨度应根据不同试验任务的特点进行合理设置。如果指挥层次较少，指挥跨度将增加，会导致指挥协调困难，易出现组织失控。如果增加指挥层次较多，也可能影响指挥的准确性、及时性。

图6-9是针对大型装备性能鉴定试验，其试验任务团队的结构示意。第一级为试验任务总指挥部，通常由军队相关部门和机关、试验总体单位、研制单位等相关单位人员共同组成联合试验指挥部。试验指挥部是整个装备性能试验活动的最高指挥决策机构。第二级为分系统、区域或各参试单位任务指挥机构。例如，对远程导弹武器试验，可设置落区指挥部、首区指挥部、基地指挥所等。第三层级为基层指挥机构，通常为团站级、阵地、分队级。例如，可设置导弹发射阵地指挥所、测控站指挥所。各层次之间构成上下级指挥关系。

例如，某装备试验任务实施时，除设立试验区指挥所外，还设立有对海、对空、对潜、技术阵地、发射阵地、测试通信、安全控制、防险救生、靶标等分指挥所或指挥部位。

通常，每一层级指挥机构可以下辖各种职能小组负责相关业务。例如，可根据需要成立指挥组、技术组、质量组、政治工作组、安全保卫组、组织计划组、后勤装备保障组等。各职能小组可分别对下一级指挥机构对应的职能小组进行业务指挥。

各级试验指挥机构一般由试验单位领导、装备研制单位负责人、有关装备部门、装备使用单位、参试兵力派出单位的相关人员等组成。必要时，友邻部队及参试兵力派出单位有关人员也参加指挥工作。

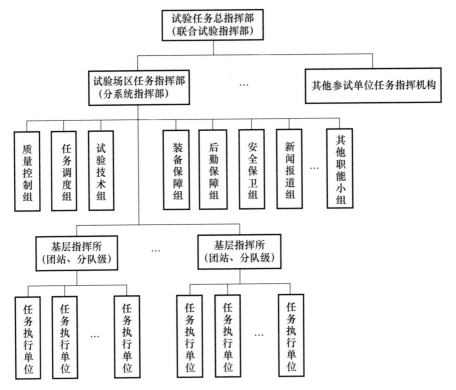

图6-9 大型性能试验任务的组织结构示意图

(三)行政线与技术线

大型装备性能试验任务都具有较强的专业性,科技含量高,试验活动十分复杂,组织指挥工作量大。因此,一般实施行政线和技术线双责任制的指挥体制。行政线主要负责试验活动的组织管理和指挥决策。技术线主要负责试验涉及的专业技术工作,并就试验中的技术问题提出处理意见和向行政线提出决策建议。这种"双线"体制可以使技术人员和指挥人员充分发挥各自专长,提高试验指挥的工作效率和决策的科学性。行政线为技术线提供工作支持,技术线为行政线提供决策建议。两条指挥线应相互尊重,相互支持,密切配合完成试验任务。

1. 行政线

行政线(军政线)通过试验指挥机构对装备的试验行动实施集中统一的领导和指挥。通常,行政指挥线由各级行政领导和指挥人员组成。例如,在大型装备性能鉴定试验任务实施时,试验指挥部的行政线通常由试验单位的领导出任指挥部的指挥长,装备研制单位的负责人出任副指挥长。试验指挥部的行政线全面负责装备试验的组织、计划、指挥、协调、质量控制和保障等领导工作。

在装备性能试验中,试验指挥机构起着试验组织领导、筹划部署、指挥决策和协调控制的作用。试验指挥部通过试验指挥手段,对性能试验全过程实施有效的指挥,调动所有参试人员和试验装设备等各方面的力量,协调一致地行动,使得装备性能试验活动高效有序地进行。

试验行政线的具体工作职责是:①装备性能试验设施与条件建设决策。②组建装备性能试验各级技术指挥组织。③配备装备性能试验所需的物资、器材与试验人员。按照装备性能试验的不同需求,对于装备性能试验所需的物资、器材进行调配决策;针对装备性能试验的工作岗位要求,选配合格的指挥人员、专业技术人员、保障人员等执行相应的任务。④制定装备性能试验实施计划,并按照计划协调各分系统的工作过程,控制性能试验全过程的执行。⑤负责装备性能试验阶段转换与决策,并对试验中的异常情况进行分析与决策。针对装备试验中出现有可能造成人员伤亡等情况,及时做出试验终止或者摧毁被试装备等决策。

2. 技术线

技术线通常由被试单位的技术负责人、装备研制单位总师、试验单位的总体技术人员和试验测控、试验数据分析、试验通信、靶标等相关专业技术人员组成。通常,由试验单位分管技术的领导出任技术线负责人,对试验活动实施技术指挥,负责装备性能试验中的技术工作。

技术线的具体工作职责是:①负责装备性能试验技术方案的制定;②负责装备性能试验任务的质量管理实施和技术评审,对试验阶段转换从技术角度提出意见;③组织开展试验技术攻关;④负责试验中出现的重大技术问题协调,并向行政线提出处置与决策建议;⑤试验结束后,组织进行试验结果的分析评价和试验报告撰写。

二、编制性能试验实施计划

(一)编制性能试验实施方案

装备性能试验任务实施方案包括性能试验技术方案、测试方案、测控方案、试验数据处理方案、试验保障方案、风险管控方案(包括异常或应急事件处置预案,试验安控方案等)等分项方案。各类试验方案是制定试验实施计划的基本依据。试验总体单位应根据试验大纲及时编拟试验实施方案,并向各参试单位下达执行。

1. 试验技术方案

试验技术方案(亦称试验总体技术方案)指实现试验大纲要求的技术方案,包括试验大纲中规定的各性能试验项目实施的技术方案。试验技术方案应针对各类试验技术问题,提出相应的技术方法、应对措施及相关对策,并具有可行性、经济性和现场指导性,提高试验效率和试验质量,节省试验资源消耗。

制定试验技术方案主要依据相关国军标和相关规范文件,运用先进的试验理论与测试测控技术,科学合理地制定。

性能试验技术方案的主要内容包括:概述(任务概况、系统组成及作战使用方式、任务依据及试验目的等);对于试验大纲中的每个试验项目,都应明确被试品的数量、技术勤务准备要求、试验条件、试验内容、试验方案、试验数据的精度要求、数据处理及结果分析方法等。例如,对于反舰导弹抗干扰能力的内场试验,应为每一次试验确定导弹的弹道、目标特性、干扰强度和海况等条件。

2. 测试方案

制定测试方案时,应根据需要测试参数的精度,结合试验能力,选取合适的测试仪器设备,确定测试位置、测试原理、计算公式、测试示意图等,优化数据处理方法,使得测试结果精度不低于要求的精度,并保证测试数据的可靠性、有效性和充分性。

3. 测控方案

大型重点试验任务一般要求制定测控方案。为此,应根据试验内容和要求,梳理测控任务和要求,确定以下内容:测控设备及其布站(保精度范围、布站交会精度估计等)、设备测量要求、设备工作模式;测量数据及数据处理要求、信息交换规范、数据判读和计算要求等;测控对通信和控制方式、时统、安全措施、保密、供电、气象等的要求。

4. 试验数据处理方案

对大型重点试验任务或当需要采用新方法对某一指标试验数据进行评定时应当编制试验数据处理方案。试验数据处理方案制定的主要依据是装备性能试验考核的要求和相关国军标等文件。应科学合理地确定所使用的试验数据处理和分析评价方法,确保数据分析的科学性、准确性、可信性、充分性。为了避免引起争议,试验数据处理方案必须通过相关专家评审后方可执行。

为确保数据的准确性,在处理和计算数据时可对读、复读、对算、复算和审查制度;在选取计算公式时应坚持科学性。国家军用标准中有计算公式的,应优先考虑按公式进行计算,否则,应协调确定计算公式;在数据处理方案中应规定清楚试验条件、标定结果及误差、判读要求、计算公式、结果报告表等。

5. 试验保障方案

为保障装备性能试验的顺利进行,应制定指挥与通信保障方案(包括有线、无线和卫通)、气象水文保障方案(包括中长期预报和短期预报、地面和高空探空要求)、试验场区保障(区域、设施设备、测绘)、测试测控保障、靶标与战场环境保障、陪试装备及消耗品保障、计量检定保障、靶场安全控制、试验勤务保障(运输、卫勤、生活后勤、经费等)、试验档案资料保障、人员保障、政治工作保障等相关保障方案。

试验用靶标或威胁(可以是模型、仿真体、模拟器、代用品等)应具有充分的代表性,确保其具有与真实威胁或目标相近的特性。为此,需要在试验前完成对靶标与威胁的验证评估或认证。此外,还应评估其对试验结果的影响。

对于虚实结合的装备性能试验,还应制定建模与仿真的保障方案,并对模型与仿真版本的可用性、有效性、真实性、兼容性和安全性等进行确认,评估模型与仿真的分辨率、数据精度等是否满足性能试验需要,必要时应开发新的模型。要并收集等达到要求的所需数据。

有的被试装备进行性能试验时,需要一定的陪试装备、陪试品和消耗品参与才能考核被试装备的性能。例如,对于空空导弹的飞行性能试验,就必须有试验载机作为陪试装备参与;对于枪械等的性能试验,还需要消耗一定数量的弹药;对于航天器发射试验,需要消耗发动机燃料;对于装甲车辆的行驶里程试验,需要一定的油料消耗。因此,应制定陪试装备、陪试品和消耗器的保障方案。

6. 风险管控方案

装备性能试验实施(特别是外场试验的实施)通常涉及大量的装设备和人员,受各类环境因素的影响很大。在考核边界条件下装备的性能和复杂环境适应性试验时,试验实施面临的风险往往更大。因此,试验单位应提前对各类风险等进行充分的预判和分析,并制定合理的风险管控应对措施。

为了减少试验风险,应当制定风险管理计划。具体应包括如下工作:①确定试验大纲中的关键风险项目和活动。与被试装备的研制方及其他参试单位进行充分的沟通,了解相关的风险信息。②针对性能试验过程中可能出现的不安全因素及潜在的危险源,进行安全风险分析与评估,完成对试验任务的风险识别、风险分析和风险评价,完成风险分析与评估报告。③制定应急处置预案、相应风险应对措施与风险控制方案,确保试验的安全顺利进行,降低事故发生的可能性。④对操作规程、现场应急预案进行评审和确认。对性能试验方案和实施流程进行仿真分析评估。例如,对于导弹飞行试验任务,可以利用多阶段任务可靠性模型进行任务可靠性评估。

对异常或应急情况等风险事件的处置,应当制定应急预案,明确规定各类事件处置的职责,处置预案的启动程序和权限,各类事件的报告时限、报告程序及内容,事件处置流程和措施,应急处置保障方案等。通常采取的应急处置措施包括:中止试验活动,迅速消除或隔断危险源,封闭或隔离有关试验场所,对受威胁(或受害、受损)的对象(包括人员、装备等)实施救援、救治、疏散、撤离和安置。当先期处置未能有效控制事态发展或超出本级处置能力需要协调处置的,应及时上报协调有关单位处置。当不涉及人员、装备和环境安全时,应尽可能保护试验现场和被试装备的状态,进行观察和记录,及时报告,根据上级指示采取后续行动。现场处置完毕后,应及时开展善后工作,部署和落实防控措施。

(二) 性能试验任务的质量策划

1. 质量策划的主要内容

性能试验任务的质量策划主要是针对一个具体的装备性能试验任务,依据质量管理体系要求和性能试验任务要求,确定性能试验任务的质量管理内容和要求。

性能试验任务的质量策划通常包括如下几方面的工作:①制定性能试验任务的质量目标;②明确性能试验任务的质量管理组织职责与权限;③识别性能试验任务的过程、关键过程和质量控制点,确定质量控制措施;④确定文件和资源的需求;⑤明确性能试验任务的质量控制、质量评审活动以及评审准则;⑥提出质量记录要求;⑦进行性能试验风险分析,制定应急预案等。

性能试验任务质量策划的工作成果应体现为性能试验任务的质量计划(也可称为性能试验任务质量保证大纲)。性能试验任务质量保证大纲的内容应包括:质量职责与分工,质量目标,质量控制点的设置,对新技术、新方法和新设备的质量管理,质量检查与评审活动计划,安全风险管理要求,故障与异常处理预案,文件控制等。

2. 性能试验任务的质量目标

性能试验任务质量目标确定的依据是性能试验任务要求,参试单位的质量方针和质量目标,性能试验任务的风险,试验单位的实际情况和试验条件,参试人员的能力素质等。通常,应在性能试验的组织指挥、试验文书、技术操作、参试设备技术状态、问题控制、顾客满意度等方面提出具体质量目标。

例如,某性能试验任务的质量目标包括:①顾客满意度高于85分;②参试设施设备满足任务要求率100%;③试验文书差错率小于0.1%;④操作差错率为0;⑤关键岗位人员合格率100%;⑥指挥决策失误率为0。

3. 性能试验任务的质量记录要求

性能试验任务的质量记录主要用于证明试验过程及结果是符合要求的,使试验任务质量具有可追溯性。性能试验任务的质量记录通常包括以下几类:①参试人员的定岗、定位、考核培训记录;②试验设备的检测及运行维护记录;③被试装备的技术检查、测试数据等记录;④试验前的质量检查、合练等活动记录;⑤试验任务过程中发生的质量问题及处理情况记录;⑥质量管理活动的相关会议记录等。

4. 过程识别与质量控制点设置

大型性能试验任务通常可划分为多个任务阶段。例如,一般试验任务可分为试验任务准备、试验任务实施和试验任务总结三个大的阶段。每个阶段又可分为子阶段,最终可以分解为任务过程。

对于大型性能试验任务,为了便于实施质量控制,以利于查找存在的质量问题并隔离其对整个任务的质量风险,应遵循复杂系统"分而治之"的原则,对整个性能试验任务进行分级分阶段的质量控制、质量检查、质量评审及质量审核。各个阶段(子阶段)中间可根据需要设置若干质量控制点。质量控制点的设置应确保无漏项。通常可分为系统、分系统和岗位等不同层次设置,并分级进行质量控制。

对于完成性能试验任务具有标志性成果的质量控制点通常称为里程碑。由若干过程组成的相对独立性的阶段中间的控制点通常称为节点。

一般来说,每个过程可设置三个质量控制点。第一个控制点设置在过程实施前,称为"前馈控制点",用于对过程是否具备实施条件进行控制。第二个控制点设置在过程实施中,称为"事中控制点",用于对过程质量参数进行监测,以便实时纠正偏差。第三个控制点设置在过程实施结束后,称为"反馈控制点",用于对过程的结果进行检查。

在进行过程质量控制时,应重点关注关键过程的质量控制。关键过程是指实施难度大、容易发生质量问题、工作可逆性差或出现异常情况后果严重的过程。对于关键过程,应予以明确的标识,并对其实施进行严密的监控。

在过程质量控制中,应注意严格控制数据采集过程,杜绝质量问题瞒报、错报或漏报现象,以保证性能试验数据的完整性和可信度、试验过程与试验大纲的符合性。

(三)性能试验的进度计划

性能试验的进度管理是指为了使性能试验任务能在规定的时间内完成,而对试验任务活动安排进行的管理。试验单位在计划组织实施之前,要充分考虑影响试验进度的各个因素,对试验活动进行统筹安排,并对试验进度计划进行初步评估,依据试验任务的活动顺序、活动时间等编制进度计划图表。

1. 进度计划的编制流程

进度计划的编制通常按图 6-10 所示流程完成。

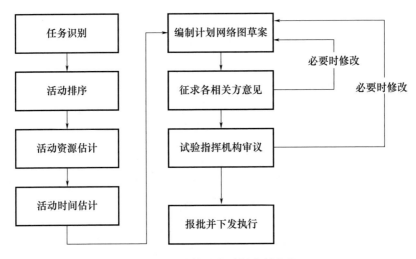

图 6-10 总体进度计划编制流程

以下对图 6-10 所示流程中的相关步骤进行说明。

(1)任务识别。

任务识别的主要目的是界定试验任务的范围,确定为完成试验任务而需要开展的所有试验工作。根据试验任务的主要内容,将整个性能试验任务分解为活动,并确定任务资源约束等相关影响因素。

任务识别的主要工作包括:

①运用工作分解结构(WBS)方法,依据性能试验大纲、试验实施方案等试验任务文件,将试验任务逐层分解到需要完成的各项活动。

工作分解结构通过逐层分解,将装备性能试验任务按其内在构成结构逐层分解为树形图形或表格形式表示。在编制工作结构分解时,应注重试验任务组成的完整性,不能遗漏必要的工作。此外,还应注意尽可能区分不同的任务完成单位和责任者,使各个分解单元具有一定的相对独立性,便于资源分配和工作责任确定。通常,应对分解项进行编码,编制工作分解结构词典。通常,应将任务分解至相对独立、内容单一、易于管理的部分。

在实际应用中进行 WBS 分解时,可采用专家经验判断进行,也可以参考类似装备性能试验任务的工作结构分解模板或相关标准规范给出的模板。

②确定试验任务完成可用的资源。包括在任务计划期限内的人力、设施设备、试验环境等方面的约束。

③编制任务活动清单表。将前面识别出的任务活动,列出任务清单表（表 6-1）。

表 6-1 任务清单表

编号	活动名称	紧前活动	紧后活动	资源需求	完成单位

（2）活动排序。

识别任务活动清单中的各个任务之间的相依关系,确定任务活动之间的先后顺序关系。在性能试验工作中,有的试验活动的开展需要先完成一些其他的试验活动方能进行,这样就构成了各个试验活动之间的先后顺序关系。这种顺序关系可分为两种:①硬约束关系。若两个活动之间的顺序关系是不能改变的,则这种关系就称为硬约束关系。例如,由于试验测试流程等因素造成的顺序关系。②软约束关系。若两个活动之间的顺序关系可以变化,则这种关系就称为软约束关系。

在任务活动排序时,通常以试验任务的约束关系为主,但还应考虑到各个任务活动的优先级。

有时,约束关系也取决于资源的可用性。例如,如果两个活动使用同一资源,且不能同时使用,则构成了顺序约束关系。

（3）活动资源估计。

对每个活动,应当明确"需要什么样的资源来完成这一活动?",即估算所需的资源类型、数量及资源需求随时间的变化情况。例如,测控设备的台数。

（4）活动时间估计。

这一步的主要任务是编制活动持续时间估计表。活动持续时间是指完成该项活动所需的工作时间和必要的停歇时间之和。在估算活动所需的持续时间时，应充分考虑活动的技术难度、技术风险、现场作业条件、工作量大小、人员素质、节假日安排、资源保障条件等因素的影响。

通常可以采用以下方法进行活动时间估算。①类比法。参考过去完成的类似性能试验任务的实际时间，基于当前性能试验任务的特点，进行活动时间的估计。②"三时"估计法。"三时"指完成该项任务的乐观时间、悲观时间和最可能时间。乐观时间指在最有利的条件下完成该项活动所需的时间。悲观时间指在最不利的条件下完成该项活动所需的时间。最可能时间指在正常情况下完成该项活动所需的时间。这三个时间通常采取专家估计给出。③专家判断法。由专家对活动的持续时间进行估计。④模型计算法。根据人员的工作效率、工作量等因素对所需的活动时间进行定量估计。

这一步工作完成后，应将估算出的时间编入任务活动清单。

(5) 进度计划编排。

这一步的工作是依据试验任务的活动顺序和活动时间，编制试验任务网络计划图，优化资源配置，统筹使用试验所需的人力、设施设备等资源。

进行进度计划编排时应遵循如下原则：①运用并行工程的思想缩短试验任务的完成时间。对于能并行开展的活动，在满足资源和其他条件约束的条件下，尽可能开展并行交叉作业。②采用冗余方法提高任务计划的鲁棒性。可以适当增加一些活动的间隔，以减少当出现瓶颈资源占用时的计划波动性。例如，对于导弹技术阵地的使用，可以适当加大其两次使用之间的间隔，以免发生质量问题造成活动延期时对后续活动计划产生大的影响。③应考虑对于任务时间的各种约束条件。例如，某些工作要求必须在某一天之前完成，或有些工作只能在某一天之后才开始。此外，还应考虑人员的节假日安排，气象条件等因素的影响。④合理编排和优化试验任务的实施流程，充分减少资源的占用。

进度计划完成后，可用甘特图、时间坐标网络图等形式表示。如图 6-11、图 6-12 所示，甘特图用长度表示活动的持续时间，长条的起点代表活动的开始时间，右边代表活动的结束时间。甘特图通常只适用于小型试验任务的计划表示。时间坐标网络图可以较清晰地反映活动之间的逻辑关系、工作的起止时间等相关信息。

对于大型试验任务，可以采取递阶层次式的计划进度编排和表示方式。在实际中，通常运用计算机进度管理系统辅助进行进度计划的编排与管理。通常，简洁的进度计划表示主要用于进度的监督和管理，而较为详细的进度计划主要用于试验进度的具体组织实施和控制。

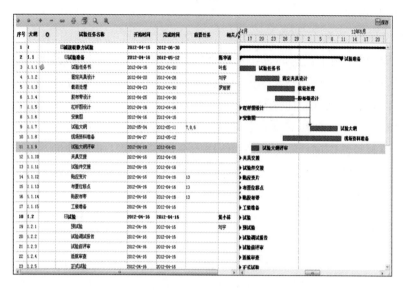

图 6-11　甘特图示例 1

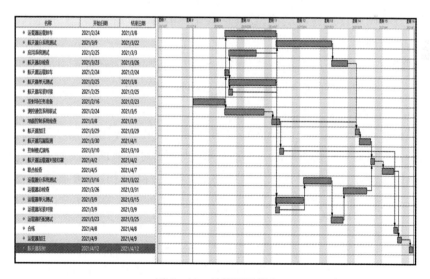

图 6-12　甘特图示例 2

(6) 进度计划评估与确认。

试验进度计划完成后,应组织进行评审。评审时,应充分考虑不确定性因素的影响,并重点评估计划的关键路径上的活动和资源使用情况。

2. 进度计划的编制方法

(1) 甘特图。

甘特图是一种显示各项试验活动及持续时间的条形图,图 6 - 11 和图 6 - 12 给出了两个虚构的甘特图示例。甘特图包括坐标轴和纵坐标,横坐标表示时间,纵坐标表示试验工作。甘特图的主要优点是简单直观,可以清晰地表示有什么活动、活动之间的顺序、各个活动的开始时间和结束时间以及活动持续时间等信息。甘特图具有简明易懂和便于现场应用的特点。

在编制甘特图时,可以采用工作结构分解图作为任务活动的输入,以确保能考虑到所有的任务活动。当任务活动数较多时,可以建立层次结构,对任务活动进行逐层展开或归并一些活动。

建立甘特图的主要步骤为:①建立纵坐标为活动标识、横坐标为时间轴的图表形式结构。②对每个任务活动,用一个条形表示其起止时间。条形的长度为任务活动的持续时间。③为了表示由若干个任务活动组成的任务阶段,可以在该阶段的第一个活动之上增加一个总结性的条形,此条形开始于该任务阶段第一个活动的起始时间,结束于该任务阶段最后一个活动的结束时间。④对已构建的甘特图进行检查和审核,以确保其中所有活动的顺序关系、时间表示等信息均是正确的。

甘特图一般适合用于小的并且任务活动之间的关系较为简单的性能试验任务计划。使用甘特图表示的试验任务活动数通常应小于 100 个。

(2) 里程碑图。

里程碑可以理解为一个事件发生的时间点。里程碑代表了为完成装备性能试验任务所必须经历的重要事件或环节,代表了对性能试验任务完成具有重要影响的事件或任务完成状态。里程碑是以装备性能试验任务实施过程中的某些重要事件的开始或完成作为基准的。例如,"性能试验准备阶段完成""导弹完成技术阵地测试"等。

里程碑图主要用于表示性能试验任务实施过程中的里程碑序列(图 6 - 13),描述了性能试验任务在各个阶段需要达到的状态,以便于试验管理人员更清晰地了解性能试验实施过程中的关键节点,是进行性能试验任务计划跟踪、控制和管理的重要手段。

在建立里程碑图时,首先应进行里程碑识别,列出所有的关键事件。在此基础上,根据里程碑之间的相互依赖关系,对里程碑进行排序,并按里程碑的时间位置将里程碑标在图中。

第六章 装备性能试验组织实施

ID	里程碑事件	时间	2018年											
			01月	02月	03月	04月	05月	06月	07月	08月	09月	10月	11月	12月
1	完成试验设计	2018/1/1 8:00:00	◆											
2	完成试验准备	2018/6/1 8:00:00						◆						
3	完成试验实施	2018/12/12 8:00:00												◆

图 6-13 里程碑图示例

通常,里程碑图表示的里程碑的数量不应过多(少于 10 个较宜),以突出关键事件,避免展示过多的细节。

(3)关键路径法。

关键路径法是基于关键路径图的一种方法。在建立关键路径之前,应已完成性能试验任务的任务活动识别、活动排序、活动资源估计、活动时间估计等工作。但是,各个活动的持续时间必须是确定的值。

绘制关键路径图可采用两种方式:AON 方式和 AOA 方式。AON 方式用图中的节点代表活动,而 AOA 方式则用有向边代表活动。以下主要介绍 AON 方式的关键路径图。

AON 方式是用图中的节点(通常用圆形或矩阵表示)代表活动,将活动的持续时间标在节点图形内或其他位置。用两个节点之间的有向边表示活动之间的顺序依赖关系。有向边从一个活动节点指向代表其紧后活动的节点。通常,可以引入一个标识为"开始"的节点指向所有没有紧前活动的节点。类似地,可以引入一个标识为"结束"的节点,将所有没有紧后活动的节点指向它。

通常,从开始节点到结束节点存在多条有向路径。一条有向路径的时间是这条路径上所有活动的时间之和,称为路径时间。关键路径(Critical Path)是在所有路径中路径时间最长的路径。显然,关键路径代表了整个试验任务的完成时间。处于关键路径上的活动如果不能按时开始,就会影响整个试验任务的完成时间。通常在关键路径图中,用加粗的有向边表示关键路径。

关键路径法一般用于较大的性能试验进度计划管理中。对于大型性能试验任务的进度管理,可以将关键路径图与甘特图结合运用。从一个大的关键路径图中,抽取其中一部分用甘特图表示。

图 6-14 是一个虚构的航天发射流程关键路径图示例。图中给出了各个活动的名称、起止日期、持续时间等信息,并标出了关键路径。

装备性能试验

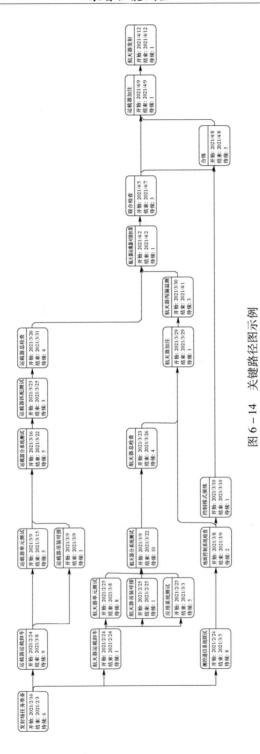

图 6-14 关键路径图示例

关键路径图的主要优点是可以直观地显示出影响试验任务总进度的关键路径和关键活动。此外,还可以在关键路径图中加入里程碑节点,这样可以更直观地显示任务进度关系。

(4)计划评审技术。

计划评审技术(PERT)用网络图的形式表示试验任务中的所有工作,能清楚地反映各项试验活动间的制约关系,便于合理调配资源、使各参试单位和人员紧密配合,按计划进度完成试验任务。这种计划管理方法简单实用,已在国内外得到了广泛的应用,特别适用于大型复杂装备性能试验任务的实施计划。PERT适用于活动的逻辑关系确定但活动的持续时间不确定的情形。PERT可以计算完成整个任务所需的时间及其不确定性。例如,任务完成时间的期望性和标准差。

与PERT类似,可以用于性能试验进度计划管理的方法还有图形评审技术(GERT)和风险评审技术(VERT)等方法。GERT适用于活动的持续时间不确定并且活动之间的逻辑关系也不确定的情形。风险评审技术适用于活动本身、活动持续时间、活动之间的逻辑关系三者都不确定的情形。

(四)性能试验实施计划

1. 实施计划的内容及作用

装备性能试验实施计划是指按照装备性能试验大纲和试验方案要求,明确各类参试人员和装备在性能试验过程中涉及的相关工作、性能试验的具体执行步骤和要求。例如,有的大型装备性能试验在实施时以《兵力协同动作表》的形式明确性能试验实施计划要求。

装备性能试验实施计划的主要内容有:任务依据、任务性质、试验目的、被试品情况、参试品情况、试验项目、试验时间和地点、测试内容、指挥序列、参试单位分工、试验方法和实施步骤、物资技术保障要求、实施进度安排、各阶段实施要点、实施计划图表、试验安全注意事项、各种试验预案、资料与数据管理、有关规定和制度等。

装备性能试验任务实施计划主要有以下四个方面的作用。

(1)协调试验活动。

装备性能试验中涉及不同单位、各岗位工作人员、各试验装备和设备等要素之间的使用与权衡。只有通过科学合理的实施计划,才能保障各成员要素间的相互协调,确保装备性能试验任务的顺利完成。

(2) 降低试验风险。

由于武器装备的试验受到各种不确定因素的影响,使得装备试验本身具有不安全的因素,拟制详细的试验实施计划对于确保试验安全顺利进行具有极为重要的作用和意义。通过制定计划,根据相关信息,分析装备性能试验中的各类不确定因素及可能出现的风险,拟制处理预案,对降低和控制性能试验的风险具有重要的作用。

(3) 优化资源配置。

装备性能试验中涉及各类装备和试验设备等相关试验资源的配置与运用问题。通过性能试验计划工作,进行方案优化,可以消除不必要的资源消耗和浪费,使有限的试验资源发挥最大的效益。

(4) 为装备试验活动的检查和控制提供依据。

通过对试验计划执行情况的监控,对执行中出现的偏差及时进行纠正,确保装备性能试验任务的顺利完成。

2. 实施计划的拟制要求

装备试验实施计划的拟制应以正式下达的性能试验任务书、性能试验大纲、国军标和相关规范等要求为依据,并且要综合考虑参试单位的特点,了解掌握武器弹药、测试仪器设备、场区情况等,充分考虑各种不确定性因素的影响。

拟制好试验实施计划后,经审查修改后应逐级上报审批。试验实施计划批准下发后,各单位要严格按计划组织试验实施,不能随意更改计划。

试验实施计划下发后,所有参试单位和人员要密切协作,按试验计划进度要求,逐项实施。必要时组织召开试验任务协调会或试验任务布置会,协调解决存在问题。为确保试验任务的顺利完成,应对试验进度进行详细计划与安排,在试验实施过程中控制试验的进程。

3. 试验计划的影响因素

在制定装备性能试验实施计划时,应充分考虑到各种可能的不确定性影响因素。常见的影响因素主要有以下六个方面。

(1) 装备性能试验要求进度服从质量,当被试产品发生重大质量问题时,必须进行归零处理,因而影响进度计划。

(2) 某些具有重大政治影响的性能试验任务有时会受到国内外政治形势的影响而提前完成或推迟进行。

(3) 在型号研制过程中,可能会安排多次试验,并根据试验结果进行研制改进,所以装备性能试验任务计划还会受装备型号项目进度的影响。例如,被试装备的进场时间,就需要根据型号研制单位的工作确定。

(4)协作单位因素或试验条件的影响。例如,若试验场的试验设施改造不能如期完成投入使用,则型号性能试验计划可能被迫推迟。若试验所需的气象条件、水文条件等不满足试验要求,也可能需要变更任务计划。

(5)试验任务管理活动的因素。每个阶段结束后的阶段质量评审活动的时间安排,试验任务指挥部会议的时间安排,参试人员的节假日休假等。

(6)多个试验任务之间的协调。例如,多个试验任务在试验资源使用方面的时间协调问题。

4. 实施计划的编制过程

性能试验任务总体计划通常是指从任务准备阶段开始到任务结束阶段为止的工作进度安排。性能试验任务总体进度计划通常由试验单位制定,首先应编制计划草案,然后广泛征求参试单位及任务指挥机构等相关方面的意见,根据要求进行修改完善后,报请试验指挥机构组织审议。需要修改时,应按审议意见再次修改完善。最后,将实施计划上报试验指挥机构批准后下发各单位和分系统实施。计划下发后应严格按计划实施。确需修改时,必须按规定的变更管理程序进行。

在拟定实施计划时,应充分运用系统工程、运筹学等方法,必要时可采用计算机仿真对计划进行推演和评估。

性能试验任务的总体计划确定后,各分系统、各工作岗位可据此制定自身更为详细的试验任务计划,并确保与总体计划和上一级计划匹配。

三、落实性能试验保障方案

试验组织实施之前,应对性能试验计划和试验大纲中规定的试验资源保障要求一一进行核实,制定各类试验保障方案。不同类型装备的性能试验需要的试验保障工作简繁程度和涉及面有所不同。

通常,大型装备的性能鉴定试验需要的试验保障工作包括技术勤务保障(包括试验指挥、测控、通信、靶标、水文、气象、航保、陆海空勤、计量、摄影录像、资料档案、大地测量、机要、航区等方面的技术支持和条件保障)、后勤保障和政工保障等。技术勤务保障部门按各自的方案在直接准备阶段要准备就绪;后勤保障部门要组织好厂房、阵地、运输、修理、参试人员食宿等工作;政工部门做好试验中的思想政治工作、安全保卫和保密工作。

(一)试验指挥与通信保障

试验指挥与通信保障系统通常由试验指挥调度系统、时间统一系统、数据通信系统、图像通信系统等分系统组成。

根据性能试验任务要求,试验通信包括指挥调度通信、时间统一、数据通信、图像通信和日常勤务通信等。试验通信传输的信号可以是话音、文字、符号、图表、数据和图像;按传输媒介不同,试验通信又包括有线通信和无线通信;按通信信道不同,试验通信又包括卫星信道、载波信道、电缆信道、光缆信道、短波信道、超短波信道、微波信道、长波信道和超长波信道等信道的通信。试验通信任务繁重,通信业务范围广泛,通信手段多种多样,通信设备品种多、数量大。

根据试验规模和试验场要求,试验通信的区域可能涉及陆地、海洋、空中和太空的广大区域以及海洋的水下区域,通信链路的各个端点分布在这些广阔的区域内。

试验指挥与通信保障的主要任务是:①保障各级指挥员对试验活动进行及时、有效的组织指挥和协调。实时显示性能试验活动的进展和态势等信息。②统一试验场区中各种设备测量和数据录取的时间同步。装备试验场通常有大量的测量设备,时间统一是确保这些测量设备准确一致地工作的基础。试验场的时间统一系统(时统)由时统中心站和分站等构成,为试验活动提供标准时间和标准频率,以控制各种测控设备同步测量和记录信息。③完成数据、图像、视频音频信号、传真、电报传输等通信业务。

(二)试验场区保障

试验场区保障包括试验区域(含航区)保障、试验设施设备保障、试验测绘保障等。

试验场区保障的主要任务是满足性能试验对地域、海域、水域或空域,以及对试验指挥所、技术阵地、发射阵地、测控站、测量站、专用实验室、试验台等工程建筑及其配套设备的需要。

1. 试验区域保障

试验区域指在进行装备性能试验任务时需要划定的试验地域、海域、水域或空域。例如,火箭弹的发射区、导弹的落区、导弹飞行的航区、飞机试飞活动的空域等。

确定试验区域时主要应考虑如下因素:装备性能试验的实际需要(如射程、飞行弹道等),被试装备、靶标等的活动范围,测控通信设备和标定设施的布局,试验安全和警卫配置等。通常,可根据需要,将试验区域划为禁区、危险区和安全区等不同的类别,以便于采取不同等级的管理和控制措施。划定试验区域应做好相关单位和部门的协调工作,报请上级和相关部门批准。

第六章 装备性能试验组织实施

2. 试验设施设备保障

试验设施设备是指试验单位为用于进行装备性能试验的指挥所、技术阵地、发射阵地、测控站、测量站、专用实验室、试验台等工程建筑及其配套设备，以及各种陪试装备和设备。应根据装备性能试验任务需求，做好装备性能试验任务所需要使用的试验设施的使用计划，确保其处于完好和可用状态。

在有的装备性能试验中，运用了模型与仿真代替被试装备或被试装备的某一部分功能。对这些模型与仿真在使用前应进行校核、验证与确认（VV&A）。

3. 试验测绘保障

测绘保障的主要任务是为装备性能试验提供满足精度要求的统一的坐标基准、测绘图等试验环境测量信息。主要包括：建立精密的大地水平控制网和高程控制网；提供必要的天文、地形、海洋等环境测量图；完成试验任务所需的重力、磁力等资料的收集；为各试验站点提供其精密的位置坐标和定向基准等基准数据保障。

（三）陪试装备及消耗品保障

陪试装备和消耗品保障的主要任务是根据试验任务需要，为完成被试装备的性能试验提供满足要求的陪试装备、陪试品和试验用消耗品（不含靶标）。陪试装备、陪试品和消耗品通常应依据装备性能试验大纲的要求确定。确定需求后，如果试验单位尚不具有所需资源保障能力，可由研制单位提供或报请上级机关协调其他单位或部门保障。对于现有条件难以保障的，试验单位或装备研制单位也可自行组织研制。

（四）靶标与战场环境保障

1. 靶标保障

靶标保障的主要任务是根据试验任务要求选配和落实靶标，用于模拟被试装备拟攻击的威胁目标（例如，来袭的敌机、敌方的装甲车、拟拦截的反舰导弹、敌方的防空雷达、敌方的机场跑道、指挥所建筑物等）。

在确定试验用靶标时，应尽可能使靶标的电磁、光学、热辐射等物理特性、空间几何特性等接近作战使用时的真实目标特性。为此，需要认真收集相关情报资料，了解主要作战对手的装备性能及其作战使用方式、目标特性等信息，结合性能试验任务需求和技术条件，科学合理地选配保障装备性能试验所用的靶标种类与数量。

2. 战场环境模拟保障

战场环境是指被试装备在典型作战任务中使用时所处的地形地貌、电磁、光学、海况等各类环境条件。战场环境模拟保障应按照试验大纲有关要求构设相应的试验环境条件，特别是应做好复杂电磁环境和复杂自然环境的构设。

战场环境模拟主要是通过科学合理地配置部署各类模拟器材，并进行相应的工程建设实现。为了摸清武器装备在实战环境下的真实战技性能底数，应以武器装备的典型作战使命任务为依据，尽可能地接近实战环境，在试验场构设相应的模拟战场环境。

有时，战场环境模拟采用建模与仿真方法实现。例如，反舰导弹内场试验时，要求已经建成根据海战场电磁环境模型构建的半实物仿真系统，当给定弹道、干扰、背景、目标特性等具体参数时，系统能生成符合要求的动态电磁频谱，并输出到微波暗室天线阵面上。

（五）测试测控保障

测试测控是装备性能试验中直接获取原始试验信息、对装备进行控制与操作的工作，具体包括测试、测量与控制。试验单位应做好测试测量与控制装备的计量、检校，以及装备维护保养工作。

测试保障的主要任务是在性能试验实施前，通过检查被试装备的技术状态、输入测试信号或测量响应输出，对被试装备的各项技术参数和性能进行检测和调试，完成被试装备试验实施前的调试校准、技术状态检查等工作。一方面获取被试装备的静态技术性能信息，另一方面确认被试装备的技术状态满足试验实施前的准备要求。以导弹类装备为例，其发射试验前的测试通常可分为单元测试、分系统测试、匹配性测试和综合测试（总检查测试）等类型。导弹的单元测试和分系统测试通常主要用于确认导弹的制导、动态、引信、电气等各分系统的功能和性能满足规定的技术性能指标要求。导弹的匹配测试通常主要是检查导弹各分系统之间、导弹与武器平台之间工作的协调性、正确性等。导弹的综合测试通常主要是通过模拟发射控制流程和飞行控制流程，检查导弹工作的正确性、协调性和静态条件下的性能指标是否满足要求，确认导弹处于规定的技术状态。

为了确保测试精度，测试所用的设备、仪器等的技术状态和精度应满足规定的要求，且已经过标定和调校准。为了提高测试工作效率，具有多种测试功能的一体化测试系统已得到越来越广泛的应用。

测量与控制系统需要在装备处于工作状态时，完成对被试装备及相关系统状态的跟踪、技术参数和状态的数据测量，并向其发送相关指令，对被试装备进行操作与控制，执行预定的功能和作战任务。

第六章　装备性能试验组织实施

在直接准备阶段,测试测量与控制保障的主要任务是综合考虑试验任务需要和各种影响因素,做好测量与控制保障方案的论证、任务满足度和任务可靠性等的分析评估,对测量与控制设备的布局、数量与类型等资源配置进行优化,确保测量与控制设备按规定的要求完成检修、保养和维护。

(六)气象水文保障

进行装备性能试验时所处的水文气象条件对于性能试验的计划安排和组织实施具有重要的影响。例如,战略导弹发射时需严密监测雷电、降水和大风等恶劣天气。此外,高空气压、湿度、温度等信息是对光学、无线电测量结果进行修正和分析的基础,直接关系到测量数据的精度。

气象保障的主要任务是提供天气实况、天气预报和气象测量数据,特别是提供危险天气和灾害性天气预报,准确及时地测定试验所需的温度、湿度和气压等变化情况。

对于大型装备性能试验任务,试验单位应组建专门的参试气象水文保障力量,并根据装备性能试验任务需要,主动与相关气象水文部门联系协商,建立装备性能试验任务的气象水文网络保障体系。

例如,有的试验单位设有气象室,并建有专门的气象雷达站和地雷气象站分别进行高空和地面气象要素的测量,执行装备性能试验任务时组建气象保障分队派驻现场进行保障。

对于大型重要装备的性能试验任务,应根据需要制定专门的气象水文保障方案,明确责任和分工协作关系,通过信息传递系统,全面收集相关气象水文资料,组织开展试验区域的气象水文观测、探测和监测,及时准确地提供气象水文预报、实况等相关信息。

(七)计量检定保障

试验计量检定保障的主要任务是运用先进的计量测试技术手段,按照规范对测试设备及其配套设备进行校准,确保参试装备仪器参数的量值准确性和一致性。

通常,参试装备必须要经过计量检定方可使用。计量检定保障的具体工作包括:①根据国际标准、国家标准和军用标准等标准规范,结合装备性能试验任务要求及测量精度要求,建立装备性能试验任务所需的计量标准及量值传递系统。②完成参试装备、仪器、仪表等的计量检定。

(八)试验资料档案保障

试验资料档案主要包括以下几类:①被试装备资料档案。例如,研制总要求,性能试验大纲等。②试验鉴定成果档案。例如,试验数据处理与分析报告。③测绘与水文气象档案。④培训档案。⑤试验装备设备档案。⑥试验设施档案。⑦科技活动档案。

装备性能试验的资料档案保障的主要任务是及时、完整、全面地收集装备性能试验的相关资料,对其进行科学合理的整理和归档,为各参试单位和人员提供相关信息服务。

(九)试验勤务保障

试验勤务保障是指保证试验任务正常运行的工作和生活条件,主要包括指挥信息系统、通信网络、气象、机要、测绘,以及军交运输、营房营具、卫勤、水电、道路维修等方面的保障。试验勤务保障的主要任务是为装备性能试验提供物质支撑、技术勤务和生活勤务等方面保障,具体包括试验所需经费保障、能源保障、交通运输保障、物资器材保障、卫勤保障、生活保障等。应根据装备性能试验任务实际需要,科学预测各类保障需求,做好相关保障计划,精心配置保障力量和资源,确保试验任务的正常进行。

大型装备性能试验任务的后勤保障专业技术性强,危险性大,需要精心计划和组织实施。例如,要特别注意做好精密装备和设备、易燃易爆品、有毒或强腐蚀物品、特种装备(如超大型装设备)的运输安全保障。

大型装备的性能试验任务通常涉及的试验区域广泛,地理环境复杂,人员分布点多面散,有的人员还处于戈壁和草原,试验任务风险大。因此,应组建专门的卫勤保障力量体系,具备应急反应与现场救护能力,充分利用现代信息技术,建设远程医疗网络化系统。

性能试验的经费保障工作主要是对试验经费进行科学预算与审核、及时申领、划拨试验经费,严格执行有关经费使用规定和财务管理制度。

(十)安全保障

在装备性能试验中,应采取有效防范措施做好试验安全保障,确保人员、设备设施和信息安全。试验安全保障方案应当明确保障试验人员安全和重要设备设施安全所需的专用防护装备、配套保障设备等,并纳入条件建设项目落实。

试验安全保障包括性能试验安全保卫保障和性能试验技术安全保障。

1. 安全保卫保障

性能试验安全保卫工作主要是根据装备性能试验任务的重要性、保密要求、试验风险分析评估的结果,结合试验场及周边环境特点和治安情况,会同有关单位提出保密措施和安全警戒方案,做好安全保卫力量的布置,确保参试首长、参试人员、试验设施和参试装备等的安全,防止发生各类失泄密事件。应划定试验警戒区域(或空、海域),防止无关人员和目标进入,以免试验过程中出现意外事故。同时,还应会同当地公安机关和国家安全机关做好装备性能试验任务的防间保密工作。此外,还应重视计算机网络安全和信息保密安全工作。

2. 技术安全保障

性能试验技术安全保障的任务主要是防止各类意外安全事故的发生,确保人员、设备设施等安全。在进行大型装备的性能试验任务时,应组建技术安全组织体系。例如,成立技术安全小组,配备专职技术安全员。应对参试人员(特别是涉及危险操作的人员)进行技术安全教育,介绍防火、防爆、防毒、防辐射、防静电、电气安全、火工品测试安装、吊装运输安全、飞行安全等相关专业知识,配发必要的安全操作手册和说明书,使相关参试人员了解试验过程中的技术安全操作规程及细则。对于特种岗位的操作人员,还应配备必要的防护装备和服装(例如,防静电工作服、手套、安全头盔等)。在开始进行性能试验前,应编制技术安全检查表,组织进行技术安全检查,对于发现的问题,应及时采取措施予以解决。

(十一)人员保障

装备性能试验任务通常需要由来自不同单位的各类人员共同完成。参试人员主要包括试验指挥人员、总体技术人员、试验测试操作人员、试验勤务人员、部队人员等。

为确保性能试验任务的完成质量,应根据装备性能试验任务的需要,合理配备、使用和培训各级指挥人员、管理人员和技术人员。试验单位应利用多渠道组织各类参试人员进行针对性培训,并对其进行考核认证。通常,培训的主要内容包括:了解熟悉被试装备的设计原理、技术性能,学习掌握测试、测控、通信等设备的性能和操作技能。特别是对于性能鉴定试验,对试验质量或结论有直接影响的人员应持证上岗。研制单位根据需要承担相应的培训任务,并提供必要的培训条件。

参试的专业技术人员应具有较高的业务水平、娴熟的操作技能,能熟练地排除产品故障,正确分析评价产品质量。

试验单位难以提供所需的参试人员或需要调用部队兵力参试时,应向上级部门提出申请,协调其他单位予以保障。

(十二)政治工作保障

政治工作保障主要是做好参试人员的思想工作、新闻宣传报道等。

四、现场试验条件准备

在实施装备性能试验前,应做好现场试验条件准备工作。包括:试验实施文书准备、参试人员岗位培训与考核、试验实施前准备检查等。美国国防部要求,对于重要的装备试验活动,在试验前应向相关管理机构提交试验准备就绪评估报告(TRR),以确认已完成了试验所需的所有准备工作,具备开始实施试验的条件。TRR通常由装备项目的总研制试验师负责。

(一)试验实施文书准备

试验实施文书是试验组织实施的重要技术文件,是指导和规范参试单位和人员的标准。以兵器性能试验为例,试验实施文书通常包括:试验阵地组建方案、试验阵地管理办法、试验阵地一般工作流程、试验质量控制办法、试验勤务保障方案、数据管理与传递要求,以及被试装备技术准备规程(操作检查表)等。

试验实施文书准备包括拟制性能试验实施细则(方案)、实施计划(必要时),以及操作规程、装备调拨计划、风险管控方案、应急处置预案等。试验单位一般应在现场试验实施之前组织完成各类试验实施文书的拟制和审核工作。拟制的试验文书要合理、全面、明确。

性能试验实施细则(方案)的主要内容可包括:任务概述、被试装备、考核评估内容、试验项目安排、试验条件设置、数据采集要求、勤务保障、任务分工以及相关附件等。对于试验大纲中的每个试验项目,都应明确被试品的数量、技术勤务准备要求、试验条件、测试内容、测试方案、测试数据的精度要求、数据处理及结果分析方法等。

性能试验实施计划的主要内容包括:任务依据、任务性质、试验目的、被试品情况、参试品情况、试验项目、试验时间和地点、测试内容、指挥序列、参试单位分工、试验方法和实施步骤、物资技术保障要求、实施进度安排、各阶段实施要点、实施计划图表、试验安全注意事项、各种试验预案、资料与数据管理等。

性能试验操作规程的主要内容包括:装备操作的方法、步骤,包括被试装备(被试品)、陪试装备(陪试品)、测试测量设备和靶标等操作要求。其中,被试装备(被试品)的操作规程由研制单位提供;陪试装备(陪试品)、测试测量设备和靶标等操作规程由试验单位会同其他有关单位编写。

装备调拨计划、风险管控方案、应急处置预案等由相关单位按照相关要求编制。

通常,应对各类试验实施文书进行评审,并经所有相关方会签,按规定的流程进行审批。根据文件管理规定,确认性能试验任务书、性能试验大纲、性能试验计划、性能试验程序和操作规程等文件的版本、有效性和一致性。

(二)参试人员岗位培训与考核

参试人员应按"五定"要求上岗。"五定"是指"定人员、定岗位、定职责、定协调接口关系、定仪器设备"。通过对各岗位人员的培训,要求参训人员了解熟悉被试装备的设计原理、技术性能,学习掌握测试、测控通信等设备的性能和操作技能。通过岗位培训,使参试人员达到应有的业务水平和操作技能要求。为此,被试品的相关技术资料应提前提供给试验单位,作为进行岗位培训的重要依据。在风险管理方面,应当对试验人员进行安全教育培训,组织应急预案的演练活动,使每个参试人员熟悉自己岗位的风险因素、应对措施、处置流程和方法。

(三)试验实施前准备检查

试验实施前准备检查是指对被试装备、参试人员、设施设备等的技术状态进行检查确认,对存在的问题和隐患提出整改意见。具体包括以下几个方面的工作。

(1)参加试验的设备仪器应满足试验使用要求。测量设备、仪器应经计量检定合格并在有效期内。测量方法和测量设备的测量不确定度应满足试验测试要求。应特别关注试验任务实施的关键设备和老旧设备,加强日常维护保养,必要时进行更换,确保其处于良好的技术状态。对于试验用的计算机软件,通常还应进行验证和确认,并实施软件配置控制。

(2)应确保试验用工装夹具到位,并已按要求安装。点检试验用备件是否准备到位。确认原始数据记录工具准备到位且记录方式已确定。

(3)确认试验环境条件。应根据试验任务的需要,识别对试验环境的要求。例如,对温度、湿度、照明、洁净度、振动、静电、辐射、电磁、有毒物质、噪声等方面的要求。对试验环境进行监视、测量,采取必要的控制措施,确保其满足性能试验任务对试验环境的要求。应为特殊试验环境中的人员提供必要的防护和安全用品。

(4)进行试验安全检查和风险评审。例如,对导弹的火工器检测设备、防静电措施、电气接地措施、测试设备和环境、搬运安全措施等进行安全检查和风险评审。

(5)根据需要进行系统联调联试,验证分系统之间以及接口之间的协调性、设备的可靠性、新的试验技术和方法的适用性等。

(6)对已明确的质量控制点和控制措施进行检查,确认其符合质量管理要求。

(7)对前述各项准备工作的完成质量进行确认。

第三节　装备性能试验实施

试验准备工作完成后,试验单位根据试验大纲和试验计划,在试验现场组织实施性能试验。研制单位通常应全程参与并承担相应技术服务保障、技术问题处理等工作。装备论证单位、军事代表机构等其他有关单位根据需要参与试验。

装备性能试验现场实施前应做好相关准备工作。在现场实施过程中,应根据相关文件要求,严格控制试验条件,严格按照试验规程操作,确保安全高效地完成试验大纲规定的全部试验科目、试验数据采集与现场处理任务。

一、装备进场后准备

(一)开设各级试验指挥所

试验实施时,应及时落实试验组织指挥机构,并按试验组织指挥机构设置方案开设现场试验指挥所。所有参试兵力均应服从指挥所的统一指挥。试验指挥所实行分级指挥。正常情况下按级指挥,必要时或在紧急情况下可越级指挥。试验指挥所按程序、按时间统一指挥所有参试兵力和战位完成任务等。

(二)组织被试品交接

被试装备到场后,试验单位应按要求对其数量、质量和配套情况、质量证明文件等进行接收清点,并办理接收手续。必要时应按测试规程组织技术测试,全面了解被试品的质量情况和技术状态,确认其满足性能试验实施条件,明确管理职责,将被试品置于试验单位管理和安全控制下。

被试品交接的具体工作包括:对被试装备的数量、质量和配套情况、工具、备附件、合格证、履历书等进行点验,全面清点登记入册,办理交接手续,入库存放。

通常,装备进场交接条件在相关试验规程中有具体规定。对于性能鉴定试验,被试品的接收一般需要满足以下条件:

(1)能够提供被试装备满足装备性能鉴定试验条件的证明材料、被试装备研制阶段性能验证试验报告、全套图样(软件源程序)和技术资料、产品合格证或质量证明书等,按批复的试验大纲要求提供被试品。

(2)被试装备质量文件齐全、与实物相符,并通过了质量评审。

(3)被试装备及其配套专用工具、测试设备齐全,满足进行性能试验的技术状态要求。例如,战术导弹内场试验具备如下基本条件:战术导弹导引头在非干扰环境下进行了全面测试,除了抗电磁干扰以外的各项技术指标达到设计要求,特别是探测精度达到了设计要求。对于战术导弹的抗干扰外场试验具备如下基本条件:战术导弹除了抗电磁干扰以外的各项技术指标测试均已达到设计要求(特别是命中精度在无电磁干扰情况下满足要求),并已完成相关电磁环境的内场试验。

(4)被试装备应已进行了可靠性、安全性和风险分析评审,并按规定办理了到试验单位的交接手续。

(5)被试装备的技术状态正确、受控,并且与技术文件相符。

(三)下达实施号令

通常,布置试验任务主要是由试验指挥机构通过向参试各单位下达试验任务书的形式进行。试验任务书是关于试验实施活动的技术准备、测试要求、勤务保障、事后处理等工作的综合指令性技术文件。

以某型鱼雷性能鉴定试验为例,试验任务书的主要内容包括:试验条次编号、试验雷号、试验日期、试验目的、产品准备要求、设定参数、船位布置图、对固定声靶或活动靶的要求、对水文气象测量的要求、测距要求及通信时统保障要求、对试验海区的要求、试验产品回收后的处理安排等。

试验实施任务下达后,各参试单位应召开试验实施任务布置会,确保各岗位人员熟悉实施任务的内容,了解本岗位的任务和要求。各岗位应按照试验任务书中的要求,开始进行各项准备工作。

(四)技术准备

技术准备工作由试验单位负责,重点检查被试装备和参试装备技术状态、系统功能,做好装备计量和校验工作,以及装备维护保养工作。技术准备工作主要包括技术检查与测试,确保被试装备、操作平台和设备的各种技术条件达到设定的技术状态标准,并完成对接联调联试等工作。同时,还要对测控通信、发控装置、靶标及其他主要参试装设备进行检查和调试,确保其处于良好的技术状态。

装备研制单位应负责指导试验单位做好装备技术保障,负责解决被试装备出现的质量问题。例如,对于战术导弹的性能鉴定试验,应完成导弹的检查测试、发射平台各设备的自检和对接联调等。对于导弹的性能鉴定试验,测控通信系统还需要进行跟踪校飞,以检查测控通信方案的正确性、可靠性,验证其实时信息传递的正确性。

技术准备完成后,为确保试验万无一失,通常要进行技术状态冻结,不经批准不得变更。

对一些大型的性能试验任务,应组织对任务实施方案和应急预案进行演练和合练。演练和合练的主要目的是:确保试验指挥程序的正确性;确保被试装备和试验装设备之间工作的协调性;使各试验岗位人员熟悉操作程序。对演练和合练存在的问题,要及时向试验指挥机构进行汇报,研究解决办法。

各相关单位应共同督促检查各项准备工作落实情况,对存在的问题和需协调解决的技术问题应及时上报,并通过召开试验协调会加以解决。

(五)试验实施准备情况检查

在正式实施前,由试验指挥机构牵头负责组织对实施准备情况进行检查确认,确保实施顺利进行。这项工作的主要内容包括:①试验设施、参试装备技术状态确认审查。②进行人员确认,确保参试兵力按时按地就位。③安全风险、质量管理检查评审。对参试兵力要求较高、试验控制风险较大的实施项目,组织各类试验协调会、专项风险评估会和试验任务准备评审会,对试验实施过程中可能出现的风险进行评估,并做好应对措施。④试验环境要求确认。

各项准备就绪完成后,试验指挥机构即可综合考虑各方面的因素(例如气象条件等)择机进入现场试验任务实施阶段。

二、现场实施试验任务

现场实施试验任务时,应按照试验实施计划要求,完成各项试验前准备工作。现场实施试验任务是在试验指挥机构的统一号令下,各参试单位协调一致地按预定计划完成各项试验任务(包括测试测控、试验数据采集和试验数据的现场处理)。试验任务结束后,应及时进行试验任务总结,完成参试装设备和人员的撤收。

(一)临试准备

现场实施开始前应做好以下几方面的工作。

(1)参试人员和装备就位。现场实施前,参加试验的各类装备、设备(如测试设备、时统设备、通信设备、靶标、指挥车以及被试品、武器弹药等)必须按计划和要求进入预定位置,所有参试人员按规定的时间进入指定位置和工作岗位。

(2)完成被试装备、参试装备、测试仪器设备等的工作准备,使之进入待试状态。对被试产品、参试人员、试验设备仪器、试验环境、试验保障、试验安全、应急预案、试验文件、试验记录等工作的准备状态进行检查。对于高风险试验项目,应特别注意点检应急预案、应急措施已准备到位。

(3)实施试验现场管控。对试验现场进行人员控制。对进入试验区域的所有人员应进行身份识别和活动区域控制。对试验现场实施多余物控制,确保现场不出现与试验无关的物品。试验所用的工具、备品备件应有清单,并确保清点无误。

必要时,应划定试验危险区或禁区,禁止无关对象(如人员、飞机、船只、车辆等)进入试验区域。

(4)各岗位的参试人员按其岗位操作规程完成试验准备工作后进入待命状态。通常,作为试验单位还应组织战前动员,召开"班前会"。

(二)现场试验指挥

现场试验指挥是指挥人员为遂行试验任务依职权对参试单位和人员进行运筹决策、组织计划、协调控制的一种特殊的组织领导活动。在指挥过程中,指挥者要根据各种相关信息形成决心,并运用指挥信息系统或指挥工具传递命令指示,协调控制参试人员的行动。

试验指挥机构正式下达现场试验开始的指令后,各参试单位和人员应立即按试验实施计划和操作流程统一行动,协调一致地工作,完成试验大纲和试验实施方案要求的各项试验任务。

试验实施过程中,试验指挥人员应密切关注和实时掌握试验态势,按照试验实施计划或根据现场情况进行临机决策,下达指挥口令,并采取各种手段及时掌握试验态势发展,确保试验任务顺利完成。试验指挥口令应清晰、及时、准确无误。

性能试验的指挥通常应遵循逐级指挥的原则。对于在试验过程中可能出现的各种风险事件,应根据预先制定的预案进行处置。当出现意外情况来不及请示和研究讨论时,指挥员应临机应变进行紧急处置,以最大限度地减少损失。在特殊情况下,若情况紧急也可以进行越级指挥。

(三)测量与控制

在装备性能试验实施过程中,应按规定程序和操作细则进行操作,对被试品进行测量和控制,以便获取原始试验信息。

在此过程中,现场试验操作人员要时刻注意保持试验设备仪器、被试装备等的正常工作,确保能够获取真实可信的原始试验数据。应通过采集试验实施过程的状态数据对试验实施过程进行密切监视和测量。对关键试验过程环节可设置状态报警系统。如发现异常,应及时进行处理并按规定程序进行上报。

(四)数据采集与现场处理

试验数据的采集是性能试验任务实施的重要环节。在性能试验实施过程中,要始终注意尽可能地收集相关试验数据(特别是数据原始记录),做好对被试装备的技术状态和其他相关信息的录取、传输、保存等工作,确保试验数据的记录真实可靠、内容全面、格式规范,符合存档要求。试验过程中产生的数据应尽可能同步录入试验数据管理系统。

数据原始记录通常应包括以下内容:试验日期、时间、项目、试验条件和结果;出现的问题及处置;还应有记录、计算、校对、审查、传递手续等,凡由仪器自动记录的数据和磁带、纸带、卡片、胶片、底板等,均应在现场统一编号,并和记录表格严格对应。

对实施中出现的不能按要求收集数据或者严重丢失数据的情况,应及时采取补救措施,如无补救措施应另行组织试验。对于数据判读应有对读和复读制度,数据计算应有对算和复算制度。为了确保数据的精确可靠性,对数据记录应进行审核。提交的数据记录应有测试人、校对人和审核人的签名,在数据有更改时,要有更改人签字和说明。

以某型鱼雷某次外场性能试验为例。在试验实施时各岗位人员按照试验数据采集要求,认真负责地填写数据采集表,并在采集表上签字确认。在当次试验任务活动结束后,及时回收各岗位人员的数据采集表,导出试验测试测量装备所记录的原始数据,对各类试验过程中记录的信息进行整理归档。

试验数据处理是对现场试验记录的原始数据进行校验、加工、分析和表示的过程。根据数据处理的时限要求,试验数据处理一般分为实时处理、准实时处理和事后处理三种类型(详见本章第五节)。在现场试验任务实施过程中,主要是进行试验数据的实时处理与准实时处理。事后处理是指现场试验任务全部完成后进行的数据处理。

数据处理程序比较固定的试验项目,应制定专门的数据处理规程。当数据处理方法变化较大时,应有具体的数据处理方案。数据处理完毕后,应及时编写试验报告。报告中除数据、图表外,应附有测试仪器名称、测试条件、计算公式、符号含义、录取情况及数据精度等说明,必要时进行误差分析。

(五)现场任务活动小结

通常,当次现场试验任务活动结束后应及时组织现场试验任务活动总结。对该次试验任务活动情况进行讲评,总结经验教训,分析存在的问题并研究提出改进措施;向各单位通报当次试验活动情况和结果,共同商议决策是否可转入下一任务活动。例如,采用内外场联合试验方式时,若通过外场试验的几个批次试验结果分析发现仿真结果已足够可信,则可减少后续外场试验。如果外场试验结果或部分结果发现内场仿真结果可信度差,则需修正内场仿真模型重新进行内场仿真和外场验证试验。

(六)试验实施后撤收

现场试验任务执行完毕后,应迅速收集试验结果情况,及时对试验工作进行讲评并组织善后工作,由试验指挥机构下达试验现场撤收命令,有计划有步骤地组织参试人员和设备撤收。

撤收时,应确认所有参试人员、物品等清点无误,抓紧进行设备的维护保养、恢复调试,并通报和上报试验情况和初步试验结果。在任务撤收中应确保人员和参试装设备的安全。例如,对于火炮性能试验,撤收时通常应进行的工作包括:试验信息的收集处置、设备复原、打靶和射击效果检查、回收靶标、回收试后的弹药和物资器材、销毁未炸的实弹和引信,部署人员的撤离和装设备的撤收,及时通报和上报试验情况等。

对于当次任务活动完成后还有下次任务的情况,应布置现场警戒,并做好执行新任务的准备。

试验活动全面结束后,还应注意组织外协单位人员撤离以及外部配属参试兵力归建,协助其安排撤离的运输事宜。

三、试验实施质量控制

性能试验应严格按试验大纲、试验计划、试验程序和操作规程组织实施。运用"过程"方法对试验过程实施严格有效的控制。做好阶段之间、过程之间、不同单位之间的对接。实施严格的质量检查和评审制度,组织分级分阶段的质量检查、评审和审核。

(一)过程质量控制原理

质量控制是质量管理的内容,主要致力于满足质量要求。根据相关国军标要求,实施过程运行质量控制主要可采用如下措施:①确定顾客对过程输出结果(产品或服务)的要求。②建立过程运行及其输出结果的接收准则(即过程质量准则)。过程运行准则用于规范过程实施的程序和方法。接收准则是过程的输出应达到的标准。③确定过程实施所需的相关资源。④按照已确定的过程质量准则对过程实施控制。应对过程的输入、输出结果进行监督、监视、检查和测量,依据过程质量准则分析出现的偏差及其原因,并通过对过程输入(即过程质量的可控影响因素。例如,试验设备、操作方法等)的控制,及时纠正过程出现的偏差。⑤确定并保持、保留必要的成文信息。对相关信息进行收集、管理与分析,评价过程的质量符合性和有效性,并用于过程控制和改进过程的质量水平。图 6-15 给出了过程质量控制的一般原理。

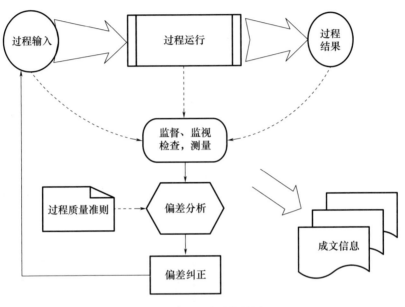

图 6-15　过程质量控制原理

基于质量控制的原理,对于装备性能试验任务的质量控制,应根据试验任务的具体质量要求,对影响试验质量所有过程的各个环节和影响因素进行过程监督、监视、检查和测量,分析存在的偏差和问题,采取必要的纠正措施使工作结果满足质量要求。

通常,影响装备性能试验工作过程质量的主要因素可分为"人、机、料、法、环"五个方面。"人"主要是指参加性能试验工作的所有相关人员。参试人员的思想觉悟、工作责任感、精神状态、心理素质、质量意识、专业技术水平、业务熟练程度等都会影响到其工作质量。"机"主要是指进行装备性能试验所用的试验设施、试验设备、仪器和工具等。这些试验装备的技术性能水平、技术状态、可靠性、维修性、安全性、易用性等对性能试验任务的工作质量具有重要的影响。"料"主要是指被试装备以及性能试验所需要的材料和物品等。"法"主要是指性能试验所采用的试验方法、操作规程和检测手段等。如果所用的试验流程、试验方法不科学,或没有严格按试验规程进行操作,显然难以得到满足要求的试验结果。"环"主要是指性能试验所处的内外环境。例如,外场试验时所处的气象条件、地理条件和电磁环境条件等,实验室试验时所处的温度、湿度、照明、清洁度等条件。

装备性能试验的质量控制就是对性能试验的各个过程,围绕过程质量要求,对影响过程质量的"人、机、料、法、环"等相关因素进行控制,使之处于严格的受控状态。

通常,性能试验任务各个阶段存在相互关联、相互影响的关系。因此,性能试验任务的质量控制必须落实到每个阶段,并且做好阶段之间的对接质量控制。图6-16给出了性能试验各个阶段通常应开展的相关质量控制工作的要点。

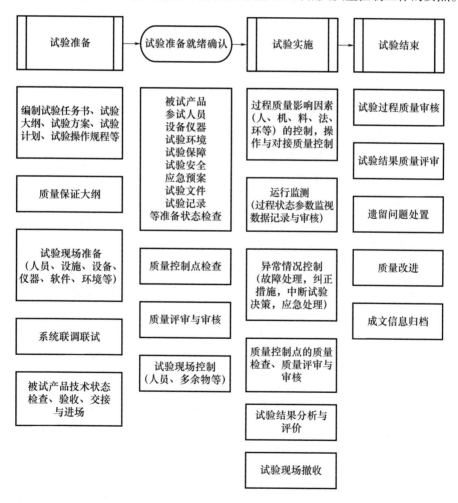

图6-16 任务各阶段的质量控制工作

阶段质量控制主要采用阶段质量评审活动的方式进行。阶段质量评审活动是指在性能试验任务流程的各关键阶段点，组织各相关方进行阶段工作质量评审。其目的是评价和确认已完成工作的质量，协调下一阶段的质量工作计划，从而实现相关方面的互信，完成阶段工作质量的交接。

对于节点的质量控制，通常采用阶段工作汇报和审核方式进行，对照标准和规范要求进行检查，以确认前期工作满足质量要求，给出阶段性结论。审核通过后，可转入下一阶段工作。

对于里程碑的质量控制，通常依据放行准则进行。应明确各里程碑阶段工作必须满足的最低条件和放行条件。每个里程碑前的阶段任务结束后，应依据放行准则组织进行系统、深入、严格的质量评审，确认前期工作完成情况和后续工作准备满足要求。经过评审合格后，才能进入里程碑下一个阶段的工作。

（二）过程质量控制要求

试验实施中，应对影响试验实施质量的相关因素、操作、工作对接等过程进行质量控制。按计划的质量控制点对过程质量进行质量检查、质量评审和质量审核。通过后，方可转入后续过程，确保不将问题或疑点带入下一个试验过程。对于任务时间较长的性能试验，还应进行阶段工作质量评审活动。阶段评审的目的是确认前一阶段的工作质量，确保后一阶段的工作准备就绪，所有风险处于有效监控状态。

对于装备性能试验的关键技术操作岗位可实施"双岗""三检查""五不操作""班前会、班后会"制度。这是我国航天发射试验质量管理实践中总结出来的宝贵经验，对于装备性能试验质量控制具有重要的借鉴参考意义。

"双岗"是指配备"一岗"和"二岗"人员。一岗人员负责实际操作，二岗人员负责对操作过程进行质量监督和把关，以减少操作失误。由一岗执行，二岗复验或监视操作过程。对于需换班执行的过程，应严格执行交接班制度。

"三检查"是指一岗人员在完成操作后，在正式测试前进行自查，二岗进行把关检查，由现场指挥员进行最后检查，确保技术操作的正确性。

"五不操作"是指"任务不明确不操作，不是自己分管的设备不操作，协调不周不操作，状态准备不好不操作，没有指挥口令、口令不清、口令错误不操作"。

"班前会、班后会"是指在每项工作开始前召开工作预备会，在工作结束时召开工作小结会。"班前会"主要是明确工作内容、人员分工、操作程序、技术状态要求、协同关系和安全注意事项等，其目的是确保参试人员清楚自身职责和要求，相互协调准确无误。"班后会"是指清查技术状态、进行工作讲评、查找存在的问题和不足等,以利于及时纠正问题和确保后续工作质量。

对于实施过程中出现装备质量问题或出现故障时,应及时进行分析处理。

四、试验实施风险管理

试验过程的风险管理活动主要是执行风险管理计划,开展风险监控等。

每次现场试验任务活动实施前,应根据具体情况,专门针对试验任务的特点和可能出现的意外情况,做出详细的风险评估,适时组织召开风险评估会,研究制定风险管控应对措施,并组织传达学习,所有参试人员也要树立牢固的风险意识。

风险监控是指及时了解风险的发展和变化,对风险应对措施的执行过程进行监控,确定某些风险是否已消失以及风险水平的变化,及时识别新出现的风险,确保装备性能试验风险应对活动的成功。当风险水平的变化超过预定的水平时,应及时发出预警,以便及时采取新的风险应对措施。

为了实现风险监控,应建立风险监控责任体系和风险信息报告制度,将相关信息反馈给相关部门或系统。根据风险水平的变化不断修订风险应对方案,并跟踪风险应对措施的执行状态。

风险记录表可用于对风险项的状态进行监视与跟踪,如表6-2所列。风险记录表由各风险项及其相关信息组成,其每一行对应于一个已识别的风险项。对于风险记录表中的每个一风险项,可根据实际情况建立按时间分阶段的风险消退计划并在工作中予以落实,明确对该风险项采取各个应对措施的时间期限要求和拟降低的水平。

表6-2 风险记录表

风险编号	管理责任人	风险类型	风险事件	可能性/后果等级	应对措施	识别日期	批准日期	预期完成处理日期	处理后的可能性/后果等级	当前状态

对关键任务节点和过程应采取"双想"等形式进一步识别、分析和预防风险。对重要的试验项目活动,应按"事前检查、过程监视、事后审核"的流程进行风险管理。①"事前检查"是指在试验前进行状态检查和确认,并完成技术安全检查,确认所有的风险控制措施落实到位。必要时,可实施"双岗"检查和"三检查",由一岗人员和二岗人员依序检查确认后,交试验指挥员审定。②"过程监视"是指在试验活动实施中,对风险变化严密进行跟踪监控。例如,对关键过

程,可由一岗人员进行操作,二岗人员对其操作过程进行监视,并对操作过程采取视频录像,以便于操作过程具有可追溯性,强化岗位责任。③"事后审核"是指完成试验活动操作结束后,及时对试验过程和试验结果进行审核确认,确保不将风险引入下一个活动。

试验任务实施结束后,应及时进行风险管理总结,并将风险管理信息和文件归档。

五、异常处置与变更管理

(一)异常处置的原则与流程

当性能试验实施过程中出现重大异常或应急情况等风险事件时,现场人员应迅速做出判断决策,根据规定的职责和权限立即启动应急预案,及时向上级和相关单位报告事件发生和处置情况,做出应急响应和有效处置,采取有效措施降低事件的后果影响。

如果在外场试验任务时被试装备出现了故障,应尽可能在现场按规定的程序完成归零处理,包括进行问题原因分析、提出纠正措施、组织验证和确认其有效性等工作。当难以在现场分离故障和定位故障时,可用数学仿真和半实物仿真辅助故障和异常现象分析,并视情做补充外场试验。当现场不具备故障归零处理条件时,还需将装备返运回研制单位进行故障归零。

性能鉴定试验实施过程中装备试验故障由试验管理部门组织处置,试验单位按照试验大纲判定并给出评估结论,并通报研制单位和装备论证单位。对于难以判定或试验单位与研制单位分歧较大的故障,由试验单位召集评估小组会议,有关专家参加,给出故障判定意见。评估小组一般由试验单位任组长,试验鉴定总体论证单位、装备论证单位、军事代表机构、研制单位为成员单位。

(二)试验计划与状态变更

在装备性能试验实施过程中,由于试验设备故障、事故、人为因素、外界干扰、气象条件等各种不确定因素的影响,可能会出现一些意外问题。例如,被试装备出现故障和异常情况、测试测量设备出现故障和异常情况、气象和环境达不到实施条件、试验现场出现人员伤亡事故等都会对性能试验造成不同程度的影响(例如,试验零点推迟,试验任务撤销,需重新组织试验,试验失败、危及人员生命和财产安全等)。这些情况的出现轻则使性能试验任务的实际情况与原定的进度计划之间出现偏差,重则可能使性能试验不能按照预定的计划实施。试验指挥人员应根据情况做出是否改变试验计划的决策(包括继续试验、暂停试验、中断试验、终止试验等决策)。

在试验任务实施过程中,应当严格按任务计划执行,并对实际任务执行进度及时进行跟踪,依据时间节点对进度进行检查与督促,必要时采取措施对原定进度计划进行调整。

可以采用多种形式了解试验任务进展,及时发现实际进度与计划进度的偏差,对出现偏差的原因进行分析。为了保证进度计划目标的实现,应当及时掌握试验任务计划的实施情况,协调参试各方的关系,通常采取日常观测跟踪、定期观测检查等方式进行计划实施监控,重点关注关键路径上的活动进展情况,并将实际进度与计划进度进行比较,及时调整和优化活动资源配置。

了解实施进展可以采用以下五种形式。

(1)工作例会。各参试单位或任务团队应定期召开例会交流任务进展情况信息。例如,每周召开一次工作例会,检查工作落实情况,及时协调解决有关问题。

(2)检查汇报会。例如,按试验任务的重点节点,组织对试验工作进展情况进行检查评审。

(3)书面汇报。要求各参试单位或任务团队定期提供工作报告。工作报告中应报告已完成工作情况、未完成工作的程度、与进度计划相比较出现的偏差、偏差的原因分析、偏差的纠正措施与后续工作建议等。

(4)研讨协调会。对试验任务中出现的问题,召开专题技术讨论会或调度协调会(或碰头会),及时进行沟通、协商和解决。

(5)现场跟踪。各级领导和管理人员深入试验现场了解试验任务的进展情况,以便及时发现和解决问题。

当发现实际进度与计划进度之间出现较大偏差时,应及时采取纠偏措施。例如,投入更多的人力加班工作、增加试验设备资源、改进活动之间的逻辑顺序关系、增加或减少活动等。如果难以满足任务时间节点要求,则应进行计划调整,并重新进行计算编排。

若需临时增加或减少试验项目,或进行试验任务计划的调整,必须先提出试验计划调整申请或试验变更申请,按规定的程序经上级审批后方可进行。

在试验任务实施过程中,应严格实施技术状态管理,确保参试装备和被试装备的技术状态受控,严禁随意变更技术状态。

(三)试验的暂停与终止

如图6-17所示,在装备性能试验中,针对不同异常情况应采用不同的处理流程。

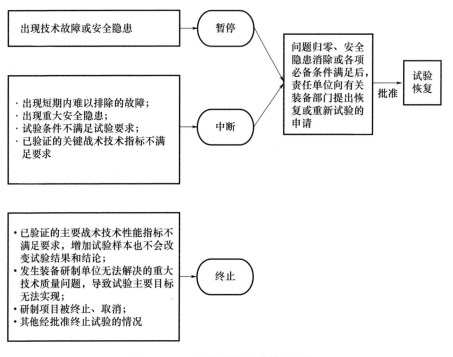

图 6-17 不同异常情况的处理流程

在装备性能试验过程中出现技术故障、安全隐患的,应当及时暂停试验,查明原因并排除技术故障、安全隐患后方可继续实施。

装备性能试验中出现下列情形之一的,应当及时中断试验,完成问题归零或者满足试验条件的,按照试验启动权限报批后方可继续实施:①出现短期内难以排除的故障。②存在重大安全隐患。③试验条件已不满足要求。④已验证的关键战术技术指标不满足要求。

对于暂停或中断的性能试验,应已查明问题原因,并采取可行措施完成故障归零和解决问题,消除了安全隐患,并具备继续试验的条件,方可报请上级管理部门批准恢复试验。必要时还应做补充试验。对于短时间内不能完成归零的问题,应经专家评审通过后方可继续进行试验。

在装备性能试验过程中出现下列情形之一的,试验单位应及时按规定的程序向下达试验任务的主管部门报告请示终止试验:①已验证的主要战术技术性能指标不满足要求,增加试验样本也无法改变试验结果和结论;②发生装备研制单位无法解决的重大技术质量问题,导致试验主要目标无法实现;③研制项目被终止或取消;④其他经批准终止试验的情况。

六、试验问题反馈与处理

装备性能试验过程中出现的问题是指无法满足预定功能性能或用户要求的事件或状态。对于装备性能试验过程中出现的问题,应及时进行反馈与处理。

装备性能试验的问题反馈与处理是装备状态鉴定、列装定型、改进改型、优化编配、中止列装、退役报废决策的重要依据,主要包括发现问题、识别问题、报告问题、通告问题、问题整改与验证,以及回复处理意见等活动。

(一)问题及其分级分类

按照问题影响的严重性,可将试验中出现的问题分为一般问题、严重问题和重大问题三个等级。各类问题等级的具体判定准则如表6-3所列。

在性能试验中出现的问题分为技术质量问题、装备功能实现问题、作战运用问题等几种类型。

表6-3 装备性能试验问题分类

问题类别	判定准则
一般问题	对装备的使用性能、作战效能和作战适用性有轻微影响或造成一般损失的情况
严重问题	超出一般问题,导致或可能导致装备严重降低使用性能、作战效能和作战适用性或造成严重影响的情况
重大问题	超出严重问题,危及装备的使用、维修、运输、保管等有关人员的人身安全,导致或可能导致装备丧失主要功能或造成重大损失的情况

1. 技术质量问题

技术质量问题主要是指因设计、工艺、配套产品等原因导致的问题。主要包括:① 装备设计不合理、设计方法有误、通用质量特性设计不足、新技术理解不充分等造成的问题;②装备因生产流程与管理、工艺设计、工装设备和加工方案不符合质量规范或其他技术要求而造成的问题;③因元器件、原材料和标准件质量、设备校验不到位、外购产品质量等原因造成的问题。

2. 装备功能实现问题

装备功能实现问题是指装备未出现技术质量问题,但无法实现预期的功能和战术技术性能指标。主要包括:① 因装备使命任务分析或研制需求不完善、研制总要求提出的相关指标不合理导致装备难以满足预期使用要求;② 因装备设计、制造、配套产品选用的条件所限导致无法实现预期功能性能;③ 因现有技术条件造成无法达到装备储存、运输和使用环境要求。

3. 作战运用问题

作战运用问题是指影响装备维修保障和使用的相关问题。主要包括：①使用编配方式、对使用人员的技能要求，以及与现有装备的接口和相容性等方面的问题；②装备操作使用时出现的不方便、不稳定、不安全、性能下降或出现故障；③随配的训练器材、使用手册不合理，维修工具不配套、维修保障不方便，成本过高。

（二）反馈和处理要求

图6-18给出了装备性能试验中出现问题的反馈与处理流程。对于装备性能试验过程中出现的问题和缺陷，应当及时响应，确认问题类别、等级和原因，对问题进行准确定位。根据问题类别等级提出处理意见或整改措施。问题和缺陷的反馈、整改及验证应符合规定的程序，相关记录、汇总、分析、报告程序应当规范，要素齐全。

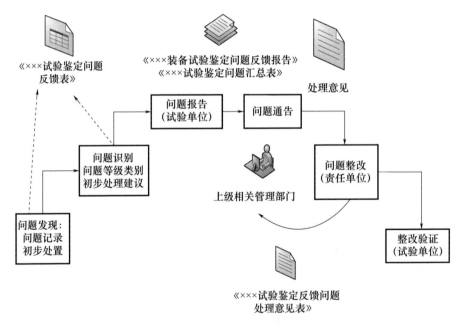

图6-18 装备性能试验问题反馈与处理流程

性能试验问题的反馈和处理通常应按如下要求进行。

（1）发生问题后，对问题信息进行记录、梳理和汇总。采取现场处置措施和初步处理。

（2）对是否继续实施试验进行决策。

（3）按问题严重程度，召开问题分析会，确定问题类型、等级和原因，提出初步处理建议。

(4)汇总和整理问题,填表并定期或及时上报。对于装备性能鉴定试验,应上报有关装备部门。对于装备性能验证试验,通常应将问题上报研制单位质量管理部门、产品项目设计团队和有关装备部门。

(5)对于装备性能验证试验,上报的问题通常由研制单位的质量管理部门通知相关单位进行整改。对于装备性能鉴定试验,上报的问题和缺陷由装备部门组织装备论证单位和装备研制单位保障或者处理。装备研制管理部门应当组织装备论证单位、装备研制单位和其他相关单位,对装备性能鉴定试验中暴露的问题进行分析整改,并对整改后的装备技术状态进行评估,必要时组织补充开展试验或者决定重新进行试验。

通过试验问题反馈和处理后仍然不能解决的问题,称为装备缺陷。按照缺陷影响层次,可将缺陷分为功能缺陷、能力缺陷和体系缺陷。功能缺陷是指影响装备或系统功能、性能实现的缺陷。能力缺陷是指由功能缺陷聚合的、影响单个装备作战效能的缺陷。体系缺陷是指由能力缺陷聚合的、影响装备一体化联合作战能力、装备体系作战效能的缺陷。

装备缺陷应作为独立报告或试验报告的独立内容上报。

通常,相关单位都建有问题反馈与报告系统。例如,某装备研制单位制定了《试验报告要求》,要求对出现的问题填报《试验故障和缺陷反馈表》。对试验和使用中出现的质量问题,应实施技术和管理双归零。

第四节 装备性能试验总结

装备性能试验现场实施后,应进行性能试验总结,分析试验实施中存在的问题和经验,完成试验数据的综合分析评定,完成相关文件的编写。性能试验的总结报告需要逐级进行审查。审查通过后,试验单位应将试验报告上报相关试验管理机关,并抄送研制单位。

装备性能试验总结包括试验工作总结和试验技术总结。试验工作总结主要是从管理和试验任务完成的角度对试验任务中存在的问题和经验进行总结。参试单位都要按照相关的规定拟制各自的试验总结报告,从不同的角度总结试验任务的完成情况。试验技术总结是从技术的角度对试验任务实施过程中的技术问题进行总结,一般包括试验数据综合处理与结果分析评定、试验质量评审、试验报告编制、试验资料归档等工作。试验数据综合处理与分析是结果分析评定的前提。迅速、准确、完整地完成试验数据综合处理和提供结果分析评定报告是完成试验实施任务的重要标志。本节主要介绍试验技术总结的相关工作。

一、事后数据处理

性能试验数据的事后处理也称为试验数据综合处理。试验结束后,应对试验数据进行认真的分析研究,对各种测量结果进行处理。在性能试验阶段,虽然试验条件可测、可控,但在试验过程中往往由于随机因素的出现,导致试验数据出现偏差,如果不对数据进行科学处理和分析,就可能影响对装备性能指标达标度和性能底数的评定。

数据事后处理的主要工作包括测量系统误差修正、时标与坐标标准、测量数据检查与插补处理、装备状态解算等。

进行数据综合处理前应进行数据有效性分析,以确保试验数据是有效的或有用的。数据有效性分析包括试验实施过程准确性分析、试验环境条件分析、试验测量数据的合理性分析等。试验实施过程准确性分析即分析试验实施偏差对试验数据的影响程度,以确定某次试验任务活动的有效性;试验环境条件分析是指利用试验环境测量数据,分析试验环境条件是否满足试验要求,如不满足要求,应分析其影响程度,以确定试验的有效性;试验测量数据的合理性分析是指分析试验测量是否有遗漏、中断、误差偏大、跟踪错误等现象,判断数据的可用程度。

对于仿真试验,事后对仿真输出数据的处理还包括判断仿真状态是否正常、仿真过程是否规范、试验记录是否完整、记录数据是否能正确反映仿真技术状态、输出指标是否满足仿真试验指标要求等。

在处理过程中若出现异常数据时,必须要对试验数据进行处理。例如,某型装备在利用无控弹进行准确度试验时共射击 x 组。由于地面和高空气象数据测量报告有滞后,所以每次射击时只能依据射击前半小时的气象实测数据的修正结果。但是,试后对落点数据预处理后发现有一组数据出现异常。为了查找原因,调阅了射击时刻的气象数据,根据仿真计算结果,发现落点偏差大的原因是气象数据误差。通过消除气象误差给落点散布中心带来的影响,实现了对该装备准确度的科学评定。

二、试验结果分析评定

试验结果分析评定是对装备性能指标达到的程度做出客观判断和结论。

试验结果分析评定结果是编制试验报告的重要依据。试验结果分析评定工作由试验总体单位负责完成,装备研制单位应进行配合。

试验结果分析评定的主要依据是装备研制任务要求、装备性能试验大纲、有关国家军用标准的相关规定。通常,试验结果分析评定的内容、评定要求、评定方法已在性能试验大纲中进行了具体规定。

对于装备性能鉴定试验,其试验结果分析评定的主要任务是依据性能鉴定试验大纲,对照已批准的装备性能指标要求和作战使用要求(包括边界性能和复杂环境条件下的性能指标要求),指出装备存在的主要问题,对装备性能是否满足要求给出结论,对装备的设计改进提出建议。

对于装备性能验证试验,其试验结果分析评定的主要任务是评定装备性能指标达到的水平,分析装备存在的主要问题和设计缺陷,评估其技术成熟度,对装备的设计改进提出意见。

三、试验质量评审

试验质量评审是由试验总体单位依据质量管理体系运行要求和试验质量管理要求,对试验过程、试验结果、试验管理工作等进行全面质量审核。试验质量评审的目的是确认试验的有效性和进行质量改进。

试验质量评审具体主要包括以下三方面的工作:

(1)进行试验过程质量审核。主要审核试验条件、试验环境、试验技术、试验设备和相关保障是否满足试验任务要求,是否符合试验大纲,是否满足试验任务质量要求等。

(2)对试验结果进行质量评审。主要评审试验数据的完整性、有效性;异常情况处置与试验中断决策的正确性;试验分析结果的正确性等。

(3)对遗留的技术和管理问题进行研究,提出处理意见。对于试验过程中发生的事故,应查明原因,提出技术和管理改进完善措施,并进行必要的质量责任处理。对试验任务质量工作的经验和存在的不足进行总结,提出质量改进意见。

四、试验报告编制

完成试验任务现场实施后,应根据性能试验全过程的具体情况和性能试验大纲要求,完成装备性能试验报告的编写,对装备性能试验任务进行全面系统的总结、做出试验评价并提出相关建议。

当试验周期较长时,通常应将试验情况及时上报。例如,某军车研制单位对于整车可靠性试验项目,要求编制试验日报,及时上报试验情况。

性能鉴定试验结束后,试验单位应编制性能鉴定试验报告上报有关装备部门,并抄送论证和研制单位。

装备性能鉴定试验报告编制的主要依据是:①研制总要求或研制任务书、研制合同等;②试验总案;③性能鉴定试验大纲;④装备状态鉴定文件编制指南;⑤有关的军用标准和国家标准;⑥其他依据性文件。

装备性能试验报告通常分为正文和附件两部分。

(1)正文部分主要供有关装备部门了解性能试验的结果、主要结论和建议。要求文字精炼,内容简明扼要。通常包括:被试装备(或被试品)全貌照片、被试品全貌图、试验概况、试验内容和结果、试验中出现的主要问题及处理情况、试验结论、存在问题与建议等。

被试装备(或被试品)全貌照片为通常为一定规格尺寸的彩色照片。

试验概况包括:试验任务根据、任务编号、试验性质、试验目的、试验起止时间、试验地点、研制单位、被试陪试品、试验条件、试验大纲规定项目的完成情况、大纲变更情况、试验外包和采信、装设备动用及消耗情况、参试单位等。

试验内容和结果主要包括试验项目、试验条件、试验方法、数据处理和分析结果等。试验结果按照试验项目设置对应编写,内容根据战术技术性能指标要求列出,首先简述试验条件,再提供结果,并且应尽量用文字表达。

试验中出现的主要问题及处理情况主要包括以下内容:①问题描述。说明问题发生的时机、对象、试验条件、现象、产生后果等。②问题分析。说明对问题的定位、产生原因及问题性质。③解决措施。说明问题处置采取的措施。④问题发生的时机、对象、试验条件、现象、产生后果等。⑤试验验证。说明措施实施后试验验证情况。⑥归零情况。说明问题归零情况,给出问题是否归零的结论,对已完成试验项目的影响,以及举一反三情况。

结论是应依据研制总要求或研制任务书、研制合同对试验结果逐项进行衡量、对比、评定,对被试装备(或被试品)性能的最终达标情况给出真实、可信、全面、客观的结论和总体评价,对被试装备(或被试品)是否通过性能鉴定试验给出结论性意见。

建议部分应指出存在的主要问题,并根据试验结果,从装备研制、生产、编配、训练、作战使用和技术保障、后续试验等方面,提出合理化建议。

(2)附件部分是对正文的补充,用于报告正文中有关需要详细说明的内容和试验结果具体数据,或者用于理解报告内容的附加信息。附件主要供装备研制单位查阅和改进产品性能,通常包括如下内容:①战术技术指标符合性对照表;②试验中出现的问题汇总表;③必要的试验数据图表;④试验报告引用文件表;⑤被试装备(或被试品)和陪试装备(或陪试品)一览表;⑥必要的外包试验报告、仿真试验报告、计算分析报告和数据采信报告;⑦典型试验场景照片,如主要试验现场、主要毁伤效果、主要故障特写等;必要的陪试装备(或陪试品)照片;⑧其他需要说明的问题或参考性资料。

试验报告编写完毕后,应逐级审批并按要求呈报相应装备试验鉴定机构。

五、试验资料归档

装备性能试验产生的信息对于装备的研制、生产和使用,以及进行相关或者类似装备的各类试验具有十分重要的参考价值,也是积累工作经验的重要基础。因此,性能试验任务结束后,试验单位应按科技档案归档制度,及时、完整、准确地对试验技术和管理文件、试验数据记录等试验档案资料进行归档、妥善保管,以备查用。

归档的内容通常包括:①性能试验所依据的文件资料。如试验任务书、战术技术性能指标要求、相关会议纪要、来往文件及材料、产品图样与技术资料、产品合格证或质量证明书、性能试验大纲、试验计划等。②原始资料及中间结果资料。如试验数据和模型、试验现场记录、测试和观测记录、试验计算结果、音视频记录、照片等。③成果性试验技术资料。如试验报告、有关技术研讨、方案审查会议的会议纪要等。

第五节　性能试验的数据处理方法

在性能试验过程中,通过对被试装备、试验装备、目标威胁、试验场环境等进行测量可以得到原始测量数据。通常,这些数据的格式各异,数据内容还存在各种各样的偏差和误差,数据的完整性、有效性尚未确认。因此,需要对这些原始数据进行一系列的数据处理后,才能作为试验结果分析与评定等后续工作的直接输入。

装备性能试验数据处理,是指对在试验中获得的各种原始数据进行加工、计算和存储,为装备性能试验结果分析与评定、试验过程安全控制、装备状态诊断与预报等工作提供依据。

本节主要介绍性能试验数据处理的一般流程与方法。由于数据来源、数据类型和处理的需求不同,对于不同类型装备的性能试验,其性能试验数据的处理流程与方法可能存在一定的差异。

一、性能试验数据处理的类型

(一) 实时数据处理

实时处理是指在试验实施进程中对获得的试验数据进行初步处理。实时处理要求具有较强的时效性,主要用于监视试验进程动态、保障试验安排和实施指挥决策。

实时处理的主要任务是:①提供试验任务活动的态势信息,支持试验任务的实况显示,以便试验指挥人员及时了解试验进程,做出指挥决策。②提供被试装备的实时状态和状态预报,为测量和控制设备操作、试验行动安排、判定装备及其内部设备是否正常工作提供信息支持。例如,在战略导弹试验中,可以通过实时数据处理,进行导弹弹道轨迹和落点预报,为测控设备提供引导。③为试验安全控制提供信息支持。实时处理在保障试验安全方面起着很大的作用。例如,在导弹的实际飞行试验中,若导弹偏离了靶场安全区,需发送自毁指令以结束试验。在鱼雷试验结束时,实时处理的数据能够帮助寻雷工作确定上浮点,防止鱼雷丢失等。④对装备性能进行初步分析评定,以便及时了解被试装备的性能是否满足要求。例如,在卫星发射过程中,可以通过实时测量数据处理,分析卫星是否已正常入轨,从而判断试验任务是否成功。

(二) 准实时数据处理

准实时数据处理(也称为事后快速处理)主要是指当次试验任务活动(如一枚导弹、一条鱼雷、一次火炮齐射或当天的试验任务活动)结束后立即进行的数据处理工作。

准实时数据处理是对试验数据的简单加工与分析,主要分析试验数据的合格性、试验任务有效性等,为下一个试验任务活动决策提供支撑。例如,在战术导弹试验中,通过当次处理,基于序贯统计试验方法,可以评定导弹是否已满足规定的命中率要求,从而避免不必要的后续试验,节省试验经费。

(三) 事后数据处理

事后处理(也称为事后精确处理、试验数据综合处理)主要是指性能试验任务的所有现场试验活动结束后的数据处理。事后数据处理可以对试验数据进行更为准确、更为全面的分析,以便直接用于装备性能指标的分析评定。例如,导弹性能鉴定试验结束后,可以基于导弹飞行全程的遥测、外测弹道跟踪数据,对导弹的落点精度进行评估。

有时,事后数据处理还包括多源数据融合、使用数据挖掘技术探索数据的趋势、进行数据可视化显示分析等工作。

二、测量误差的分类

由于性能试验方法、试验测量手段、测量环境及操作人员水平等多种因素的影响,针对某一参数测得的原始试验数据(测定值)与该参数的真实值之间可能会存在一定的差异。这种差异称为数据误差。

根据数据误差的性质和产生的原因,数据的误差可分为系统误差、随机误差和粗大误差三类。

(一)系统误差

系统误差是指在一定的试验条件下,数据整体性偏离真值。系统误差的主要特征是误差的数值大小和正负按一定规律变化,例如,呈现出整体上偏大或偏小。产生系统误差的原因有多种。例如,测量设备的各种轴系误差、人员在操作经纬仪时的习惯性偏移、测量仪表所存在的零点误差等。

系统误差具有重现性,所以难以通过多次测量取平均值来消除。通常,可以通过对系统误差的分析和测定,校正数据的系统误差。

(二)随机误差

随机误差(也称为偶然误差)是指由于测量过程中的一些偶然因素造成的误差。随机误差具有一定的不确定性,具体表现为在相同的测量条件下,误差的大小以不确定的方式变化。随机误差反映了许多因素有细微变化时对测量结果的综合影响。在任何测量工作中,随机误差都是难以避免的。

通常,随机误差符合一定的统计规律。随着测量次数的增加,随机误差的算术平均值会趋近于零,多次测量结果的算术平均值更接近于真值。因此,可以通过增加测量次数减少随机误差。

(三)粗大误差

粗大误差是指误差数值特别大、并且远超出规定条件下预计值的误差。粗大误差通常是由于测量过程中的读错数据、数据录入错误等人为过失而造成的误差,也可能是由于试验测量过程中的强干扰因素导致的。

为了尽可能避免粗大误差,应认真细致地按试验规程操作,加强对数据的检查和审核。同时,应采取有效的技术措施防止测量中的强干扰影响。例如,防止试验系统中的强电信号通过各种途径耦合进入测量系统的弱电信号。

试验数据在处理过程中,当发现有异常数据时,应优先检查是否属于人为过失误差。在有充分依据的前提下,可以剔除包含粗大误差的数据。

三、性能试验数据处理的流程

如图 6-19 所示,性能试验原始测量数据的一般处理流程包括:数据传递、数据汇集、数据变换、测量系统误差修正、时空校准、数据检查与插补、其他误差修正、装备状态解算等工作。

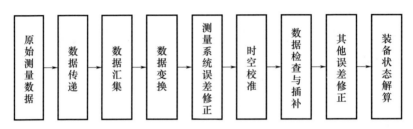

图 6-19 性能试验数据处理的一般流程

(一)数据传递

性能试验中被测对象的数据经各种测量设备获取后,通常需要将其由空间的某一地点传递到另一地点(例如,将遥测数据由各个测控设备传递到数据处理中心)。试验指挥所也需要及时获取各个站点的实时测量数据,以便对试验过程进行实时监测和安全控制。

对性能试验数据传递过程的基本要求是及时、可靠和保密。测量得到的数据应及时进行传递(如数据传输速率高,时延小),以便及时掌握试验态势和进行安全监控;数据传递的过程应具有较高的可靠性(如数据传输的误码率低)。试验数据的传递应符合安全保密要求(如通过保密机加密处理后经专用网络传输),防止被窃收和干扰。

通常,性能试验数据的传递主要是通过通信传输系统完成。有时,对测量数据量大、记录介质特殊以及不便于利用网络或其他通信信道传输的试验数据,还需要进行人工传递(这种情况在事后数据处理中较为常见)。

性能试验数据传递的一般过程:①被测对象的参数(如温度、加速度等)通过传感器转换为电信号;②经过一定的处理(如数字化、多路复用处理、调制、加密等)转换为适合信道(如经电缆、微波、光纤等)传输的格式后经信道传递(发送);③信号到达接收端后,需要进行相应的转换(如解调、解密),将信号还原为发送时的格式。

(二)数据汇集

数据汇集是指将多个传感器针对同一被测对象获得的数据进行汇总处理。例如,在导弹飞行试验任务中,通常采用多站备份或接力方式进行遥测数据接收,有时对于测得的数据还采用"平行延时"、多次反复发送等措施。平行延时是指将采集到的数据分两路进行发送,其中一路实时发送,另一路延时发送,以避开信道质量不好的时段。对于上述这些情况的数据需要进行优选、拼接等处理,以形成一个高质量的较完整的遥测数据集。

(三)数据变换

数据变换(也称为量纲复原)是指将测量设备测量得到的信息(如雷达信号时延、多普勒频率等)依据测量原理变换为被试对象的参数(如速度、斜距、方位角、高低角等)。例如,在导弹飞行试验中,对于光电经纬仪测得的数据,需要进行图像判读处理,以得到脱靶量,再得到方位角和高低角数据。

(四)测量系统误差修正

测量系统误差主要是指测量系统自身产生的误差。例如,脉冲雷达的各种轴系误差(如光机轴不平行误差、天线重力变形误差等)、测角动态滞后误差、测量船摇产生的误差、遥测系统的零电平漂移误差等。这些误差都需要根据工程中相应的关系式予以修正。

(五)时空校准

在导弹飞行试验等性能试验中常常采用外测设备进行测量。为了便于后续数据处理,必须将测得的数据统一到同一时空坐标系中,这种处理称为数据的时空校准。

1. 时间误差修正

测量数据的时间误差修正通常包括对(光电波)传播延迟误差和时间不同步误差的修正。

(1)传播延迟误差。当被测对象(如飞行中的导弹)高速运动时,由于测量设备与被试对象的距离的相对变化,从被测对象到测量设备的光电波传输的时延也有所不同,因而,测量设备的采样时刻与被测对象数据信号的真实时刻之间存在差异。这种误差称为传播时延误差。

(2)时间不同步误差。时间不同步误差包括测量系统内部采样时刻不同步误差和系统间采样时刻不同步误差。前者的产生是由于测量设备在测量不同参数时的采样时刻没有对齐(如脉冲雷达的测角与测速数据采样时刻不对齐)。后者是由于不同的测量设备的采样时刻不同。

对于时间误差,需要依据被试对象的运动方程和光电波传播特性予以修正,将测量数据的采样时刻修正到某个统一的时刻。

2. 大气电波折射误差修正

由于地球大气层各个位置的介质物理特性参数(例如,气压、湿度、温度、电子密度等)不同,光波和电波在大气层中传播的路径可能会发生弯曲,传播速度也可能不均匀,因此,导致光电波信号在传播时产生折射误差。通常,大气对光电波传播的影响用折射指数表示。

进行折射误差修正,就是要将测到的几何参数(例如,视在距离、视在仰角、视在径向速度等)还原为被测对象的真实几何参数(例如,真实距离、真实仰角、真实径向速度等)。通常,大气电波折射误差修正主要依据大气模型(主要确定折射指数),运用相应的大气修正模型进行。

3. 跟踪部位修正

在有的性能试验任务中,对同一被测对象同时可能有多台设备(外测设备)进行测量。这些测量设备对被测对象进行测量时,对准跟踪的部位可能有所不同。例如,对于战略导弹性能试验。

4. 坐标系变换

有时,不同测量设备测到的数据对应的空间坐标系不同。因此,需要将其变换到一个统一的空间坐标系中以进行处理。

(六)数据检验与插补

1. 数据的异常检验

数据异常是指在测得的一组数据中,出现一个或多个明显偏大或偏小的数据。这种数据称为异常数据,也称为异常值、离群数据或粗差数据。

异常值的出现可能是由于系统误差引起的、也可能是由于随机误差(如测量中突然受到外界环境的强干扰)或粗大误差(如在数据记录时误读)引起的,但也可能是真实值(例如,由于被测目标运动,使测量信号严重衰减)。因此,进行异常数据处理时,需要根据实际情况结合工程背景进行合理性分析。对于经过分析后认为不属于真实值的异常值,可以予以剔除。

可以采用多种方法进行数据的异常检验。常用的有以下几种方法。

(1)统计判别法。统计判别法主要是基于小概率事件原理,即小概率事件在一次观测中是难以出现的。通常采用的判别准则是将偏离数据平均值超过3倍标准差(3σ)的数据判定为异常值。从统计学中的切比雪夫(Chebyshev)定理可知,数据偏差大于3σ的概率小于11.11%。当测量数据服从正态分布时,数

据偏差大于 3σ 的概率小于 0.26%。此外,还可以用狄克逊(Dixon)检验法、格鲁布斯(Grubbs)检验法等其他统计方法。对于多维测量数据,还可以运用多元统计理论进行判别,以提高判别的准确率。例如,可以计算多维数据的广义平方距离,然后依据概率分布进行判别。

(2)依据测量数据来源的工程原理,诸如飞行目标的运动学、动力学等特性加以判断。

(3)通过多次重复观测,或冗余观测,发现某一观测数据中的异常值。

2. 数据完整性检查

数据的完整性检查主要是检查接收到的数据是否有缺失的情况出现。对于不完整的数据,应尽量通过重新发送或数据插补方法进行处理。对于无法补充的数据,应明确予以标识。

3. 数据插补与消噪

对于异常值或丢失的数据,应尽可能进行补充。常用的数据补充方法包括线性插值、非线性补插法(如多项式拟合法、样条函数拟合法等)。

由于各种随机因素的影响(如电磁干扰、交直流变换时的采样噪声等),测得的数据中含有随机噪声。常用的消噪方法是对数据进行平滑滤波处理。例如,飞行器外弹道测量数据通常是时间的单调函数,可以使用多项式平滑方法消除噪声。加权移动平均法、时间序列分析法也常用于数据平滑滤波。卡尔曼滤波是一种常用的经典数据滤波算法。

(七)其他误差修正

测量得到的数据经过前述测量系统误差修正、时空校准、异常值检验等处理后,在数据中可能仍然存在有其他系统误差和偶然误差,需要对数据做进一步的误差分解和修正。为此,可以综合运用多种测量手段的数据分析结果进行比对分析。例如,在导弹飞行试验中,影响落点精度的因素很多,包括制导误差(如制导工具误差、制导方法误差)和非制导误差(如发动机关机的后效误差、弹头再入误差等)。为了进行更为精准的误差分离和估计,需要结合工程计算模型,综合遥外测数据和多种弹道数据进行分析。误差分离和估计的结果还可以为装备研制部门改进设计提供依据。

(八)装备状态解算

通过性能试验获取得到装备性能的相关数据,进行误差修正和时空校准后,通常需要在此基础上解算装备的状态。一方面,解算的结果可以用于试验过程的实时态势显示,以便监测装备在试验过程中的工作状态是否正常,便于试验指挥与控制。另一方面,解算的结果可作为装备性能分析评定的输入。装备研制单位也可以根据装备在试验中的状态验证设计方案。

针对不同的装备和不同的用途,装备状态解算的方法也不同。例如,在导弹飞行试验中,对于导弹在空间直角坐标系中的位置,可以基于脉冲雷达测得导弹的距离、方位角和高低角进行估计。基于多台经纬仪同时跟踪测量导弹的数据,可以运用最小二乘法解算导弹在发射坐标系中的弹道参数。

在实际工作中,装备状态的解算与前述误差修正过程有时是一个反复试算和修正的迭代过程。例如,进行弹道解算后,可以据此对数据进行误差估计和修正,然后再次进行弹道解算。

有时测量得到的数据属于速变参数(如振动、冲击等信号),即数据的变化非常快。基于这一类数据通常需要运用随机信号分析方法进行处理。例如,进行概率密度函数估计、功率谱估计等。根据处理结果,可以对装备的实时工作状态进行分析判断。

(九)数据存储

数据存储是试验数据处理的一个重要环节。数据存储依赖于特定的载体。例如,文件资料、磁盘磁带、影像光盘、缩微胶片等。各种载体的存储信息可以采用性能试验数据库进行管理,为性能试验任务安全控制、装备状态故障诊断与健康管理、装备状态预报、装备性能分析与评定等提供数据输入,为装备研制单位、装备试验鉴定部门和作战使用部队等用户提供数据服务,或用于试验鉴定数据共享。

参考文献

[1] 王正明,卢芳云,段晓君.导弹试验的设计与评估[M].第3版.北京:科学出版社,2022.

[2] 龚春林,谷良贤.导弹总体设计与试验实训教程[M].西安:西北工业大学出版社,2017.

[3] 胡志根.工程项目管理[M].第3版.武汉:武汉大学出版社,2017.

[4] 沈建明,夏明.现代国防项目管理(上册)[M].北京:机械工业出版社,2017.

[5] 沈建明,夏明.现代国防项目管理(下册)[M].北京:机械工业出版社,2017.

[6] 孙家栋,杨长风.北斗二号卫星工程系统工程管理[M].北京:国防工业出版社,2017.

[7] 中军联合(北京)认证有限公司.GJB 9001C—2017 装备质量管理体系内审员培训教程[M].北京:中国标准出版社,2017.

[8] Martinelli R J,Milosevic D Z.项目管理工具箱[M].第2版.陈丽兰,王丽珍,译.北京:电子工业出版社,2017.

[9] 王巧云,等.GJB 9001C—2017《质量管理体系要求》理解与实施[M].北京:中国质检出版社,中国标准出版社,2017.
[10] 梅文华,罗乖林,黄宏诚,等.军工产品研制技术文件编写指南[M].北京:国防工业出版社,2017.
[11] 梅文华,王勇,王淑波,等.军工产品研制技术文件编写范例[M].北京:国防工业出版社,2016.
[12] 王冬.武器装备安全性保证[M].北京:中国宇航出版社,2016.
[13] 徐英,王松山,柳辉,等.装备试验与评价概论[M].北京:北京理工大学出版社,2016.
[14] 苑秉成,高俊荣,等.水中兵器试验与测试技术[M].北京:国防工业出版社,2016.
[15] 周晟瀚,杨敏,魏法杰,等.复杂装备试验安全风险评估与预警[M].北京:中国电力出版社,2016.
[16] 梅文华,罗乖林,黄宏诚,等.军工产品研制技术文件编写说明[M].北京:国防工业出版社,2016.
[17] Kloppenborg T J.项目管理现代方法(原书第3版)[M].北京:机械工业出版社,2016.
[18] 胡湘洪,高军,李劲.可靠性试验[M].北京:电子工业出版社,2015.
[19] 马威.压制武器火力与指挥控制系统试验[M].北京:国防工业出版社,2015.
[20] 徐英,李三群,李星新.型号装备保障特性试验验证技术[M].北京:国防工业出版社,2015.
[21] 刘冰,傅敏辉,薛国虎,等.航天测量船海上测控任务分析与设计方法[M].北京:国防工业出版社,2015.
[22] 周建国.工程项目管理基础[M].第2版.北京:人民交通出版社,2015.
[23] 陆晋荣,董学军.航天发射质量工程[M].北京:国防工业出版社,2015.
[24] 王瑛,汪送,管明露.复杂系统风险传递与控制[M].北京:国防工业出版社,2015.
[25] 殷世龙.武器装备研制质量管理与审核[M].北京:国防工业出版社,2015.
[26] 殷世龙.武器装备研制工程管理与监督[M].北京:国防工业出版社,2015.
[27] 刘建同.系统可靠性保证工程[M].北京:中国宇航出版社,2014.
[28] 黄士亮,齐亚峰.舰炮保障性试验与评价[M].北京:国防工业出版社,2014.
[29] 刘小芳,谢义.装备全寿命质量管理[M].北京:国防工业出版社,2014.
[30] 刘向阳.航天测试技术[M].北京:国防工业出版社,2013.
[31] 金振中,李晓斌,等.战术导弹试验设计[M].北京:国防工业出版社,2013.
[32] 肖怀秋,刘洪波.试验数据处理与试验设计方法[M].北京:化学工业出版社,2013.
[33] 张育林.航天发射项目管理[M].北京:国防工业出版社,2012.
[34] 萧海林,王祎,等.军事靶场学[M].北京:国防工业出版社,2012.
[35] 郭仕贵,张朋军,刘云剑,等.地雷爆破装备试验技术.北京:国防工业出版社,2011.
[36] 宣兆龙,易建政.装备环境工程[M].北京:国防工业出版社,2011.
[37] 崔吉俊.航天发射试验工程[M].北京:中国宇航出版社,2010.

[38] 刘嘉兴.飞行器测控通信工程[M].北京:国防工业出版社,2010.

[39] 赵新国,等.装备试验指挥学[M].北京:国防工业出版社,2010.

[40] 武小悦,刘琦.装备试验与评价[M].北京:国防工业出版社,2008.

[41] 于志坚.航天测控系统工程[M].北京:国防工业出版社,2008.

[42] 赖一飞.项目计划与进度管理[M].武汉:武汉大学出版社,2007.

[43] 杨榜林,岳全发,金振中,等.军事装备试验学[M].北京:国防工业出版社,2002.

[44] 董学军,陈英武,邢立宁.基于混合粒子群策略的航天器发射工艺流程优化方法[J].系统工程,2011,29(2):110-117.

[45] 刘淑娟,范晓岚,王英,等.某部武器装备科研试验卫勤保障特点和对策[J].解放军医院管理杂志,2006,13(5):384-385.

[46] 李发忠.中国卫星发射试验中气象保障的组织与实施[J].中国航天,1991,(12):22-24,26.

第七章 装备性能试验评估

装备性能试验评估是对试验所获得的数据进行科学分析与综合之后,对装备的性能达标度或性能底数给出结论的过程。本章介绍装备性能试验评估的要求和流程,以及装备性能的统计评估和综合评估的基本方法。

第一节 装备性能试验评估的要求与流程

现代装备需要评估的性能指标很多,指标及其影响因素之间关系复杂,需要对评估过程中的各个环节进行综合考虑、对各项评估工作进行统一组织,并遵循一定的流程,保证评估过程的规范、有序和评估结果的科学、客观。

一、装备性能试验评估的要求

装备性能试验评估应客观公正地给出被试装备达标度或性能底数的评估结论。装备性能评估应依据装备试验所采集的全部数据资料,不能随意更改试验数据或有选择地使用所采集的试验数据。

由于费用、时间等方面的限制,用于装备性能评估的实物试验样本数据常常较少。为了保证评估结果的可信性,在对装备性能进行评估时,应该充分利用相关的所有其他信息。比如,可靠性评估应该利用各个研制阶段的可靠性试验信息,以提高可靠性评估的精度。由于装备结构和性能都具有层次性,可以建立合适的模型,对装备低层次试验信息进行折合,并与装备高层次试验信息进行融合,从而获得高层次性能的评估结果。

二、装备性能试验评估的流程

装备性能试验评估是试验单位以试验总案、试验大纲、装备研制总要求、装备使命任务等为依据,对所获得有效信息进行分析加工,对装备性能进行评价的过程。装备性能试验评估的一般流程如图7–1所示。

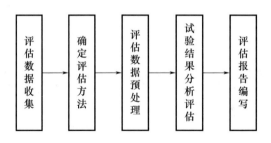

图 7-1 装备性能试验评估的一般流程

(一)评估数据收集

数据是评估的基础。在对试验结果进行分析评估之前,应该获取尽可能充分和完备的数据资料。

评估数据可以分为验前信息和现场数据两大类。验前信息反映的是试验之前对未知总体或其参数的认识。科学合理地使用验前信息,可以弥补现场试验样本量不足的缺陷。由于现代高技术装备性能试验小子样特点,验前信息在装备性能评估中的作用越来越重要。

(二)确定评估方法

针对不同的评估数据的来源和类型,可以采用有针对性的评估方法。

一般来说,被试装备性能具有不确定性,试验数据只是被试装备性能的试验样本值。装备性能试验评估一般采用统计方法,根据多次试验的数据处理随机不确定性,估计装备性能指标,检验装备性能是否满足设计要求。

在装备试验结果的分析评估过程中,可以采用多源信息综合的评估方法实现多阶段各种类型试验信息的综合利用,达到减少试验次数、缩短试验周期、节约试验经费、提高试验效益的目的。

对于某些特殊装备,比如军用卫星、大型舰船等,被试装备往往就是已装备部队的装备,而且这些装备更新或性能提高,一般是在原装备上增加新功能或替换旧功能,而不是全新研制的装备。因此,在进行性能试验评估时,已经进行了大量测试和试验,有大量数据支撑,对这种类型的装备应该研究适合其特点的评估方法。

(三)评估数据预处理

评估数据预处理包括现场数据预处理和验前信息预处理。

在试验过程中,有时会由于试验数据的获取与处理手段和方法的不当而使试验数据出现偏差,进而影响试验结论的正确性,因而需要对现场数据进行"纠偏、剔野"和校准。在性能评估之前,需要检验数据总体所满足的假设,对数据的结构、模式或其他信息进行挖掘、展示、检验和确认。例如,检验数据服从的分布、呈现的变化模式等,进行数据可视化描述、数据的探索性分析和统计假设检验等。

验前信息预处理主要考察验前信息与现场数据的关系。由于所收集的其他类型和来源的数据资料,可能与现场试验数据具有不一样的条件或特征,比如不同的分布参数、不同的试验条件等,因而需要与现场数据进行对比分析,或建立拟合模型对验前信息进行调整或修正,或者进行多源验前信息综合集成以便与现场数据融合后开展综合评估。例如,验前有大量的仿真试验信息,需要开展仿真的 VV&A,并对仿真信息与现场试验信息的一致性进行检验。

(四)试验结果分析评估

试验结果分析评估是指依据装备研制总要求或任务书规定的性能指标要求,对试验结果进行思考、分析和判断,采用综合分析、统计推断等方法,分析数据和评估性能指标。考虑到装备性能试验样本数据的有限性和抽样的随机性,应该对评估结果发生错误的可能性(概率)以及由此造成的后果(损失)进行评估。对性能鉴定试验来说,要通过评估得出关于装备性能达标度、性能底数等方面的结论。

(五)评估报告编写

评估报告是对评估工作的综合、概括、归纳和提炼。完成装备性能试验任务后,应将装备性能试验评估结果作为试验总结的重要内容。

三、装备性能评估方法的类型

评估方法的选择和确定是装备性能试验评估的关键。从不同的角度可以将装备性能评估方法分为以下几种类型。

(一)根据信息来源分类

根据评估信息来源,装备性能试验评估方法可分为试验评估法、等效折算法、模型评估法、经验评估法和集成评估法等。

统计评估法是基于装备预期使用条件下的实际试验数据,采用统计方法对装备性能指标进行统计推断。根据试验目的,可分为统计估计和统计假设检验两大类。

等效折算法的数据可能有多种来源,比如非标准应力条件下试验数据、各种类型的仿真试验数据、相似产品试验数据等。这些数据隐含了装备在使用条件下的性能,但是需要对试验条件、试验精度、设计或制造的差异等进行折算。

例如,对高可靠性、长寿命产品,为了缩短试验时间,将样品置于更高应力下进行试验,再折合为标准应力下的寿命和可靠性。在可靠性评估中,还大量采用相似产品数据、同一产品不同研制阶段数据、构成系统的分系统或部件数据,通过相似因子、可靠性增长因子、矩(分位数)等效拟合等方式进行折算。在等效折算法中,应该考虑折合结果的置信度。

模型评估法利用经验模型给出装备性能指标的估计。经验评估(或专家评估)法的信息来源主要是工程经验或者专家判断,亦称专家评估法。例如,评估装备人机工效可以选择若干专家根据操作体验进行打分,然后依据打分表进行打分,最后根据打分结果得到人机工效的评价。

集成评估法综合利用同一评估对象的多种来源的信息进行评估,例如,实物试验数据、仿真试验数据、专家经验等。

(二) 根据指标的层次分类

按照评估指标的类型,可将装备性能评估方法分为基础指标评估和派生指标评估。

1. 基础指标的评估

基础指标是指可以直接运用试验测试测量收集到的第一手数据进行估计的指标。例如,导弹的命中概率,火控系统的平均无故障工作时间等。对于这些指标,常用统计评估方法进行评估,其基本出发点是将装备性能视为随机变量,并利用样本数据对总体的特征进行估计或推断。

根据装备性能指标的变量类型,可以将装备性能指标分为成败型、寿命(时间)型、精度型、距离型等多种类型进行评估。

成败型指标针对的是服从二项分布的随机变量,比如命中概率、故障检测率、备件完好率等。成败型试验数据可用(n,f)表示,其中n为试验总次数,f为失败次数。成败型指标用二项分布的参数成功概率p表示。p的点估计为

$$\hat{p} = 1 - f/n$$

p的置信度为γ的置信下限估计$\hat{p}_L$,可以通过求解以下方程得出

$$\sum_{k=0}^{f} \binom{n}{k} \hat{p}_L^{n-k} (1 - \hat{p}_L)^k = 1 - \gamma$$

寿命型、精度型、距离型的性能指标可视其为服从一定概率分布的连续随机变量,通常可以运用矩估计和极大似然估计得到其点估计和置信区间估计。在样本量较小或者截尾数据和分布模型较复杂的情况下,可以采用贝叶斯方法或专门的统计评估方法进行评估。

寿命型指标的试验数据通常具有截尾特性(如定时截尾、定数截尾),寿命型指标可以基于其寿命服从的概率分布模型(如指数分布、威布尔分布、对数正态分布等)进行点估计与区间估计。

精度型、距离型指标通常是服从正态分布的随机变量或服从由正态分布导出的概率分布。例如,面目标射击精度评估时,落点坐标通常用二元正态分布描述,落点距目标的偏离用瑞利分布描述,然后据此分布开展点估计或区间估计。

2. 综合指标的评估

综合指标或派生指标是指在性能试验时难以直接测量,但是可以通过能体现该指标的基础指标或结合定性指标进行评估。比如,装甲车辆的机动性和环境适应性、人机工效等。

一般来说,由于基础指标的度量方式和尺度不同、对综合指标的影响方式和权重不同,派生指标的评估需要采用综合评估模型进行评估。常用的综合评估模型有层次分析法、线性加权评估法、模糊综合评价法等。

(三)根据评估方法的原理分类

根据评估方法的原理,可将评估方法划分为统计评估方法、非统计评估方法、多源信息综合评估方法等。

由于装备性能试验的复杂性和人类认知的局限性,有时试验数据的分布特征难以确定,有时难以获得完整的试验数据,而且试验数据的获取、表达、传输、分析等过程也存在很多不确定性因素的影响。这些不确定性表现为随机性、模糊性、灰色性、未确知性等,相应的处理方法称为非统计分析方法,如模糊数学、灰色系统理论、可能性理论、证据理论、区间分析等。

多源信息综合评估主要指综合多种来源的数据和信息评估的装备性能。这类方法既适用于派生指标,也能适应于基础指标。例如,综合多个专家判断的专家评估法、综合多种数据来源的贝叶斯统计方法、综合偶然不确定性和认知不确定性的裕量和不确定度量化方法等。

第二节 装备性能的统计评估

统计评估法的基本原理是,将装备性能参数视为随机变量的特征参数(总体参数,例如,均值、标准差等),通过多个样品(样机)或多次试验获得的样本数据,计算统计量,运用数理统计方法对该特征参数进行估计或检验,从而得到性能指标的评估结果。

一、性能指标的统计估计

性能指标的统计估计,是指运用统计学方法,基于试验获得的样本数据,对装备性能指标的真值给出点估计或区间估计。在统计学中,所谓点估计是指将由样本数据计算得到的统计量的值直接作为总体参数的估计值。而区间估计则是在点估计的基础上,给出一个区间范围,该区间以一定的概率(称为区间的置信度)包含有总体参数的真值。例如,从多次导弹试验中所获得的脱靶量数据求平均值,可给出脱靶量的点估计值和置信区间估计。

(一)性能指标的点估计

常用的点估计方法有矩估计法、极大似然估计法和 Boostrap 法。

假设用随机变量 X 表示装备的特性值,并服从某种概率分布。设 X_1,X_2,$\cdots$,X_n 是 n 次试验独立观测得到的性能指标数据,且 X_1,X_2,$\cdots$,X_n 具有联合密度或频率函数 $f(x_1,x_2,\cdots,x_n;\theta)$,$\theta$ 为总体分布参数,观测值为 $X_i = x_i$,$i = 1,2,\cdots,n$。

1. 矩估计法

矩估计法的基本思想是用各阶样本矩(统计量)估计总体矩,从而得到对总体参数的估计。

设总体的分布密度函数为 $f(x;\theta)$,数学期望为 μ。x_1,x_2,$\cdots$,x_n 是观测得到的 n 个反映总体性能值的样本数据,样本均值为 $\bar{x}$,则样本的 k 阶原点矩和中心矩分别定义为

$$a_{nk} = \frac{1}{n}\sum_{i=1}^{n}x_i^k, \quad m_{nk} = \frac{1}{n}\sum_{i=1}^{n}(x_i - \bar{x})^k$$

定义总体的 k 阶原点矩为

$$\alpha_k = E(X^k) = \int x^k f(x|\theta)\mathrm{d}x$$

总体的 k 阶中心矩为

$$\mu_k = E(X - E(X))^k = \int (x - \mu)^k f(x|\theta)\mathrm{d}x$$

则可通过如下关系建立求解总体分布参数 θ 的关系式。

$$a_{nk} = \alpha_k$$

$$m_{nk} = \mu_k$$

例如,假设导弹脱靶量 X 是服从正态分布 $N(\mu,\sigma^2)$ 的随机变量。其中,未

知参数均值 μ 是导弹的平均脱靶量,σ 是脱靶量的散布。则运用矩估计法,可得总体均值 μ 的矩估计为一阶原点矩

$$\hat{\mu} = \frac{1}{n}\sum_{i=1}^{n} x_i$$

σ^2 的矩估计为二阶样本中心矩

$$\hat{\sigma}^2 = \frac{1}{n}\sum_{i=1}^{n}(x_i - \hat{\mu})^2$$

2. 极大似然估计法

极大似然估计法的基本思想是"极大似然原理",即由总体参数估计值所确定的总体应当使观测到样本数据的概率最大。

定义 θ 的似然函数如下:

$$L(\theta) = f(x_1, x_2, \cdots, x_n; \theta)$$

则 θ 的极大似然估计 $\hat{\theta}$ 为使 $L(\theta)$ 达到最大时的 θ,即

$$L(\hat{\theta}) = \max_{\theta} L(\theta)$$

例如,对前述脱靶量 X 的均值与方差的估计,可以得到似然函数为

$$L(\theta) = \prod_{i=1}^{n} \frac{1}{\sqrt{2\pi}\sigma} e^{-\frac{(x_i-\mu)^2}{2\sigma^2}}$$

据此,μ 和 σ^2 的极大似然估计为

$$\hat{\mu} = \frac{1}{n}\sum_{i=1}^{n} X_i, \quad \hat{\sigma}^2 = \frac{1}{n}\sum_{i=1}^{n}(X_i - \hat{\mu})^2$$

3. Bootstrap 法

Bootstrap 法也称为自助法,是由 Efron 教授于 1979 年提出的,是一种基于计算机重抽样(Resampling)技术的统计计算方法。关于 Bootstrap 法在装备试验鉴定领域的应用,详见唐雪梅等编著的《武器装备综合试验与评估》及其他相关参考文献。

Bootstrap 法的基本原理是利用计算机实现对真实样本数据的有放回的简单随机抽样,获得大量的再生样本,然后基于这些"伪样本"近似估计总体参数。Bootstrap 法具有大样本渐近收敛性质,主要适用于总体分布较为复杂的情形。

(二)性能指标的区间估计

点估计是对未知参数真值的预测,但是不能提供参数真值的估计的不确定性的信息。区间估计法给出参数值的一个范围(称为置信区间),并且给出在此区间内包含未知参数真值的概率。因此,区间估计同时包含了估计的准确度和可靠度,其中准确度对应于区间宽度,可靠度对应于包含未知参数真值的概率。

具体地讲,对于参数 θ,设有统计量 $\theta_1(X)$,$\theta_2(X)$,如果该区间 $[\theta_1(X),\theta_2(X)]$ 满足如下条件:
$$P(\theta_1(X)\leq\theta\leq\theta_2(X))\geq 1-\alpha$$
则称该区间为 θ 的置信水平(Confidence Level)为 $1-\alpha$ 的置信区间(Confidence Interval),称 $\inf\limits_{\theta} P(\theta_1(X)\leq\theta\leq\theta_2(X))$ 为该区间的置信系数(Confidence Coefficient)。

由上述定义可以看出,所谓置信区间实际上依赖于样本观测值。不同的样本观测值会得到不同的置信区间。总体参数 θ 的真值是确定值,而置信区间是随机的,其置信水平的实际含义是所有根据样本得到的区间中,能覆盖总体参数 θ 真值的区间所占的比例。

若 $\theta_1(X)$ 满足 $P(\theta_1(X)\leq\theta)\geq 1-\alpha$,则称 $\theta_1(X)$ 为置信水平为 $1-\alpha$ 的置信下限。若 $\theta_2(X)$ 满足 $P(\theta\leq\theta_2(X))\geq 1-\alpha$,则称 $\theta_2(X)$ 为置信水平为 $1-\alpha$ 的置信上限。

常用的区间估计方法是枢轴量法。枢轴量法的基本原理是设法构造样本与参数 θ 的函数 $G=G(X,\theta)$,G 的分布与 θ 无关,称为枢轴量,然后通过以下等价关系式得到 θ 的置信区间。
$$P(c\leq G(X,\theta)\leq d)=1-\alpha\Leftrightarrow P(\theta_1(X)\leq\theta\leq\theta_2(X))=1-\alpha$$

在有些情况下较难找到合适的枢轴量,这也是枢轴量法应用的主要困难。这时对于大样本可以利用极大似然估计 $\hat{\theta}$ 的渐近正态性质获得一个近似的置信区间。在样本量有限且难以获得枢轴量的情况下,还可采用 Bootstrap 法进行区间估计。

二、变量关系分析

有时,希望通过性能试验数据分析试验变量与性能响应变量之间的关系,从而预测在不同的条件下装备性能的表现,或得到使性能取最佳值的条件组合,或分析试验变量对响应变量的影响是否显著,以确定对性能有重要影响的条件变量。例如,通过分析飞机投弹时的飞行高度、目标的距离等对命中精度的影响,就可以为战术运用提供参考。

运用统计学中的回归分析,可以基于试验数据建立条件变量与响应变量之间的关系。此外,可以利用方差分析、协方差分析建立条件变量与响应变量之间的关系模型。

(一)回归分析

回归分析是利用数据建立模型揭示自变量和因变量之间关系的主要手段,

也是分析自变量对因变量影响关系的重要途径。

常用的回归分析模型是多元线性回归模型。设装备性能 y 是随机变量,条件变量为 $x_1,x_2,\cdots,x_m$,则线性回归模型假设二者有如下关系:

$$y = \beta_0 + \beta_1 x_1 + \cdots + \beta_m x_m + \varepsilon$$

其中,$\beta_0,\beta_1,\cdots,\beta_m$ 为回归系数,ε 为表示随机误差,假定其服从均值为 0、方差为 σ^2 的正态分布,即 $\varepsilon \sim N(0,\sigma^2)$。

假设在试验中收集到 n 组样本数据 $(y_i,x_{i1},x_{i2},\cdots,x_{im})$,$i=1,2,\cdots,n$,记

$$\boldsymbol{Y} = [y_1 \quad y_2 \quad \cdots \quad y_n]^T$$

$$\boldsymbol{\beta} = [\beta_0 \quad \beta_1 \quad \cdots \quad \beta_m]^T$$

$$\boldsymbol{\varepsilon} = [\varepsilon_1 \quad \varepsilon_2 \quad \cdots \quad \varepsilon_n]^T$$

$$\boldsymbol{X} = \begin{bmatrix} 1 & x_{11} & \cdots & x_{1m} \\ 1 & x_{21} & \cdots & x_{2m} \\ \vdots & \vdots & \ddots & \vdots \\ 1 & x_{n1} & \cdots & x_{nm} \end{bmatrix}_{n \times (m+1)}$$

可用矩阵形式表示为

$$\boldsymbol{Y} = \boldsymbol{X}\boldsymbol{\beta} + \boldsymbol{\varepsilon}$$

通过回归分析,可以根据观测数据估计未知参数 $\beta_0,\beta_1,\cdots,\beta_m$ 以及误差方差 σ^2,并对估计值做检验。运用最小二乘法,可将回归参数估计问题转化为如下最优化问题:

$$\min_{\beta_0,\beta_1,\cdots,\beta_m} \sum_{i=1}^{n} \left(y_k - (\beta_0 + \beta_1 x_1 + \cdots + \beta_m x_{im}) \right)^2$$

由此可得回归方程的参数估计为

$$\hat{\boldsymbol{\beta}} = (\boldsymbol{X}^T \boldsymbol{X})^{-1} \boldsymbol{X}^T \boldsymbol{Y}$$

有时,需要评估某个或部分条件变量对性能是否有显著影响,这一问题可以转化为条件变量对应的回归系数是否为零的假设检验问题解决。

对于复杂的条件变量与响应变量的关系,可以构建二次回归、多项式回归、广义线性模型、神经网络模型、支持向量机模型、Kriging 模型等更为复杂的模型,具体可参考相关文献。

(二) 方差分析

方差分析(ANOVA)是一种分析自变量(称为因素、因子或条件变量)的取值(水平)对连续型因变量(即响应变量)取值影响显著性的方法。常用的方差分析模型有单因素方差分析模型、双因素方差分析模型。通过方差分析,可以

分析单因素、双因素或多因素的不同取值水平对试验结果的影响程度,此外也可以通过方差分析检验各个因素之间是否存在交互效应。

(三)协方差分析

在进行性能试验时,有时试验条件或输出变量是可以控制的,即变量所取的各水平可以人为控制,但也会存在影响试验结果的其他不可控但可测量的变量(例如,外场试验中的温度、风速等)。针对这种情况,可以用协方差分析消除不可控但可测变量对试验评估结果的影响。在协方差分析中,不能控制的变量被称为"协变量",协变量通常应是连续变量。

三、贝叶斯小子样评估方法

在性能评估时,应尽可能集成各种类型和来源的信息,包括历史的、不同场合的信息,以及仿真数据、专家信息等,这样有助于减少现场试验次数,解决小子样问题。运用贝叶斯方法可以较好地实现这一目的。所以该方法也常称为贝叶斯评估方法。

如图7-2所示,应用贝叶斯评估方法进行性能评估的主要步骤为:

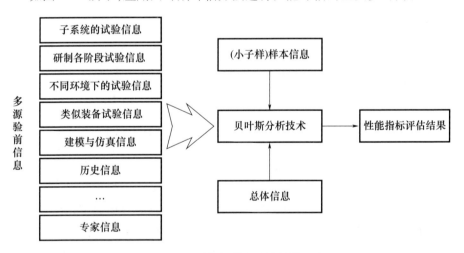

图7-2 贝叶斯评估方法的计算过程

(1)确定性能变量服从的概率分布及总体参数 θ。

(2)收集相关的验前信息,进行验前信息的可信性分析,通过数据折合、信息融合以及稳健性分析,将验前信息转化为 θ 的验前分布,记为 $\pi(\theta)$。

(3)通过现场试验获取试验数据 X,构造给定 θ 时 X 的条件分布函数 $g(X|\theta)$。

(4) 运用贝叶斯公式得到 θ 的验后分布 $\pi(\theta|X)$。

(5) 进行贝叶斯统计推断,根据验后分布 $\pi(\theta|x)$ 对 θ 进行估计和检验,得到性能指标的评估结论。

应用贝叶斯方法评估装备性能最终归结为未知参数 θ 的验后推断问题。

(一) 性能参数的贝叶斯点估计

当运用贝叶斯公式得到验后分布 $\pi(\theta|x)$ 后,可以把 $\pi(\theta|x)$ 看作 θ 的函数进行点估计,称为贝叶斯点估计。常见的贝叶斯点估计有后验期望估计、后验众数估计和后验中位数估计。

后验期望估计是用验后分布 $\pi(\theta|x)$ 的期望作为 θ 的点估计,记为 $\hat{\theta}_E$,即

$$\hat{\theta}_E = \int \theta \pi(\theta|x) d\theta$$

后验众数估计是用验后分布 $\pi(\theta|x)$ 的众数作为 θ 的点估计,记为 $\hat{\theta}_{MD}$,也称为最大后验估计或广义极大似然估计,即

$$\hat{\theta}_{MD} = \arg\max_{\theta} \pi(\theta|x)$$

后验中位数估计是指用验后分布 $\pi(\theta|x)$ 的中位数作为 θ 的点估计,记为 $\hat{\theta}_{ME}$,满足

$$P(\theta \leq \hat{\theta}_{ME}) = \int^{\hat{\theta}_{ME}} \pi(\theta|x) d\theta = 0.5$$

定义总体参数 θ 的贝叶斯点估计 $\hat{\theta}$ 的后验均方误差(Posterior Mean Square Error,PMSE)为

$$\text{PMSE}(\hat{\theta}) = E_{\theta|x}(\theta - \hat{\theta})^2 = \int (\theta - \hat{\theta})^2 \pi(\theta|x) d\theta$$

可以证明,贝叶斯后验期望估计是具有较好性质的点估计,因此通常选用其作为总体参数的贝叶斯点估计。

(二) 性能参数的贝叶斯区间估计

在贝叶斯统计学中,将总体参数 θ 视为随机变量,因此当获得 θ 的验后分布后,就可以直接计算 θ 在某个区间取值的概率,从而可以方便地得到 θ 的区间估计。在经典统计学中,θ 被视为确定的常量,所以为了与之区别,贝叶斯统计学通常将得到的区间估计称为贝叶斯可信区间(Bayesian Credible Interval),对应的取值概率称为可信水平。

设有常数 $\alpha \in (0,1)$,若有两个统计量 $\hat{\theta}_1(x)$ 和 $\hat{\theta}_2(x)$,使得

$$P\left(\hat{\theta}_1(x) \leq \theta \leq \hat{\theta}_2(x)\right) \geq 1 - \alpha$$

则称区间 $[\hat{\theta}_1(x), \hat{\theta}_2(x)]$ 为 θ 的可信水平为 $1-\alpha$ 的贝叶斯可信区间。类似地,

贝叶斯可信上限 $\hat{\theta}_U(x)$ 和可信下限估计 $\hat{\theta}_L(x)$ 的定义如下：

$$P(\theta \leq \hat{\theta}_U(x)) \geq 1 - \alpha$$
$$P(\theta \geq \hat{\theta}_L(x)) \geq 1 - \alpha$$

对于给定的验后分布 $\pi(\theta|x)$，可能满足上述条件的区间不是唯一的。在此情况下，通常可选择满足上述条件的长度最短的区间集合作为可信区间估计，并称之为最大后验密度（Highest Posterior Density，HPD）可信区间估计。

当验后分布密度函数为单峰时，求解较为容易。但是，当后验密度形式为复杂多峰函数时，这样得到的结果可能是由多个子区间组成的区间集合，称为最大后验密度可信集，并且通常需要采用计算机进行数值计算求解。在实际中，为方便应用也可放弃 HPD 准则，选用相连的区间作为可信区间。值得注意的是，当出现多峰验后分布时，需要认真分析验前信息与现场信息的相容性。如图7-3所示，假设导弹飞行可靠度为 θ，根据验前信息得到其共轭验前分布为 Beta 分布 Beta(7,3)，经现场飞行试验，成功18次，失败2次，则根据贝叶斯公式可得 θ 的验后分布为 Beta(25,5)。经数值计算可得，θ 的后验期望估计为 0.833，最大后验估计为 0.8571，可信水平为 95% 的最大后验密度可信区间估计为 [0.7, 0.9514]。

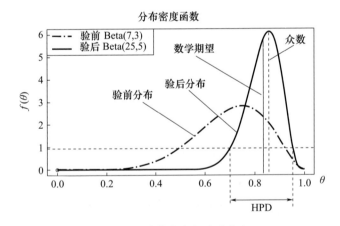

图7-3 验前分布与验后分布

（三）性能参数的贝叶斯假设检验

采用贝叶斯方法进行假设检验是通过直接比较验后概率的大小完成的。给定原假设为 $H_0: \theta \in \Theta_0$，备选择假设为 $H_1: \theta \in \Theta_1$。设求得的验后概率为 $\alpha_0 = P(\Theta_0|X)$ 和 $\alpha_1 = P(\Theta_1|X)$，则贝叶斯假设检验的拒绝域为

$$D = \{X | \alpha_0/\alpha_1 < 1\}$$

具体检验规则为:当 $\alpha_0 \geqslant \alpha_1$ 时不拒绝 H_0,当 $\alpha_0 < \alpha_1$ 时,拒绝 H_0。

当考虑统计推断的误判损失时,假设检验的统计判别准则是选择使验后期望损失最小的决策规则。

在装备性能试验时,如果综合考虑验前信息且采用序贯试验方式时,可运用序贯验后加权检验法(SPOT)。

关于贝叶斯假设检验在装备试验鉴定中的具体应用可详见唐雪梅等编著的《武器装备小子样试验分析与评估》及其他相关参考文献。

第三节 装备性能的综合评估

装备性能指标的综合评估包括两类问题:一类是集成或综合多源信息对单项指标进行评估,另一类是综合多个单项指标获得综合指标或派生指标。前者是信息集成、信息融合问题,即通过集成多种类型或多个阶段的与装备单个性能指标有关的试验数据或其他各类信息,获得该指标的更合理的评估结果,典型问题是小子样情形基于贝叶斯方法的统计评估。后者是多指标综合问题,即通过单项指标的评估结果获得派生指标的评估结果,一般涉及单项指标的赋重和加权综合过程。本节介绍综合多种信息评估单项指标的专家评估法、裕量和不确定度量化方法,以及根据多个单项指标的取值评估派生指标的多指标综合评估方法。

一、专家评估法

装备性能指标既有定性的也有定量的,比如维修可达性、标准性、互换性等定性要求;另外有很多指标既可以定量评估也可以定性评估,比如飞机座舱的舒适性评估中,既有基于生理负荷测量法的客观评估,还有任务负荷指数、主观工作负荷评定等多种主观评估方法。其主观评估过程一般包括以下几个步骤:首先,设计调查问卷。其次,选取一定数量的试飞员或飞行员试飞,并由参试人员填写调查问卷、给出意见。最后,对通过调查问卷、面谈、机上记录以及飞行报告收集的数据进行整理和分析,列表比较和确认每一组数据,包括座舱设计、性能参数与人机工效标准对照,评估座舱满足飞行员需要的程度。

专家评估法是一种综合多位专家的知识和判断,在定量和定性分析的基础上,对评估对象进行定量评价的过程。专家评估法可以在缺乏足够统计数据和原始资料的情况下,做出定量估计。其基本步骤是:首先,根据评价对象的具体情况,选定评价指标,对每个指标定出评价等级,每个等级用标准的分值表示;

然后，以此为基础，由专家对评价对象进行分析和评价，确定各个指标的分值；最后，采用适当方法求出评价对象的总分值，从而得到评估结果。

专家评估法的有效性主要取决于专家的阅历经验以及知识的深度和广度，其困难在于所选专家的权威性和专家小组构成的合理性。为保证专家评估结果的可信性和权威性，在综合多个专家意见时，需要进行专家的权威性和可信性分析，检验多位专家意见一致性，剔除部分不一致的专家的意见。另外，有时专家给出的是一个区间而不是具体数值，需要采用区间型数据分析方法。

二、裕量和不确定度量化方法

分析和评估复杂系统性能，不仅需要给出性能取值，有时还需要给出其置信度。裕量和不确定度量化（QMU）方法为在多种类型不确定性的情况下，描述和传递评估结果的置信度提供了一种通用方式。裕量和不确定度量化最初用于核武器安全认证和评估，目前，该方法已被用于其他类型的复杂系统性能评估问题。

QMU 方法通过比较系统关键运行特性的裕量 M 及其不确定度 U，定义系统的优良性指标为置信比率 $CR = \dfrac{M}{U}$。CR 反映了系统关键运行特性的置信度。一般当 CR>1 时，则认为系统运行特性满足要求，具有很高的置信度。CR 接近 1.0 表示一个薄弱环节。对安全性关键系统，随应用问题的不同容许的 CR 值也有所不同。

三、多指标综合评估方法

装备的性能指标可以分为基础指标和派生指标两大类。基础指标是可计量、可测试的指标，如导弹的威力、命中精度、可靠度、平均维修时间等。派生指标是基础指标通过一定的关系运算得到的指标，如毁伤概率、可用度等。派生指标和基础指标的逻辑关系通过层次表示出来，就是指标体系。

通常情况下，指标体系中的基础指标表示装备某个或某方面的固有属性，有具体明确的含义，可以通过试验数据进行评估。派生指标不能通过直接测量获得。还有一些基础指标难以通过试验数据直接进行评估。对这些定性指标或派生指标，一般采用专家评估法、系统综合评估法等解决。比如，对人机工效的试验评估，经常采用专家打分综合。

以下简要介绍派生指标计算的过程，它们是在低层指标规范化和综合后得到的，这里称直接影响派生指标的基础指标或派生指标为低层指标。派生指标的综合评估主要面临两个方面的困难：一是有的低层指标难以数量化，有时同使用或评价人的主观感受和经验有关。例如,装备操作的方便性、舒适性就是这样的一类指标。二是不同低层指标对派生指标的影响可能难以比较,因其各有侧重,难以简单叠加。例如,导弹射程与落点偏差均是数量化指标,但是它们的量纲不同,不能简单地加在一起。

在综合评估方法中,常用的办法是将各项指标进行数量化和规范化,然后根据低层指标相对派生指标的重要性进行加权,得到派生指标的取值。多指标综合评估方法主要包括指标规范化、指标赋权和指标聚合三个方面的工作。

（一）指标规范化

指标规范化是对所有指标值进行评分,把形式、意义、量纲各异的各指标值通过一定的变换转化为可以进行指标聚合（即综合评估）的"评分值"。"评分值"可统一采用百分制、十分制等,也可采用0到1之间的数值表示。

从原始数据类型的角度来看,装备指标可分为两类:第一类是数值型指标,即指标的原始数据是一个具体的数值。第二类是不确定型指标,即指标的原始数据并非一个确定的数值,而有可能是一个区间数或者是在某个区间内服从一定概率分布的随机数。

对于数值型指标,常用的规范化方法有"标准化"处理法、归一化处理法、极值处理法、功效系数法和效用函数法等。根据其指标值的大小对系统能力影响程度和方向,数值型指标一般可分为效益型、成本型、固定型等。

对于不确定性指标,可以采用两步规范化的方法进行处理,即首先将不确定性指标转化为确定的数值,然后再利用数值型指标的规范化方法对其进行第二次规范化。

美军联合能力集成与开发系统（JCIDS）基于指标阈值和目标值提供了一种记分模型。阈值是最低可接受的值,低于此值系统效能可能会出现问题；目标值是一种期望目标,超过此值,额外增加费用不会明显增强系统的效能。一个简单的描述合格与不合格的记分模型如下:指标值<阈值,记分为0；指标值≥阈值,记分为1。此外,JCIDS还提供了阈值—线性模型等其他模型,使指标归一化值处于[0,1]区间内。

（二）指标赋权

已有多种指标赋权方法,根据原始数据的来源不同,大致可分为主观赋权法、客观赋权法和组合赋权法三大类。

1. 主观赋权法

主观赋权法是由评估分析人员根据自己的主观判断确定各项指标的相对

重要性而赋权的方法,包括层次分析法、网络分析法和模糊评价法。其中,层次分析法是目前常用的主观权重确定方法。层次分析法通过对各指标重要性的两两比较,首先得到各层次指标的专家判断矩阵,再基于矩阵的特征向量确定各指标的相对权重。

根据装备研制总要求也可定性地确定性能指标的权重。比如,评估系统功能时,关键性能参数的权重应高于其他性能参数的权重。

2. 客观赋权法

客观赋权法是利用指标值本身所反映的客观信息赋权的一类方法,其原始数据由各指标在被评对象中的实际数据形成。常用的客观赋权法有离差最大化法、熵权法。这些方法主要是根据指标变异程度的大小来确定客观权重,一般指标变异程度越大,权重越大。

3. 组合赋权法

组合赋权法,也称为主客观综合赋权法,是将主观赋权法与客观赋权法相结合使用进行指标赋权的方法。组合赋权法的基本思想是将主观赋权法得到的指标权重与客观赋权法得到的指标权重进行集成(或融合),从而得到指标的组合权重。常用的集成方法有加法集成法和乘法集成法等。

例如,假设对于第 i 个指标的主观权重和客观权重分别为 u_i, v_i,则采用加法集成法得到第 i 个指标的权重为 $w_i = \alpha u_i + (1-\alpha) v_i$,其中,$\alpha \in (0,1)$ 为主观比例系数,反映了主观因素在确定权重时的占比;采用乘法集成法得到的第 i 个指标的权重为 $w_i = \dfrac{u_i v_i}{\sum_i u_i v_i}$。

(三)指标聚合

指标聚合是指建立低层指标和派生指标之间的模型,这通常需要分析底层指标对派生指标的影响方式。常用的方法有加权和法、加权积法、各种模糊合成算子等。

加权和法是最常用的方法。设基础指标为 $X_1, X_2, \cdots, X_m$,它们的派生指标为 Z,指标权重为 $w_1, w_2, \cdots, w_m$,$\forall i, 0 \leq w_i \leq 1$,$\sum_{i=1}^{m} w_i = 1$;基础指标的评分分别为 $x_1, x_2, \cdots, x_m$,则指标 z 的评分值为

$$z = \sum_{i=1}^{m} w_i \cdot x_i$$

使用加权和法要求:①指标体系为树状结构,即每个下级指标只与一个上级指标相关联;②每个低层指标的边际价值是线性的(即其优劣与指标值大小

成比例),每两个指标是相互价值独立的;③各低层指标间具有完全可补偿性,即某个指标无论多差都可用其他指标来补偿。

采用加权积法,可得派生指标 z 的记分为

$$z = \prod_{i=1}^{m} x_i^{w_i}$$

显然,如果某项低层指标记分为 0,则无论其他指标分数是多少,派生指标得分都为 0。因此,加权积法各低层不再具有完全可补偿性。取值较差的低层指标会导致派生指标评分很低,因而突出了低层指标的"短板"效应。

参考文献

[1] 王正明,卢芳云,段晓君. 导弹试验的设计与评估[M]. 第 3 版. 北京:科学出版社,2022.

[2] 郁浩,都业宏,宋广田,等. 基于贝叶斯分析的武器装备试验设计与评估[M]. 北京:国防工业出版社,2018.

[3] 徐英,王松山,柳辉,等. 装备试验与评价概论[M]. 北京:北京理工大学出版社,2016.

[4] 曹裕华. 装备试验设计与评估[M]. 北京:国防工业出版社,2016.

[5] 柯宏发,陈永光,赵继广,等. 电子装备试验数据的非统计分析理论及应用[M]. 北京:国防工业出版社,2016.

[6] 韦来生. 数理统计[M]. 第 2 版. 北京:科学出版社,2015.

[7] 罗鹏程,周经伦,金光. 武器装备体系作战效能与作战能力评估分析方法[M]. 北京:国防工业出版社,2014.

[8] 金光. 数据分析与建模方法[M]. 北京:国防工业出版社,2013.

[9] 唐雪梅,李荣,胡正东,等. 武器装备综合试验与评估[M]. 北京:国防工业出版社,2013.

[10] 张晓今,张为华,江振宇. 导弹系统性能分析[M]. 北京:国防工业出版社,2013.

[11] 武小悦,刘琦. 装备试验与评价[M]. 北京:国防工业出版社,2008.

[12] 张金槐,刘琦,冯静. Bayes 试验分析方法[M]. 长沙:国防科技大学出版社,2007.

[13] 蔡洪,张士峰,张金槐. Bayes 试验分析与评估[M]. 长沙:国防科技大学出版社,2004.

[14] 郭波,武小悦,等. 系统可靠性分析[M]. 长沙:国防科技大学出版社,2002.

[15] 中国人民解放军总装备部军事训练教材编辑工作委员会. 遥测数据处理[M]. 北京:国防工业出版社,2002.

[16] 唐雪梅,张金槐,邵凤昌,等. 武器装备小子样试验分析与评估[M]. 北京:国防工业出版社,2001.

[17] Helton J C. Conceptual and Computational Basis for the Quantification of Margins and Uncertainty[R]. Albuquerque:Sandia National Laboratories,2009.

[18] Berger J O. Statistical Decision Theory and Bayesian Analysis[M]. 2th ed. New York:Springer – Verlag,1985.

第八章 装备性能试验条件建设

装备性能试验的条件是指为保障装备性能试验任务实施所需要的试验场、试验设施、试验设备、勤务保障、人员、技术、经费等各种相关资源和手段,装备性能试验条件建设包括开展装备性能试验的设备设施建设项目、相关技术研究项目、专项基础工程建设项目以及试验条件运行维持项目等条件的建设。装备性能试验的条件建设应坚持贴近实战、能力牵引、体系建设、军地统筹发展的原则。目标与靶标、环境构设、毁伤效能评估和试验数据工程等领域的建设对于提升装备性能试验条件体系的能力具有重要的作用。

第一节 装备性能试验的条件体系

装备性能试验的条件体系是指为完成装备性能试验任务而由各种相互关联的条件构成的有机整体。先进实用的装备性能试验条件体系是保障装备性能试验任务顺利完成的基础。

一、装备性能试验条件体系的构成

装备性能试验的条件体系由组织指挥体系、测试测量体系、环境构设体系、分析评估体系和基础保障体系构成(图8-1)。

(一)组织指挥体系

组织指挥体系包括试验指挥系统、试验设计系统和态势综合系统。

试验指挥系统是由指挥员和指挥机关、指挥对象、指挥手段构成,具有对性能试验进行指挥、决策、协调和控制功能的有机整体。试验指挥系统的功能包括试验指挥控制、试验任务调度、试验过程监控等。试验指挥系统的作用是根据性能试验的总体要求,通过试验指挥手段,建立起试验指挥员、指挥机关与试验指挥对象之间相互联系和相互作用的关系,使得试验指挥员和指挥机关对试验指挥对象实施不间断的、有效的指挥,起到组织领导、筹划部署、指挥决策和协调控制的作用。

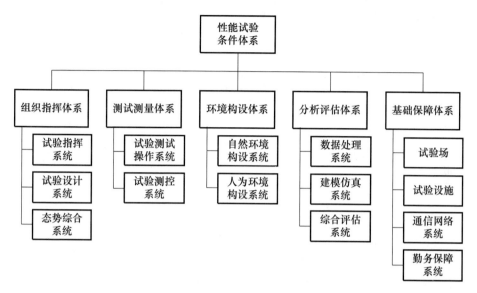

图 8-1 装备性能试验条件体系构成

试验设计系统的功能包括试验规划、试验项目设计、试验样本设计、试验方案设计等。试验设计系统的作用是综合考虑试验任务要求,以及试验技术、试验资源、试验周期、试验费用等约束,设计优化的试验方案,制定出装备性能试验大纲。

态势综合系统的功能包括态势融合、态势分析、态势展示及态势共享等。态势综合系统的作用是将开展性能试验时不同来源、不同种类、不同层次的态势信息有机集成,以二维、三维等多种形式呈现给试验指挥员和其他试验参与人员,为试验指挥决策提供综合态势信息。

组织指挥体系中指挥控制中心处于核心地位,主要用于试验的指挥控制、试验的任务组织、综合显示以及测控设备的测量引导等。指挥控制中心的台位配置一般如图 8-2 所示,其中数据采集/引导台主要完成各种试验数据信息的采集,并将目标引导数据发送给需要引导的测试设备;模拟训练台主要完成各种外测信息的模拟,驱动指控中心系统进行全系统模拟演练。

(二)测试测量体系

测试测量体系包括试验测试操作系统和试验测控系统。

试验测试操作系统的组成与被试装备的组成结构相关,一般包括目标探测系统、火控系统、火力系统和平台保障系统的试验测试和操作。试验测试操作

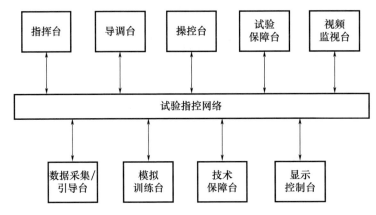

图8-2　试验指挥控制中心台位配置

系统的主要作用是通过地面测试、平台测量等手段,对性能试验所需的力学、电学、磁学、光学、热学、声学、网络信息等信号进行测量,对装备进行单元测试、分系统测试和综合测试,记录测试参数、工作状态和故障情况。

试验测控系统一般由测量系统、引导系统、遥控系统、数据处理系统等组成。试验测控系统的作用是利用系统测量、录取设备及软件,获取运动或固定目标参数以及表征被试装备工作性能的信息,并进行实时或事后处理,为试验指挥、控制及安全管理控制提供保障,为试验结果分析和评定提供依据。

(三)环境构设体系

环境构设体系由自然环境构设系统和人为环境构设系统组成。

自然环境构设系统的作用是构设性能试验所需的陆地、海洋、大气、太空环境等自然环境,包括地理、气象、水文等自然环境要素的构建。自然环境构设系统要尽可能逼真地模拟装备使用的自然环境,这样才能对装备的战术技术性能指标进行严格的考核。

人为环境构设系统包括电磁环境构设系统、网络环境构设系统、核生化环境构设系统、水声环境构设系统以及靶标模拟系统等。对抗环境是人为环境的一部分,对抗环境构设系统的作用是模拟性能试验中装备所处的对抗环境,包括对抗双方的战术想定、装备、敌方威胁与目标靶标、敌方干扰等。

(四)分析评估体系

分析评估体系包括数据处理系统、建模仿真系统和综合评估系统。

数据处理系统的功能包括数据变换、数据传递、数据检验、数据误差修正、存储与检索等,对在试验中测量、录取的各种原始数据进行加工和数学运算,包括归纳、整理、组织、分类、统计以及绘制图表等。

建模仿真系统是按性能试验任务要求,建立被试系统的仿真模型,并进行仿真试验的软硬件系统,包括仿真设备和部分被仿真系统的实物。

综合评估系统对试验数据进行科学分析与综合,对装备性能给出详细的评估结果或鉴定结论,为装备的设计验证和改进、状态鉴定等提供决策依据。

(五)基础保障体系

基础保障体系由试验场、试验设施、通信网络系统、勤务保障系统等组成。

试验场是性能试验所需的地域、海域、水域、空域等,例如,导弹试验的发射区(首区)、溅落区(末区、回收区、着陆区)和航区,是全面检验装备性能的重要场所。导弹试验场一般包括试验指挥区、技术区、发射区、末区、生活区、测控区等。

试验设施分为试验基础设施、装备试验设施、试验保障设施等,具体包括技术阵地和发射阵地、试验指挥所、试验测控站点、机场、码头、铁路专用线及转运站、试验平台、工房、库房、实(试)验室、机房、电站、高压输电线路、通信电缆光缆、被试装备和测控设备标定用的标定标和方位标等试验工程建筑物及其配套设备,以及供人员住宿和餐饮的生活设施等。

通信网络系统一般由指挥调度系统、时间统一系统、数据通信系统、图像通信系统等分系统组成。通信网络系统的主要任务是完成试验的调度指挥、统一靶场的时间和频率、数据和视频信号的传输以及电报、传真和日常通信业务等。在装备性能试验中,通过该系统把试验系统的各个组成部分紧密联系起来,使其连成一个相互联系、相互作用的有机整体,是试验指挥者与其指挥对象以及各个分系统之间联系的纽带,是试验指挥系统的神经。它既是一个相对独立的技术系统,又是组成试验指挥系统、试验测控系统的一部分。

勤务保障系统是除了试验测控、通信网络、靶标等保障以外,所有试验勤务保障的总称,是装备试验重要的基础保障条件。它包括计量检定保障、气象水文保障、测绘导航保障、试验后勤保障、兵力保障等。

二、试验场与试验设施

试验场和试验设施为从事装备性能试验活动提供所需的场地、航区、水域等空间区域、工作场所和工程条件保障。

(一)试验场

装备性能试验的试验场指进行性能试验的区域或场所。

1. 试验场的分类

装备性能试验场按归属单位的类型可分为国家或军队级试验场、军兵种试验场、国防工业部门的试验场、军工企业的试验场等。

按照被试装备类型和试验内容可将试验场分为战略导弹试验场、航天试验场、电子对抗装备试验场、轻武器试验场、水中兵器试验场、坦克装甲车辆试验场、飞机试飞试验场、通信装备试验场、核试验场、空气动力试验场等。

试验场通常可按功能划分为不同的区域,主要包括试验指挥区、内场试验区、外场试验区、技术准备区、测量控制区、办公区、生活区等。

试验指挥区主要是指试验指挥机构在实施性能试验活动时所需的场区。

内场试验区主要是指从事各种内场试验活动所需的场区。例如,常规兵器试验场进行装备室内环境试验所需的区域。

外场试验区主要是指进行各类外场试验活动所需的场区。例如,常规兵器靶场的轻武器射击试验区、航空炸弹试验区、导弹的发射阵地和落区。广义的外场试验区通常包括固定外场试验区和临时外场试验区。固定外场试验区是由国家正式批准划定的固定场区,由试验单位负责管理并专门用于实施装备性能试验活动。临时外场试验区是根据性能试验任务需要,由试验单位临时申请用于装备性能试验活动的场区。例如,在进行巡航导弹飞行试验时,导弹在空中飞行过程中所经过的"走廊"形空域就应作为临时外场试验区实施管制,禁止无关飞行器在试验实施期间进入该区域活动。

技术准备区主要是指被试装备转运、存贮、试验前的各种技术准备活动所需的场区。例如,战略导弹试验前的组装测试场区、专用公路和铁路运输线,海军试验场所需的试验舰船专用码头,空军试验场的专用机场等。

测量控制区主要是指实施试验跟踪测量活动所需的区域。例如卫星发射场的测量站所在的区域。

办公区主要包括试验单位的行政管理机构、科研机构、后勤与装备保障机构等的办公场所。

生活区主要包括学校、医院、商场、人员生活住宅、各种文体场所、部队营房、外来人员接待宾馆、客运汽车站等。

不同的试验场的这些功能区域的分布有所不同。有的试验场的功能区分布在不同的地域空间,有的试验区的功能区域则相互交联在一起,图8-3给出了一个常规兵器试验场布置示意图。其中,技术准备区布置测试工房、测控站、武器准备工房、试验弹药工房、实验室、临时弹药存放库等;外场试验区设有发

第八章 装备性能试验条件建设

射区、射击试验区、投掷试验区、空投试验区、终点效应试验区、坦克步兵战车试验区、对空目标试验区等;停机坪供试验用飞机使用。

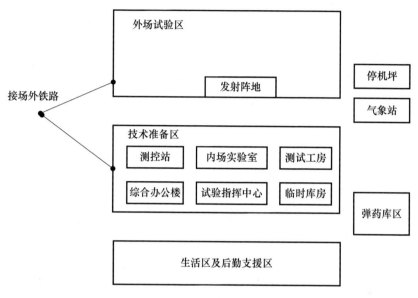

图 8-3 试验场布置示意图

2. 试验场的选择

试验场是全面检验装备性能的重要场所,场区条件的优劣将直接影响性能试验的结果。在选择实施具体装备性能试验任务的试验场时,应充分考虑以下几方面的因素:

(1)地理与自然环境要求。试验场要满足装备性能试验对地形、地域、交通、水文及气象等技术条件的要求,具备性能试验要求的各种地形和足够大的地域范围(例如,远程火箭炮的射程要求)。

(2)试验设施和设备要求。试验场应具有能完成被试装备性能考核项目所需要的相关试验设施和设备条件。

(3)目标和靶标。为完成各种性能试验任务,试验场应具备提供各种目标和靶标的条件。例如地面目标及其布设与运动的条件,保障目标和靶标运动的机场条件、空域条件、海域条件、航线条件等。

(4)测控条件要求。试验场测量跟踪控制站点布局合理,能保证测量设备的测量距离、测量精度的要求。

(5)试验安全保密要求。密级高的装备性能试验任务应选择保密条件好的试验场实施。

(6)性能试验任务的其他专门技术要求。例如,巡航导弹飞行试验对地形、地域、空域、海域、航线及气象等方面的技术要求。

3. 试验场的勘选

试验场建设主要是试验场、配套工程设施的布局和建设。

试验场的选址应主要考虑如下因素:

(1)国家战略部署。试验场选址的大方向、大区域是由国家战略方针和战略部署决定的。

(2)保密和国际外交因素。试验场一般应远离国境线,避免试验出现意外造成国际影响,便于保密。

(3)试验安全。试验场要避开稠密的居民区、工业区及其他重点保护目标,远离无线广播电台、电视台、发电站等工业干扰源,以及高压输电线及电气化铁路线等。试验场设施在布局上既要保证试验本身的安全,又要确保人民生命财产安全。

(4)长远发展和综合利用。试验场建设不能只是满足眼前装备性能试验的需求,还要兼顾未来装备的发展,同时考虑与现有的试验场形成合理的整体试验能力,具有较好的综合利用能力和良好的适应性。

(5)试验任务范围和任务量。试验场所承担的任务范围是选择场区的重要依据。一方面需要考虑试验场的使用效率,另一方面也应考虑未来任务量的变化,留有一定的发展余地。

(6)试验内容和试验方式。不同类型的装备,其战术技术性能、试验内容、适用的试验方式方法也有所不同,因而对试验场的要求也不同。如果以内场试验为主,外场试验场条件就可以简化考虑;如果以外场试验为主,选择场区就应以外场试验的条件和要求来考虑。由于内外场联合试验和跨试验场联合试验将成为未来装备性能试验尤其是装备体系级性能试验的主要方式,试验场建设应充分考虑未来实施联合试验的需求。

(7)试验设备和设施。当试验方式确定之后,所需的试验设备和设施也大体确定。这些设备、设施的布局、占地及使用条件是选择场区和确定阵地必须考虑的问题。对于使用条件特殊、要求严格的设备,应重点予以保证。

在选择试验场区和试验阵地时,应当根据国家的战略部署,先确定大的方向、大的区域(地域、空域、海域等),然后再根据选场的具体要求和条件确定较小的范围。在此范围内,以满足主要试验阵地的条件为主,兼顾其他阵地条件来选择和确定试验场。

试验场建设必须根据拟承担的性能试验任务,组织实地勘察和方案设计,包括图上作业、外场勘察、大地测量、技术论证,制定试验场建设规划和施工建设方案。用于性能鉴定试验的试验场须经国家批准划定,定点施工建设。

试验场勘选方法大体是:在已明确的大区域之内,按总的原则和条件进行图上作业,确定预选区域和阵地,拟制勘选计划和行动路线,进行实地勘选,选出阵地后再进行实地检验。当试验场区和几个主要阵地满足要求后,即可确定场址、阵地位置及其地域范围,并写出勘选结果报告。

(二)试验设施

进行性能试验还需要一些具有特定用途和满足一定技术要求的试验设施,主要包括试验基础设施、装备试验设施、试验保障设施等。

1. 试验基础设施

试验基础设施是指试验场用于试验的基础保障条件,主要包括道路交通、发电供电、给排水、供暖、通信等设施。试验基础设施是试验场开展性能试验和保障正常工作和生活条件的基础。例如,美国阿伯丁靶场拥有交通便利的公路、铁路、水路等交通设施,为其进行常规兵器试验提供了基础保障。

试验道路一般包括装备进出试验场的道路和装备试验专用道路。

供电设施主要是指安装和架设发电机的机房和调压供电设备用的配电房,一般包括全试验场总的供电设施,以及为各试验阵地及大型设备供电的供电设施。

供水设施包括蓄水池、水塔等,蓄水量需要考虑正常生活用水和试验用水。

2. 装备试验设施

装备试验设施是试验场用于装备性能试验的试验保障条件,主要包括试验阵地设施和试验专用设施。

试验阵地设施包括技术阵地、作战阵地和发射阵地、测控站点、弹着区或落区上的设施。试验阵地设施主要有:试验场坪、试验点位、试验测控站点、机场、码头、铁路专用线及转运站、试验平台、标校设施、发电机房及阵地指挥所用房等。

试验专用设施分为直接用于试验的专用设施和试验设备专用设施两种。直接用于试验的专用设施主要有各种实(试)验室、仪器仪表室、微波暗室及屏蔽室、风洞、测试厅、测试场、测试塔、模拟试验靶道(场)、试验台(站)、试验塔(井)等。试验设备专用设施主要有各种设备所需的专用机房、工作台架及其专用的标校设施等。

装备试验设施为装备性能试验提供各种保障条件。例如,美国陆军沙漠环境试验中心的车辆性能测试设施由特别处理过的试验斜坡和障碍、测试线路、模拟喷水、车辆渡河水潭、泥泞水洼等组成。气候模拟设施由高低温、潮湿、海拔高度和盐雾等环境室组成;实时数据采集系统的户外测试设施由激光跟踪装置、雷达站、气象塔和定位系统组成。

3. 试验保障设施

试验保障设施是为保障试验开展和试验场人员工作和生活提供的保障条件,例如,试验保障设施主要有气象保障设施、物资设备储存设施、厂房、工房、库房、机房、厅室、台架、地下或海底通信电缆、光缆等试验保障设施,以及供参试人员工作和生活的办公、生活、服务、住宅、教育、文化体育等工作和生活保障设施。

三、试验设备

装备性能试验设备是指专门用于实施和保障装备性能试验的设备、设备系统、电子信息系统和配套系统的统称。装备性能试验设备体系主要由组织指挥类、测试测量类、环境构设类、分析评估类、基础保障类设备组成(图8-4)。

(一)组织指挥类设备

装备性能试验组织指挥类设备主要包括组织指挥、试验设计、方案推演、任务调度、监控、运维管理、态势综合等设备。

1. 组织指挥设备

组织指挥设备是试验场依托通信、控制、数据处理网络实现各种任务指挥决策的专用技术设备,主要包括计算机设备、网络设备、交换机、调度指挥设备、安全控制设备、实时通信设备、数据处理设备、终端机、显示器等现场指挥设备。组织指挥设备主要用于对执行试验任务的所属单位实施不间断指挥,接受上级部门的指挥,与参加任务的各单位进行协同指挥等。在执行试验任务过程中,指挥中心通过组织指挥设备下达指挥口令;负责对试验任务实施安全控制;收集试验任务的有关信息,传送给各级指挥所;为布设在航区内的各种测控设备提供引导信息。

组织指挥设备是试验场指挥决策的重要手段。如航天测控任务中,指挥设备对发射阵地、陆地和海上各测量站点实施不间断的指挥,为科学决策提供可靠的保障。随着计算机和通信技术的发展,试验场指挥自动化水平不断提高,可以提供实时、多任务指挥。

2. 试验设计设备

试验设计设备通常包括用于试验设计的计算机及其网络、试验设计软件

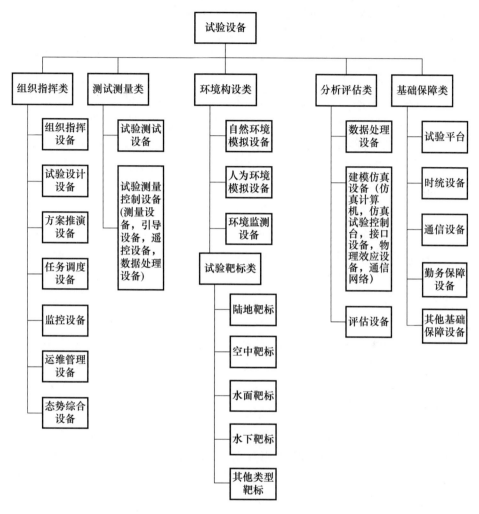

图 8-4 试验设备分类

等。试验设计专用计算机包括高性能计算机、服务器、工作站、微机等,试验设计软件包括通用试验设计软件和专用试验设计软件。

试验设计设备的主要用途是:根据性能试验目的、试验类型、试验项目、性能指标、评估方法、数据要求、试验组织、试验保障、试验安全等要求,确定性能试验内容、设计试验方法、优化试验方案、给出数据采集、测试、通信、保障等方面的需求。

3. 方案推演设备

方案推演设备通常包括方案推演计算机及其网络、方案推演软件等,其中方案推演计算机包括高性能计算机、服务器、工作站、微机等。方案推演软件一般包括推演引擎、推演环境、建模环境、公共信息服务平台等。

方案推演设备的工作原理一般为：以性能试验方案为输入，在包含性能试验数据、模型、文件、标准、算法、工具的公共信息服务平台支持下，通过建模环境建立方案推演所需装备模型、性能试验流程模型、性能试验环境模型、方案推演评估模型，通过人在回路推演模式、闭环仿真推演模式等推演模式，反复推演性能试验任务剖面涉及的事件、环境、时间、交互、态势等性能试验方案内容，为试验方案的可行性分析、协同论证、专家研讨和方案优化提供支撑。

4. 任务调度设备

任务调度设备通常包括任务调度计算机及其网络、任务调度软件等。

任务调度设备要求能对性能试验任务准备阶段、实施阶段、结果评价阶段等性能试验任务全过程实现标准化的试验任务调度，提供试验进度管理与控制等功能，具备控制干预等能力。

5. 监控设备

监控设备包括监视显示台、大屏幕、电视监视器和各种记录设备等，用于指挥人员观测运动目标（如导弹、运载火箭、航天器等）的发射过程、各种姿态，以便实施指挥和控制。

监控设备通常以视频、音频等形式对参与性能试验的各系统的运行状态和故障进行监视和控制，能够根据需要对指定的信息进行采集和存储，能实时记录性能试验过程中产生的数据，并以数据、曲线、图表、电视、虚拟现实等可视化方式实时显示监控信息，遇到紧急情况能够控制故障设备和试验现场，试验结束后提供所记录的数据。

6. 运维管理设备

运维管理设备通常包括试验设备运行维护所需的检测设备、维修维护设备、仪器、仪表等。

7. 态势综合设备

态势综合设备指进行二维、三维态势显示和综合的设备，通常包括试验态势综合计算机、态势综合软件等。

（二）测试测量类设备

测试测量类设备主要包括试验测试设备和试验测量控制设备。

1. 试验测试设备

试验测试设备的主要功能是从被试装备获取性能试验所需的性能数据信息。通常试验测试设备需要通过一定的装置将捕获的被测信息转换成易于传输、转换、显示和记录的信号,并从信号中提取出要测试的信息。

根据测试信号的类型不同,试验测试设备可分为力学信号测试设备、电学信号测试设备、电磁信号测试设备、光学信号测试设备、热学信号测试设备、声学信号测试设备等。按照性能试验测试层次来分,试验测试设备包括装备组件/部件级测试设备、装备分系统级测试设备、装备级测试设备、装备系统级测试设备等。

2. 试验测量控制设备

试验测量控制设备是对运动目标(如导弹、飞机、运载火箭、靶标等)进行跟踪、测量、控制的专用技术设备,主要用于提供准确、实时的目标位置信息,以及用于目标轨道、姿态的调整与控制。

试验测量控制设备一般由测量设备、引导设备、遥控设备、数据处理设备组成。

(1)测量设备。

测量设备是跟踪、测量目标运动参数,获取试验数据的重要手段。测量设备包括跟踪测量、数据录取、实况记录设备等。跟踪测量、数据录取和实况记录设备是试验场的通用测量设备。跟踪测量设备又可以分为外测设备和遥测设备。外测设备主要用于测量目标的位置、运动速度和加速度以及运动姿态等。根据完成外测任务的设备的测量原理分类,外测又可以分为光电测量、无线电测量和声学测量等。

遥测设备主要用于将远处的目标对象的参数传送到接收地点进行记录与处理。通过遥测可以获取导弹、卫星等装备内部各系统的工作状态参数和环境参数,为评定装备的性能和故障分析提供数据。

(2)引导设备。

引导设备主要用于引导跟踪测量设备适时捕获跟踪目标,或对空中遥控靶标或母机拖带的拖靶进行引导,使其按照预定的航路飞行。例如,为炮瞄雷达指示目标、为光测设备引导、航迹标图引导,一般采用目标指示雷达及专用搜索跟踪雷达、航迹显示雷达等。

(3)遥控设备。

遥控包括安全遥控和运行遥控,遥控设备用于经无线电信道向远处的导弹、靶机、靶艇、航天器等装备发送遥控指令。遥控设备通常由控制机构、传输设备和执行机构三大部分组成。

(4) 数据处理设备。

数据处理设备主要用于运动目标的数据处理,包括计算机、判读设备、记录重放设备、打印显示设备、频谱分析设备、数据存储设备及软件等。

(三) 环境构设类设备

环境构设类设备是指试验场区用于构设近似实战环境的模拟生成设备,包括自然环境模拟设备、人为环境模拟设备、环境监测设备以及靶标等。加强环境构设设备建设,在近似实战环境下对装备进行试验,对提高装备在未来战场上的作战适应性和生存能力有着重要作用。

1. 自然环境模拟设备

自然环境模拟设备主要包括气象模拟、空间环境模拟、海浪模拟、振动模拟设备等,如空气动力环境模拟设备、超重(失重)环境模拟设备、空间模拟器。

2. 人为环境模拟设备

人为环境模拟设备一般包括雷达信号环境、光电信号环境、通信信号环境、水声环境等环境模拟设备。

通过人为环境模拟设备设置模拟对我方装备造成威胁的、各种不同体制和频率的陆基、机载、舰载雷达、电台和干扰设备等有源威胁源,构建电子对抗环境,可以在近实战环境中进行装备性能试验。

复杂电磁环境生成设备由雷达信号、干扰/回波/杂波信号的信号模拟器构成,为武器系统提供干扰环境和各种雷达目标回波模拟信号。雷达信号模拟器模拟产生各种雷达信号,为武器系统和电子对抗设备提供辐射源目标信号;干扰信号模拟器模拟产生各种干扰信号,主要有压制和欺骗两大类干扰信号;回波信号模拟器模拟产生雷达信号的相参/非相参回波信号;杂波信号模拟器模拟产生相参的雷达杂波信号。

3. 环境监测设备

环境监测设备包括电磁环境监测设备、水声环境监测设备、自然环境监测设备、核生化环境监测设备、网络空间环境监测设备等。下面主要对电磁环境监测设备进行描述。

电磁环境监测设备对试验区域的电磁环境进行实时监测,主要监测雷达、预设干扰和意外干扰信号等,完成电磁信号定量测量、分析、记录和处理,建立试验区域电磁环境态势图,为试验决策和结果评定提供电磁信息,主要功能包括：①实时截获雷达和干扰信号，对不同角度、工作频段的多路射频信号进行实时监测。②对目标进行定位测量。③对截获的射频信号进行分选和识别，并测量各种信号特征参数。可监测压制干扰的中心频率、带宽、噪声频谱；雷达、欺骗干扰及假目标的载波频率、频谱、脉宽、重频、脉内调制规律等；可对信号进行频谱分析、脉内分析、视频分析、时域分析。④信息记录和处理功能。

在雷达系统试验中，监测试验区域内电磁信号环境，精测选定的信号参数，为被试品评估提供比对数据；兼顾测量场区异常信号参数，为试验数据处理提供现场真实的环境数据。在雷达干扰/抗干扰试验中，测量试验场周围的干扰信号，确定出干扰样式、干扰强度和干扰源方位角等参数。把测得的干扰源的参数等辐射源数据及时向录取设备传送和同步记录。

高性能无线电信号监测系统通常采用多 DSP 技术实现电磁环境的监测、突发信号的捕获、干扰信号的捕获、模拟信号的解调、信号调制特性的识别等功能，能在高灵敏度、大动态及很小的频率分辨率条件下实现高速的扫描。通用信号侦测器能够对未知信号进行学习，得到并记忆信号的属性，如时间特性、频率特性、频谱特性、调制特性等，再根据记忆的信号属性去捕获属性相同或相似的信号。

4. 试验靶标

试验靶标用来模拟真实的威胁目标，主要对装备要搜索、捕获、跟踪、攻击的典型对象的物理特性、反射特性、运动特性以及干扰与对抗性能等进行模拟，复现武器装备面临的作战对象和环境。试验靶标设备包括靶标发射与指挥控制设备以及靶标。

（四）分析评估类设备

分析评估类设备主要包括数据处理、建模仿真、性能评估、效能评估、容灾备份等设备。

1. 数据处理设备

数据处理系统是指对各种试验数据进行加工和数学运算的系统，由计算机、判读设备、各种介质记录重放设备、打印显示设备、频谱分析设备、数据存储设备及相应的软件等组成。在实际工作中对各种设备测量数据的处理有两种方式，一种是通过记录设备将测量信息记录在计算机上供事后处理用，另一种是通过数据传输设备将数据实时送给计算机进行实时处理用。

2. 建模仿真设备

建模仿真设备指仿真试验使用的专用与通用设备的统称，包括数学仿真设备、半实物仿真设备、物理仿真设备。下面主要介绍半实物仿真设备,包括仿真计算机及其仿真软件、仿真试验控制台、接口设备、物理效应设备、通信网络、仿真支持服务系统(显示、数据记录及文档形成等)等。

(1)仿真计算机。

仿真计算机指支持一个或多个仿真应用运行的计算机。所有参与仿真运行的计算机通过包括广域网、局域网及无线频率链路在内的网络连接起来。

在半实物仿真中,仿真计算机用于数学模型的实时求解、数据的实时通信等任务,有通用与专用两大类。通用仿真计算机的硬件采用通用计算机如微机、服务器、高性能计算机等。专用仿真计算机具有以下特点:①满足实时运算要求;②通过各种高速通信接口和I/O通道连接有关仿真设备和实物;③具有时钟部件,可设置硬件中断,保证驱动外部设备与主机同步操作;④具有支持实时操作、实时计算、实时图形显示与数据处理的支撑软件环境。

仿真计算机的运算速度应满足仿真实时性要求;计算精度应满足性能试验精度要求,数据存储应满足数据容量和实时动态存储要求。仿真计算机应根据接口要求配备相应的高速、高精度的D/A、A/D、D/D、实时网络以及专用数据总线等I/O接口,满足对接口的实时性、精度、可扩展性等要求。

仿真软件包括仿真支撑软件、仿真专用软件等,其特点是面向问题、面向用户。仿真软件一般具有仿真建模、运行控制、结果处理以及相关的数据库等功能,通常包括模型和试验描述语言、翻译程序、实用程序、算法库、函数库、模型库、运行控制程序等。仿真软件的实时性和运算精度应满足试验大纲的要求。例如,对于导弹装备的性能试验,半实物仿真软件主要包括运动体仿真模型、控制系统模型、目标运动模型、环境模型、误差模型、主控模块、实时控制模块、接口驱动模块、数据记录及处理模块等。运动体仿真模型主要包括动力学仿真模型、运动学仿真模型、几何关系模型;误差仿真模型主要包括气动力误差仿真模型、推力误差及推力偏心仿真模型、目标瞄准跟踪误差仿真模型、初始扰动仿真模型、运动体上计算机计算误差仿真模型、执行机构误差仿真模型、导引头误差仿真模型、惯性组件误差仿真模型等。

(2)仿真试验控制台。

仿真试验控制台一般要求具备仿真的过程控制、人机交互、仿真设备的监控、参试设备的监测、图形/图像/数字显示及记录、通信、安全保护等功能。

(3)接口设备。

接口设备一般应含有网络、总线、A/D、D/A、D/D、A/A等接口,能接入实物、仿真系统或其他建模仿真资源,并且接口设备应满足实时性和准确性要求;接口设备与其他建模仿真设备之间的接口应满足建模仿真设备的电气接口、通信协议等要求;参试设备与建模仿真设备之间的接口应满足参试设备的电气接口、通信协议等要求。

(4) 物理效应设备。

物理效应设备是指半实物仿真系统中将数学仿真中用数字表示的物理量转化为真实物理量的装置,用以驱动半实物仿真中的物理模型或实物模型,使物理仿真能够与数学仿真同步运行。物理效应设备包括姿态模拟器、目标/环境模拟器、负载模拟器、高度/深度模拟器、加速度模拟器等。

姿态模拟器是一种运动体姿态角运动模拟设备,通常用于导航控制系统和惯性组件性能检测与标定,以及飞行器姿态运动模拟,通常称为转台。转台按用途分为:①惯性测试转台,侧重静态或稳态性能,主要用于惯性导航系统和惯性元件如陀螺、加速度计的性能检测和标定;②仿真转台,用于武器平台或运动载体的运动状态模拟。按飞行仿真转台台面所复现的角运动的自由度可分为:①单轴转台,台面运动只有一个角运动自由度,它模仿飞行器在一个平面内的角运动;②双轴转台,台面有两个角运动的自由度;③三轴转台,台面运动具有三个角运动的自由度;④五轴转台,台体具有跟踪飞行器三个角运动姿态和跟踪目标两个角运动的自由度。

目标/环境模拟器用于模拟装备所攻击的目标及所处的使用环境。目标/环境模拟器应根据装备与目标相对运动特性确定,其主要性能指标包括角运动范围、角位置精度、最大角速度、最大角加速度、负载惯量、负载尺寸、频率范围、频率响应特性、模拟目标数目。

负载模拟器用于模拟运动体在运动过程中施加在舵机上的铰链力矩或力,通常分为简易式、液压式、电动式。简易式负载模拟器在舵面上加弹簧,通过改变弹簧系数来改变加载梯度。液压式负载模拟器的铰链力矩由液压马达施加。电动式负载模拟器的铰链力矩由电机施加。负载模拟器的性能应根据仿真对象的舵面负载确定,其主要性能指标包括负载惯量、负载尺寸、最大负载力矩和力矩加载精度、输出轴的转角范围和角位置精度、最大速度、频率响应特性、跟踪精度。

高度/深度模拟器通过气压、水压的变化来测量飞行/航行高度、深度及速度,要求控制精度高、响应速度快。

线加速度模拟器是运动体上加速度表输出信号的模拟设备,其具体要求应根据仿真对象确定,其主要性能指标包括输出端口形式、输出信号形式及精度。

(5)通信网络。

通信网络通常包括以太网、反射内存网、无线网络等,提供建模仿真资源应用之间的高性能、低延迟的通信服务,支持仿真试验应用系统的信息实时交换。

3. 评估设备

评估设备包括用于各类装备性能评估的设备和评估软件,用于对录取数据的处理和分析、为性能试验提供评估结果。评估软件通常包括评估指标管理、评估指标计算、评估结果展现、评估报告生成等功能,评估指标管理能够构建评估指标体系、设置指标权重计算方法,评估指标计算根据指标体系和指标的配置信息分层计算,并将计算结果保存到数据库,评估结果展现以图形(树状图、折线图、雷达图、饼状图等)和列表等形式展现评估数据,评估报告生成可以将综合评估涉及的评估指标体系、评估方法、评估结果以及生成的图形、数据导出生成指定格式的评估报告。

(五)基础保障类设备

基础保障类设备包括试验平台、时统设备、通信设备及勤务保障设备等。

1. 试验平台

试验平台是试验场为搭载试验装备或被试装备所研制或建造的试验载体,主要包括陆上、空中、海上、水下、网络空间试验平台等。陆上试验平台主要包括车载试验平台、阵地火炮试验平台、阵地导弹发射平台等;空中试验平台主要包括飞机平台、气球平台、飞艇平台、空中试验塔台等;海上试验平台主要为海上试验舰船等;水下试验平台主要包括浅水试验航行器、深水试验航行器等。

发展多样化、机动化、高技术的试验平台,对于提高试验场的试验能力有着重要作用。美军在某导弹飞行试验中,利用改装的F-4E飞机,加装连续波相控阵测量雷达,与导弹保持距离伴飞,近距离获取相关数据,使得对导弹的连续近距离捕获、跟踪、测量成为可能,取得了95%的数据采集覆盖效果,试验效率大为提高。例如,德国的751水下电子系统研究试验船,使得鱼雷、诱饵、干扰器、声纳基阵等海军装备有了全新的水下试验平台。

2. 时统设备

时统设备是向参与性能试验的各个参试设备提供标准时间信号和标准频率信号的设备。时统设备一般由定时校频设备、频率标准和标频放大器、时码产生器、时码分配放大器等部分组成。定时校频设备接收标准时间频率信号,用于校准本地频率标准的频率;频率标准的标准频率信号通过标频放大器供需要的用户使用,实现整个系统的频率统一;标频放大器的标准频率信号,是时间信号产生和放大器的钟频信号。时码产生器和放大器产生标准时间信号,用定时校频设备输出的标准时间信号与授时台实现同步。

时统设备的作用是接收国家授时台播发的时间标准进行对时,产生和传输高精度的标准时间和标准频率,统一靶场时间;传输导弹等飞行器的发射时刻信号或起飞信号,送给各用户,作为时间坐标的原点;产生和输出各种标准脉冲信号和时间信号,控制各种测控设备同步测量和记录测量信息;为仿真试验时间同步提供时间基准。

3. 通信设备

试验通信设备是试验场进行数据、话音、图像有效发送、变换、传输、接受处理的专用设备。试验通信设备通常分为日常工作通信设备、试验通信设备和试验指挥通信设备。

4. 勤务保障设备

勤务保障设备是指辅助试验任务完成或保障参试装备处于完好状态的各种设备的统称,主要包括计量检定、气象水文、测绘、机电工程等设备。

(1)计量检定设备。

计量检定设备是试验场为确保试验装备参数的量值准确统一对其定期检验或校准的专用仪器,主要包括时间频率计量、光学计量、无线电计量、电磁学计量、力学计量、热学计量、化学计量等设备仪器。时间频率计量设备是为装备试验提供标准时间/标准频率的系统,主要用于各个参试系统的时间同步,并按约定向用户提供必要的标准时间信号和标准频率信号,如高精度的时码钟等;光学计量设备是为试验场可见光、红外、激光装备提供光学标称的仪器,如光度计、光谱测量仪、红外辐射测量仪等;无线电计量设备主要用于试验场无线测控设备的测量标定,如功率计、频谱仪、高频参量自动测试仪、网络分析仪等;电磁学计量设备主要是为试验场电子装备提供有效的电磁参数计量,如单一参数或多参数测量仪、传导或辐射灵敏度测试仪等;力学计量设备主要用于有关装备的机械受力形变的计量;热学计量设备,主要用于温度、热流、湿度等相关物理量的计量,通常用在发射场的各种飞行器试验、热学环境参数测试、火箭液体燃料加注量计算、气象保障等方面,如热敏感传感器计量仪器;化学计量设备主要用于火箭推进剂中燃烧剂、氧化剂的计量,以及火箭发射场废水处理中燃烧剂、氧化剂的计量。

计量检定设备是试验场装备中的"标准"设备。试验场装备要定期接受计量审定,确保其在空间、时间、频率、长度、力学、热学、电学、磁学、光学、电磁辐射、声学等各种量值的"阈值"之内。通过试验场计量检定,建立不间断的量值溯源与传递链,使试验场装备及其配套检验设备的参数量值能够溯源到国家或国际计量标准。

(2)气象水文设备。

气象水文设备是指为试验场提供气象服务的各种仪器及探测设备的统称,主要包括地面气象观测设备、高空大气探测设备、海洋水文要素观测设备、气象水文信息接收处理设备、多功能卫星气象数据接收处理系统及天气雷达等。地面气象观测设备,主要用于对气象要素和大气现象进行不间断的观测和测量,如气温测量仪器、气压测量仪器、空气温度测量仪器、风向风速测量仪器、降水量测量仪器、能见度测量仪器、自动气象站等;高空大气探测设备,主要用于探测高空的空中气温、气压、湿度、风向、风速等气象要素,如测风雷达、风廓线雷达、各种类型探空仪等;海洋水文要素观测设备,主要用于对海洋温度、盐度、深度、海流、声速、浪高、海地貌等要素进行测量,如海流测量设备、声速测量设备、浪高测量设备、海底地貌测量设备等;卫星气象数据接收处理系统,主要用于对各种气象云图、气象图表、实况报进行分析处理,为靶场提供及时准确的气象服务。

气象水文设备用于及时、准确地提供气象水文预报,对试验任务的成败有着直接的影响。例如,航天发射时对发射窗口的气象条件要求非常苛刻,如果气象预报准确率不高,就会影响发射窗口的建立,从而贻误发射时机;舰舰/舰空导弹武器试验、无源箔条弹试验等,对海情、风向、风速也有特殊的要求。

(3)测绘设备。

测绘设备是指用于测量陆、海、空、天等各种基点的相关设备的统称。主要包括大地测量设备、大地信息系统、试验场数字成图系统等。大地测量设备主要用于试验基准点的测试与标绘、试验区域磁力场与重力场的测量等,如经纬仪、水准仪、垂准仪、测距仪、卫星导航定位设备等。大地信息系统是专门用于处理大地空间数据的计算机系统,如地理信息系统等。

测绘设备是试验场测绘工作的重要保障。完整、准确的测绘能够为装备试验所需的站点提供精确的坐标和定向基准,为发射、测控系统及其他站点联测提供起始数据,为测量站点提供垂线偏差、高程异常值,以及提供地形、海底地貌和水深测量图等。

(4)机电工程设备。

机电工程设备是指为试验场的各项任务、设施、勤务保障等提供电力、消防、运输、吊装等服务设备的统称,主要包括发电(供电、配电)设备、各种车辆、工程机械、环境保障设备(除湿机、空调机)、野外勤务保障设备等。配套齐全、稳定可靠的机电设备是试验场任务、正常工作和生活的基本保证。

5. 其他基础保障设备

其他基础保障设备包括试验安全保障设备,防间、反侦察设备等。

四、性能试验业务协同平台系统

近年来,随着装备技术的进步和建设发展,各类型号研制过程中的性能试验任务越来越多,试验设备类型和构成越来越杂,试验时间要求越来越紧,试验规范越来越细,试验数据越来越多、分析处理要求越来越精。因此,非常有必要建设数字化试验业务协同平台系统,将试验项目、试验活动、试验数据、试验资源等纳入到统一规划的平台体系中进行管控,实现型号产品性能试验全过程、多学科、多场所和跨专业协同,支持型号产品全寿命周期研制、生产、装备过程中各个阶段的相关性能试验业务,提升性能试验过程的规范性、准确性和效率,缩短型号研制周期和提高研制质量。

(一)性能试验业务协同平台系统的主要作用

1. 提供规范化的性能试验业务管控手段

性能试验业务协同平台系统可以在研制单位或试验单位的层面上,为多地点、多型号、多任务、多协作的试验任务提供有效规范的流程控制、检查的技术手段和完备的标准规范库,实施有效的项目管理和质量管理,确保性能试验的规范化和试验质量。

性能试验过程信息是指性能试验的计划、组织和执行以及数据的采集、分析、设备管理和仪器校准等工作的相关信息,包括试验过程中的各种要求及方案、决策及依据、问题及处理结果等。试验过程信息无论对于真实反映试验数据,还是对于积累试验经验都是非常宝贵的第一手资料。但是,由于性能试验过程信息往往具有来源分散、格式多样、采集汇总困难等特点。通过性能试验业务协同平台系统,可以记录试验过程的多种类型信息,方便试验质量控制和追踪溯源。

2. 统筹协调各类性能试验资源

性能试验业务协同平台系统可以整合性能试验涉及的各种资源(流程、软件、试验设备、模型、数据、规范等),支持各类性能试验管理控制和性能试验业务功能,使得性能试验准备、实施、分析处理和评估等工作有共同的基础条件支撑,实现对各类相关试验资源的统筹使用调配和状态监控,减少试验资源使用冲突,提高性能试验计划的可行性和试验资源的使用效率。

此外,性能试验业务协同平台系统还可以为外场试验任务下达、任务计划和试验方案拟定、外场试验参数的记录、数据文档收集和汇总传送等提供高效的技术支撑。

3. 实现试验数据的集成管理和高效利用

为了保证型号产品的质量,研制单位通常需要根据各种国家标准、军用标准、行业和企业标准进行大量的性能验证试验,从而产生复杂多样的大量性能试验数据。性能试验数据的采集具有测量参数多、类型多、变化范围宽、测量环境条件差、可靠性要求高、测量速度快、测量准确度高、试验数据量大等特点。以航空发动机整体性能的地面台或高空台试验为例,一次试验的数据量通常在100MB~2GB 之间,有些特殊类型的试验数据量多达 10GB 甚至 100GB 左右。通常,装备研制单位和试验单位拥有数字化程度高低不一的各种试验设备、仿真试验系统、试验箱、试验台、测试仪器,有大量的试验数据需要及时采集。性能试验数据的采集、存储、发送等工作环节往往由不同人员采用不同软硬件进行操作,人工汇集和入库不仅工作效率低,而且容易出差错,难以保证数据正确性、安全性和实现数据关联追溯,对于后期的数据的查找、数据应用及数据追溯都十分不便,难以在多部门之间共享。

性能试验数据是各类型号产品性能鉴定的依据,是研制和试验单位的核心知识和资产,性能试验业务协同平台系统可以将各类性能试验业务活动、试验设备纳入平台系统管控,通过建立大容量、高性能的试验数据库,采用统一的试验数据标准和格式,建立密级权限分级的数据安全管理机制,可以为重要数据提供永久保存的机制,实现对历史数据的查找、追溯、对比和综合分析,便于性能试验过程信息的采集,保证信息的标准性、安全性、完整性和实现信息共享。

(二)性能试验业务协同平台系统的组成与功能

性能试验业务协同平台系统的典型组成结构如图 8-5 所示。平台系统由试验运行层、业务管理层和基础工具层等不同层次的各类模块构成。协同平台系统的数据信息来源包括被试产品与陪试产品在试验环境中进行测试获得的信息、外场试验信息、其他相关试验信息。

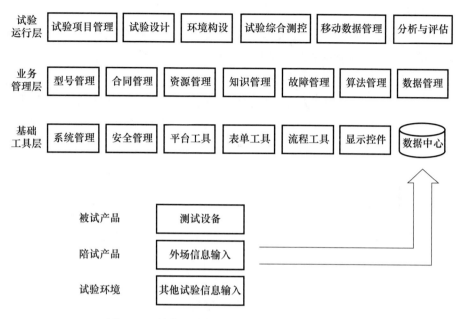

图8-5 性能试验业务协同平台系统的模块构成

1. 试验运行层

试验运行层服务于具体实施性能试验任务的试验总师、试验项目负责人、试验设计工程师、数据采集工程师、试验分析评估工程师、试验操作员、试验质量工程师等用户,其主要功能模块包括试验项目管理、试验设计、环境构设、综合测控、移动数据管理、试验分析评估等。

(1)试验项目管理。

主要提供试验项目规划、项目工作分解、项目计划、项目资源预约、项目风险管理、项目组织管理、项目进度管理、项目风险管理、项目质量管理等功能。系统可以对试验项目的目标、内容、时限、参与单位、负责人、所属型号、被试产品等信息进行定义和编辑,对项目的组织结构、人员及其职责进行规划。此外,系统提供用甘特图等方式显示项目进度状态,可及时对项目风险给出预警提示。

(2)试验设计。

试验设计根据相关试验标准和规范,提供试验项目设计、试验样本量设计等支持。系统内置完全随机化设计、析因设计、正交设计、均匀设计、统计验证试验、序贯试验设计、小子样试验设计等各类试验设计方法。

(3) 环境构设。

根据试验需要,在试验资源库中对所需要的各类试验资源进行预约和配置,辅助完成产品性能试验环境的规划设计。

(4) 试验综合测控。

提供建立综合测控系统的工具,通过专业仪器接入技术将具备数据采集能力的试验设备通过网络连接纳入系统,根据设备分布区域建立分布式的试验综合测控,实现试验仪器集成。具体功能包括设备接入、参数配置、标定采集、组态监控、数据回放、数据入库、实时分析、远程发布。支持数据的直接采集、转接采集、导入采集。

性能试验综合测控模块还提供了图形化用户界面,通过各类数据显示组件,对数据采集和试验进行实时监测,并将数据自动存储到本地硬盘和传送到数据库中,以便进行事后处理。

(5) 移动数据管理。

该模块的主要功能是实现本单位内数据打包到协作单位的试验场所,完成试验现场信息规划、试验任务分发、试验现场数据收集、数据分析处理;试验完成后,将试验数据提交到中心数据库等功能,实现试验数据管理及试验数据的归档。

(6) 分析与评估。

提供开放式综合数据处理,把客户端和数据管理系统紧密结合在一起使用,通过多数据源的数据加载,支持第三方格式的导入和导出,实现多数据源的在线加载与数据分析处理评估,融合多种数据处理及显示方式,便于进行数据对比分析。

对于海量数据,具有鹰眼显示功能用于海量数据的分段和微缩处理,能够迅速显示任意部分,支持数据的放大、缩小、拖动等显示操作。同时,提供各类大数据分析、数据挖掘和机器学习工具支持。

系统提供各类试验结果评估模型,根据相关试验标准对试验结果进行评定。

2. 业务管理层

业务管理层主要为试验运行层提供业务支撑,面向装备研制单位和试验单位管理各类试验任务和项目。其主要功能包括型号管理、合同管理、资源管理、知识管理、故障管理、算法管理和数据管理等。

型号管理模块负责管理型号信息,支持型号的创建、编辑和删除等。

合同管理模块负责管理试验合同,包括合同的创建、编辑和删除等。

试验资源管理模块对试验过程中涉及的所有资源进行统一管理,通过预约、领用、选用及归还,实现对资源使用、规划、管理。主要功能包括资源的出/入库管理、资源选用预约、资源调度、易耗资源管理、资源统计、计量管理和校验预警、维修管理、报废管理及使用日志。试验资源管理除对系统中涉及的各类资源进行综合的管理外,还将各类试验资源整合进行信息关联,方便浏览、查阅各类资源的基本信息、使用状态、资源履历等信息。

知识管理实现试验知识的创建、检索、变更、版本管理、共享和应用等功能。

故障管理模块为产品性能试验建立了故障报告、分析和纠正措施系统,辅助对试验中发生的故障进行分类管理,实现记录、报告、故障核实、故障分析、处理和纠正。

算法管理模块提供多种基础分析算法并支持专业算法的定制,进行算法版本管理和发布。支持算法容器、公式表达式、数值计算软件脚本、动态链接库函数等多种扩展方式,能集成各种分析处理算法。

数据管理模块支持试验相关数据的导入、导出、数据浏览、数据回放、数据发布、数据提交和下载审批、数据查询、数据对比分析、数据统计等功能,并且与常用的数据分析软件集成,提供常见的数据统计视图,方便用户查看数据。

3. 基础工具层

基础工具层为协同平台提供管理工具支持,主要功能模块包括系统管理、安全管理、平台管理、流程工具、表单工具、显示控件、数据中心等。

系统管理支持系统的消息管理、操作日志管理、配置管理等。

安全管理实现系统用户的权限管理和信息的密级管理。

平台工具提供系统的业务编码、数字签名、备份恢复等功能。

流程工具提供试验业务流程的定义、审批、流程监控、流程督办和流程模板管理功能,带有流程设计工具库,可以进行图形化的流程设计,支持文件批注和会签。

表单工具用于定义符合试验业务流程的表单,支持表格的创建、版本管理、发布、与审批流程的挂接等。

显示控件模块提供多种数据绘图控件,可以选用不同的控件对数据进行直观的展现,例如曲线、表格、瀑布图、色谱图、极坐标图、冲击响应谱图、伯德图、倍频程图、谱振图、温度分布图、综合态势图、航迹图、云图等。支持图像数据的图像增强、锐化、分割、提取与分析。

数据中心实现对试验合同、试验委托单、试验项目、试验对象、试验数据、试验故障、试验报告、试验标准和规范、试验知识、试验资源、试验故障等数据信息的协同管理，能进行大规模数据和分布式异构数据管理。

(三)性能试验业务协同平台系统的工程应用

以下以国内某公司研制的性能试验业务协同平台为例，介绍性能试验业务协同平台的应用场景。

1. 电磁兼容试验业务平台

该系统可以协助专业电磁兼容性实验室实现检测委托、任务下达、计划调度、数据记录、报告生成等各个试验环节的科学管理，提高电磁兼容验证与检测类试验的效率和质量。

2. 发动机试验业务数据系统

发动机试验业务数据系统实现试验信息、车台使用状态、在研型号试验时数、试验日志、试验任务安排的信息化管控，将发动机历程数据、流程数据、内窥检查图片、燃油光谱分析、电调历程、试车图谱汇编、强度及脉动数据等试验过程的全部信息纳入完整统一的试验数据信息管理。

3. 静力强度试验业务系统

该系统覆盖静力试验的从试验任务创建、任务分配、任务执行、数据采集与管理、数据处理到报告生成整个业务过程。具体包括如下功能。

(1)全过程及全数据管理：系统能管控涵盖静力试验从试验准备、试验评审、试验开展到评估验证等各阶段业务环节，统一管理各环节生成的设计图纸、设计数据、原始数据、结果数据、图片、视频、试验报告等各类数据。此外，还具备材料力学信息管理功能，便于贴片分析和应力计算，能建立材料、贴片及数据的对应关系，方便数据定位和处理。

(2)强度设计与强度试验融合：提供专业化贴片设计系统，满足设计人员的三维贴片设计及试验过程实时监控；将静强度试验过程与贴片等试验操作紧密结合，试验人员可以直观、准确地查看安装位置，开展应变片的安装，提高贴片的速度和准确度。

(3)数据采集自动化：具有 LXI、LMS、MTS 等多种强度测控系统智能接入功能，提供多种数据采集方式，实现数据自动采集和试验实时监控，有利于提高试验自动化水平。

(4)应力应变计算及处理：能进行应变应力转换及屈服强度判读。

五、条件体系建设的要求

装备性能试验条件体系建设是指为形成、保持和提升装备性能试验鉴定组织指挥、测试测量、环境构设、分析评估和基础保障等能力,构建先进实用的装备性能试验条件体系所进行的建设活动,具体包括装备性能试验设施建设、装备性能试验鉴定技术研究、装备性能试验专项基础工程建设以及装备性能试验条件运行维持等。

装备性能试验的条件建设应以建设"地域分布、逻辑一体"的装备试验条件体系为目标,以能力需求牵引为主、以具体试验任务牵引为辅,统筹试验资源、训练资源、作战资源和地方资源的共享共用,有效支撑装备性能试验在新工作模式下的规范化、常态化、实战化运行。

(一)能力牵引

装备性能试验条件建设不应当以装备型号任务牵引为主。随着型号任务数量和种类的增多,试验资源需求和不确定性加大,以型号为视角进行单独建设不仅容易造成各试验单位重复建设,资源浪费,而且还可能出现试验条件"短板",难以形成体系化能力。因此,应逐渐将条件建设的思路转换为以提高装备性能试验条件的整体能力为主,型号需求为辅。为此,需要紧密围绕提高装备性能试验条件体系的组织指挥、环境构设、测试测量、分析评估和基础保障等核心能力开展试验条件体系建设。

(二)体系建设

在装备建设和发展过程中,为了满足特定类别装备性能试验任务的需要,已"烟囱式"地建设了很多试验资源和试验设施。随着装备技术的发展,一些高技术武器装备(如巡航导弹)和装备体系的作战空间已超出了任何单个试验场的覆盖范围,对于试验测试和保障的能力要求越来越高,很难由单个靶场独立完成。为全面评估信息化武器装备的性能,必须贴近实战,在基于信息网络系统的联合作战环境下进行装备性能试验。因此,将分散在不同地域和空间的试验设施、仿真中心、实验室进行整合,共享试验资源、实现试验资源的能力互补和集成,可以有效地提升性能试验的综合能力,节省试验成本。

为了适应装备性能试验的发展需求,应建设"逻辑一体,地域分布,功能完备"的试验条件体系,解决多靶场各类试验资源互联互通、共享共用等问题。在建设推进过程中,应当遵循标准引领、循序推进的思路,确保能够满足试验任务需求。例如,将一系列可互操作、可重用、可组合、地理位置分散的试验资源联合起来形成的一个综合环境,形成"逻辑靶场"。逻辑靶场可以包括分布在海、陆、空、天、网电等各个不同域的真实武器和平台、模拟器、模型与仿真、软件与数据等。在逻辑靶场中,可以根据某一具体试验任务需要,通过对真实、虚拟和构造的不同类型试验资源"无缝"集成,快速构设所需的装备试验环境。

(三)军地统筹

伴随装备建设需要,军队和各军工集团、地方科研院所已进行了大量的性能试验条件建设,从整体上已形成了种类齐全、专业覆盖面广的试验资源体系。

地方的试验资源主要包括地方外场试验机构、专业实验室以及部分为军方试验单位提供服务的其他地方试验资源。一些军工集团的外场试验场除了承担本系统内部的性能验证外,还承担部队性能鉴定试验任务。此外,地方单位还建立了许多专业实验室(例如,环境与可靠性试验、电磁兼容性试验和软件测评等),承担测试、检测、试验、评测、校准或检定工作。

为了充分发挥军地性能试验资源的优势和效益,适应快速发展的装备性能试验需求,必须加强性能试验资源的统筹建设与运用。

(四)突出重点

在装备性能试验条件体系建设中,联合试验任务环境构建、毁伤效能评估、试验数据工程、目标特性工程和靶标体系方面的建设是提高装备性能试验能力的关键环节和重要技术基础。

1. 联合试验任务环境

联合试验任务环境用于解决多靶场各类试验资源互联互通、共享共用等问题,提供一个长期稳固使用的装备试验基础设施,将分布在多个靶场的各种真实、虚拟、构造(LVC)的试验资源和设施连接起来构建分布式试验环境,在联合试验任务环境中开展装备试验。联合试验任务环境的建设内容包括永久性的装备试验网络、中间件、标准接口和软件算法、分布式试验支撑工具、数据管理方案和可重用仓库等。

美军通过"联合任务环境试验能力计划"持续十多年的支持,到 2016 年底已实现了全美 115 个试验站点的联网,包括美军重点靶场与试验设施基地、各军兵种的军事基地、国防工业部门的试验场以及相关院校和研究所等,每年支持的试验、训练、演习项目任务多达数百项,为武器装备采办项目全寿命周期提供了全方位试验保障,完成了互操作与网络安全试验与训练,支撑了分布式试验与训练的规划与实施。

2. 毁伤效能评估

毁伤效能评估是综合考虑武器装备的性能、目标易损性、作用环境等因素，基于毁伤过程及目标响应，对武器装备有效毁伤目标的能力进行评价。武器毁伤效能评估通常主要服务于武器研制设计、装备的威力检验，以及战场打击前的火力规划和打击预测。科学准确评估武器装备毁伤效能，是贴近实战摸清装备性能底数的重要保证，是装备论证、研发、使用、保障、作战运用，以及作战方案拟制等工作的关键支撑。

3. 试验数据工程

装备在其全寿命周期过程中会产生大量的与其性能相关的数据。获取和处理数据是装备性能试验最为重要的工作。现代高技术武器装备的性能试验项目越来越多，采集的数据量也越来越大，数据的类型也不断增多。此外，目标特性、毁伤效应、地理环境、气象水文、复杂电磁等基础数据是性能仿真试验和各类靶标设计构设的重要依据。

试验数据工程是实现试验数据高效管理、重用、共享与应用的工程，是做好装备性能试验工作的重要基础性工程。试验数据工程的建设应以构建贯穿试验全程的数据流为主线，重点发展试验数据的采集获取、处理分析和评估应用能力。

4. 目标特性

目标特性是目标固有的和可测量的属性或性质。目标特性种类很多，如色彩（光谱）、温度、形状、空间位置、声音、振动频率、表面纹理、光洁度、质量分布、密度与质量、物体的运动（轨迹、速度、加速度）以及目标的扩散、辐射等诸多特性。

目标特性建设对于提高装备性能考核的实战化水平和靶标构建真实性具有非常重要的意义。应当按照"资源共享、集约建设"的原则，统筹目标特性测试系统、建模软件、数据获取、能力认证等方面工作，开展数据产品的研究、生产与服务。

5. 靶标体系

靶标主要用于模拟作战对象的目标特性，为综合评价被试装备的发现、识别、跟踪和攻击等能力提供尺度和标准。靶标是检验装备战术技术性能的"试金石"，其建设水平将直接影响装备性能试验的质量和水平，具有重要的基础性作用。装备的性能试验必须在比较真实的威胁目标和接近战场环境情况下进行，这样才能对装备的战术技术指标进行严格的考核。

检验新型武器装备实际的作战效能如何,外场试验结果与武器系统实战中的效果是否一致,在很大程度上依赖于实战环境的模拟和试验靶标模拟真实目标的逼真程度。这种模拟的逼真程度越高,那么试验结果与实战的作战效果越趋于一致,否则差别就越大。如果装备试验时的模拟目标和模拟环境与战时的实际目标和作战环境有很大的区别,就会造成装备试验时的效果与战场上的实战效果有很大的差异。

应围绕模拟目标声、光、电、磁、热、运动、结构等典型特性,遵循建设体系化、型号系列化、功能模块化、测控通用化的原则,构建形成高低搭配、种类齐全、功能完善的靶标体系。目(靶)标应采用开放式系统结构,为适应不同性能试验任务需求,在基本型平台基础上,通过换装不同传感器和遥测设备等持续改进目(靶)标,随着技术的进步不断嵌入新技术,形成系列化的目(靶)标体系。例如美军"火蜂"系列靶标通过持续换装先进发动机提高飞行性能,应用 GPS 和微电子技术持续改进导航定位和控制能力,利用复合材料改进机体结构、减轻重量、缩减雷达散射截面积,通过加装红外辐射、雷达波增强装置和电子战设备模拟多类目标辐射特性和电子对抗性能,形成了多种系列型号,可模拟多种作战对象,长期供多军种使用。

此外,应重视靶标建设的实用性和费效比。根据装备发展和配套建设需求,采用多种手段研发目(靶)标,通过实装改装、已有目(靶)标改进、新研和外购等途径发展目(靶)标,根据试验任务需求权衡目(靶)标效费比。目(靶)标一般要配备伞降回收装置,便于部分无损的目(靶)标的回收和再利用。美军海军 QST-35 靶船靶体小、速度高,反舰导弹难以直接命中,但通过靶船上的脱靶量测量设备可对导弹命中精度进行准确评定。美国海军 MST 靶船采用多水密舱技术,即使被导弹击中也不会沉没,易于维修、方便再利用。

第二节 靶 标

根据试验靶标所处的空间领域,装备性能试验用的靶标主要分为陆地靶标、空中靶标、水面靶标、水下靶标以及其他类型靶标(图 8-6)。靶标根据其运动状态又可分为固定靶和活动靶;根据其模拟目标的特性不同又可分为雷达靶、红外靶、电视靶、激光靶、声学靶等。靶标的模拟应使其接近真实的威胁目标,达到性能试验对靶标的要求。常用的模拟方法有采用真实装备、目标模拟器、改进现有靶标、构建虚拟目标、采用 LVC 方式模拟多目标等。

一、靶标的分类

以下主要从试验靶标所处的空间领域对不同类型的靶标进行介绍。

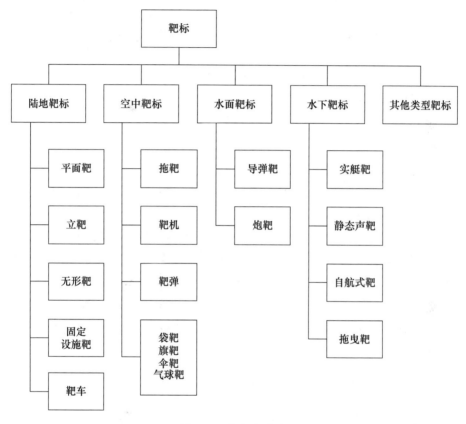

图8-6 靶标的分类

(一)陆地靶标

陆地靶标包括用于枪械试验、训练的射击平面靶,用于火炮射击密集度试验的立靶、带声学脱靶量测量的无形靶,用于武装直升机、坦克、装甲车等进行搜索、锁定攻击的靶车,以及用于模拟敌指挥所、雷达站、工事、电站、桥梁、营房机场跑道等的固定设施靶。

(二)空中靶标

空中靶标是用于防空武器试验的模拟靶标,按照飞行速度通常分为低速、亚声速和超声速靶,按照使用高度通常分为超高空、高空、中高空、低空和超低空靶,按照动力通常分为无动力靶(如伞靶、气球靶、拖靶)和有动力靶(如靶机、靶弹)等。空中靶标应能逼真地模拟目标的空间特性、动力学特性和与武器系统探测、制导方式相适应的微波、电视、红外、激光等特性。

以下简要介绍用于火炮和防空导弹试验的拖靶、靶机和靶弹。

1. 拖靶

拖靶一般由母机、航空拖靶、航空绞车、牵引拖缆、无线电遥控装置以及拖靶高度控制设备、脱靶量指示器等专用配套设备组成。驾驶员根据地面引导驾驶母机飞行,根据地面设备发出的指令,修正航路偏差,控制收、放拖靶,控制专用设备的开、关,完成试验供靶任务。拖靶也可由无人驾驶飞机来拖带。

2. 靶机

靶机用于模拟武器所攻击的空中目标,除了模拟外形尺寸几何特性外,还装有其他目标和环境模拟装置,如雷达模拟器、红外源辐射当量模拟器以及电子干扰、红外干扰等干扰设备等。另外为了显靶和记录打靶效果,机上还装有曳光管、发烟器和脱靶距离指示器等。

靶机是一种无人驾驶飞机,一般由机体、动力装置、自动控制装置、无线电遥控指令接收装置、雷达信标装置、遥测发射设备,以及无人机专用特种设备组成。靶机的放飞方式包括地面滑跑起飞、母机空中投放、地面或舰上发射。靶机靠机上的程序装置或地面、舰上、母机上的遥控装置操纵飞行,其控制方式有程控、遥控、程控+遥控三种。靶机一般是多用途的,可以回收和多次使用。

3. 靶弹

靶弹是用于地(舰)空导弹和近程反导火炮(舰炮)武器系统拦截导弹试验的空中靶标,通常是将现有导弹经简单改装后成为靶弹,导弹改装时一般去掉制导雷达、战斗部和引信装置,不改变其气动外形,改动弹上驾驶仪、高度表、电气系统和发射电路,加装有源(无源)雷达回波增强器和自毁装置、曳光管等,根据需要也可加装遥测装置。

(三)水面靶标

水面靶标是用于为水上武器装备、空舰武器系统等海军武器装备试验提供海上的模拟靶标,也简称为海靶,包括退役军舰改装和专用靶船两种。

水面靶标的分类按武器装备的不同,可分为导弹靶和炮靶;按其运动状态不同,可分为固定靶和活动靶;活动靶又可以分为遥控靶和拖靶;按导弹的制导方式不同可分为雷达靶、红外靶、激光靶、电视靶等。此外,还有用于舰炮密集度试验的海上立靶、弹药及引信试验的海上沉浮导弹靶。

水面靶标模拟对方水面舰艇以及上浮潜艇的目标特性和环境特性,要求模拟目标的物理特性要逼真,运动参数与真实目标相当。通常用不同的角反射器、介质透镜和雷达回波增强器来模拟雷达目标特性;用红外辐射球体并控制其稳定的温度来模拟红外目标特性;通过比较真实的模拟舰艇与背景的光学对比度及舰艇的几何尺寸来模拟电视目标特性。同时,在靶标上安装不同的电子干扰设备来模拟对方的电子干扰环境。

(四)水下靶标

水下靶标用于模拟潜艇、水面舰艇目标噪声的声学特性和目标运动特性,为鱼雷、深水炸弹等水中兵器试验和训练提供模拟目标。水下靶标包括实艇靶、静态声靶、自航式靶和拖曳靶四种,例如水下靶标有深水活动靶(靶雷)、悬挂式深水鱼雷声靶、通用鱼雷模拟靶以及噪声模拟器等。

由于水中兵器试验的特殊情况,水下靶标一般具有两种功能,它既是水中兵器试验的模拟目标,又是试验的测量系统;它既要模拟鱼雷的攻击目标(如潜艇)的目标特性,又要测量鱼雷的攻击效果,进行脱靶量或末弹道的测量。

(五)其他类型靶标

其他类型靶标主要是指为高新技术装备配备的试验靶目标。

二、目标与靶标的模拟

以下是几种常用的靶标模拟方法。

(一)采用真实装备

通常使用在役或退役的装备(如各种飞机、水面舰艇、潜艇及其他装备)作为试验的靶标,称为实靶。实靶也是一种模拟目标,其特点是逼真、接近战场实际,但是其目标特性与真实威胁目标还是有一定的区别。当用无隐身技术的装备作为靶标模拟隐身威胁目标,其目标特性的差异将会更加显著。因此,在选用现役或退役军事装备作为模拟目标时,要考虑其目标特性尽可能与威胁目标的目标特性相适应。

充分利用现役或退役装备制作全尺寸靶标,不仅能为性能试验提供高逼真目(靶)标,同时也拓宽了退役装备的出路。例如,美军为了模拟米格-29战斗机性能,将退役F-16战斗机改装为无人驾驶QF-16靶机。

(二)研发目标模拟器

该方法以逼真的敌方威胁目标特征数据为依据,研制目标模拟器。

目标特性包括目标及其环境的物理特性及其数学统计规律。物理特性包括电磁散射特性、光反射特性和辐射特性、热辐射特性、声特性、核辐射特性、空间特性(形状、尺寸和布局)、动态特性等及其相互影响、相互联系的规律;数学统计规律包括物理特性各方面的分布函数、数学模型、统计规律等。

目标及其环境是两个密不可分的统一体,任何目标都存在于一定的环境之中,必须把两者有机地结合起来,采取理论研究与实际测量相结合的方法,深刻了解和认识装备要对抗目标的特性和环境特性及其相互关系。在此基础上,使试验靶标模拟武器装备所要对抗的各种目标的目标特性,显示逼真的电、光、热、声、磁的静、动态特性及运动姿态和运动特性等。

(三)改进已有靶标

该方法依据威胁目标能力的变化对已有靶标的性能进行改进。美军针对主要作战方向和对手装备实际使用特点,对"石鸡"靶机进行了持续改进。"石鸡"靶机是美军 20 世纪 60 年代为模拟图 – 16、图 – 95 轰炸机威胁而研制的靶机,机动过载 $2g$ 左右;20 世纪 70 年代针对苏 – 22、苏 – 24 等战斗机威胁,通过增大发动机推力、优化气动布局,使其最大机动过载达到 $6g$;20 世纪 70 年为了模拟苏 – 27 等第三代战斗机,通过技术改造使其最大机动过载提高到 $8g$ 以上。美军大力发展军事智能自主对抗靶标,为了通过靶标平台之间协同实现集群和体系控制,将 BQM – 167A 靶机改装为 Mako 无人作战僚机,实现了与 AV – 8B "鹞"式有人战机的配合飞行。

(四)采用仿真方法构建虚拟目标

仿真方法综合了实验方法与理论方法各自的优势,具有良好的可控性、无破坏性、可复现性和经济性等特点,尤其适用于生成多个目(靶)标,逼真模拟战场上的威胁环境。

(五)采用 LVC 方式模拟多目标

复杂战场环境通常包括数量大、类型多、目标特性各异、航(轨)迹不同的威胁目标,采用一般的方法模拟目(靶)标通常难以在可实现性、经济性、可信性等方面取得较好的平衡。因此,需要将实装、目标模拟器、虚拟目标有机地集成。大量的目标采用计算机仿真生成,少量重要的目标采用实装和目标模拟器生成。同时还要根据进攻武器装备的不同形态(实装、模拟器、仿真模型),分配不同的目标,构建不同的"装备 + 目标"组合方式。例如,多弹进攻多目标时,根据接入目标信息类型的不同,分为"实弹 + 真目标""实弹 + 靶标""仿真弹 + 真目标""仿真弹 + 靶标""仿真弹 + 虚拟目标"等方式。

第三节 环境构设

装备性能试验环境是指在装备性能试验实施过程中,保障性能试验工作顺利开展的相关要素和条件,主要涉及自然环境和对抗环境。逼真的性能试验环境是性能试验顺利开展的重要基础和必要条件,是充分考核武器装备性能不可或缺的关键因素,为性能试验任务的完成提供坚实保障和重要支撑。

自然环境是指武器装备性能试验实施的场所和自然条件,主要包括陆地、海洋、大气、太空环境等。

对抗环境是人为环境的一部分,是指性能试验中敌我双方参与对抗的条件和相关设备,包括电磁环境、核生化环境、水声环境等环境构设设备,以及战术想定、被试装备、陪试装备、敌方威胁与目(靶)标等。

电磁环境是在战场空间内电磁发射在功率、频率和持续时间上的总和,是由装备、目标、人为干扰和自然背景动态构成的电磁场,具有多频谱、多参数捷变、大带宽、高密度特征,主要由光学环境(可见光环境、红外环境、激光环境等)、射频环境等电磁波的全波段环境组成,包括雷电、静电等自然电磁辐射,军用电磁辐射,民用电磁辐射,以及地理环境、气象环境、电离层等辐射传播因素。电磁环境能够影响通信、雷达、光电、电子对抗、敌我识别、制导控制、导航、遥测遥控等类型装备的性能。

目(靶)标是一种威胁模拟系统,主要对武器装备要搜索、捕获、跟踪、攻击的典型对象的物理特性、反射辐射特性、运动特性以及干扰与对抗性能进行模拟,复现武器装备要面临的作战对象和环境,是性能试验对抗环境的重要组成部分。

下面主要介绍自然环境和电磁环境的模拟与构建,对抗环境中目标与靶标的模拟与构建见本章第二节。

一、自然环境模拟与构建

(一)自然环境模拟要求

自然环境模拟通过对自然环境对象、现象、过程等及其关系进行模拟,全面清晰地描述和表示战场空间的自然环境。

自然环境模拟要求具有一致性、多样性和有效性。一致性是指要能完整地描述战场空间内自然环境,并且要保证所有数据的一致性。多样性主要指不同的性能试验使用相同的环境数据可能有不同的类型、格式、精度、实时性等要求,这就要求同一环境对象数据的表示和存储具有不同的属性和不同的细化程度。有效性指自然环境数据能满足性能试验的实际需要,提供准确、权威、有效而意义清晰明确的数据。

性能试验环境应当能够逼真地模拟性能试验的战场环境。这里战场环境是指作战发生的物理环境,包括地理气象等自然环境和人文、工事等人为环境。它影响武器装备使用效果和兵力的作战行动,并受武器装备使用和作战兵力行动的影响。这就需要构建具有一定环境质量的陆地、海洋、大气和太空的权威性的三维表示,实现陆地、海洋、大气和太空环境边界的无缝集成。例如,沿海地区的环境可能要求具有陆地、海洋和大气数据之间的高分辨率接口,能够描述局部大气效应、潮汐、波浪、拍岸浪以及沉积物迁移之间的过程。考虑到资源成本约束,应生成与性能试验需求相适应的性能试验环境。

美国国防部在 1995 年发布的建模与仿真主计划中提出了国防建模与仿真的六大目标,其中第二大目标是提供自然环境(陆地、海洋、大气和太空等)及时和权威的表示。为此美国国防部实施了综合自然环境工程,强调采用综合的方法开发各种建模与仿真应用所需要的环境表示技术。

陆地表示包括地貌特征,永久和半永久的人造特征以及相关过程,还包括地面覆盖物季节性和每天的变化,诸如草地、积雪、叶覆、树型和阴影。陆地数据主要包括一定地理区域内的地形(高度和等高线)、地貌(如山地、丘陵、沙漠、草地等)和地物(可分为自然地物和人文地物,前者如河流、湖泊等,后者如城市、村庄、公路、铁路、机场、港口、桥梁、电站等人为现象或人造建筑)。

海洋表示包括有关洋底(如深度曲线和海底等高线)、洋面(如海况)和准洋面(如温度、压力、盐度梯度、声音现象)的模型数据,以及水温、水深、水流、盐度、海浪、岛屿、暗礁等相关数据模型。海洋表示所要求的数据内容、分辨率等级、精度和逼真度应根据用户需求确定。

大气表示包括从地表面到对流层上部边界区域,主要包括气温、气压、湿度、密度、气流、烟、雾、云、雨、雪等。例如,霾、尘和烟的粒子和气溶胶数据(包括核、生物、化学效应),雾、云、沉降、风、凝结(湿度)、遮蔽、沾染、辐射能、温度以及照度的数据。此外,还包括大气过程模型,用于表示自然环境和变形的环境(包括常规、核、化学、生物及其他武器的直接和/或间接效应)的四维(三维空间+时间)特征,描述大气现象的产生、移动、分散和耗散过程。

太空表示指在对流层的上部边界以外的电离层和空间表示,包括关于中性及带电原子和分子粒子(包括它们的光学性质)的数据以及建立跨大气层和外大气层弹道、轨道动力学、电磁现象、航空和航天动力学关系的模型。

(二)自然环境模拟与构建方法

自然环境模拟与构建一般有三种方法。

1. 利用真实自然环境

该方式利用真实的陆地、海洋、大气、太空环境模拟装备性能试验所处的自然环境。例如美军的寒区试验中心、热区试验中心、西部沙漠试验中心等。

美军的寒区试验中心是美军唯一具有开展寒带试验的场所,一年有超过5个月的时间温度在 $-18℃ \sim -32℃$,具有森林、平原、山地、冻土、冰川、河流、湖泊和沼泽等试验条件。美军的热区试验中心的各试验区具备多种丛林和热带旷地与沿海环境,具有独特的热带气候,终年保持湿热,可提供真实、极端的热带试验环境。美军的西部沙漠试验中心位于大盐湖沙漠,夏季空气极度干燥,昼热夜冷,24小时最大温差可达50℃。

2. 采用自然环境模拟设备

该方法采用模拟器来模拟自然环境,包括气象模拟设备、海浪模拟设备、振动模拟设备、空气动力模拟设备、超重(失重)模拟设备等。例如,利用风洞模拟大气环境、利用变压消声水罐模拟海洋环境。

3. 采用数学仿真

数学仿真方法通过综合自然环境建模来模拟自然环境。综合自然环境建模是指对陆地、海洋、大气和太空以及它们之间相互影响的动态物理环境的一体化建模,包括建立环境数据模型和建立环境物理模型。环境数据模型是指定义了仿真应用所需的各种环境对象特征、特征属性以及它们之间关联的数据模型,包括环境自身动态模型及环境与作战实体的相互影响模型。环境物理模型是指基于物理规律和观测数据建立的描述环境基本属性和应用属性的空间分布及随时间演化的数学模型,通常包括数值模型、参数模型和数据库模型三类。

采用数学仿真构建具有通用、准确、全面、权威的模型描述和相应的数据表示的自然环境,能够实现自然环境数据集成、共享、重用、交换和互操作,为不同类型的性能试验服务。

采用一个通用的公共数据模型和相应的语义描述是仿真系统之间自然环境互操作性的最根本的解决方案。美国国防部建模与仿真办公室提出的综合环境数据表示与接口规范(SEDRIS)旨在实现综合环境建模、表示与交换标准化,其最终目标是提供一个完整的环境物理模型,以及针对上述模型的标准化数据的存取方法和交换方法。

SEDRIS 由数据模型、应用编程接口 API、实用软件工具和 SEDRIS 数据编码标准组成。数据模型是 SEDRIS 的核心,它提供了一个通用的环境数据表示方法和标准的交换机制。数据模型提供了一种手段来定义建立综合环境所必需的数据元素及其关系,采用了面向对象的方法来表示真实环境。SEDRIS 数据模型可划分为几何、特征、图像、拓扑和数据表五个基类。应用编程接口 API 提供了操纵数据的方法及对数据模型的访问,将数据库产生系统与数据交换介质的数据结构分开。软件工具用来检验和查看数据的内容,通过 SEDRIS API 接口来检查、校核和浏览 SEDRIS 传输。

SEDRIS 核心组件包括环境数据表示模型、环境数据编码规范、空间参考模型、接口规范和传输格式等。2005 年以来,国际标准化组织(ISO)和国际电子技术委员会(IEC)批准了 8 项 SEDRIS 标准,分别为 ISO/IEC 18023-1 2006(第一部分:功能规范)、ISO/IEC 18023-2 2006(第二部分:抽象传输格式)、ISO/IEC 18023-3 2006(第三部分:传输格式绑定编码)、ISO/IEC 18024 2009(第四部分:C 语言)、ISO/IEC 18025 2014(环境数据编码标准)、ISO/IEC 18026 2006(空间参考模型)、ISO/IEC 18041-2009(环境数据编码规范语言绑定 第四部分:C 语言)和 ISO/IEC 18042-4 2006(空间参考模型语言绑定 第四部分:C 语言)。

二、电磁环境模拟与构建

(一)电磁环境模拟要求

在未来战场上作战双方对电磁空间的争夺越来越激烈,因而战场电磁环境也将越来越复杂多变。复杂电磁环境是现代战场环境的重要特征和突出表现,对于武器装备的战场感知、指挥控制、性能发挥、可靠性和生存等都具有重要的影响。

为了逼真地再现复杂、密集、多变的战场电磁环境,复杂电磁环境条件建设应具备以下能力:

(1)能够逼真地再现复杂、密集、多变的战场电磁环境。应能再现复杂的信号特征和各种参数,模拟生成每秒数百万个脉冲信号,达到性能试验所需的信号环境密度;此外,模拟的场景应该是灵活可变的,以反映战场电磁环境的剧烈变化。

(2) 能够生成逼真、定量、可选、可控、符合抗干扰要求的电磁威胁环境。包括：能够逼真再现动态变化的威胁环境，可以在模块、分系统、系统等不同层次、不同级别上检验装备的对抗能力。

(3) 能够对模拟的电磁环境进行检测和评估。包括：对模拟出的电磁环境能够实时检测，得到可靠和定量的测量结果，与评估输出的数据进行比较和处理，保证产生的电磁环境达到性能试验的设定要求。

(4) 具有能根据用户需求进行升级改造和可扩展能力。由于电磁环境构建往往投资较大，电磁环境模拟应采用开放的体系结构，以利于重用和扩展。

（二）电磁环境模拟与构建方法

电磁环境模拟系统一般包括电磁环境生成系统、电磁环境检测与评估系统、电磁环境控制系统（图8-7）。其中，电磁环境生成系统主要完成各种雷达信号、通信信号、光电信号、干扰信号和背景信号等信号的模拟；电磁环境检测与评估系统主要完成电磁环境的实时/非实时监测、装备和对抗装备的定量/定性检测，获取装备性能试验所需数据，评估电磁环境模拟质量和装备性能；电磁环境控制系统的主要任务是根据性能试验的需要，针对不同的任务、阶段和试验对象，控制电磁环境生成系统、电磁环境检测与评估系统，动态生成战场电磁环境和电磁态势，其主要功能包括电磁环境生成控制、管理、任务分发、数据传输与显示、数据库维护等。

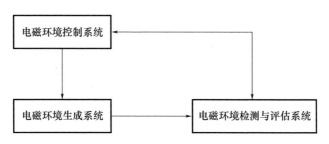

图8-7 电磁环境模拟系统一般组成

电磁环境模拟与构建一般有四种方法。

1. 利用真实装备模拟

该方式利用真实装备进行全实物环境的构建，能逼真地模拟战场实际，但构建环境的费用较大。

2. 采用模拟器

该方式采用不同类型的模拟器产生各种电磁信号，精确模拟电磁信号的辐射特征。电磁环境模拟器的类型如表8-1所列。

表 8-1 电磁环境模拟器的类型

类型	说明
雷达信号模拟器	包括预警雷达信号模拟器、情报雷达模拟信号器、制导雷达信号模拟器、火控雷达信号模拟器、敌我识别信号模拟器等
干扰/回波/杂波信号模拟器	包括压制干扰信号模拟器、欺骗干扰信号模拟器、目标回波信号模拟器、杂波信号模拟器等
通信信号模拟器	包括通信设备信号模拟器(含短波、超短波、微波、卫星通信)、通信干扰设备信号模拟器、导航信号模拟器、数据链信号模拟器
光电及光电干扰信号模拟器	包括红外信号模拟及干扰模拟器、紫外信号模拟及干扰模拟器、激光信号模拟及干扰模拟器等
民用背景信号模拟器	由民用背景信号模拟器产生民用通信(短波、超短波、微波等电台及手机等无线通信)、民用广播电视、民用雷达及其他杂乱无线电干扰信号,提供背景干扰辐射环境

3. 采用计算机仿真

计算机仿真方法在信号密度的复杂性、仿真模拟的可用性、生成环境的可控性和信息集成的灵活性上具有独特优势,是一种比较常见的电磁环境模拟方式。

4. LVC 方式模拟

可用于试验场性能试验的电子信息装备数量是有限的,如果仅依靠实装来构建电磁环境很难逼真地模拟战场上密集的信号环境。此外,利用实装构建的成本较高。采用模拟设备和计算机仿真方法构建,不可避免地存在某种程度的失真。因此,采用 LVC 方式,将实装、模拟器和仿真手段结合,通过外场的真实设施设备与内场构建的仿真环境来构建复杂电磁环境,是电磁环境模拟的一种趋势。

第四节　毁伤评估

毁伤评估是通过目标的响应来定量描述武器的毁伤能力,核心是基于毁伤效应的数据基础对武器威力和目标毁伤程度进行评定。毁伤评估可以通过多种方法进行。例如采用实弹打靶(即对目标进行实弹射击,得到统计规律),或者采用仿真方法(当目标不可获取,或者武器不可获取时,运用计算机模拟研究对象,通过仿真计算获取毁伤效果)。

第八章 装备性能试验条件建设

一、毁伤评估的类型

通常,毁伤评估包括武器毁伤效能评估和战场毁伤效果评估两类。不同的应用领域对于毁伤评估的关注点有所不同。装备部门一般从目标/靶标毁伤效果的角度描述武器装备的毁伤效能分析和评估,而装备研制单位主要是从战斗部的角度来研究其毁伤原理、性能和威力。

武器毁伤效能评估需要依靠各类试验数据和仿真结果,通过建立特定目标的毁伤评估指标体系,同时借助数学和力学手段对特定战斗部在特定弹目交会条件下的毁伤过程进行建模、分析和处理,得到各个毁伤评估指标的评估结果。

毁伤效能分析是指在战斗部和弹目交会条件均不确定的情况下,对某一目标的毁伤效果进行全面分析和评估。毁伤效能分析和评估的关系非常密切。毁伤效能评估过程中建立起的相关数学和力学模型同时可以服务于毁伤效能分析。

战场毁伤效果评估主要是依据战场侦察手段(卫星、无人机、情报人员等)进行战场毁伤信息的获取、传输、分析和反馈,给出毁伤状态或程度的评定,通俗地说也就是"看一看打得怎样"。在现有侦察手段和技术水平下,要想全面获取战场毁伤信息,需要在战场布置大量各种智能传感器,实施难度较大。因此,可以基于"演绎法"对战场毁伤效果进行预测,即根据目标易损特性、武器毁伤效能以及先验的毁伤试验信息,进行毁伤效果的预测或推测。这实际上是将试验和仿真条件下的武器毁伤效能评估结果推广到战场条件下,并进行预测,因此其本质仍然是武器毁伤效能评估。在战场侦察手段有限的条件下,基于"演绎法"的毁伤评估往往是战场毁伤评估的重要辅助手段。

二、毁伤效应数据获取的方法

对武器装备毁伤相关参数的试验考核方法有多种类型。按尺寸规模分类有缩比试验和全尺寸试验。按照动、静状态分类有静爆试验、动爆试验、飞行试验。其中,静爆试验是指弹药/战斗部和目标都处于静态的试验,动爆试验是指弹药/战斗部一般处于射击状态或模拟飞行状态(如火箭橇试验等)的试验,而飞行试验是指飞行发射或投弹状态下的试验。其他分类方式还可以有靶场试验和战场试验(或演习试验),真实试验和虚拟(仿真)试验等。

根据毁伤评估的需要,弹目材料的性能数据是毁伤试验的基础,毁伤效应试验是进行毁伤效能评估的基础。

（一）基础性试验

弹目的材料性能参数的获取需要采用动态加载技术，得到材料在爆炸和冲击条件下的物理、力学参数，用于支撑后续毁伤判据的建立和毁伤过程的数值仿真。

获取材料动态性能参数的典型试验条件如下：

(1) 霍普金森杆试验设备，用于测试材料在高应变率冲击加载下的变形过程，获得相应的应力应变曲线，为材料模型的建立提供数据基础。

(2) 气体炮技术，用于测试材料在冲击波作用下的响应，获得材料的热力学参数，同时可以考察结构受高速撞击和冲击加载后的破坏机制，为毁伤分析建立破坏阈值。

(3) 化爆加载技术，用于模拟爆炸加载条件，考察材料和结构的破坏现象。

(4) 其他动高压加载技术，如电炮加载、磁压缩加载设备等，可以提供在更高撞击速度下的冲击加载条件，考察超高速撞击下的毁伤效应。

（二）毁伤效应试验

不同的弹种有不同的弹药威力性能参数。爆破弹有冲击波参数，如冲击波超压峰值、正压持续时间、比冲量等；破片弹有破片威力参数，如破片速度、质量、数量、分布等；破甲弹有聚能射流参数，包括射流速度、延伸长度、破甲深度等；穿甲弹有侵彻体威力参数，包括侵彻体的速度、姿态、侵彻深度等。

这些参数一般需要实时测试。其中不同参数的测试方法如下。

(1) 冲击波参数可以采用电学测试方法，即通过压力传感器将冲击波压力信号转换成电信号，运用适配放大器再通过记录装置（如示波器）完整记录冲击波的传播过程，进一步分析冲击波压力的大小和分布情况。

(2) 破片初速的测试广泛使用的有靶网测速法、光幕靶测速法和高速相机摄影法等，由此可以得到破片的飞散速度和破片场的空间分布等威力参数。

(3) 聚能射流参数和破甲过程测试最有效的方法是脉冲 X 射线测试技术，可以获得射流形成和作用过程的完整图像。

(4) 侵彻弹的相关参数测试一般采用高速相机摄影法跟踪外弹道过程，采用弹上加装加速度传感器测试侵彻过程中弹丸的减速度数据，以获得弹丸侵彻过程的细致情况。

从目标毁伤效果角度，由于目标的差异性，毁伤效应试验的测量数据较为复杂多样，如人员伤亡表征、目标的命中和穿透破片数、靶体的开坑面积和分布、建筑物破坏的房间数和舰船破坏的舱室数等。这些效应大多是在打击后进行测量,人员的伤亡表征需要医务专家参与进行生理评定,其他效应需要进行相应参数的量化测试。

在采用试验获取这些效应数据时,需要进行效应场的设计。静爆试验基本按照弹药的威力分布和毁伤目标的实际需求来规划效应场的边界和布置效应物;动爆试验,特别是飞行试验,需要考虑弹药的投射精度,再进行效应场的设计。

(三)数值仿真试验

毁伤效应受到来自战斗部、目标以及弹目交会条件等多方面因素的影响。受成本、试验条件等的限制,真实的毁伤飞行试验非常少,获得的数据十分有限,很难解决普适性的问题,于是数值仿真试验成为获取大量毁伤效应数据的一个重要来源。

毁伤效应仿真试验是以计算机为工具,以材料基本性能、物理力学原理、仿真算法为基础,通过构建虚拟的毁伤效应试验环境,在预定的初始条件下,模拟弹目作用过程,获得其毁伤效果。因此,高性能计算机是进行数值试验必需的硬件条件,而具有高精度仿真算法的计算程序是实现数值试验的软件基础。需要指出的是,仿真结果的合理性与物理模型的准确性密切相关,有效地结合理论分析和前述各类试验得到的实测数据,建立准确的材料模型和毁伤描述是制约仿真成败的关键因素。

第五节 性能试验数据工程

装备性能试验的数据涉及专用性能、通用质量特性、网络安全、互操作性等多个方面和分系统、单装、装备系统、装备体系多个层次。广义地讲,装备性能试验数据是指在装备性能试验活动中产生和使用的数据及衍生品。这些数据具有权威性、客观性、鲜活性和系统性。为了实现装备性能试验数据的规范高效管理、深度全面分析、安全可控应用,应做好装备试验数据的采集、处理、分析和应用等试验数据工程的相关工作。

一、性能试验数据与试验数据工程

装备性能试验数据包括以下几类。①任务数据:指在性能试验任务中产生的数据,包括试验资料档案、测试测量、数据处理、环境物理场、模型与仿真、计量标校等相关数据。②试验设备设施数据:指试验设备设施本身及其论证、研制、采购、使用与保障等各个阶段的密切相关数据。③综合性数据:指装备性能试验相关的基础性、全局性和战略性的数据,包括政策法规、标准规范、外军情报等相关数据。

(一)任务数据

装备性能试验的任务数据通常按其内容特征可分为试验资料档案、测试录取、观测、处理、环境物理场、模型与仿真、计量标校等类型。

(1)试验资料档案主要包括试验大纲、试验标准规范、指南、任务文件、被试品说明等试验文书数据,以及装备图纸、磁带、录像、胶片、记录数据、数据处理报告、结果分析报告等试验资料数据。此外,可通过各种可能的途径获得各种类型的资料。例如,针对特定的装备性能试验,还可以通过互联网收集一些开源数据,这些数据可作为装备性能试验的验前信息。

(2)测试录取数据分为测试数据和录取数据。测试数据主要源于内场进行的分系统测试和全系统综合测试数据,反映了装备试验前的技术状态以及工作过程中的状态变化,是装备试验事后评估重要的参考数据。

(3)观测数据分为目标观测数据与靶标数据。目标数据包括光学测量数据、无线电测量数据、声学测量数据、遥控数据、声像数据以及特殊测量数据,用于记录运动目标的弹道、轨迹、航迹、姿态等,如时间、坐标、斜距、速度、加速度、方位、航路、航程等运动诸元参数,以及脱靶量、瞬时事件图像等信息。靶标数据包括其电磁散射、光反射、热辐射等物理特性、空间特性(形状、尺寸和布局)及动态特性等。

(4)处理数据是指对原始数据进行处理后得到的数据,例如航次处理数据和综合处理数据等。

(5)环境物理场包括地理、电磁、气象、水声等环境、海上综合环境、高原综合环境等数据。例如,气温、气压、云、雾、降水、风、能见度、湿度、雷暴、高空气象、水压场、水文潮汐等。

(6)模型与仿真数据包括模型数据与仿真数据。模型和仿真数据是重要的性能试验数据来源。模型能为实物性能试验设计与实施提供支持,也需要通过实物试验数据对其进行确认和修正。

(7)计量标校数据包括几何量、热学、力学、电磁学、无线电、时间频率、光学、声学等计量数据。

(二)试验设备设施数据

试验设备设施数据包括试验指挥设备、测试测量设备、环境模拟与监测设备、分析评估设备、基础保障设备、试验设施、军兵种专用设备等的数据。

其中,试验指挥设备数据主要包括指挥控制设备数据、通信设备数据。测试测量设备数据包括光学测量、雷达测量、遥控遥测设备数据,测控数传设备数据,导航定位设备数据,目标特性测量数据,精度鉴定系统数据,综合设备数据等。环境模拟与监测设备数据包括自然环境、电磁环境、光学环境、目标环境、力学环境、对抗环境等试验环境模拟与监测设备的数据。分析评估设备的数据包括毁伤效能评估设备、数据处理设备、软件测评系统、仿真试验系统、通用质量分析设备、高性能计算设备等的数据。基础保障设备数据包括通信设备数据、时统设备数据、安全保密设备数据、维修保障系统数据、弹药装配系统数据、计量设备、大地测绘设备、供电系统等的数据。试验设施数据包括试验场、机场等的数据。

(三)性能试验数据的特点

装备性能试验数据具有一般大数据的特点,包括数据量大(Volume)、数据类型多(Variety)、数据生成快(Velocity)、数据价值大但单位价值密度低(Value)等。

装备性能试验的数据有的来源于工业部门的性能验证试验,也有的来源于试验训练基地的性能鉴定试验。当前,试验数据采集手段越来越先进,数据采集、存储和计算量巨大。装备性能试验数据的类型、形式繁杂多样,既有结构化数据,又有文本、图像、影像资料等非结构化或半结构化数据;此外,还有的未数字化处理的试验文档等。现代高技术武器装备在性能试验中通常会在很短的时间内产生海量的数据。随着无人自主装备、装备集群等的性能试验的开展,试验规模大、参试装备多,试验数据源呈指数级快速增长,需要更加实时的数据处理分析。装备性能试验数据具有重要的应用价值,是摸清装备性能底数、装备定型和采购决策的重要依据,也是开展后续试验、改进提升装备性能、支持装备使用和保障的重要支撑。

(四)性能试验数据工程

装备性能试验数据工程,是以性能试验数据的规划、建模、采集、存储、分析、服务为目标的技术、方法和工程建设活动的总称。装备性能试验数据工程的主要任务是以"数据—知识—服务"为主线,进行性能试验数据工程的规划,通过试验数据标准规范化的采存管理、关联挖掘和交换共享,使数据"管起来、用起来、活起来",为装备研制、试验鉴定、采购和作战运用等提供支撑。

装备性能试验数据工程包括以下几方面的内容:①性能试验数据的需求分析、规划设计、分类编码、采集整编。②性能试验数据的注册管理、交换共享、名录服务等。③性能试验数据的查询优化、事务管理、备份恢复、调度管理等。

④性能试验数据的查询检索、数据可视化、分析挖掘等应用。

通过装备性能试验数据工程,可以将分散在各单位的性能试验数据实施规范化和统一管理,为数据的查询、数据供需对接、流转共享提供通畅高效的渠道。此外,还可以为性能试验数据综合处理分析提供工具支持,提高数据分析的自动化水平,形成数据产品,实现性能试验数据的增值增效。

二、性能试验数据管理系统

(一) 系统的功能体系结构

如图 8-8 所示,性能试验数据管理系统由支撑条件层、数据资源层、数据服务层和应用层等四个层次,以及支撑系统运行的安全保密机制以及标准规范体系构成。

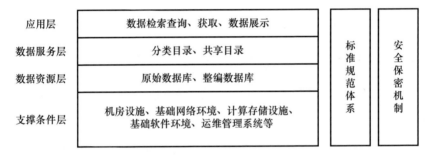

图 8-8 装备性能试验数据管理系统的功能体系

支撑条件层包括机房设施、基础网络环境、计算存储设施、基础软件环境、运维管理系统等,是提供数据服务、支持数据共享和应用系统运行的基础环境,主要用于支持基于网络的试验数据采集、存储、管理、集成、挖掘和可视化。

数据资源层通过统一的数据模型规范,运用数据库管理系统实现对各种数据的统一管理和交互。数据资源库包括原始库和整编库。原始库存储采集入库后的数据。整编库存储由原始库整编后形成的数据,并支撑数据的查询、检索、分析和挖掘。通过多种来源采集得到的数据经审核后首先存储到原始库。原始库中的数据经内容识别、规范格式、质量检查、特征提取、数据置标等处理后存储于整编库。

数据服务层包括公用服务、专用服务模块和服务总线,其主要作用是封装对数据实体的操作,将数据使用和数据源隔离,有利于数据的完整性。数据的深度处理和分析挖掘功能是数据服务层的重要内容。通过对原始数据进行处理和挖掘分析后,可以形成数据产品名录,提供数据产品共享应用。

应用层是用户访问系统的接口,用友好的方法和安全访问策略为用户提供方便、快捷、安全的应用服务。

装备性能试验数据具有高度的保密性,因此,应建立试验数据管理的安全保密机制,针对不同的装备、不同的用户实施访问权限管理。

性能试验数据工程的标准规范体系主要包括数据标准、服务标准、管理标准,以及与标准制定、应用、理解有关的基础标准等方面。数据标准是整个标准规范体系的重点,包括元数据、分类与编码、数据内容和数据交换标准等。

为了规范产品试验信息的描述,满足企业对装备试验数据共享的需求,在自动化与测量系统标准化协会(Association for Standardisation of Automation and Measuring Systems,ASAM)协会标准的基础上,国际标准化组织 ISO/TC184/SC4 工业自动化系统与集成工业数据标准化分技术委员会制定了 ISO/PAS 22720: 2005 ASAM Open Pata Service 5.0,通过执行该数据交换标准,可以快捷地实现试验测试过程中新老系统、多部门、多单位协同,产品快速迭代的需求,同时又降低了生产和管理成本,增加了资源的复用程度。

在 ISO/PAS 22720 的基础上,结合国内的实际应用需求以及 ASAM ODS 标准化标准的发展现状,2020 年 12 月全国自动化系统与集成标准化技术委员会制定了 B/T 39582—2020 试验测试开放数据服务(TODS)。该标准规定了试验测试信息的物理存储模型以及服务接口。TODS 提供试验数据领域开放数据交换标准,建立了试验数据统一规范和科学的标准体系,贯穿整个试验数据工程,适用于试验自动化和试验台系统、试验数据管理、测量与标定、自动化与测量系统集成、仿真、数据后处理、试验报告编制等。通过利用标准化的接口、交换格式和公共数据结构,实现对分散独立、格式各异的数据进行统一描述、管理,可以为试验信息化提供一种可靠的数据共享与交换的基础,降低异构环境中系统集成的难度,满足试验信息保存与获取的可持续性需求,降低试验的成本和风险,显著提升信息交换的效益。

(二)系统运行流程

装备性能试验数据管理系统为装备性能试验准备、筹划、实施、总结、评估等各阶段的数据采集、处理、分析、应用等试验数据活动提供支持,如图 8-9 所示。装备性能试验数据管理系统的运行包含 4 个基本环节:①装备性能试验数据采集和整编,即从多种数据源获得异构数据,包括数据采集、数据入库和数据整编等活动;②装备性能试验数据准备,包括数据查询、信息检索、数据预处理等;③装备性能试验数据分析处理,即面向具体的试验活动和需求,按一定标准对试验数据进行加工并获得所需的结果;④装备性能试验数据发布,即面向不同用户,发布特定的试验数据产品。同时,用户的数据又不断被采集到数据管理系统中。

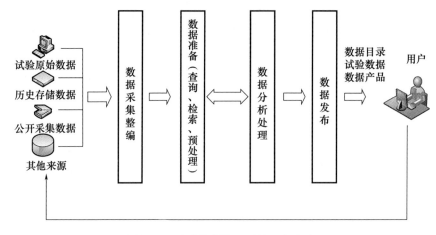

图 8-9　试验数据管理系统运行方式

(三) 系统应用模式

试验数据资源建设的最终目的是应用。按照试验数据应用需求和特点,分为通用模式和专用模式。

通用模式是为业务部门提供与业务无关的数据服务,包括数据目录服务、数据检索服务、数据分发服务等,是对数据资源自身的操作,也是数据工程领域的共性内容,目前一般采用基于 Web 服务方式。

专用模式以通用模式为基础,是结合装备性能试验具体工作的应用模式,比如,支持(单次)试验任务的应用模式、支持(单个)型号性能试验的应用模式,以及对装备论证、鉴定、演训、作战等任务支持的应用。在试验任务中,通过信道传输、文件传递等形式获取试验数据,然后对数据进行统一的解析整编,形成数据处理报告。数据处理报告提交试验总体人员进行深入分析,得出试验结论,形成试验报告。可以将上述过程划分为 13 个工作阶段,实现支持(单次)试验任务的应用模式,包括:①从被试装备收集数据;②将选定数据从被试单元转移到集中或分布式的数据收集点;③在装备试验期间在线监测所选定的数据;④实时测试状态和通知试验人员;⑤将数据转换为通用格式;⑥在集中或分布式数据库中传输和存储原始数据;⑦数据预处理;⑧数据认证;⑨在集中或分布式数据库中存储已处理的数据;⑩访问控制;⑪检索处理过的数据;⑫从处理的数据中挖掘趋势、关系和统计量;⑬生成试验报告。

专用模式需要根据具体应用需求进行定制,才能更好地满足应用需求。

参考文献

[1] 王正明,卢芳云,段晓君.导弹试验的设计与评估[M].第3版.北京:科学出版社,2022.

[2] 龚昕,周大庆,鞠亮,等.武器装备试验数据工程理论与实践[M].北京:国防工业出版社,2017.

[3] 王东生,刘戈,李素灵,等.兵器试验及试验场工程设计[M].北京:国防工业出版社,2017.

[4] 中国国防科技信息中心.试验鉴定领域发展报告(2016)[M].北京:国防工业出版社,2017.

[5] 齐剑峰,李三群,杨素敏,等.装备数据工程导论[M].北京:电子工业出版社,2016.

[6] 高亚奎,朱江,林浩,等.飞行仿真技术[M].上海:上海交通大学出版社,2015.

[7] 周旭.导弹毁伤效能试验与评估[M].北京:国防工业出版社,2014.

[8] 卢芳云,蒋邦海,李翔宇,等.武器战斗部投射与毁伤[M].北京:科学出版社,2013.

[9] 孙凤荣.现代雷达装备综合试验与评价[M].北京:国防工业出版社,2013.

[10] 岳昆.数据工程——处理、分析与服务[M].北京:清华大学出版社,2013.

[11] 萧海林,王祎.军事靶场学[M].北京:国防工业出版社,2012.

[12] 崔吉俊.航天发射试验工程[M].北京:中国宇航出版社,2010.

[13] 张国伟.终点效应及靶场试验[M].北京:北京理工大学出版社,2009.

[14] 黄正平.爆炸与冲击电测技术[M].北京:国防工业出版社,2006.

[15] 中国人民解放军总装备部军事训练教材编辑工作委员会.时间统一技术[M].北京:国防工业出版社,2004.

[16] 王恒霖,曹建国,等.仿真系统的设计与应用[M].北京:科学出版社,2003.

[17] 杨榜林,岳全发,金振中,等.军事装备试验学[M].北京:国防工业出版社,2002.

[18] 权晓伟,张灏龙,龚茂华,等.美军军事智能试验鉴定技术发展态势研究[J].中国航天,2021,(2):62-64.

[19] 姚鹏飞.装备试验大数据应用架构研究[J].舰船电子工程,2019,39(1):10-13,113.

[20] 李亚楠,田雪颖,王志梅.基于大数据的航天装备试验鉴定数据管理及分析应用研究[J].航天工业管理,2018,(10):35-40.

[21] 党怀义.航空飞行试验工程大数据管理与应用思考[J].计算机测量与控制,2017,25(11):299-302,306.

[22] 白莉,龙贵华,金坤健,等.直升机地面联合试验振动监测系统的开发及应用[J].航空制造技术,2014,(11):88-92.

[23] 孙海清,李娇,韩公海,等.基于LXI总线的压气机试验台退喘试验系统研制[J].计算机测量与控制,2014,22(6):1833-1834,1845.

[24] 颜思淼,李娇,万晓东.基于LXI总线的航天静力试验数据采集系统的研制[J].国外电子测量技术,2013,32(6):36-42.

[25] 蒋充剑,夏绍志.靶场试验指挥控制中心系统及其应用[J].舰船电子工程,2009,29(2):43-46.

[26] ISO/IEC 18025-2014. Information Technology - Environmental Data Coding Specification (EDCS)[S]. 2014.

[27] ANSI/INCITS/ISO/IEC 18041-4-2009. Information Technology - Computer Graphics, Image Processing and Environmental Data Representation - Environmental Data Coding Specification (EDCS) Language Bindings - Part 4:C [S]. 2009.

[28] ISO/IEC 18026:2009. Information technology - Spatial Reference Mode (SRM)[S]. 2009.

[29] ISO/IEC 18023-1:2006. Information Technology - SEDRIS - Part 1:Functional Specification[S]. 2006.

[30] ISO/IEC 18023-2:2006. Information Technology - SEDRIS - Part 2:Abstract Transmittal Format[S]. 2006.

[31] ISO/IEC 18023-3:2006. Information Technology - SEDRIS - Part 3:Transmittal Format Binary Encoding[S]. 2006.

[32] ISO/IEC 18024-4:2006. Information Technology - SEDRIS Language Bindings - Part 4:C [S]. 2006.

[33] ISO/IEC 18042-4:2006. Information Technology - Computer Graphics and Image Processing - Spatial Reference Model (SRM) Language Bindings - Part 4:C[S]. 2006.

[34] Kiemele M. Data science and its relationship to test & evaluation [EB/OL] // ITEA 34th International Test and Evaluation Symposium, Reston, VA. 2017.

[35] Powell E D, Norman Ryan. Test Resource Management Center Big Data Analytics /Knowledge Management Architecture Framework Overview [EB/OL] // ITEA 34th International Test and Evaluation Symposium. Reston, VA. 2017.

[36] Norman R. DoD T&E Enterprise knowledge management (KM):optimizing T&E through big data principles. [EB/OL]. 2014.

[37] Department of Defense:Modeling and Simulation (M&S) Master Plan [EB/OL]. 1995.

第九章　装备性能试验的发展

装备性能试验的发展与战争形态的变化、装备发展和科学技术的发展密切相关。科学技术的发展通过推动装备创新发展并对装备性能试验提出了新的技术挑战,同时又提高了性能试验技术水平和能力。战争形态的变化对装备性能试验提供了新的考核需求,也对性能试验的条件建设和组织实施提出了新挑战。

当前,装备性能试验在装备建设发展中的地位作用更加重要。分析装备性能试验的发展动因,回顾装备性能试验的发展历程,总结不同历史时期装备性能试验的特点,展望未来装备性能试验的发展趋势,可以更好地把握装备性能试验发展的客观规律,为装备发展建设提供有力的支撑。

第一节　装备性能试验的发展动因

随着以信息技术为代表的军事技术的飞速发展,装备性能大幅度提升,新型高技术装备不断出现,装备作战样式更加复杂多样,装备发展的智能化、无人化、隐身化、网络化、体系化和高机动性特征更加明显,对装备性能试验提出了一系列新问题和新挑战,成为装备性能试验发展强大的需求牵引力。同时,仿真技术、高性能计算、先进感知与测量等现代科学技术的发展也为装备性能试验的发展提供了有力的技术支撑。

一、装备发展对装备性能试验的影响

当今世界范围内武器装备的快速发展使装备性能试验对象已由传统的装备拓展到了高超声速武器、智能化装备、装备体系、新技术武器等,给装备性能试验带来许多新问题。

(一)高超声速飞行器

高超声速飞行器是指以吸气式及其组合式发动机为动力,在大气层内或跨大气层以高马赫数远程巡航飞行的飞行器。高超声速飞行器主要在临近空间巡航飞行,其飞行速度、高度均数倍于现有的飞机。由于采用吸气式发动机,其燃料比冲远高于传统火箭发动机,而且能实现水平起降与可重复使用。高超声速飞行器技术的发展将导致高超声速巡航导弹、高超声速飞机和空天飞机等新型飞行器的出现,成为人类继发明飞机、突破音障、进入太空之后又一个划时代的里程碑。目前,世界各大国正在加快高超声速飞行器武器研制进程,高超声速飞机的技术储备正在积极推进;空天往返飞行器的概念论证和技术探索正在持续开展。

高超声速飞行器的性能参数有飞行马赫数、升阻比,以及发动机的流量、总压恢复效率等。提升高超声速飞行器的性能参数,推进高超声速技术实用化,试验是必备的手段。高超声速飞行器高温、高速的极端飞行条件给其试验带来了很大的难度。

(二)智能化装备

当前,人工智能技术已在图像识别、无人驾驶、语音识别等许多领域取得了成功。随着信息技术走向成熟和人工智能技术的应用,世界很多国家都在积极研发智能化装备。武器装备发展的智能化、无人化、集群化日趋明显。未来的智能化装备能类似人一样相互协作,并具有自主判断与自主决策能力,必将成为未来战争的重要作战力量。

智能化装备主要包括各类智能化弹药、军用机器人(例如,排雷机器人)、智能枪械、无人自主作战平台等。

1. 智能化弹药

智能化弹药是早期精确制导弹药的高级形态,通常是指具有信息感知与处理、判断与决策等智能行为的各类弹药。智能弹药的主要特征是"智能命中、智能毁伤",可以自动搜索和捕获目标,并对所选定的目标进行最佳毁伤。智能弹药包括智能导弹、智能炸弹、智能炮弹、智能地雷等。例如,末敏弹引信可以主动识别目标和攻击目标。智能导弹具有在飞行中重新选定目标和自主规划飞行路线的能力。由智能导弹组成的无人集群在攻击目标过程中能实现导弹与导弹之间、导弹与发射平台之间的实时信息传输,达到提高突防概率和打击效果的目的。

2. 无人自主系统

无人自主系统是智能化装备的一种特殊类型,主要是指各类无人机、无人潜航器、无人地面战车等无人自主作战平台。例如,美国的"捕食者"系列察打一体无人机就属于无人自主系统,该无人机集目标侦察、搜索与打击等多种能力于一体,可以携带激光制导炸弹、空地导弹、联合攻击弹药等完成作战任务。

无人作战系统的主要优点是可以突破人类生理条件的限制,机动性强,体积小,重量轻,成本低,无作战人员伤亡风险,便于执行高危作战任务。例如,无人机无须配备与飞行员相关的设备和空间。无人机可以不受人体能承受的过载等因素制约,所以可以达到更高的机动性和灵活性水平。此外,无人机具有较小的反射面积,从而大大提高了隐身性能。较小的体积和重量也使得无人机具有较长的留空时间和航程,并且便于短距离起降。此外,无人机还能执行高空飞行任务。无人水下航行器(UUV)具有目标小、隐蔽性强、可连续工作等特点,通常由水面舰艇布设和回收,可以长期预置潜伏在海底,或长时间在重要海域值守,并完成水下探测预警、干扰、反潜、反水雷等作战任务。

未来的无人自主系统的智能化水平将更高,不仅可以实现自主控制,而且具有自主认知和自主决策能力。例如,多个水下无人航行器组成编队时,将能根据环境信息变化,通过协同自主完成队形变换。无人自主系统对复杂战场环境具有很强的适应性。例如,水下无人航行器可具备自主避障能力,并能在海底起伏的条件下根据地形自主调节距海底高度。

无人自主系统具有很多认知、决策和行为方面的复杂性。自主化是根据原始数据依靠机器自身判断威胁态势,演化新规则和衍生新方案,实现自主认知和自主决策。集群化则是异构多自主系统通过自组织和自同步,实现协同作业。无人自主系统具有的面向模糊不确定威胁的自主态势认知、复杂动态对抗环境的自适应决策是传统装备所不具备的能力。当无人自主系统发展到异构无人自主集群阶段时,个体间为了实现自组织和自同步,将会涌现出大量合作、竞争、相互学习等复杂的社会行为。

智能化武器的发展,对靶场试验测试能力提出了更高的要求。数据链是智能装备的主要组成部分,智能无人装备的使用多数依赖于数据链和有人遥控设备的支持。因此,试验过程中容易出现可靠性问题。

(三)新技术武器

与传统武器装备相比,动能杀伤武器、高能激光武器、高功率微波武器等新技术武器在工作原理、结构、功能和杀伤破坏机理等方面有别于传统武器,具有传统武器所没有的或不完全有的战术技术性能,进行这些新技术武器的性能试验,涉及复杂温度场测试技术、毁伤效应测试等关键试验技术。

(四)装备体系

装备体系是由功能上相互关联的各类装备基于信息网络组成的有机整体。

信息网络技术的发展使得地理分散的各类武器装备和作战人员之间的联系更加紧密。信息化条件下作战双方的对抗将由主战装备火力和机动力的较量转变为多种装备在情报、通信、信息处理、后勤保障支持下综合作战能力的较量。战争形态将更多地表现为基于网络信息系统的体系与体系之间的对抗。

信息技术的发展和多军种联合作战的需求使得装备发展的体系化特征越来越明显,装备性能试验的对象也将由单装为主拓展到装备体系。同时,越来越多的单装通过信息化网络化技术融入装备体系中。例如,美国海军为其现役的 JSOW、"捕鲸叉"导弹加装数据链,使这些导弹能实时获取目标信息,加强了对移动目标的打击能力和协同作战能力。但是,由于装备体系性能试验的参试装设备、参试单位和参试人员数量规模大,信息交互关联复杂,影响性能的因素多,使得装备体系性能试验在试验设计、试验组织协调和实施控制方面面临很多迫切需要解决的新问题。

二、战争形态对装备性能试验的影响

网络信息、电子、智能、材料、空间等技术的重大突破,以及智能无人、远程精确打击、定向能、主战平台的逐渐部署,将使战争形态向智能无人作战、网电空间作战、体系作战等深入发展。

智能无人作战采用有人系统为主、无人系统协同,无人系统为主、有人系统协同和无人系统独立编组等结构形式,依托智能网络信息体系执行作战任务。智能无人作战将具有比传统作战方式更加突出的颠覆性、决定性优势。未来将出现多类仿生智能无人作战系统,组成以高隐身长航时察打一体无人机、侦察监视无人机为主体的无人空战部队,地面侦察、排爆、扫雷无人车等地面无人部队,水面滨海巡逻、水下无人探测等海上无人部队等,在人机融合智能指挥控制系统支撑下,以有人无人协同方式形成实战能力,遂行多域一体智能集群联合作战。

网电空间作战已成为信息化条件下的新型威慑手段和新兴作战样式。基于网络信息体系的联合作战已逐渐成为现代战争的主要形态。可以预计,未来作战将在传统陆、海、空疆域以及深远海、太空、网电、心理、认知等新型领域,以多域融合的协同方式遂行智能化体系作战。

三、科学技术发展对装备性能试验的影响

科学技术发展是推动装备性能试验技术持续创新和发展的强劲动力。一

方面,网络信息、电子、智能、材料、空间、高能物理等领域科学技术的发展推动了武器装备的不断创新发展,使装备性能试验面临新的问题和挑战。另一方面,为应对装备性能试验面临的问题和挑战,仿真试验技术、高性能计算技术、先进感知与测量技术等科学技术的发展又提高了装备性能试验的能力和水平。

装备平台和突防武器的隐身能力已成为除防护能力、机动能力、打击能力外不可或缺的能力。在材料、电子等技术发展的推动下,具有可见光隐身、等离子隐身、智能隐身能力将成为陆、海、空、天、无人等新一代主战装备的重要特征,使装备的跟踪测量面临新的挑战。

传感器是性能试验测量装置和控制系统的核心环节。当代军用传感器已进入新型军用传感器阶段,其典型特征是微型化、多功能化、数字化、智能化、系统化和网络化。现代电子技术和计算机的发展为信息的转换和处理提供了极其完善的手段,使感知与测试测量技术广泛地运用于高技术信息武器装备及其性能试验。

大数据、云计算技术、网络技术、量子通信技术的不断成熟,将提升试验指挥控制系统、信息感知与安全通信、试验数据传输、试验数据处理分析与共享服务的能力。量子计算、量子存储、仿神经元计算技术的突破加速,将使高性能计算技术实现重大创新,为开展近实战环境模拟、通用化高精度建模、实物/半实物/仿真试验集成等提供强有力的计算支持。

第二节 装备性能试验的发展历程

装备性能试验是装备研制过程中必不可少的一种活动。因此,自从有了装备,就伴随有装备性能试验活动。参照对于军事装备发展历史阶段的一般划分方法,根据不同时代的主要装备和装备试验活动的特点,可以将装备性能试验的发展划分为冷兵器、火器与枪炮兵器、机械化与热核兵器、信息化装备等四个历史时期。

一、冷兵器时代的性能试验

冷兵器时代是指从约 5 万年前到公元 10 世纪火器的产生这段时期,先后经历了石兵器、铜兵器和铁兵器三个阶段。

距今约 300 万年前,人类社会就进入了石器时代。人类开始制造各种石器(如石刀、石斧等),但这类石器还不能称为装备。直到约 5 万年前,人类才开始逐渐制造由不同材料制成的复合工具(如在木棒上装上石制的矛头)和弓箭。这些石器工具既是生产工具,也可作为自卫和氏族、部落冲突的装备使用,其制造者可能既是试验者也是使用者。

距今约6000~4000年前,人类学会了用铜、铁制造工具,并逐渐制造刀、剑、长矛、标枪、投石机、战车、战船等各种兵器。由于战争对于兵器的需求增大和技术含量的增加,使得人类的劳动工具与兵器产生分离,兵器的研制由个体行为转为规模化的有组织行为。这时,装备的研制、生产和试验等已开始由专门的工匠在作坊中进行。

冷兵器时代的装备性能试验亦可称为"工匠的性能试验"。冷兵器时代装备的性能相对较为简单,主要是指强度、质量、长短、耐腐蚀性等简单几何物理特性和易用性。冷兵器主要由各类民间的或官方指定的工匠设计制造。冷兵器在打造过程中的试验主要由工匠借助于直观和根据经验进行。冷兵器完成制造后即直接交付军队作战使用(有时也会进行直观的使用效果演示),根据实际作战使用效果进行改进。为保证兵器质量,有时官府或军队还派专人进行监造,有的兵器上还刻有制造者名字作为一种质量信誉标志。

二、火器与枪炮兵器时代的性能试验

火器与枪炮兵器时代是指从公元10世纪到公元19世纪。在大约公元9世纪,中国人发明了火药。公元10世纪,火药开始用于军事,出现了各种火器,包括各种火箭、火枪和火铳等。到约公元14世纪后,开始出现了火绳枪、燧发枪和火炮等金属枪炮武器。

早期的原始火器和枪炮性能不稳定,射程近,精度差,发射速度低、弹药威力小。随着枪炮逐渐成为作战使用的主要武器,枪炮设计制造技术不断提高,其性能对战争的影响越来越大。例如,在1840年鸦片战争期间,英军使用的枪射程在200~300m,射速3-5发/分,而清军使用的枪射程只有100m,射速为1~2发/分。1866年的普鲁士军与奥地利军的会战中,普鲁士军使用的枪射速为6~7发/分,而奥军的枪射速仅为1~2发/分。因此,对枪炮的性能试验技术就提出了更高的要求,促使枪炮性能试验逐渐从制造活动中分离出来成为一个独立的活动,使其在专门试验场进行。例如,在19世纪,法国、德国相继建立了专门的枪炮试验场。但是,这类试验场一般都附属于枪炮制造工业体系,主要考核枪炮的射程、射击精度和毁伤能力等方面的性能。因此,这一时代的装备性能试验亦可称为"工厂的性能试验"。

第九章　装备性能试验的发展

三、机械化与热核兵器时代的性能试验

机械化兵器时代是指从公元19世纪末到公元20世纪末。从19世纪末开始，随着科学技术的发展和西方工业革命的到来，冲锋枪、速射机枪、自动火炮、军舰、飞机、坦克、潜艇、导弹等装备的问世使装备发展进入了机械化时代。1944年9月，德国V-2火箭对英国伦敦的打击宣告了导弹时代的来临。1945年7月，世界上第一颗原子弹在美国新墨西哥州沙漠中的试验场成功爆炸，标志着世界进入了核武器时代。同时，出现了军用卫星、雷达电子战装备、生化、电磁和声光武器等。

这一时期，世界各国的工业化水平有了明显提高。由于第一次世界大战、第二次世界大战和战后冷战军备竞赛需要大量的装备，装备的批量生产已成为装备生产的主要形式。装备的技术含量高、毁伤威力大，装备的运用空间已逐渐扩展到陆、海、空、天，装备的使用环境和技术组成更为复杂，研制成本和周期逐渐加大，装备运用对于装备性能的要求更为精准。因此，装备试验鉴定的重要地位越来越突出。

这一时期是装备试验场建设和试验技术发展的繁荣时期。人们开始关注试验设计、分析与评估理论的研究，以提高试验效率，降低试验成本。因此，装备性能试验对地面设施、测试设备和试验场提出了更为专业化的要求，需要建设各种类型的专业化综合化的试验场对研制的装备进行测试把关以确保装备的性能满足要求。这些大量的专业化靶场设施虽然为装备试验提供了有利条件支撑，但由于按军种和不同装备试验需求建立，与装备研制方的试验场并存，试验资源难以实现共享，性能试验活动相对独立，从而构成了一种"烟囱式"的整体局面。因此，也可将这一时期称为"独立的性能试验"阶段。

1. 组建军方管理的试验场

这一时期，需要试验的装备种类和数量激增，装备系统的规模和技术复杂性越来越大。军方逐渐认识到单纯依靠装备制造商的试验场所条件进行试验效率不高，难以完成对装备战术技术性能的全面考核，难以保证试验结论的客观公正性。此外，大型综合性的装备试验场建设涉及地理空间广阔，需要投入大量的人力、物力和财力，装备承包商难以具备建设能力和条件。因此，军方开始组建自己管理的试验场和设施进行相对独立的装备性能试验。1917年，美国陆军马里兰州建成了阿伯丁试验场，标志着装备性能试验已开始成为军方组织的相对独立的活动。

2. 大规模开展装备试验场和设施建设

第二次世界大战结束后的冷战时期军备竞赛加剧，各国大力发展导弹、核武器、军用卫星、雷达、飞机、军舰、鱼水雷等装备，推进了专业化程度较高的武器试验场和大型综合性的武器试验场的建设。据相关文献，美国从20世纪40年代初到60年代末，建成的专门试验场和试验机构已达80多个。到20世纪末，世界各军事大国已基本完成了大型装备试验场体系的构建。

3. 性能试验理论与技术初步形成

随着试验活动的广泛开展，装备性能试验理论方法逐步成为专门的研究领域，并初步形成了其相关的理论。

英国统计学家、遗传学家、农学家费歇尔（Fisher）被称为传统试验设计理论的创始人。20世纪20年代和30年代，费歇尔等学者基于在农业田间试验的实践研究，提出了方差分析、拉丁方设计、随机区组试验法等试验设计与分析方法，并出版了专著《试验设计法》。费歇尔提出了试验设计应遵循的基本原则："随机化、重复和区组化"，以减少试验误差和提高试验效率。试验设计方法在20世纪40年代已用于军品研制试验中。50年代左右，包克斯（Box）和威尔逊（Wilson）等提出了响应曲面法，日本学者田口玄一博士提出了正交试验法、回归试验设计技术、信噪比试验设计和三次设计法（系统设计、参数设计和容差设计）等，奠定了现代试验设计优化的基础。70年代末，我国学者王元、方开泰创立了均匀试验设计方法。

1928年后，统计学家尼曼（Neyman）和皮尔逊（Pearson）等完善了统计假设检验理论和置信区间理论。20世纪40年代左右，美国学者瓦尔德（Wald）提出了序贯检验理论，后来又提出了统计决策理论。这些研究成果奠定了试验结果分析评定、序贯试验设计、贝叶斯小子样试验鉴定理论等的基础。

20世纪60年代初，卡尔曼（Kalman）等学者提出了卡尔曼滤波理论。这种滤波器可以根据存在噪声的实测数据对被观测对象的实时状态进行最优估计，现已成为装备试验实时测量数据处理的重要理论工具。

在20世纪40年代后期到50年代初期，装备性能试验的数据主要来自于实装试验。例如，战术导弹的性能试验主要依靠飞行试验。据相关文献，美国的"麻雀"导弹在1948—1952年的研制期间共发射了109枚模型弹、控制弹和制导弹。其中，20枚导弹为飞行试验。随着装备系统的技术越来越复杂，为性能考核需要的试验数据越来越多。例如1966年以后美国战术导弹的技术复杂度和试验考核项目需求增加了一个数量级以上。由于实物试验的次数受限，内场试验、半实物仿真试验和仿真试验等各类其他试验方法开始逐步得到应用。

4. 对于装备通用性能的考核逐渐受到重视

在第二次世界大战前,各国在装备建设时主要关注解决装备的有无问题和作战效能相关的性能,对于装备通用性能(主要是使用适用性相关的性能)方面的性能考核没有给予足够重视。

在20世纪40年代以后,装备通用性能方面存在的问题逐渐显露,对作战造成很大影响。据相关文献,美军第二次世界大战期间在远东地区使用的航空电子装备由于环境适应能力差有60%不能正常使用。德国在苏联作战使用的坦克常常由于低温环境而不能启动。在60年代越战期间,美军使用的M16步枪由于不能适应热带雨林环境极易出现锈蚀而发生故障。1967年,美军在日本东京湾的航母"福莱斯特"号由于舰载机的火箭弹受雷达照射而发生爆炸。因此,装备的可靠性、环境适应性等方面的试验考核开始受到重视。美国于1953年制定了军用标准 MIL – STD – 202 "电子环境元器件环境试验方法"。

20世纪50年代初的环境适应性试验主要侧重于单一的环境因素,如温度、盐雾、低压等。到70年代中期后,环境试验技术得到了快速发展,并研制了很多大型综合环境试验设备。目前,已有一大批从事环境试验设备的专业厂家。

四、信息化装备时代的性能试验

20世纪90年代初,军事指挥信息系统、隐身飞机、侦察卫星、精确制导武器等以信息技术为核心的现代高技术装备得到广泛应用,使装备发展进入了信息化时代。

信息化装备性能试验具有如下重要特征:

(1)信息化时代的作战是基于军事信息网络系统的装备体系之间的对抗。因此,装备性能试验不仅应对单装进行考核,而且也应考核单装的互联互通互操作性、对体系的适应性以及装备体系的性能。

(2)在装备信息化时代,软件已成为一种相对独立的装备形态。有不少装备都属于软件密集型装备或带有嵌入式软件。因此,软件测试成为重要的性能试验考核内容。

(3)各种电子侦察、电子战装备越来越多。装备的网络空间安全日益引起关注。因此,装备性能试验开始重视对于装备的复杂电磁环境下的性能考核以及装备网络安全性的考核。

2015年，美国国防部在国防部指令《国防采办系统运行》中，对装备的网络安全试验鉴定提出了明确的要求。美国于2009年开始启动国家网络靶场建设项目，并已于2012年建成交付国防部试验资源管理中心使用。

（4）信息化时代的高技术装备性能试验成本高、试验周期长、风险大。统筹装备全寿命周期的各类试验活动，提高试验效率，缩短试验周期，实施一体化的试验鉴定逐渐成为信息化时代装备试验鉴定的主要特征。随着现代计算机技术和仿真技术的发展，建模与仿真技术在装备性能试验中逐渐得到大量的应用。采用半实物仿真技术、虚拟试验技术进行装备性能试验不受场地、时间和次数的限制，对试验过程进行回放，而且能提高试验安全性，因而已越来越受到各国的重视。利用虚拟试验技术，可以将装备性能试验工作前移（或称"左移"）到装备的论证与方案设计阶段。据相关文献，美国 AIM－9X 导弹研制中，提出了"采用建模与仿真提高飞行试验的质量"。通过运用建模与仿真，AIM－9X 减少了通常飞行试验次数的50%。

（5）信息化时代装备的作战空间逐渐拓展到陆、海、空、天、电磁空间和网络空间，多军兵种联合作战已成为作战的主要样式。为全面检验装备在各种作战使用环境下的性能，需要构建海、陆、空、天、网电空间一体的试验环境。原有的"烟囱式"的功能单一的靶场格局显然已难以满足信息化装备性能试验的需要。因此，通过公共基础网络将分布在不同地理位置的试验资源连接为"逻辑一体"的逻辑靶场（Logical Range）成为信息化时代装备性能试验发展的必然趋势。同时，信息技术和网络技术的发展也为这一构想提供了技术支撑。逻辑靶场是通过网络互联和使用公共的软件平台，使分布在不同地域的靶场及试验设施能够互联互通互操作，在试验的过程中使用起来就像是一个整体靶场。

1992—1995 年，美国国防部多次明确提出了靶场互操作的要求。1995 年，美国国防部启动"试验与训练使能体系结构"（TENA）项目，目的是为逻辑靶场提供技术支持。2003 年美国国防部成立了试验鉴定资源管理中心，对美国军方的试验资源进行统一规划和监管，加强了试验资源的统筹整合力度。2004 年，美国国防部批准了《在联合环境中进行试验的路线图》。据此，2005 年美国国防部启动了"联合任务环境试验能力"（JMETC）项目，目的是将分散的试验资源连接起来，提供一种分布式的 LVC 试验环境，用于支持满足包括装备研制试验在内的多方面的需求。据相关文献，截至2016 年底，该项目已连接了 115 个网络节点。

第三节　装备性能试验的发展趋势

面对未来战争形态的变化,在装备发展的需求牵引和科学技术发展的技术推动影响下,未来装备性能试验将向实战化考核聚焦,装备性能试验的对象将向智能化装备、高超声速飞行器等新型装备和装备体系拓展,数字孪生技术、高性能计算、新兴信息技术、联合试验任务环境技术、先进感知和测量技术等的广泛运用将使装备性能试验的技术水平和能力不断得到提升。

一、性能试验将更加着重聚焦实战

装备建设的根本目的是供部队作战使用。装备性能是装备作战效能、装备作战适用性、生存性的基础。装备性能试验应坚持紧贴实战需求、坚持按战斗力标准考核的原则。

(一)性能试验加强实战化考核的意义

在装备的性能试验阶段,加强对装备性能的实战化考核,摸清装备的性能底数,是制定装备作战运用操作规程的重要前提,也是装备研制进入作战试验阶段的前提。只有通过实战化考核,才能了解装备在作战试验的各种运用条件下,装备是否可能安全可靠地遂行作战任务,发挥预期的功能。类似地,通过装备性能试验实战化考核,掌握装备性能边界、性能的影响因素和变化规律,了解装备使用的弱项短板所在,便于在实战时制定科学合理的作战任务规划,充分发挥装备的效能。

为了摸清装备的性能底数,必然要求将装备置于各种复杂、极端条件下对装备的性能进行"摸边探底"式的考核。例如,对于新型飞机的性能试验,通常需要完成失速试验、低空大表速等试验项目。这些试验项目的风险极高。因此,装备实战化考核的安全风险大、对测量控制系统、装备试验操作人员的要求都很高。装备性能试验通常是在具有完善的测量控制系统和试验条件的试验单位进行的,因此,相比作战试验和在役考核,装备性能试验阶段是对装备在各种复杂环境、极端环境条件和边界条件下进行测试评估的最合适的时机,是装备实战化考核的关键阶段。

(二)性能试验加强实战化考核的要求

装备性能试验实战化考核的总体要求应是"贴近实战、摸清底数"。在进行性能试验设计时,应坚持战斗力标准,根据装备作战任务使命的作战运用需求,分析装备的作战任务流程,分析装备作战运用对装备性能的要求,突出在复杂电磁环境、复杂地理环境、复杂气象环境和近实战环境等条件下的试验考核,侧重装备的战术性能指标,充分检验装备在极端条件及边界条件下的性能底数和变化规律。通过性能试验尽早充分暴露装备在实际使用中可能存在的问题和缺陷,摸清装备的性能底数,使装备性能试验的结果能正确反映该装备在实际使用中的真实效能和适用性,避免装备部署到部队后出现问题,造成巨大损失或影响作战使用。

1. 面向实战需求开展性能试验需求分析

面向实战开展装备性能试验首先需要了解装备研制的目的,装备预期的典型使命任务和作战运用方式,在此基础上明确装备作战使用要求和战术技术性能指标,构建装备的性能考核指标体系。

应建立典型作战使命任务清单,采用规范化的方式描述典型作战任务及其展开、动用装备的种类及规模、装备运用方式、应达到的作战效果等。其次应针对拟考核的装备,根据作战任务清单,统筹考虑装备实际作战环境、作战任务、在作战中扮演的角色和作用、装备之间的相互配合等诸多因素。把作战任务逐层分解成具体需要考核的性能指标,形成逐级映射关系。

在建立性能试验考核指标体系过程中,应该重点关注影响装备实战使用效果的性能(包括作战效能和作战适用性等方面)的指标,确保装备专用战术性能、通用质量特性、网络安全、互联互通互操作性、人机工效等使用适用性相关指标的全面覆盖。装备的总体论证单位应主要从总体规划、作战体系构建的角度进行指标论证;试验单位主要从指标的可测试、可实施的角度提供意见建议;作战试验部队和作战使用部队主要从战术战法、部队使用性、适用性、维修性、保障性等角度提供意见建议。研制部门主要从技术成熟度、技术可实现性等角度提供建议。

2. 充分了解对作战对手

装备在实战中的性能表现与作战对手的目标特性、对手的装备性能及战术运用密切相关。因此,要在近实战条件下对装备性能进行考核,就应当加强对作战对手的研究,包括其目标特性和装备特性,特别是目标的几何、运动特性、材料物理特性、电磁反射特性等目标特性的研究,统一目标特性描述规范,建立数据库。此外,还要充分了解对手的装备配系、作战思想、装备的性能指标、典型作战运用方式、干扰与对抗措施等,为装备性能试验设计、试验环境条件构建、目标与威胁模拟等提供输入依据。

第九章 装备性能试验的发展

3. 面向战场空间进行性能试验设计与评价

在进行装备的性能试验设计时,应根据装备预期的作战任务剖面分析装备的使用环境和使用条件,将各种复杂战场环境和边界条件下的装备性能作为试验考核内容的重点,精心设计试验考核项目,尽早暴露装备研制存在的缺陷及问题。

在确定试验控制变量及水平时,应全面考虑对作战任务完成影响较大的各类主要因素,确保覆盖实战使用中的典型条件及边界条件。对于暂不具备试验条件的变量水平组合,应采用建模仿真、等效折算等多种方式进行试验验证。每种试验条件下应具有一定样本量,以满足使试验结果具有要求的可信度。

应采用科学合理的理论方法,对装备性能试验考核指标体系的各项指标进行综合分析与评价。不仅应评价装备性能相对研制要求指标的达标度,而且也要评价装备在复杂环境、极端环境、边界条件下的表现,得出在各种实际作战使用条件下装备关键战技术性能指标的真实变化规律,真正摸清装备的性能"底数",为装备的实战运用提供参考依据。

4. 面向实战设置性能试验条件

为了使性能试验条件接近实战使用条件,应构建接近实战的性能试验考核条件,充分利用数值仿真、半实物仿真、实物仿真、现场试验等虚实结合手段,构设自然环境、电磁环境、威胁环境等多因素交织的复杂战场环境进行性能试验。同时,做好目标和靶标的等效模拟和逼真模拟,确保用于装备性能试验时作战对手及其装备的代表性。

5. 面向实战完善性能试验标准体系

针对具体类型装备的性能试验,通常军用标准给出的考核要求是该类装备必须达到的最低要求。在确定这个要求时通常要综合考虑国家的工业基础和产品实现能力、作战使用要求、性能试验技术水平与试验条件等多方面的因素,还需要考虑到标准的适用性与通用性。因此,国军标中规定的试验条件与特定装备在实战使用时的条件并不会完全一致。此外,军标的制定颁布实施需要一定的时间,有的新装备的性能试验缺少军标作为依据,也有的军标明确滞后于装备新技术发展和作战使用要求的变化。

为了满足性能试验实战化考核对国军标的需求,除了及时更新修订和完善装备试验鉴定相关的现有军标之外,还应鼓励各军兵种、工业部门、装备研制试验单位根据其装备特点和作战使用需求编制军兵种标准、行业标准、单位标准和型号规范,形成各层次和各类型标准有机结合、全面覆盖考核内容和条件的装备性能试验标准体系。

6. 做好试验任务实施质量与风险管控

在试验实施过程中应严格按试验大纲规定的程序和方法开展各项试验活动,通过质量管理体系对试验活动中的各个环节实施质量控制,确保试验过程"不走样""不打折扣"。试验数据的采集要尽可能系统全面,不仅要包括被试装备、目标与威胁的相关数据,而且还要包括战场环境的相关数据,试验测得的数据应真实、准确和有效。

在各种复杂战场环境、极端环境条件和边界使用条件下进行实战化考核必然会加大试验安全风险和进度风险。处于性能试验阶段的高技术装备的技术状态尚未固化、性能底数尚不清楚,性能稳定性较差,考核内容涉密程度高。因此,应运用风险管理理论方法,加强实战化考核任务实施的风险规划、风险识别、风险分析、风险评估、风险应对和风险监控工作,制定好各种应急处置预案,降低各类试验风险。

二、新型装备和装备体系的性能试验

新型装备主要是指各类智能无人装备、高超声速飞行器、高功率微波武器、激光武器等未来新型的装备。以智能无人装备为例,由于"自动化→智能化→自主化→集群化"的发展趋势,带来面向认知、决策和涌现性等新的试验鉴定问题;群体智能涌现出的社会行为,带来面向复杂性科学的试验鉴定问题;自主性技术的嵌入式和普遍性,带来多域作战背景下的无人自主体系联合试验鉴定问题;智能系统的自学习特性使得其技术状态和能力处于不断变化中。人工智能的算法空间规模巨大和不确定黑箱推理模型,造成自主系统作战行为和交战结果难以预测。这些不确定性给装备试验鉴定带来了新的困难。

(一)智能化装备的性能试验

1. 智能导弹和智能弹药的性能试验

由于结构复杂、研制费用高,智能弹药在每次靶场飞行试验中需要获取的弹道参数更多,测试的能力、精度及可靠性需求也更高。具体包括:

(1)靶场试验测试应具有远距离、全弹道、多参数的高精度测量能力,实现对弹药从发射到命中目标的全程轨迹、速度、图像、遥测数据的测量。比如,末敏弹要求对多个暗小目标进行跟踪测量,还要对敏感器的作用过程及性能进行测量。

(2)具有对各类智能弹药飞行关键区段的姿态参数测量能力。智能弹药的武器系统工作十分复杂,在飞行过程中通常会进行两级或多级间分离、弹翼展开、导引头保护罩抛罩、子母式弹药母弹开仓、子弹抛洒等机构动作,这些机构动作是否正常主要反映在弹药的飞行姿态上。因此,弹药的飞行姿态是研制方非常关心的问题,也是智能弹药仿真分析、故障定位、性能评估等研制工作的重要依据。

(3)具备终点子母弹弹道测量能力。由导弹、制导弹药、灵巧弹药、巡飞弹等组成的智能弹药体系,具有在弹道末端通过制导修正或控制其位置或姿态的能力,以及对目标进行搜索、探测、识别、定向或定位的能力,需要能够测量终点开仓抛洒姿态、子母弹弹道,才能评估其命中精度和毁伤效能。

2. 无人自主系统的性能试验

无人自主系统具有不同于传统的机械化和信息化装备的新特征,使其性能试验面临很多难题。

(1)无人自主系统性能试验设计和验证难度加大。

首先,人工智能算法空间规模巨大,采用传统的性能试验方法难以遍历所有可能的输入－输出集合;其次,人工智能算法推理过程非常复杂、具有不确定性和黑箱特性,导致系统输入－输出之间缺乏清晰的因果关系,使无人自主系统的行为和结果难以预测和解释。

无人自主装备性能试验的重要内容是对智能装备的自主能力和协同能力进行评估,涉及自主感知、自主判断、自主决策、自主行动和对人员的依赖能力等各个方面能力的测试。由于无人自主系统的人工智能模型的可观测性和可理解性低,导致在试验中难以完全信任自主系统。在当前人工智能框架下,自主系统与人类的认知模式和思维方式还存在较大差异,容易出现二者对威胁态势和作战目标理解不一致的问题。如何在性能试验中处理这种差异性,给试验设计带来了新的挑战。

综上综述,无人自主系统具有认知、决策和行为的复杂性和不确定性,并且带来了算法空间规模巨大、测试结果解释困难、人机协同的信任感和理解差异性等许多新问题,使得传统的性能试验范式难以直接用于无人自主系统的测试和验证。

无人自主系统的特点给试验组织实施也带来了极大困难和风险。①对于无人自主系统的性能试验,人与无人装备之间、无人装备与无人装备之间的互操作十分复杂。数据链性能易受复杂地域、空域和电磁环境的干扰和影响。这种干扰容易造成试验过程中无人自主系统失控,增加了性能试验安全风险。当无人自主系统具有"开火"权时,在性能试验中还容易发生误操作或失控伤害己方人员。由于多数无人自主装备属于精密的复杂信息化装备,对于环境影响和信号干扰较为敏感,在性能试验过程中难以预见紧急状况,容易出现故障或其他难以预料的问题。②无人装备集群在性能试验过程中涉及有人装备与无人装备、无人装备与无人装备之间的互操作、协同与联合运用,因此在性能试验实施过程中必须保持高度的协同性。例如,在多无人机性能试验设计时需要充分考虑无人机之间的距离方位的保持、无人机的避障和防撞、无人机编队的队形控制等复杂问题。③无人机装备集群目标多、速度快、隐身性强,对测量保障条件提出了更高的要求。在性能试验时,需要多目标测量雷达、高精度测量雷达等各种先进测控设备,同时要求这些设备之间具有较好的连通性。

(2)无人自主系统性能试验的方法。

为了应对无人自主系统性能试验带来的挑战,需要在顶层设计、体系结构、关键技术、条件建设等方面开展研究,形成多方参与、协作攻关的格局。

美国对于无人自主系统的试验鉴定十分重视。2016年,美国国防科学委员会的研究报告认为,自主系统的试验已超出常规试验能力范畴,现有的试验方法和流程难以用于测试具有自学习和自适应能力的软件,应当建立新的试验鉴定模式。美国国防部一直将无人自主系统试验鉴定作为重点研究领域,并专门成立了无人自主系统试验(UAST)讨论组。美国国防部还制定了无人自主系统试验体系结构框架。该体系结构框架面向五类作战空间的自主系统,包括自主太空系统、自主空中系统、自主地面系统、自主海上系统和自主水下系统。该体系结构包含五类自主系统评价指标,即安全性、作战效能、敏捷性、适应性和生存性。该体系结构提出构建基于"观察—判断—决策—行动"(OODA)闭环的"真实—虚拟—构造"(LVC)的混合试验环境进行试验;试验实施过程包括试验设计、试验系统准备、就绪性评估等多个阶段。此外,还有七类自主性支撑技术用于支持各个阶段的工作。

在无人自主系统性能试验中,可以充分运用计算机仿真技术进行系统的性能预测、变化分析、"假设"情景评估、现场试验方案验证分析等。

(二)高超声速飞行器的性能试验

高超声速飞行器的性能试验主要包括数值模拟、风洞试验和飞行试验。风洞试验侧重于高超声速飞行器的技术原理性验证,主要包括气动试验、典型环境下高温材料性能试验和高超声速典型飞行环境试验等。在高超声速风洞中进行的飞行器试验项目一般包括:气动力试验、测压试验、热流测量试验、动态模拟试验和流动显示试验等。风洞试验主要开展研制初期的部件级或原理级试验,存在尺寸、雷诺数和温度等效应,同时"污染"气体对燃烧室试验结果会产生影响。目前,美国、俄罗斯等均已建成不同类型的高超声速风洞,这些风洞在先进空天飞行器研制中为解决高超声速流动和高温气体效应等问题提供了有力的模拟手段。飞行试验是利用助推器系统将高超声速飞行器送入飞行试验弹道,验证超燃冲压发动机在真实飞行条件下的工作性能和技术指标的试验技术。

(三)装备体系的性能试验

与单装试验相比较,装备体系的性能试验主要面临如下几方面的问题:

(1)试验的组织实施难度大,实装试验成本高。装备体系的主要特征是其具有整体大于部分之和的效果。在网络信息支持下,装备体系中的各作战平台通过互联互通和互操作,可以及时了解战场的全局态势,提高了自身的反应速度和抗干扰能力,扩大了火力打击范围,从而实现体系的整体作战能力。例如,在由无人机、预警机和战斗机组成的多机种多平台联合对地打击体系中,可以由组网无人机探测发现地面目标并将信息传给空中预警指挥中心,然后由战斗机协同发射空地导弹,由另一架战斗机完成导弹的制导。据报道,美国海军在一次试验中,由一架飞机向一艘驱逐舰发送目标信息,再由驱逐舰发射导弹将该目标击落。这样类型的装备体系的探测范围和火力打击范围大大超出了单个武器平台的能力范围。因此,仅通过对单一武器平台的性能试验,难以满足对装备体系整体性能考核的需要。

装备体系的性能试验由于主要考核装备体系的互联互通互操作和整体战术技术性能,动用的参试单位、参试装设备、参试人员的数量规模较大,各类信息交互关联复杂,使得完全采用实装试验在试验组织协调、任务实施指挥控制和试验成本方面具有很大难度。

(2)试验环境构设复杂。装备体系的作战运用通常涉及陆、海、空、天、电磁和网络等多种复杂战场环境和外场空间,同时还需要考虑作战对手的体系构成及特性。因此,装备体系的性能试验需要模拟的环境类型多,涉及的技术复杂。现有的试验场多数都是按军种装备分类建设的,在试验资源、试验场空间和试验环境构设能力方面还难以完全满足体系整体性能试验的需要。

(3)试验的测试测量保障要求高。装备体系在性能试验过程中,被试装备、试验装备和各类平台都需要进行实时通信,信息流量大,对试验过程中信息传输的速度、可靠性、安全性等各方面都提出了更高的要求。

(4)整体性能现场试验样本量少。由于组织进行装备体系的外场性能试验需要动用大量的人员和装备,涉及试验空间分布范围大,保障复杂,所以装备体系的外场试验次数必然是有限的,使得其关于体系整体性能的外场试验数据具有小样本特点,给装备整体性能分析评定带来了一定的困难。

装备体系的性能试验将对装备体系作为整体进行战术技术性能考核。因此在对装备体系进行性能试验时,构成装备体系的所有要素应参与到试验中,实现体系组分的全流程信息连通,使装备体系具有的性能涌现性得到充分体现。从贴近实战的角度出发,应当是在近实战的典型作战任务条件下对装备体系进行性能试验,特别是应考虑作战双方的体系对抗环境、各种复杂电磁环境、自然环境和威胁条件。

为了解决目前装备体系性能试验面临的试验资源、试验组织实施和保障、环境构设和试验成本等方面的困难问题,可以采用多种途径进行装备体系的性能试验。主要包括以下三种方法:

(1)实装试验方法。这种方法是在真实的环境下采用实兵实装进行试验,可以最为真实地反映体系的整体性能,特别是暴露体系在互联互通互操作方面的设计缺陷和问题,但试验组织实施和成本方面存在较大困难。

(2)建模仿真方法。首先建立装备体系的组分性能模型,然后构建装备体系的整体性能模型,通过数学计算和仿真运行对装备体系的整体性能进行分析评估。例如,可以在装备体系中的各个作战平台的可靠性模型的基础上,构建装备体系在作战运用时的任务可靠性。这种方法具有试验成本低、试验时间短的优点。但是这种方法需要可信的装备体系组分性能模型参数作为输入,并且需要对所用的模型进行校核和验证,并结合实装试验数据对模型进行修正,以提高试验结果的可信度。与实装试验方法相比,这种方法难以暴露装备体系在互联互通互操作方面存在的未知缺陷。

(3)"虚实结合"方法。这种方法要求在联合试验环境中进行体系性能试验。联合试验环境是由分布在不同地域的、可互操作的、可重用的、可组合的试验资源通过持久、可靠的公共基础网络连接构成的逻辑一体的试验环境。联合试验环境中的资源包括实装、模拟器、数学模型等 LVC 资源。联合试验环境具有跨靶场和设施边界,跨科研、试验、训练演练和作战使用边界,多靶场联合等特点,因而可以充分提供进行装备体系性能试验所需的战场环境资源、试验设备资源、兵力资源和数据信息资源等各种资源。在联合试验环境中进行装备体系的性能试验时,应在联合试验指挥机构的统一指挥下,按照统一的计划,共享试验资源,实施整体试验。

三、性能试验技术的发展

装备性能试验技术涉及范围非常广泛,涉及试验设计与评估技术、感知与测量控制技术、试验环境构设与条件保障技术、建模与仿真技术、试验指挥与通信技术、试验数据工程、通用性能试验技术、专用性能试验技术等。

现代飞机、军舰、战略导弹等高技术装备的性能试验项目多、周期长,涉及多维广域的试验任务空间,与其他装备的信息交联关系日趋复杂化,进行实装试验的组织实施难度越来越大,试验成本越来越高。因此,虚拟试验和联合试验任务环境技术的应用在装备性能试验中的地位越来越重要。未来装备发展的高速、高机动、高隐身、多维空间作战运用等特点及新技术装备(如激光武器等)的发展将进一步推动感知与测量控制技术的发展。大数据、云计算、人工智能等新兴信息技术也随着其自身的不断创新发展而在性能试验中得到越来越广泛的应用。

(一)虚拟试验技术的发展

虚拟试验技术子领域主要通过虚拟环境技术、高性能计算仿真技术等进行虚拟试验模拟,为装备性能试验提供辅助信息和决策依据。以下重点介绍数字孪生和高性能计算等虚拟试验技术。

1. 数字孪生技术

数字孪生(Digital Twin)是集成了多学科、多物理量、多尺度、多概率的仿真过程,基于装备的物理模型构建其完整映射的虚拟模型,利用历史数据以及传感器实时更新的数据,刻画和反映实体装备的全生命周期过程。美国密歇根大学 Grieves 教授认为数字孪生包括物理实体、虚拟模型及其连接即数据和信息交互。国内学者在此基础上引入数据和服务,将其扩展为五维模型。根据虚拟模型与物理实体融合的程度,Kritzinger 等将数字孪生细分为数字模型、数字投影和数字孪生。数字模型是物理实体、可视化模型和仿真模型的集成,数字投影是数字模型与数据模型的组合,数字孪生是在数字投影的基础上,深度融合仿真模型与数据模型。

数字孪生具有以下特点:①对物理产品的各类数据进行集成,是物理产品的忠实映射;②存在于物理产品的全生命周期,与其共同进化,并不断积累相关知识;③不仅能够对物理产品进行描述,而且能够基于模型优化物理产品。Gartner公司从 2016 年开始连续四年将数字孪生列为当年十大战略科技发展趋势之一。美国洛克希德·马丁公司 2017 年 11 月将数字孪生列为未来国防和航天工业六大顶尖技术之首。2017年12月8日在世界智能制造大会上数字孪生被列为世界智能制造十大科技进展之一。

数字孪生技术可以用于在虚拟空间中对装备的制造、功能和性能测试过程进行集成模拟、仿真和验证,并预测潜在的装备设计缺陷、功能缺陷、制造缺陷和性能缺陷。在性能试验设计、管理决策和性能评估等方面,数字孪生技术可以提供有效支持。以飞机的飞行试验为例,在飞行试验前可以通过数字孪生在虚拟仿真环境中模拟飞机的飞行过程,尽可能掌握其在实际使用环境中的状态、行为、任务成功概率、运行参数以及一些在设计阶段没有考虑到的问题,辅助进行飞行试验设计。在飞行试验实施过程中,可以将最新的实测负载、温度、应力、结构损伤程度以及外部环境等数据关联映射至装备数字孪生,并基于装备档案数据、物理属性的装备模型,实时准确地预测装备的状态,为后续飞行试验任务规划以及异常情况决策提供依据。此外,通过改变虚拟环境参数可以模拟飞机在不同使用环境时的运行情况,通过改变飞行任务参数可以模拟不同参数对飞行任务成功率、使用寿命等产生的影响,从而实现在虚拟环境中对装备的性能进行"摸边探底"。

美国高度重视数字孪生技术。在设计制造方面,美国空军研究实验室于2012年提出了"机体数字孪生"的概念,美国F-35战斗机采用数字孪生体和数字纽带(Digital Thread)技术实现了工程设计与制造过程的无缝连接。GE公司将数字孪生技术应用于航空发动机的研发,研发的先进涡桨发动机号称是世界上第一台真正意义的数字孪生发动机,能够在仿真环境下完成对飞行过程中真实发动机实际运行情况的监控,实现对航空发动机磨损情况和维修时间的正确预判,达到早期预警或故障监控的目的。波音公司为F-15C飞机创建数字孪生体,可加载不同工况和不同场景,可在每个阶段、每个环节衍生出一个或多个数字孪生体。法国达索公司针对复杂装备用户交互需求,建立了基于数字孪生的3D体验平台,利用用户反馈不断改进信息世界中的装备设计模型,从而优化物理世界中的装备实体,并以机载雷达为例进行了验证。

2019年3月,美国海军"阿利·伯克"级导弹驱逐舰"托马斯·哈德纳"号使用"虚拟宙斯盾"系统成功进行首次实弹拦截试验,成为数字孪生技术应用于复杂系统的里程碑事件。2020年3月26日,美国空军太空与导弹系统中心为GPS Block IIR卫星建造了"模拟卫星"数字模型,利用数字孪生技术开展网络攻击试验。此外,美国ANSYS公司、英国QinetiQ公司提出数字化试验鉴定技术,采用数字样机对实物试验的关键过程和行为进行仿真,以期达到优化试验方案、指导试验的目的。

2. 高性能计算

高性能计算通常指按照并行方式在多个处理器或集群计算机上处理同一计算任务。高性能计算的主要优点是求解问题的效率更高和可处理的问题规模更大。高性能计算与仿真已被认为是继理论科学和实验科学之后，人类认识世界改造世界的第三大科学研究方法。目前，高性能计算已在装备性能试验中得到越来越广泛的应用，在很多性能试验领域（如空气动力试验、雷达散射截面计算等）已成为一种关键的性能试验能力。

高性能计算相对于理论科学和实验科学有其独特的优越性。首先，高性能计算既避免了实物试验的昂贵代价，又不会对环境产生任何影响。其次，高性能计算可以实现全过程全时空的研究，获取研究对象发展变化的全部信息。此外，高性能计算可以低成本地反复进行，获得各种条件下全面系统的数据。

航空航天是高性能计算传统的应用领域，发达国家的航空航天机构都部署了当今世界最先进的高性能计算机，目前，国内外航空航天领域采用高性能计算机进行性能仿真已是常态。美国航空航天局（NASA）先后配置了运算速度曾排名全球前十的"哥伦比亚""卯宿星"等超级计算机。这些计算机部署了各种通用和专用的高性能计算软件，如有限元分析软件 NASTRAN、MARC、ANSYS、LS－DYNA、MSC. ADAMS、PAM－CRASH 等，计算流体力学软件 FLUENT、CFX、CFD＋＋、STAR－CD 等，电磁场分析软件 FEKO 以及相关的各种软件。

美国国防部从 1993 年启动了高性能计算现代化项目，其目标是用最先进的高性能计算机和网络系统武装部队，将高性能计算的高端技术优势融入高级武器装备设计和试验鉴定，极大地推动了仿真试验技术的发展。2005 年美国国防部成立了高性能计算计划办公室，推动高性能计算技术在武器研制方面的应用。其中计算航空科学项目的目标是针对航空航天研究领域建立集成多学科的推进系统设计优化软件和数值模拟系统，将计算流体力学与其他数值仿真技术、试验与数值仿真技术紧密结合，构建数值试验台。

美国空军 F－22 战斗机的承包商采用了高性能计算机，通过一组研制模型和效能模型来"虚拟试飞"，以获得设计性能数据，并在此基础上修改其设计。这种仿真试验在整个验证与确认阶段开展了上千次，并且在工程研制与制造阶段继续进行。美国海军空战中心以及美国两大航空产品主承包商波音公司和洛克希德·马丁公司等都采用了高性能计算机仿真的方法，来支持 F－15、F－16、B－1B、F/A－18、F－22、F－35、联合直接攻击弹药等各种航空武器的研制和改进工作。

高性能计算的广泛应用已使现代装备设计和性能验证方式发生了很大改变。以飞机研制为例，目前，高性能计算已成为飞机研制各环节的设计性能验证手段之一。在初步设计阶段，高性能计算已成为重要的设计分析与性能验证手段；在详细设计阶段，高性能计算可承担大量的设计与分析工作，包括部件优化、载荷计算、动力影响分析、噪声预测、强度分析和颤振分析等；在试飞阶段，高性能计算还可高效进行故障诊断和飞行仿真等。

以下以飞机气动力预测、空投空降与多体分离、航空发动机仿真为例研究说明高性能计算技术在飞机性能验证试验中的应用。

(1) 飞机气动力预测。

由于风洞试验代价十分高昂，基于计算流体力学(CFD)的高性能计算在气动力预测方面得到广泛应用。在方案设计和初步设计阶段，基于计算流体力学的高性能计算已成为主要手段，风洞试验仅用于最终选型方案的验证；在详细设计阶段，高性能计算可帮助完善细节设计，优化飞行性能。现代飞机设计往往通过改善边界特性提升飞行性能，然而飞机在边界状态通常伴随有脱体涡或大分离流动，常规基于雷诺平均方程的CFD技术难以有效处理这类流动，需要采用高阶CFD技术来模拟脱体涡和大涡。

应用虚拟风洞技术，可实现用精确逼真的数字模型表示物理模型的各个部件及整个飞行器，将气动数值计算、图形图像仿真、物理分析计算有机结合，用计算机综合技术模拟风洞吹风试验。美国在F-22、F-35等的研制过程中，开展了气动载荷计算、发动机喘振研究、副油箱方案优化、流场分析，有效弥补了真实风洞试验的不足，减少了试验的工作量和节省了经费。

(2) 空投空降与多体分离研究。

空投空降与多体分离是指战斗机武器投放、运输机空投空降、火箭分离等，仅进行地面试验难以完全反映空投空降与多体分离的真实情况，直接进行飞行试验研究的风险较高。所以，基于高性能计算的数值仿真已成为研究空投空降与多体分离问题的理想手段。美国空军已经开展了B-52、B-1B、F/A-18等飞机的机载武器投放仿真试验，有效降低了真实飞机投放风险并节省大量费用。

(3) 航空发动机仿真。

美国推进系统数值仿真计划(NPSS)以大规模、分布式、高性能计算和通信环境为依托，采用最先进的面向对象及远程网络协同技术，针对高度复杂的航空发动机推进系统及其子系统，建立多学科的分析工程模型，实现飞机/发动机的联合仿真。

俄罗斯中央航空发动机研究院制定了涡轮发动机计算机试验技术计划,开发了燃气轮机计算机仿真系统,能够完成整机及其部件流道流动情况的计算,以及在综合考虑黏性损失、泄漏、引气、抽气及间隙的影响情况下发动机稳态参数的计算,并可扩展到非定常的过渡态计算,能够对航空发动机在不同工况下的真实工作过程,以及其主要参数对效率影响进行高精度模拟,形成航空发动机设计开发和评定能力。

欧洲通过在 VIVACE(Value Improvement Through a Virtual Aeronautical Collaborative Enterprise)计划中实施虚拟发动机项目,推动各发动机公司和研究机构建立了统一的行业标准,搭建了统一的仿真平台 PROOSIS,目标是使新型发动机研制费用降低 50%,研制周期缩短 30%。目前,PROOSIS 已成为欧洲商业航空发动机公司如罗尔斯·罗伊斯、GE、普拉特·惠特尼和 MTU 公司等开发新型航空发动机的首选标准工具。

(二)联合任务试验环境技术的发展

联合任务环境试验能力(Joint Mission Environment Test Capacity,JMETC)是由美国国防部主持建立的一个用于将分布式的设备连接起来,形成一个用于试验的联合任务环境的投资计划。JMETC 可以使武器装备系统开发人员在联合的背景下对武器装备的作战能力进行有效的评估,同时为试验和训练两个领域中的领域资源(包括实物装备、模拟器、计算机等资源)的互操作提供兼容性。JMETC 实际上是一种分布式的真实、虚拟和构造(LVC)仿真试验能力,是一种以网络为中心的使能工具,它可跨试验、工程、试验和训练领域开展联合的系统演示验证。开发这种能力是为了在项目研制、试验、互操作性认证过程中为采办团队提供支持,包括对特定用户的联合任务环境下的网络就绪(Net Ready)关键性能参数要求的演示验证。

美国国防部的 JMETC 采用试验与训练使能体系结构(TENA)作为支持其各项试验的基础体系结构,JMETC 虚拟专用网(VPN)通过运用现存的安全防务研究和工程网(SDREN)与国防研究和工程网(DREN)提供硬件连接,提供了永久且稳健的基础设施(网络、集成软件、工具和重用库)和专业技术来集成 LVC 仿真系统,为各军种的分布式试验能力、仿真和军工试验资源提供便捷的连接,支持在联合的系统级体系结构和以网络为中心的环境下进行试验和评估,支持装备采购部门的项目开发、研发试验、作战试验、互操作认证、网络完备关键性能参数需求论证等活动。

在体系结构上,目前已经提出的 DIS、HLA、TENA 等多种网络化仿真体系结构均不同程度支持 LVC 资源集成。各种体系结构的应用比例分别为 DIS 占 35%、HLA 占 35%、TENA 占 15%。2000 年以来,DIS 和 HLA 等系列标准已陆续进行了更新。DIS 标准 IEEE 1278.1 2012 增加了对定向能武器、信息作战、真实仿真等方面的支持,2022 年 4 月更新了仿真互操作枚举类型参考标准(SISO – REF – 010 – 2022),2015 年更新了 DIS 通信服务标准,推出了 IEEE1278.2 – 2015,增加了对 IPV4、IPV6 等的支持;HLA 标准 IEEE 1516.3 – 2003 规定了 HLA 联邦开发和执行过程,HLA 标准 IEEE 1516 2010 增加了对容错、模块化 FOMs、Web 服务、XML、链接兼容性等方面的支持;2011 年颁布了分布式仿真工程与执行过程标准(DSEEP) IEEE 1730 – 2010,将 DIS、HLA 和 TENA 分布式仿真相关的工程与执行过程进行了统一,2013 年制定了 IEEE 1730.1 – 2013,即分布式仿真工程与执行过程多体系结构覆盖推荐实践,为 IEEE 1730 – 2010 的实践提供额外指导。2013 年仿真互操作标准化组织 SISO 提出了一个基于数据分发服务 DDS 的新的体系结构——层次化仿真体系结构 LSA,希望通过 DDS 将 DIS、HLA、TENA 等分布式仿真体系结构统一。DDS 是针对于开发实时仿真系统的新规范在实时分布式仿真系统领域得到了成功应用,目前已经成为高性能实时系统开发和集成的国际标准。

联合试验任务环境技术可在如下几个方面进一步发展:①可以支持在一个联合的背景下评估武器装备系统试验,具备联合多个装备试验部门进行联合试验的能力,在项目研制、试验、互操作性认证过程中为采办团队提供支持,包括对特定用户的联合任务环境下的网络就绪关键性能参数要求的演示验证等。②与联合训练仿真环境结合起来提供武器装备的试验功能。③发展分布式 LVC 试验技术,在应用层次上支持任务效能级的试验评估的互操作性需求,支持网络空间的试验评估。④基础设施的建设上通过随时可用的、永久的固定的网络安全协议连接、连接各个地址的通用集成软件、支持分布式试验规划的工具集和对地址的连接。

(三)感知与测量控制技术的发展

感知与测试测量技术主要用于获取装备性能试验活动的相关信息,为装备试验鉴定提供信息支持。

随着新材料技术及隐身化等高新装备的发展,试验任务对传感与测试测量技术发展提出了新的更高的要求,对于"全天候、全天时、全要素、全维度"的传感与测试测量的需求越来越强烈。一方面要求对靶场所在地域、海域、空域进行监视和探测,监视靶场试验整体态势,及时掌握场区装备部署及工作状态、人员兵力、空中飞行器活动,以及大气和空间环境演变、外部空间目标等情况,为任务计划制定、任务指挥等提供支持;另一方面,又要完成武器装备飞行试验弹道、景象、遥测参数、目标特性、毁伤效应等试验数据测量获取,为试验任务指控和试验结果评定提供信息。

可以预期,未来在感知与探测、跟踪与测量等领域的技术发展将呈现以下几方面的发展趋势。

(1)综合采用陆、海、空、天多维立体平台,获取试验场区人员/兵力活动、气象、空间环境及空间目标等态势信息,对全场区态势实施全维监测,全面掌控场区态势。以陆海基平台为主,辅以空天基监测手段,多种技术手段优势互补,通过空中整体普查、地面重点详查、天基适当补充相结合,实现平时全区均衡监测,任务时区域重点增强。

(2)利用陆、海、空、天基跟踪测量手段,完成装备性能试验活动探测、外测、实况、遥测参数等测量任务,获取试验态势监视、试验鉴定所需的各类测量数据,必要时对故障产品进行安控。

(3)利用骨干光纤网络、广域卫通、局域宽带等多种手段构建信息栅格网络,提供随遇接入的装备性能试验通信保障和安全保密服务,对靶场资源进行按需调配管理。基于云计算技术提供统一的试验数据计算分析和数据存储服务,为试验提供统一的时频服务。

(四)新兴信息技术在性能试验中的应用展望

随着大数据、云计算、人工智能等新兴信息技术的发展,它们在装备性能试验领域也得到了越来越多的应用。

美国国防部将大数据方法与仿真相结合构建仿真平台工具,取得的成果包括采用商用大数据技术支持联合攻击战斗机试验,应用开源大数据分析工具对陆军试验数据进行分析与可视化,建立知识管理和大数据分析软件框架,指导国防部投资与集成工作。在VV&A工具中建立与大数据处理平台的接口,借助大数据处理平台的海量数据分析、挖掘与可视化能力,提升VV&A的效率和有效性。美军在研的新一代仿真试验平台将包括基于大数据分析的仿真引擎。美军还利用大数据仿真分析系统以定向能武器等武器系统为主战平台进行试验探索。

2016年北约基于云计算思想,提出了建模仿真即服务(MSaaS)的概念。MSaaS包含四个方面含义:一是建模与仿真在云计算环境下表现为云服务模式;二是建模与仿真在云计算环境下以云服务模型的形式使用;三是建模与仿真采用面向服务的体系架构；四是提供模型开发 VV&A 与培训等商业服务。通过 MSaaS 来有效解决成本和可接入性问题，推动建模与仿真在北约范围内的广泛应用。2019 年美国国防部开始构建通用型虚拟仿真环境，目标是通过集成各类仿真技术，实现基于软件云的 AI 算法的即插即评估功能。

美国空军研究实验室"仿真、集成和建模高级框架"项目的子项目"人工智能 ALPHA"专为无人作战飞行器设计，以模拟空中作战任务为目的，采用基于模糊逻辑的人工智能技术改善对手算法，可以在动态环境中考虑和协调最佳战术计划并做出精确的响应，响应时间比人类快 250 倍。在高逼真度空战模拟器上进行的模拟空战中，完胜具有丰富经验的美军飞行员；美国国防高级研究计划局（DARPA）大力发展人工智能技术，在认知电子战系统中使用最先进的人工智能和机器学习方法对搜集到的无线电波形进行处理，预测敌方的下一步行动，并采取恰当的干扰措施。

参考文献

[1] 中国国防科技信息中心.试验鉴定领域发展报告（2016）[M].北京:国防工业出版社,2017.

[2] 中国航天科工集团第二研究院二〇八所,北京仿真中心.军用建模仿真领域发展报告（2016）[M].北京:国防工业出版社,2017.

[3] 张传友,贺荣国,冯剑尘,等.武器装备联合试验体系构建方法与实践[M].北京:国防工业出版社,2017.

[4] 徐英,王松山,柳辉,等.装备试验与评价概论[M].北京:北京理工大学出版社,2016.

[5] 西安航天动力测控技术研究所.固体火箭发动机试验测试[M].西安:西北工业大学出版社,2016.

[6] 郑杰.试验设计与数据分析——基于 R 语言应用[M].广州:华南理工大学出版社,2016.

[7] 洛刚.军事装备试验理论与实践探索[M].北京:国防工业出版社,2016.

[8] 许晓斌.常规高超声速风洞与试验技术[M].北京:国防工业出版社,2015.

[9] 王海燕,孟秀丽.质量工程试验设计[M].北京:电子工业出版社,2015.

[10] 李俊亭,游云.军事科技史话——古兵、枪械、火炮[M].北京:科学普及出版社,2014.

[11] 萧海林,王祎,等.军事靶场学[M].北京:国防工业出版社,2012.

[12] 宣兆龙,易建政.装备环境工程[M].北京:国防工业出版社,2011.

[13] 武小悦,刘琦.应用统计学[M].长沙:国防科技大学出版社,2009.

[14] 武小悦,刘琦.装备试验与评价[M].北京:国防工业出版社,2008.

[15] 中国人民解放军总装备部军事训练教材编辑工作委员会.高超声速气动力试验[M].北京:国防工业出版社,2004.

[16] 杨榜林,岳全发,金振中 等.军事装备试验学[M].北京:国防工业出版社.2002.

[17] 武小悦,陈忠贵,等.柔性制造系统的可靠性技术[M].北京:兵器工业出版社,2000.

[18] 沈沉,曹仟妮,贾孟硕,等.电力系统数字孪生的概念、特点及应用展望[J].中国电机工程学报,2022,42(2):487-498.

[19] 江海凡,丁国富,肖通,等.数字孪生演进模型及其在智能制造中的应用[J].西南交通大学学报(网络发表),[2021-07-06].[网络首发时间] https://kns.cnki.net/kcms/detail/51.1277.U.20210706.1043.004.html

[20] 权晓伟,张灏龙,龚茂华,等.美军军事智能试验鉴定技术发展态势研究[J].中国航天,2021,(2):62-64.

[21] 陶飞,刘蔚然,刘检华,等.数字孪生及其应用探索[J].计算机集成制造系统,2018,24(1):1-18.

[22] 程龙,罗烈,柴建忠.2017年军用无人机装备技术发展回眸[J].科技导报,2018,36(4):69-84.

[23] 方勇.2017年世界武器装备与军事技术发展重大动向[J].科技中国,2018,2:48-53.

[24] 张建华,赵晨皓,吕诚中.察打一体无人机发展现状及趋势[J].飞航导弹,2018,(2):19-24,56.

[25] 曹建国.航空发动机仿真技术研究现状、挑战和展望[J].推进技术,2018,39(5):961-970.

[26] 钟宏伟.国外无人水下航行器装备与技术现状及展望[J].水下无人系统学报,2017,25(3):215-225.

[27] 钟宏伟,冯炜云,徐翔.美国水下机动无人系统能力发展新构想[J].舰船科学技术,2017,39(12):1-5.

[28] 庄存波,刘检华,熊辉,等.产品数字孪生体的内涵、体系结构及其发展趋势[J].计算机集成制造系统,2017,23(4):753-768.

[29] 李权,郭兆电,杨望东.高性能计算在飞机设计中的应用[J].航空科学技术,2014,25(6):62-65.

[30] 李国忠,于廷臣,赖正华.美国X-51A高超声速飞行器的发展与思考[J].飞航导弹,2014,(5):5-8,21.

[31] 吴根,姜宗林,罗凡.空天飞行器先进风洞实验技术及我国发展建议[J].中国基础科学,2014,16(1):13-16,12.

[32] 晁芳群,杜剑英,穆高超,等.智能化弹药靶场试验测试现状及发展方向[J].火力与指挥控制,2014,39(8):181-184.

[33] 崔侃,王保顺.美军装备试验与评估发展[J].国防科技,2012,33(2):17-22.

[34] 田建明,景建斌,韩广岐.高超声速飞行器地面试验方法[J].弹箭与制导学报,2013,33

(6):56-58.

[35] 黄伟,罗世彬,王振国.临近空间高超声速飞行器关键技术及展望[J].宇航学报,2010, 31(5):1259-1265.

[36] 范培蕾,张晓今,杨涛,等.高超声速助推飞行试验技术方案研究[J].战术导弹技术, 2009,(1):1-7.

[37] 王振国,梁剑寒,丁猛,等.高超声速飞行器动力系统研究进展[J].力学进展,2009,39 (6):716-739.

[38] 周修源,江鲁.环境试验技术与设备发展概述[J].中国仪器仪表,2008,(6):88-92.

[39] SISO - REF - 010 - 2022, Reference for Enumerations for Simulation Interoperability [S]. 2022.

[40] IEEE 1278.2 - 2015, IEEE Standard for Distributed Interactive Simulation (DIS) - Communication Services and Profiles[S]. 2015.

[41] IEEE 1730.1 - 2013, IEEE Recommended Practice for Distributed Simulation Engineering and Execution Process Multi - Architecture Overlay(DMAO)[S]. 2013.

[42] IEEE 1278.1 - 2012, IEEE Standard for Distributed Interactive Simulation - Application Protocols[S]. 2012.

[43] IEEE 1516.1 - 2010, IEEE Standard for Modeling and Simulation(M&S) High Level Architecture (HLA) - Federation Interface Specification[S]. 2010.

[44] IEEE 1516.2 - 2010, IEEE Standard for Modeling and Simulation(M&S) High Level Architecture(HLA) - Object Model Template (OMT) Specification [S]. 2010.

[45] IEEE 1730 - 2010, IEEE Recommended Practice for Distributed Simulation Engineering and Execution Process (DSEEP)[S]. 2010.

[46] IEEE 1516.3 - 2003, IEEE Recommended Practice for High Level Architecture (HLA) Federation Development and Execution Process (FEDEP)[S]. 2003.

[47] Martinez - Salio J R, Lopez - Rodriguez J M. Future of LVC simulation evolving towards the MSaaS Concept[C] // Interservice/Industry Training, Simulation, and Education Conference (I/ITSEC), 2014.

[48] Martínez - Salio J R, Gregory D, Lopez - Rodriguez J M, et al. A new approach for converging LVC simulation architectures[C] // Spring Simulation Interoperability Workshop 2013. San Diego, California. USA, 2013.

[49] Lopez - Rodriguez J M, Martin R, Jimenez P. How to develop true distributed real time simulations? Mixing IEEE HLA and OMG DDS standards[C] // Spring Simulation Interoperability Workshop 2011. Boston, Massachusetts, USA, 2011.

[50] The NATO Science and Technology Organization. Modelling and Simulation as a Service (MSaaS) - Rapid Deployment of Interoperable and Credible Simulation Environments[R]. STO TECHNICAL REPORT, TR - MSG - 136 - Part - I. 2018.